高职高专"十一五"规划教材

★ 农林牧渔系列

动物微生物与免疫

DONGWU
WEISHENGWU YU MIANYI

欧阳素贞　曹　晶　主编

化学工业出版社

·北京·

本书在介绍细菌、病毒等八大类微生物学基本知识的基础上，论述了微生物在生命活动过程中的基本规律。其主要内容包括：微生物的形态结构、生理特性、遗传变异及与生态环境的关系，与动物相关的病原微生物的致病作用、实验室诊断和免疫防治方法，以及有益微生物的开发与利用等。本书结合动物微生物应用性、针对性的特点，融入了学科新的研究进展和发展趋势。为方便读者学习，本书每章设有学习目标与技能目标、小结和复习题，并提供了"动物常见病原菌主要特性鉴别表"、"常用培养基"、"常用试剂和试液配制"、"微生物学常用缩写"等查阅资料。

本教材可作为高职高专畜牧兽医类专业师生的教材，也可供畜牧兽医工作者及相关专业技术人员阅读、参考。

图书在版编目（CIP）数据

动物微生物与免疫/欧阳素贞，曹晶主编 . —北京：化学工业出版社，2009.9（2022.1重印）

高职高专"十一五"规划教材★农林牧渔系列

ISBN 978-7-122-06371-7

Ⅰ. 动… Ⅱ.①欧…②曹… Ⅲ.①兽医学：微生物学-高等学校：技术学校-教材②动物学：免疫学-高等学校：技术学院-教材   Ⅳ. S852

中国版本图书馆 CIP 数据核字（2009）第 125774 号

责任编辑：梁静丽　李植峰　郭庆睿　　　　文字编辑：李　瑾
责任校对：凌亚男　　　　　　　　　　　　装帧设计：史利平

出版发行：化学工业出版社（北京市东城区青年湖南街 13 号　邮政编码 100011）
印　　装：天津盛通数码科技有限公司
787mm×1092mm　1/16　印张 16¾　字数 476 千字　2022 年 1 月北京第 1 版第 13 次印刷

购书咨询：010-64518888　　　　　　　售后服务：010-64518899
网　　址：http://www.cip.com.cn
凡购买本书，如有缺损质量问题，本社销售中心负责调换。

定　　价：40.00 元

"高职高专'十一五'规划教材★农林牧渔系列"
建设委员会成员名单

主任委员 介晓磊

副主任委员 温景文 陈明达 林洪金 江世宏 荆 宇 张晓根
窦铁生 何华西 田应华 吴 健 马继权 张震云

委 员 （按姓名汉语拼音排列）

边静玮	陈桂银	陈宏智	陈明达	陈 涛	邓灶福	窦铁生	甘勇辉	高 婕	耿明杰
宫麟丰	谷凤柱	郭桂义	郭永胜	郭振升	郭正富	何华西	胡繁荣	胡克伟	胡孔峰
胡天正	黄绿荷	江世宏	姜文联	姜小文	蒋艾青	介晓磊	金伊洙	荆 宇	李 纯
李光武	李效民	李彦军	梁学勇	梁运霞	林伯全	林洪金	刘俊栋	刘 莉	刘 蕊
刘淑春	刘万平	刘晓娜	刘新社	刘奕清	刘 政	卢 颖	马继权	倪海星	欧阳素贞
潘开宇	潘自舒	彭 宏	彭小燕	邱运亮	任 平	商世能	史延平	苏允平	陶正平
田应华	王存兴	王 宏	王秋梅	王水琦	王晓典	王秀娟	王燕丽	温景文	吴昌标
吴 健	吴郁魂	吴云辉	武模戈	肖卫苹	肖文左	解相林	谢利娟	谢拥军	徐苏凌
徐作仁	许开录	闫慎飞	颜世发	燕智文	杨玉珍	尹秀玲	于文越	张德炎	张海松
张晓根	张玉廷	张震云	张志轩	赵晨霞	赵 华	赵先明	赵勇军	郑继昌	周晓舟
朱学文									

"高职高专'十一五'规划教材★农林牧渔系列"
编审委员会成员名单

主任委员 蒋锦标

副主任委员 杨宝进 张慎举 黄 瑞 杨廷桂 胡虹文 张守润
宋连喜 薛瑞辰 王德芝 王学民 张桂臣

委 员 （按姓名汉语拼音排列）

艾国良	白彩霞	白迎春	白永莉	白远国	柏玉平	毕玉霞	边传周	卜春华	曹 晶
曹宗波	陈传印	陈杭芳	陈金雄	陈 璟	陈盛彬	陈现臣	程 冉	褚秀玲	崔爱萍
丁玉玲	董义超	董曾施	段鹏慧	范洲衡	方希修	付美云	高 凯	高 梅	高志花
弓建国	顾成柏	顾洪娟	关小变	韩建强	韩 强	何海健	何英俊	胡凤新	胡虹文
胡 辉	胡石柳	黄 瑞	黄修奇	吉 梅	纪守学	纪 瑛	蒋锦标	鞠志新	李碧全
李 刚	李继连	李 军	李雷斌	李林春	李贤忠	刘晓欣	刘振华	刘宗亮	林 纬	林仲桂
刘革利	刘广文	刘丽云	刘振湘	刘贤忠	阮国荣	申庆全	石冬梅	史兴山	史雅静
罗 玲	潘 琦	潘一展	邱深本	任国栋	唐晓玲	陶令霞	田 伟	田伟政	田文儒
宋连喜	孙克威	孙雄华	孙志浩	唐建勋	王德芝	王 健	王立军	王孟宇	王双山
汪玉林	王爱华	王朝霞	王大来	王道国	王艳立	王云惠	王中华	吴俊琢	吴琼峰
王铁岗	王文焕	王新军	王 星	王学民	王艳立	许美解	薛瑞辰	羊建平	杨宝进
吴占福	吴中军	肖尚修	熊运海	徐公义	徐占云	姚志刚	易 诚	易新军	于承鹤
杨平科	杨廷桂	杨卫韵	杨学敏	杨 志	杨治国	张春华	张桂臣	张玲	张庆霞
于显威	袁亚芳	曾饶琼	曾元根	战忠玲	张新明	张艳红	张祖荣	张怀珠	赵希彦	赵秀娟	郑翠芝
张慎举	张守润	张响英	张 欣						
周显忠	朱雅安	卓开荣							

"高职高专'十一五'规划教材★农林牧渔系列"
建设单位

(按汉语拼音排列)

安阳工学院
保定职业技术学院
北京城市学院
北京林业大学
北京农业职业学院
本钢工学院
滨州职业学院
长治学院
长治职业技术学院
常德职业技术学院
成都农业科技职业学院
成都市农林科学院园艺研
　究所
重庆三峡职业学院
重庆水利电力职业技术学院
重庆文理学院
德州职业技术学院
福建农业职业技术学院
抚顺师范高等专科学校
甘肃农业职业技术学院
广东科贸职业学院
广东农工商职业技术学院
广西百色市水产畜牧兽医局
广西大学
广西农业职业技术学院
广西职业技术学院
广州城市职业学院
海南大学应用科技学院
海南师范大学
海南职业技术学院
杭州万向职业技术学院
河北北方学院
河北工程大学
河北交通职业技术学院
河北科技师范学院
河北省现代农业高等职业技
　术学院
河南科技大学林业职业学院
河南农业大学
河南农业职业学院

河西学院
黑龙江农业工程职业学院
黑龙江农业经济职业学院
黑龙江农业职业技术学院
黑龙江生物科技职业学院
黑龙江畜牧兽医职业学院
呼和浩特职业学院
湖北生物科技职业学院
湖南怀化职业技术学院
湖南环境生物职业技术学院
湖南生物机电职业技术学院
吉林农业科技学院
集宁师范高等专科学校
济宁市高新技术开发区农业局
济宁市教育局
济宁职业技术学院
嘉兴职业技术学院
江苏联合职业技术学院
江苏农林职业技术学院
江苏畜牧兽医职业技术学院
江西生物科技职业学院
金华职业技术学院
晋中职业技术学院
荆楚理工学院
荆州职业技术学院
景德镇高等专科学校
丽水学院
丽水职业技术学院
辽东学院
辽宁科技学院
辽宁农业职业技术学院
辽宁医学院高等职业技术学院
辽宁职业学院
聊城大学
聊城职业技术学院
眉山职业技术学院
南充职业技术学院
盘锦职业技术学院
濮阳职业技术学院
青岛农业大学

青海畜牧兽医职业技术学院
曲靖职业技术学院
日照职业技术学院
三门峡职业技术学院
山东科技职业学院
山东理工职业学院
山东省贸易职工大学
山东省农业管理干部学院
山西林业职业技术学院
商洛学院
商丘师范学院
商丘职业技术学院
深圳职业技术学院
沈阳农业大学
苏州农业职业技术学院
温州科技职业学院
乌兰察布职业学院
厦门海洋职业技术学院
仙桃职业技术学院
咸宁学院
咸宁职业技术学院
信阳农业高等专科学校
延安职业技术学院
杨凌职业技术学院
宜宾职业技术学院
永州职业技术学院
玉溪农业职业技术学院
岳阳职业技术学院
云南农业职业技术学院
云南热带作物职业学院
云南省普洱农业学校
云南省曲靖农业学校
云南省思茅农业学校
张家口教育学院
周口职业技术学院
漳州职业技术学院
郑州牧业工程高等专科学校
郑州师范高等专科学校
中国农业大学

《动物微生物与免疫》编写人员名单

主　　编　欧阳素贞　曹　晶

副 主 编　王丽娟　余勋信　李秋杰

编　　者　(按照姓名汉语拼音排列)

曹洪志	宜宾职业技术学院
曹　晶	辽宁农业职业技术学院
崔红玉	河北北方学院
贺永明	辽宁农业职业技术学院
侯义宏	湖南出入境检验检疫局
李秋杰	济宁职业技术学院
罗映霞	广东科贸职业学院
欧阳素贞	安阳工学院
田其真	信阳农业高等专科学校
王海丽	聊城职业技术学院
王丽娟	辽宁职业学院
刘书梅	安阳工学院
谢拥军	岳阳职业技术学院
杨仕群	宜宾职业技术学院
余勋信	福建农业职业技术学院
郑雪花	河北北方学院
钟金凤	湖南环境生物职业技术学院
周　辉	玉溪农业职业技术学院

序

　　当今，我国高等职业教育作为高等教育的一个类型，已经进入到以加强内涵建设，全面提高人才培养质量为主旋律的发展新阶段。各高职高专院校针对区域经济社会的发展与行业进步，积极开展新一轮的教育教学改革。以服务为宗旨，以就业为导向，在人才培养质量工程建设的各个侧面加大投入，不断改革、创新和实践。尤其是在课程体系与教学内容改革上，许多学校都非常关注利用校内、校外两种资源，积极推动校企合作与工学结合，如邀请行业企业参与制定培养方案，按职业要求设置课程体系；校企合作共同开发课程；根据工作过程设计课程内容和改革教学方式；教学过程突出实践性，加大生产性实训比例等，这些工作主动适应了新形势下高素质技能型人才培养的需要，是落实科学发展观，努力办人民满意的高等职业教育的主要举措。教材建设是课程建设的重要内容，也是教学改革的重要物化成果。教育部《关于全面提高高等职业教育教学质量的若干意见》（教高［2006］16 号）指出"课程建设与改革是提高教学质量的核心，也是教学改革的重点和难点"，明确要求要"加强教材建设，重点建设好 3000 种左右国家规划教材，与行业企业共同开发紧密结合生产实际的实训教材，并确保优质教材进课堂。"目前，在农林牧渔类高职院校中，教材建设还存在一些问题，如行业变革较大与课程内容老化的矛盾、能力本位教育与学科型教材供应的矛盾、教学改革加快推进与教材建设严重滞后的矛盾、教材需求多样化与教材供应形式单一的矛盾等。随着经济发展、科技进步和行业对人才培养要求的不断提高，组织编写一批真正遵循职业教育规律和行业生产经营规律、适应职业岗位群的职业能力要求和高素质技能型人才培养的要求、具有创新性和普适性的教材将具有十分重要的意义。

　　化学工业出版社为中央级综合科技出版社，是国家规划教材的重要出版基地，为我国高等教育的发展做出了积极贡献，曾被新闻出版总署领导评价为"导向正确、管理规范、特色鲜明、效益良好的模范出版社"，2008 年荣获首届中国出版政府奖——先进出版单位奖。近年来，化学工业出版社密切关注我国农林牧渔类职业教育的改革和发展，积极开拓教材的出版工作，2007 年年底，在原"教育部高等学校高职高专农林牧渔类专业教学指导委员会"有关专家的指导下，化学工业出版社邀请了全国 100 余所开设农林牧渔类专业的高职高专院校的骨干教师，共同研讨高等职业教育新阶段教学改革中相关专业教材的建设工作，并邀请相关行业企业作为教材建设单位参与建设，共同开发教材。为做好系列教材的组织建设与指导服务工作，化学工业出版社聘请有关专家组建了"高职高专'十一五'规划教材★农林牧渔系列建设委员会"和"高职高专'十一五'规划教材★农林牧渔系列编审委员会"，拟在"十一五"期间组织相关院校的一线教师和相关企业的技术人员，在深入调研、整体规划的基础上，编写出版一套适应农林牧渔类相关专业教育的基础课、专业课及相关外延课程教材——"高职高专'十一五'规划教材★农林牧渔系列"。该套教材将涉及种植、园林园艺、畜牧、兽医、水产、宠物等专业，于2008～2009年陆续出版。

该套教材的建设贯彻了以职业岗位能力培养为中心，以素质教育、创新教育为基础的教育理念，理论知识"必需"、"够用"和"管用"，以常规技术为基础，关键技术为重点，先进技术为导向。此套教材汇集众多农林牧渔类高职高专院校教师的教学经验和教改成果，又得到了相关行业企业专家的指导和积极参与，相信它的出版不仅能较好地满足高职高专农林牧渔类专业的教学需求，而且对促进高职高专专业建设、课程建设与改革、提高教学质量也将起到积极的推动作用。希望有关教师和行业企业技术人员，积极关注并参与教材建设。毕竟，为高职高专农林牧渔类专业教育教学服务，共同开发、建设出一套优质教材是我们共同的责任和义务。

介晓磊

2008 年 10 月

前言

　　近几十年来，微生物学的发展日新月异，同时也带动了动物微生物学的高速发展，新理论、新技术、新方法、新成果层出不穷。因此，动物微生物学教材也要及时反映动物微生物学的发展和最新成果。特别是在国务院大力推进职业教育改革与发展，教育部加强高职高专教育培养高等技术应用型专门人才的要求和推动下，高职高专院校的教学改革工作如火如荼，为配合畜牧兽医类专业课程改革的需要，编写《动物微生物与免疫》这本基础应用性教材就非常有必要。为此，在教育部高等学校高职高专动物生产教学指导委员会专家的指导下，我们联合14所高职高专院校的骨干教师编写了本书。本书在编写过程中，力求体现以下几个指导思想。

　　1. 强调动物微生物学基础知识的同时重点突出了应用性及新颖性这主要表现在：①重点突出实际应用。结合教学和生产实际，以及编者的实践结果和科研成果，本书在编写过程中力求实现理论与实践的有机结合。教材用了相当的篇幅介绍实际应用技术和对动物有益微生物的利用及发展趋势，开阔了学生的视野，激发学生思考如何进一步发挥有益微生物的作用，也扩大了本书的读者群体。②突出新颖性，使学生了解学科发展前沿，拉近学生与现代科学发展的距离。首先体现在教材的中心部分，即基础知识、基础理论与技能编入了新的内容，使其与现代化微生物学科的发展息息相通，这是教材的主题。其次，让基础内容与学科发展的前沿相接（重要病原体的回顾与展望）使学生了解本学科当前发展的趋势及研究的热点问题，激发学生学习的热情和求知欲。③内容的取舍和编排上突出重点。书中摒弃了陈旧的、指导意义不大的内容和实例；并在吸取其他教材长处的同时，努力对《动物微生物与免疫》新编教材的编写方式进行革新尝试，进一步注重章节之间的有机衔接；书中采用简明图表形式总结篇章知识，便于学生理解知识、融会贯通。

　　2. 注重启发性，培养学生创新精神

　　每章节里面有精心安排的启发性、思考性的内容，尽量使学生多向思维，把知识学活，触类旁通，勇于创新。

3. 增强教材内容可读性和适用性

每章前设置有学习目标和技能目标，以利于任课老师明确教学任务；每章后有小结、复习题，有助于学生进一步理解教材内容，启发学生思考；正文中的"小知识"等补充内容可开拓学生视野，增加学生的学习兴趣；书后附有参考文献、"动物常见病原菌主要特性鉴别表"、"常用培养基"、"常用试剂和试液配制"、"微生物学常用缩写"，方便读者查阅。

在上述编写思想的指导下，本书共分成四篇15章，以及18个实验实训项目。本书由18位来自全国教学一线的骨干教师编写而成，全书由欧阳素贞、曹晶负责统稿，并对相关章节进行了修改。

本书在编写过程中，得到了化学工业出版社的大力支持，张洪亮等人为本书的出版做出了积极的贡献，借出版之际，一并向他们表示最诚挚的谢意。

本书的编写在某些方面是一次改革尝试，由于编者水平有限，加之篇幅和时间所限，书中不妥之处在所难免，敬请广大读者批评指正，以便今后进一步修订。

编者

2009 年 6 月

第四章　微生物与外界环境 …… 45

第五章　微生物的致病性与传染性 … 57

第二篇　免疫学基础　　67

第六章　免疫概述 ………………………… 68

第七章　非特异性免疫 …………………… 72

第八章　特异性免疫 …………………… 79

实验实训项目 ·· 207

附录 ·· 246

绪　论

【学习目标】
- 了解微生物学的发展简史及发展趋势
- 熟悉动物微生物研究的内容与任务
- 掌握微生物的定义、种类、特点

一、简介

1. 微生物的概念

微生物是一类用肉眼不能直接看见，必须借助显微镜放大数百倍、千倍乃至几万倍才能看到的微小生物。根据其细胞结构是否完整将微生物分为：原核细胞型微生物、真核细胞型微生物、非细胞型微生物。其中，原核细胞型微生物，仅有原始的核物质，无核膜及核仁，无完整细胞器，包括细菌、放线菌、支原体、衣原体、立克次体及螺旋体；真核细胞型微生物，有细胞核、核膜与核仁，有完整的细胞器，真菌属此型；非细胞型微生物不具有细胞结构，由单一核酸和蛋白质组成，病毒属此型。

2. 微生物的特点

微生物具有生物的共同特点：基本组成单位是细胞（病毒除外）；主要化学成分相同，都含有蛋白质、核酸、多糖、脂类等。微生物还具有与生物不同的特点。

（1）形体微小、结构简单　微生物的个体微小，一般小于 $0.1\mu m$，细菌在光学显微镜下放大 1000 倍、病毒在电子显微镜下放大万倍以上才能看见。除个别真菌外，大部分微生物是单细胞结构，病毒无细胞结构。

（2）种类繁多、分布广泛　微生物是一个庞杂的生物类群。目前已发现的微生物约有 15 万种，仅开发利用已发现微生物种类的 10%。随着人类认识研究的深入，不断有新的微生物被发现和利用。微生物在自然界分布极为广泛，上至万米高空，下至数千米的海洋，人和动物的体表及与外界相通的腔道，化脓创口，过夜的饭菜……都留下微生物的足迹，真可以说是无处不有。

（3）代谢旺盛、类型多样　微生物代谢类型之多，是动植物所不及的。其他生物具有的代谢途径微生物也有，其他生物没有的代谢途径微生物仍然有。微生物几乎能分解地球上的一切有机物，也能合成各种有机物。微生物体积小、表面积大，有利于与周围环境进行物质交换。有最大的代谢速率，从单位质量来比，代谢强度比高等动物大几千倍。例如，大肠杆菌每小时可消耗自重 2000 倍的糖，乳酸菌每小时可产生自重 1000 倍的乳酸，产朊假丝菌合成蛋白质的能力是大豆的 100 倍、是肉用公牛的 10 万倍。

（4）繁殖迅速、容易培养　微生物的繁殖速度是动植物无法比拟的。有些细菌在适宜的条件下每 20min 就繁殖一代，24h 就是 72 代。微生物的快速繁殖能力应用在工业发酵上可提高生产率，运用于科学研究中可缩短科研周期。当然，有害微生物也会给人们带来危害。微生物易培养，能在常温常压下利用简单的营养物质，一般微生物，只要供给碳氮原料，即可生长旺盛。凡能被动植物利用的物质微生物都可利用。甚至有些不能被动植物利用的，如石油、塑料、木质素等微生物均可利用。

（5）适应性强、容易变异　微生物具有极其灵活的适应性。善于随机"应变"适应多种恶劣环境条件使自己得到生存。如某些细菌产生荚膜，抗白细胞吞噬；有些形成休眠体，如孢子、芽孢，可存活几十年，也有些能在32%的浓盐水中生存，有的能耐-196℃的低温和250℃的高温。微生物易受环境的影响发生变异，最常见的是基因变异，产生大量的变异后代。利用这一特性可选育优良菌种，满足人们在生产实践中提高产量或简化工艺的需要。同时，致病菌的变异也给诊断治疗疾病带来诸多的不便。

3. 微生物的应用与危害

（1）微生物的应用 绝大多数微生物对人类生活和动植物是有益的。微生物参与自然界中的物质循环，改善环境质量，并能"生产"出众多供人和动植物利用的产品，是一类丰富的生物资源，被广泛地应用于国民经济的多个领域中。如碳、氮循环，土壤中的微生物能将动植物的有机蛋白质转化为无机含氮化合物，供植物生长，而植物又可被人类和动物食用。这种转化维持着自然界的生态平衡，为生物的繁荣发展创造了必需的条件；在人和动物体寄生的有益微生物能帮助草食动物消化粗纤维，合成多种维生素，以供人畜的营养需要；在医疗预防方面提供大量药品、抗生素、疫苗、酶制剂等为人和动物的健康保驾护航；在工业方面提供生物学动力，皮革制作、铜铁冶炼、纺织化工、废水处理、食品加工生产等方面，微生物起了不可替代的作用；在农业方面开辟农业增产新途径，以菌制肥、以菌防病、以菌治病、以菌促长、青贮饲料、糖化饲料等为农业的发展起了重要的作用。

（2）微生物的危害 少部分微生物对人和动植物健康是有害的，可引起人和动植物发生疾病及引起物品的腐败变质，甚至有些疾病是毁灭性的。如1347年鼠疫流行，欧洲约2500万人死于这场灾难，在此后延续的80年间，欧洲人口迅速减少。我国在新中国成立前也曾多次流行鼠疫，死亡率极高。今天，艾滋病在全球蔓延，许多被征服的传染病如结核病、霍乱、日本乙型脑炎等"旧病"又卷土重来。新的疾病如军团病、埃博拉病毒病、霍乱O139新菌型、大肠杆菌O157、疯牛病以及SARS、高致病性禽流感等又给人类带来新的威胁。这种具有致病性的微生物称为病原微生物，简称病原体。另外也有些微生物在正常情况下不致病，只有在特定条件下才引起疾病，称为条件病原微生物，简称条件病原体，如寄生在人和动物肠道中的大肠杆菌，正常情况下不致病，但在机体抵抗力下降时才发病。

综上所述，微生物是一把十分锋利的双刃剑，它们在给人类带来巨大利益的同时也带来"残忍"的破坏，因此，正确使用微生物这把双刃剑，造福于人类是我们学习和应用微生物学的目的，更是每一个微生物学工作者的责任。

二、微生物学与免疫学的发展简史

微生物学是生物学的一个分支，主要是研究微生物的生命活动规律及与人类、自然界相互关系的科学。

从发现微生物至今300年左右的时间，人们在生产实践中，利用微生物，认识微生物，研究微生物，改造微生物，使之发展成为一门独立的学科，经历了以下几个时期。

1. 感性认识时期

在人们没有真正看到微生物的个体之前，虽然不知道微生物的存在，但在与自然的斗争中，在疾病的防治和工农业生产实践中，已应用了微生物知识。我国是世界上最早应用微生物的少数国家之一。如在出土商代（公元前1766～1122年）的甲骨文中就有关于酒的记载；北魏时期（约公元386～534年）的《齐民要术》中对不同的酒曲、醋等食品的酿造都有详细记录。而且酿造工业是我国人民在世界上的一大贡献。在疾病防治方面，我们的祖先也有许多的发明创造。据《左传》记载：春秋时期，鲁襄公17年（公元前566年）国人逐疯犬……，驱除疯狗预防狂犬病的传染。名医华佗首创麻醉技术和外科手术并主张割去腐肉防感染。明代隆庆年间（公元1567～1572年）种"人痘"预防天花已广泛应用。这项技术从我国传至俄国、土耳其、英国、欧洲、美洲各国，几百年后英国医生琴纳经过改进才发展为"牛痘"。由于当时科学技术条件的限制，无法真正看到微生物，只是停留在感性认识阶段。那么，真正看到微生物的第一个人是荷兰商人列文虎克。

2. 形态学时期

17世纪末叶，因贸易而兴起的航海事业的需要，产生望远镜，到1676年列文虎克发明了一架约能放大200倍的显微镜，用显微镜观察了粪便、井水、口水、动物浸出物等，首次发现了许多小生物，描绘成图，即球菌、杆菌、螺旋菌。在1695年记载于《安东·列文虎克发现了自然秘密》一书中。从此以后，人们对微生物的形态、排列、大小有了初步的认识，但仅限于形态学方面，对微生物的活动规律仍然所知甚微。到此时期受"自然发生"论的阻碍，微生物持续了200年之久没有发展。直到19世纪50年代，生产发展的需要进一步推动了微生物研究的发展，于是微生物学由形态学时期进入了生理学时期。

3. 生理学时期

在这个时期前后的几十年时间，对微生物的研究由表及里，揭示了许多生命活动的规律，解决了生产上的很多难题。以法国的巴斯德和德国的科赫为代表的科学家对微生物的发展起到了重要的作用。巴斯德和柯赫是微生物学的奠基人。

巴斯德用"曲颈瓶试验"否定了"自然发生"论的学说，同时解决了酒变坏和蚕病危害的难题，并指出酒变坏是因为污染了杂菌，可把酒加热。蚕病是由病原体所致，连蚕卵一起烧掉，除去祸根。为确定"疾病传染论"奠定了理论基础，推动了微生物学的进一步研究。

巴斯德1871年发现霍乱病原体、1881年发现炭疽病原体、1885年发现狂犬病病原体，并接种减毒的菌苗来预防霍乱、炭疽、狂犬病，得出各种疾病均由相应微生物病原体所致，病原微生物经过处理后，注入机体可增加机体的抗病能力的结论，为制备各种弱毒苗提供了初步的理论和技术基础。巴斯德发明的"巴氏消毒法"，至今仍广泛应用于酒、醋、牛奶、果汁等食品的消毒。巴斯德这些重要的理论和技术推动了微生物学研究工作向深入发展。科赫发明了固体培养基，发现了许多病原体如结核杆菌、猪丹毒杆菌、布氏杆菌等；丹麦人Cnris Jiac 1884发现革兰染色法；英国医生李斯特用石炭酸消毒手术室，煮沸手术用具防止术后感染，创建了防腐、消毒及无菌操作的方法。

1892年，俄国科学家伊凡诺斯基发现烟草花叶病的病原体比细菌更小，证明了烟草花叶病原体是一种病毒。德国学者Loffler发现了牛口蹄疫病毒，同时发现了人、畜和动植物疫病的多种病毒，创立了病毒学。

1910年德国医生艾利希合成砷凡纳明。1935年合成磺胺类和抗生素药物。总之在这个时期，确立了传染病因的概念，创立了《疾病传染类学说》，为疾病的防治奠定了理论和技术基础。

4. 免疫学的兴起

免疫学是研究机体防御外部或内部侵入物（肿瘤）的一门科学。研究的核心就是机体怎么区别"自身"和"非自身"。微生物的侵入导致了机体免疫的产生，同时，机体的免疫反应又终止了微生物的继续入侵。在微生物生理学建立和发展的同时，免疫学开始兴起。18世纪末英国医生琴纳在我国"人痘"苗的基础上发展了牛痘疫苗，巴斯德研制了禽霍乱、炭疽、狂犬病疫苗，为传染病的预防开辟了广阔的前景。19世纪人们开始于抗感染免疫本质的研究，在细胞免疫方面，早期开创性的工作首推俄国学者梅契尼科夫，他首次发现海星体中有吞噬细胞能识别和清除外来异物。以后他和众多科学家为创立吞噬细胞理论做了大量工作，建立了细胞免疫学说；在体液免疫方面，以德国学者欧立希为代表的科学家们发现了有中和毒素作用的物质——抗体，诱导抗体产生的物质——抗原，提出了体液免疫学说。细胞免疫和体液免疫都是机体的组成部分，两者相互协调，共同发挥免疫作用的。免疫学发展异常迅速，为疾病的诊断和预防提供了重要的工具和先进技术。

5. 近代及现代微生物学的发展

进入20世纪以来，随着生物化学、分子生物学等学科的理论及新技术的渗透，电子显微镜的出现及同位素示踪原子的应用，以及分子杂交等技术的应用，加快了微生物学的研究步伐，使微生物遗传学、免疫学、病毒学这三大学科向分子水平纵深发展，取得的突出成就如下。

20世纪30年代，人们利用电子显微镜能看到或清楚地看到微生物的亚细胞结构与分子结构。

1944 年，美国科学家爱弗里通过细菌转化试验，证实了遗传物质的基础是 DNA 或 RNA，使微生物研究进入分子水平，成为研究生物基因工程的重要对象和实验手段，有力地推动了遗传工程的研究。

1953 年，沃森和克里克提出 DNA 双螺旋结构。1958 年，麦声证明了 DNA 复制是半保留复制，为遗传学奠定了理论基础。

20 世纪 60 年代，临床免疫应用不断深入，已可控制体内的免疫排斥反应，使人类脏器移植获得成功，并扩展到普通病和生物学的领域。

1973 年，科亨等人将重组质粒转入到大肠杆菌，改变遗传性状，使之生产出人所需要的物质，如胰岛素等。

1975 年，米尔斯坦发现单克隆抗体，并应用于传染病的诊断和防治方面。

1981 年，雷得斯发现亚病毒——拟病毒。1982 年美国普鲁西纳发现传染性蛋白因子——朊病毒。1983 年建立 PCR 技术。1989 年发现癌基因。1995 年流感嗜血杆菌全基因组序列测定完成。2002 年发现最大的病毒（mimivirvs）。2003 年发现 SARS。2004 年第一支 SARS 疫苗用于临床试验。2005 年第一支艾滋病疫苗用于临床试验。

近年来，在党和国家的高度重视下，微生物学理论研究和实际应用方面进展很快，我国首先发现了小鹅瘟病毒、兔出血症病毒，并成功研制出数十种新疫苗，如牛瘟兔化、猪瘟兔化等疫苗已达到或超过世界先进水平。在微生物学的个别领域达到国际先进水平，但是绝大多数领域与国际先进水平相比，还存在着很大差距。因此，如何应用先进的理论和技术，加速微生物学的发展，紧跟国际前沿，还任重而道远。

三、21 世纪微生物学的发展趋势

20 世纪微生物学走过辉煌的历程，21 世纪微生物学将更加绚丽多彩，可能会出现我们现在预想不到的亮点，发展趋势概括为以下几方面。

1. 微生物基因组学的研究将蓬勃发展

在人类基因组（认识基因与功能）的研究中，微生物基因组发挥着不可替代的作用。21 世纪微生物基因组的测序将继续作为"人类基因组"计划的主要模式生物，并进一步扩大到人类健康、人口、环境、资源和与工农业有关的重要微生物。从本质上认识微生物，利用和改造微生物，做出具有国际领先水平的开创性工作。

2. 与环境密切相关的微生物学研究将得到长足发展

人类的生存和健康与环境中的微生物密切相关，以微生物与其他生物、微生物与环境相互作用为研究内容的生物学等，在基因组信息的基础上将得到长足发展。

3. 微生物生命现象的特性和共性将倍加受到重视

微生物有其他生物不具备的生物学特性，也有其他生物共有的基本生物学特性，微生物具备生命现象的特性和共性，将成为进一步研究生物学生命起源与进化及微生物开发利用等重大问题最理想的材料或工具。

4. 与多个学科交叉，形成新的研究和应用领域

随着各学科的快速发展及人类社会的需要，各学科之间的交叉和渗透是必然的发展趋势。微生物学将进一步地向地质、海洋、大气和太空渗透，使微生物地球化学、海洋微生物学、大气微生物学、太空微生物学及极端环境微生物学等更多的边缘学科得到发展。

微生物与能源、信息、材料、计算机的结合，将形成新的研究和应用领域。微生物学的研究技术和方法也将会有新的突破。

5. 微生物产业将呈现新局面

以微生物的代谢产物和菌体本身为生产对象的生物产业是继动、植物两大生物产业后的第三大产业，已在人类的生活和生产实践中得到广泛的应用。

21 世纪微生物产业除了广泛的利用和开发不同环境资源微生物外,基因工程菌是一批强大的工业生产菌。如药物的生产将呈现前所未有的新局面,以核酸为靶标的新药物(如 DNA 疫苗等)的大量生产,人类将可能征服癌症及其他疾病。同时将会出现新的微生物工业,生产多种新产品,如降解性塑料、DNA 芯片、饲料添加剂、食品安全检测等,为世界的经济和社会发展做出巨大贡献。

四、动物微生物与动物免疫学研究的内容与任务

1. 动物微生物与动物免疫学研究的内容

动物微生物学是研究微生物与动物之间相互关系的一门科学。动物免疫学是研究动物机体防御外部或内部侵入物的一门科学。根据应用目的的不同,它融合了普通微生物学、畜牧微生物学、兽医微生物学等与动物有关的内容。主要是阐述微生物的形态结构、生长繁殖,微生物在自然界的分布,外界因素对微生物的影响,病原微生物的传染与动物机体的免疫功能,生物制品、微生态制剂,主要动物病原体的生物学特性、检查方法及有关实验技术。

2. 动物微生物与动物免疫学的任务

动物微生物学与动物免疫学是畜牧兽医、兽医、兽药技术、动物防疫检疫专业的一门重要的专业基础课,是为学习畜禽传染病、兽医卫生检验、兽医临床基础、家畜内科学、家畜外科学、家畜寄生虫病等课程提供必要的理论知识和操作技能。在各相关专业中占有重要的地位。主要任务如下。

(1) 病原微生物对动物的危害及防治 病原微生物可影响动物健康,危及动物生命,畜牧兽医工作者利用病原微生物传染与免疫等知识设法控制或消灭病原微生物对动物的这些有害作用,这是动物微生物学的主要任务之一。

(2) 有益微生物在饲料、畜产品中的应用 有益微生物不仅用于生物制品,也广泛用于饲料生产、食品发酵等领域,在扩大饲料来源、提高营养价值等方面发挥着重要作用。如开发微生物资源;掌握饲料和畜产品中微生物的种类、作用;应用微生态制剂,保护家畜健壮,为人类提供健康畜产品也是动物微生物学的重要任务之一。

总之,动物微生物与免疫的根本任务是防控对动物有害的微生物,同时发展与动物相关的有益微生物,为发展畜牧业健康生产、保障人类健康服务。

【思考题】

1. 解释下列名词:微生物 微生物学 物微生物学 病原体 条件性病原体
2. 微生物包括哪些种类?
3. 试举例说明微生物的特点。
4. 试举例说明微生物的实际应用。
5. 简述动物微生物与免疫的研究内容及任务。

第一篇

微生物概论

第一章 细 菌

【学习目标】
- 了解细菌的化学成分、代谢产物、生长条件
- 掌握细菌的形态结构、功能及致病性
- 掌握细菌的基本染色方法、鉴定技术

【技能目标】
- 培养学生具备对细菌进行染色、镜检、分离培养及鉴定的能力

第一节 细菌的形态和结构

细菌是一类具有细胞壁的单细胞原核型微生物，是最常见的微生物之一。细菌在一定的环境条件下具有相对恒定的形态结构和生理特性。了解这些特性，对于鉴别细菌，疾病的诊断、治疗，研究细菌的致病性与免疫性，均有重要的意义。

一、细菌的形态

1. 细菌的大小

细菌的个体微小，须用光学显微镜放大数百倍乃至数千倍才能看到。通常使用显微测微尺来测量细菌的大小，用微米（μm）作为测量单位。不同种类的细菌，大小很不一致，即使是同一种细菌在其生长繁殖的不同阶段、不同的生长环境（如动物体内、外）、不同的培养条件下其大小也可能差别很大。一般球菌的直径约为 $0.8 \sim 1.2\mu m$，杆菌长为 $1 \sim 10\mu m$、宽为 $0.2 \sim 1.0\mu m$，螺旋菌长为 $1 \sim 50\mu m$、宽为 $0.2 \sim 1.0\mu m$。

细菌的大小，是以生长在适宜的温度和培养基中的青壮龄培养物为标准。在一定的条件下，各种细菌的大小是相对稳定的，并具有明显特征，可作为鉴定细菌种类的重要依据之一。同种细菌在不同的生长环境（如动物体内、外）、不同的培养条件下，其大小会有所变化，测量时的制片方法、染色方法及使用的显微镜不同也会对测量结果产生一定影响，因此，测定细菌大小时，各种条件和技术操作等均应一致。

2. 细菌的基本形态和排列

细菌虽有各种各样的形态，但基本形态有球状、杆状和螺旋状三种，并据此将细菌分为球菌（图 1-1）、杆菌（图 1-2）和螺旋菌（图 1-3）三种类型。

细菌的繁殖方式是简单的二分裂。细菌分裂后，其菌体排列方式不同，有些细菌分裂后彼此分离，单个存在；有些细菌分裂后彼此仍通过原浆带相连，形成一定的排列方式。

（1）球菌 菌体呈球形或近似球形。根据球菌分裂的方向和分裂后的排列状况可将其分为如下几种。

① 双球菌。沿一个平面分裂，分裂后菌体成对排列。如脑膜炎双球菌、肺炎双球菌。

② 链球菌。沿一个平面分裂，分裂后

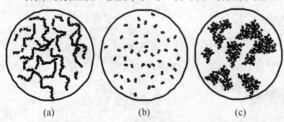

图 1-1 各种球菌的形态和排列
（a）链球菌；（b）双球菌；（c）葡萄球菌

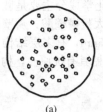 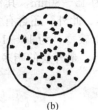 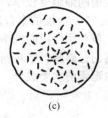 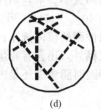

图 1-2 各种杆菌的形态和排列

(a) 巴氏杆菌；(b) 布氏杆菌；(c) 大肠杆菌；(d) 炭疽杆菌

3 个以上的菌体呈短链或长链排列。如猪链球菌。

③ 葡萄球菌。沿多个不同方向的平面做不规则分裂，分裂后菌体堆集成葡萄串状。如金黄色葡萄球菌。

此外，还有单球菌、四联球菌和八叠球菌等。

(2) 杆菌　菌体一般呈正圆柱状，也有近似卵圆形的，其大小、长短、粗细都有显著差异。菌体多数平直，少数微弯曲；两端多数为钝圆，少数平截；有的杆菌（如布氏杆菌）菌体短小、两端钝圆、近似球状，称为球杆菌；有的杆菌（如化脓性棒状杆菌）一端较另一端膨大，使整个杆菌呈棒状，称为棒状杆菌；有的杆菌（如结核分枝杆菌）菌体有侧枝或分枝，称为分枝杆菌；也有的杆菌呈长丝状。杆菌的排列方式也有单在（单杆菌）、成对（双杆菌）、成链（链杆菌）与不规则（菌丛）等。

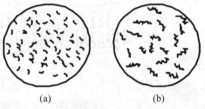

图 1-3 螺旋菌的形态和排列

(a) 弧菌；(b) 螺菌

(3) 螺旋菌　菌体呈弯曲状，根据弯曲程度和弯曲数，又可分为弧菌和螺菌。

① 弧菌。菌体只有一个弯曲，呈弧状或逗点状，如霍乱弧菌。

② 螺菌。菌体有两个或两个以上弯曲，捻转成螺旋状。如空肠结肠弯杆菌，能引起人畜共患病。

在正常情况下各种细菌的外形和排列方式相对稳定并具有特征性，可作为细菌分类和鉴定的依据之一。通常在适宜环境下细菌呈较典型的形态，但当环境条件改变或在老龄培养物中，会出现各种与正常形态不一样的个体，称为衰老型或退化型。这些衰老型的细菌重新处于正常的培养环境中可恢复正常形态。但也有些细菌，即使在最适宜的环境条件下，其形态也很不一致，这种现象称为细菌的多形性。

二、细菌的结构

细菌的结构（图 1-4）可分为基本结构和特殊结构两部分。细菌的基本结构是指所有细菌都具有的结构；细菌的特殊结构不是所有细菌都有的，是细菌种的特征。

1. 细菌的基本结构

细菌的基本结构是指所有细菌都具有的细胞结构。包括细胞壁、细胞膜、细胞浆、核质。细胞浆中还含有核糖体、间体、质粒等超显微结构。

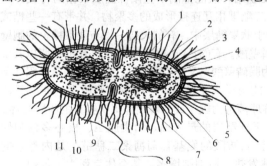

图 1-4 细菌细胞结构模式图

1—间体；2—细胞浆；3—核糖体；4—核质；
5—鞭毛；6—普通菌毛；7—质粒；8—性菌毛；
9—荚膜；10—细胞壁；11—细胞膜

(1) 细胞壁　细胞壁是细菌细胞最外面的一层膜，紧贴在细胞膜之外。细胞壁的化学组成因细菌种类不同而有所差异（图 1-5），一般是由糖类、蛋白质和脂类镶嵌排列组成，基础成分是肽聚糖（又称黏肽或糖肽）。

不同细菌的细胞壁结构和成分有所不同，用革兰染色法染色，可将细菌分成革兰阳性菌和革兰阴性菌两大类。革兰阳性菌的细胞壁较厚，为15～80nm，其化学成分主要是肽聚糖，占细胞壁物质的40％～95％，形成15～50层的聚合体。此外，还含有大量磷壁酸，磷壁酸具有抗原性，构成阳性菌的菌体抗原；革兰阴性菌的细胞壁较薄，为10～15nm，有多层结构，除最内层较薄的肽聚糖外，还含有脂蛋白、磷脂、脂多糖等，最外层的脂多糖具有抗原性，构成阴性菌的菌体抗原。同时脂多糖还是内毒素的主要成分。

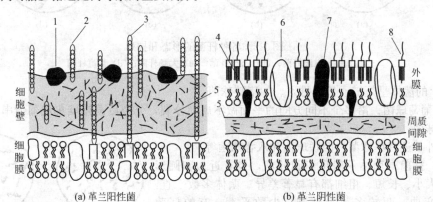

图 1-5　细菌细胞壁结构模式图
1—表层蛋白；2—壁磷壁酸；3—脂磷壁酸（LTA）；4—OMP（脂蛋白）；
5—肽聚糖；6—OMP（微孔蛋白）；7—OMP；8—脂多糖（LPS）

① 肽聚糖。又称黏肽或糖肽，是细菌细胞壁所特有的物质。革兰阳性菌细胞壁的肽聚糖是由聚糖链支架、四肽侧链和五肽交联桥三部分组成的复杂聚合物。各种细菌的聚糖链支架相同，均由N-乙酰葡萄糖胺和N-乙酰胞壁酸通过β-1,4-糖苷键交替连接组成；四肽侧链由L-丙氨酸、D-谷氨酸（或D-异谷氨酰胺）、L-赖氨酸、D-丙氨酸组成并与胞壁酸相连；五肽交联桥由5个甘氨酸组成，交联于相邻两条四肽侧链之间。于是，聚糖链支架、四肽侧链和五肽交联桥共同构成十分坚韧的三维立体结构。革兰阴性菌的肽聚糖层很薄，内侧由1～2层网状分子构成，其结构单体有与革兰阳性菌相同的聚糖链支架和相似的四肽侧链，但无五肽交联桥，由相邻聚糖链支架上的四肽侧联直接连接成二维结构，较为疏松。溶菌酶能水解聚糖链支架的β-1,4-糖苷键，故能裂解肽聚糖；青霉素能抑制五肽交联桥和四肽侧链之间的联结，故能抑制革兰阳性菌肽聚糖的合成。

② 磷壁酸。是一种由核糖醇或甘油残基经磷酸二酯键相互连接形成的多聚物，并带有一些糖或氨基酸。约30个或更多的磷壁酸分子组成长链穿插于肽聚糖层中。有的长链一端与肽聚糖上的胞壁酸以共价键连接，另一端游离于细胞壁外，称为壁磷壁酸。有的长链一端与细胞膜外层的糖脂以共价键连接，另一端穿过肽聚糖层达到细胞壁表面，称为膜磷壁酸，又称脂磷壁酸。磷壁酸是革兰阳性菌特有的成分，是特异的表面抗原。它带有负电荷，能与镁离子结合，以维持细胞膜上一些酶的活性。此外，它对宿主细胞具有黏附作用，是A群链球菌毒力因子或为噬菌体提供特异的吸附受体。

③ 脂多糖（LPS）。为革兰阴性菌所特有，位于外壁层的最表面，由类脂A、核心多糖和侧链多糖三部分组成。类脂A是一种结合有多种长链脂肪酸的氨基葡萄糖聚二糖链，是内毒素的主要毒性成分，发挥多种生物学效应，能致动物体发热，白细胞增多，甚至休克死亡。各种革兰阴性菌类脂A的结构相似，无种属特异性。核心多糖位于类脂A的外层，由葡萄糖、半乳糖等组成，与类脂A共价联结。核心多糖具有种属特异性。侧链多糖在LPS的最外层，即为菌体（O）抗原，是由3～5个低聚糖单位重复构成的多糖链，其中单糖的种类、位置、排列和构型均不同，具有种、型特异性。此外，LPS也是噬菌体在细菌表面的特异性吸附受体。

④ 外膜蛋白（OMP）。是革兰阴性菌外膜层中镶嵌的多种蛋白质的统称。按含量及功能的重要性可将OMP分为主要外膜蛋白及次要外膜蛋白两类。主要外膜蛋白包括微孔蛋白及脂蛋白等，微孔蛋白由三个相同分子量的亚单位组成，能形成跨越外膜的微小孔道，起分子筛的作用，仅允许小分子量的营养物质如双糖、氨基酸、二肽、三肽、无机盐等通过，大分子物质不能通

过，因此溶菌酶之类的物质不易作用到革兰阴性菌的肽聚糖。脂蛋白的作用是使外膜层与肽聚糖牢固地连接，可作为噬菌体的受体，或参与铁及其他营养物质的转运。

⑤ 细胞壁的功能。细胞壁坚韧而富有弹性，主要是维持细菌的固有形态，保护菌体免受渗透压的破坏，由于细胞壁的保护作用，细菌才能在比菌体内渗透压低的人工培养基上生长；细胞壁上有许多微细小孔，直径 1nm 大小的可溶性分子能自由通过，具有相对的通透性，与细胞膜共同完成菌体内外物质的交换。同时脂多糖还是内毒素的主要成分。此外，细胞壁与细菌的正常分裂、致病性、抗原性、对噬菌体与抗菌药物的敏感性及革兰染色特性等有密切关系。

小知识

> 在临床中，青霉素可抑制细菌细胞壁的生物合成，达到抗菌的效果。多黏菌素则作用到细菌细胞膜的脂类物质上，增强细胞膜的通透性，从而达到杀菌的效果。

(2) 细胞膜　又称胞浆膜，是在细胞壁与细胞浆之间的一层柔软、富有弹性并具有半渗透性的薄膜。细胞膜的主要化学成分是磷脂和蛋白质，亦有少量碳水化合物和其他物质。蛋白质镶嵌在脂类的双分子中，形成细胞膜的基本结构，这些蛋白质是具有特殊功能的酶和载体蛋白，与细胞膜的半透性等作用有关。细胞膜向细胞浆内形成间体。

细胞膜具有重要的生理功能。细胞膜的半渗透性能允许可溶性物质通过；膜上的载体蛋白能选择性地运输营养物质，排除代谢产物，从而维持细菌的内外物质交换。细胞膜上有呼吸酶，参与细菌的呼吸。细胞膜还与细胞壁、荚膜的合成有关，是鞭毛的着生部位。细胞膜受到损伤，细菌将死亡。

(3) 细胞浆　是一种无色透明、均质的黏稠胶体，外有细胞膜包绕。主要成分是水、蛋白质、核酸、脂类及少量糖类和无机盐类等。细胞浆中含有许多酶系统，是细菌进行新陈代谢的主要场所。细胞浆中还含有核糖体、质粒、间体、异染颗粒等内含物。

① 核糖体。又称核蛋白体，是散布在细胞质中呈小球形或不对称形的一种核糖核酸蛋白质小颗粒。约由 2/3 的核糖核酸和 1/3 蛋白质所构成。核糖体是合成菌体蛋白质的地方，细菌的核糖体与人和动物的核糖体不同，故某些药物，例如链霉素和红霉素能干扰细菌核糖体合成蛋白质，将细菌杀死，而对人和动物细胞的核糖体则不起作用。

② 质粒。是存在于染色体外的遗传物质，游离的一小段双股 DNA 分子。多为共价闭合的环状，也发现有线状，带有遗传信息，其功能是控制细菌产生菌毛、毒素、耐药性和细菌素等特定的遗传性状。质粒能独立复制，可随分裂传给子代菌体，也可由性菌毛在细菌间传递。质粒具有与外来 DNA 重组的功能，所以在基因工程中被广泛用作载体。

③ 间体。并不是所有的细菌都有，多见于革兰阳性菌。是细胞膜凹入细胞质内形成的一种囊状、管状或层状的结构。其功能与细胞壁的合成、细菌的分裂及核质的复制、细菌的呼吸和芽孢的形成有关。

④ 内含物。细菌等原核生物细胞浆内往往含有一些贮备的营养物质或其他物质的颗粒样结构，称之为内含物。如脂肪滴、糖原、淀粉粒及异染颗粒等。其中，异染颗粒是某些细菌细胞浆中一种特有的酸性小颗粒，对碱性染料的亲和性特别强，特别是用陈旧碱性美蓝染色时呈红紫色，而菌体其他部分则呈蓝色。异染颗粒的主要成分是 RNA 和无机聚偏磷酸盐，其功能主要是储存磷酸盐和能量。某些细菌，如棒状杆菌的异染颗粒非常明显，常有助于细菌的鉴定。

(4) 核质。细菌是原核型微生物，不具有典型的核结构，没有核膜、核仁，只有核质，不能与细胞浆截然分开，存在于细胞质的中心或边缘区，呈球形、哑铃状、带状或网状等形态。核质是由双股 DNA 反复回旋盘绕而成，含细菌的遗传基因，控制细菌的各种遗传性状，与细菌的生长、繁殖、遗传、变异等有密切关系。

2. 细菌的特殊结构

有些细菌除具有上述基本结构外，还有某些特殊结构。细菌的特殊结构有荚膜、鞭毛、菌毛和芽孢。这些结构有的与细菌的致病力有关，有的与细菌的运动性有关，有的有助于细菌的鉴定等。

(1) 荚膜　某些细菌（如猪链球菌、巴氏杆菌、炭疽杆菌等）在生活过程中，可在细胞壁外面产生一层黏液性物质，包围整个菌体，称为荚膜。当多个细菌的荚膜融合形成大的胶状物，内含多个细菌时，则称为菌胶团。有些细菌菌体周围有一层很疏松、与周围物质界限不明显、易与菌体脱离的黏液样物质，则称为黏液层。

细菌的荚膜用普通染色方法不易着色，在显微镜下只能见到菌体周围一层无色透明带，即为荚膜。需用特殊的荚膜染色法染色，才能使荚膜着色，可清楚地看到荚膜的存在。

荚膜的主要成分是水（约占90%以上），固形成分随细菌种类不同而异，有的为多糖类，如猪链球菌；有的为多肽，如炭疽杆菌；也有极少数二者兼有，如巨大芽孢杆菌。荚膜的产生具有种的特征，在动物机体内或营养丰富的培养基上容易形成。它不是细菌的必需构造，除去荚膜对菌体的代谢没有影响。

荚膜的功能是保护细菌抵抗吞噬细胞的吞噬和噬菌体的攻击，保护细胞壁免受溶菌酶、补体等杀菌物质的损伤，所以荚膜与细菌的致病力有关，失去荚膜的细菌，毒力即减弱或消失；荚膜能储存水分，有抗干燥的作用；荚膜具有抗原性，具有种和型的特异性，可用于细菌的鉴定。

(2) 鞭毛　有些杆菌、弧菌、螺菌和个别球菌，在菌体上长有一种细长呈螺旋弯曲的丝状物，称为鞭毛。电镜能直接观察到细菌的鞭毛。细菌的鞭毛需经特殊的鞭毛染色法才能在光学显微镜下观察到。

不同种类的细菌，鞭毛的数量和着生位置不同，根据鞭毛的数量和在菌体上着生的位置，可将有鞭毛的细菌分为单毛菌、丛毛菌和周毛菌等（图1-6）。

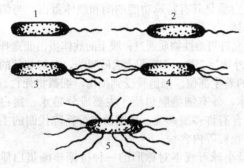

图 1-6　细菌的鞭毛

1,2—单鞭毛；3,4—丛毛菌；5—周毛菌

鞭毛由鞭毛蛋白组成，具有特殊的抗原性，称为鞭毛抗原或 H 抗原，对鉴定细菌的型有意义；鞭毛是细菌的运动器官，有鞭毛的细菌具有运动性，检查细菌能否运动，可以鉴定细菌；是否产生鞭毛以及鞭毛的数目和着生位置，都具有种的特征，是鉴定细菌的依据之一。

鞭毛与细菌的致病性也有关系。如霍乱弧菌等通过鞭毛运动可穿过小肠黏膜表面的黏液层，黏附于肠黏膜上皮细胞，进而产生毒素而致病。

(3) 菌毛　许多革兰阴性菌和少数革兰阳性菌的菌体上，在电镜下可见有一种比鞭毛多、直、细而短的丝状物，称为菌毛或纤毛（图1-7）。其化学成分是蛋白质。

菌毛可分为普通菌毛和性菌毛。普通菌毛较纤细和较短，数量较多，菌体周身都有，约有150～500 根，能使菌体牢固地吸附在动物消化道、呼吸道和泌尿生殖道的黏膜上皮细胞上，以利于获取营养。对于病原菌来讲，菌毛与毒力有密切关系。性菌毛比普通菌毛长而且粗，数量较少，一般只有1～4 根。有性菌毛的细菌为雄性菌，雄性菌和雌性菌可通过菌毛接合，发生基因转移或质粒传递。另外，性菌毛也是噬菌体吸附在细菌表面的受体。

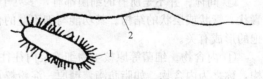

图 1-7　细菌的菌毛

1—菌毛；2—鞭毛

(4) 芽孢　某些革兰阳性菌生长到一定阶段后，在一定的环境条件下，细胞浆和核质脱水浓缩，在菌体内形成一个折光性强、通透性低的圆形或椭圆形的坚实小体，称为芽孢。带有芽孢的菌体称为芽孢体，未形成芽孢的菌体称为繁殖体或营养体。芽孢在菌体内成熟后，菌体崩解，形成游离芽孢。炭疽杆菌、破伤风梭菌等均能形成芽孢。

细菌的芽孢具有较厚的芽孢壁和多层芽孢膜，结构坚实，含水量少，应用普通染色法染色时，染料不易渗入，因而不能使芽孢着色，因本身的折光性强，在普通光学显微镜下观察时，呈无色的空洞状。需用特殊的芽孢染色法染色才能让芽孢着色，芽孢一经染色就不易脱色。

细菌能否形成芽孢以及芽孢的形状、大小及在菌体的位置等，都具有种的特征（图1-8）。例如炭疽杆菌的芽孢位于菌体中央，呈卵圆形，直径比菌体小，称为中央芽孢；肉毒梭菌的芽孢偏于菌端，也是卵圆形，但直径比菌体大，使整个菌体呈梭形，似网球拍状，称为偏端芽孢；破伤风梭菌的芽孢位于菌体末端，正圆形，比菌体大，似鼓槌状，称为末端芽孢。

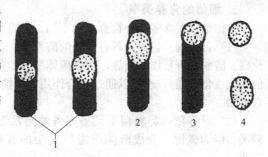

图1-8　细菌芽孢的类型
1—中央芽孢；2—偏端芽孢；3—末端芽孢；
4—游离芽孢

形成芽孢需要一定条件，并随菌种不同而异。如炭疽杆菌需要在有氧条件下才能形成，而破伤风梭菌只有在厌氧条件下才能形成。此外，芽孢的生成与温度、pH、碳源、氮源及某些离子，如钾、镁的存在均有关系。

细菌的芽孢在适宜条件下能萌发形成一个新的繁殖体。一个细菌只能生成一个芽孢，一个芽孢经发芽后也只能生成一个菌体。所以芽孢不是细菌的繁殖器官，而是细菌生长发育过程中抵抗外界不良环境、保存生命的一种休眠状态（或叫休眠体），此阶段菌体代谢相对静止。

细菌的芽孢结构多层而且致密，构造坚实，因其含水量少，代谢极低，对外界不良理化环境的抵抗力比其繁殖体更坚强，特别能耐受高温、辐射、氧化、干燥和渗透压等的作用，一般的化学药品也不易渗透进去。一般细菌繁殖体经100℃ 30min煮沸可被杀灭，但形成芽孢后，可耐受100℃数小时，如破伤风梭菌的芽孢煮沸1～3h仍然不死，炭疽杆菌芽孢在干燥条件下能存活数十年。杀灭芽孢可靠的方法是干热灭菌和高压蒸汽灭菌。实际工作中，消毒和灭菌的效果以能否杀灭芽孢为标准。

细菌能否形成芽孢以及芽孢的形状、大小及在菌体的位置等，在细菌鉴定上具有重要意义。

第二节　细菌的生理

一、细菌的营养

1. 细菌的化学组成

细菌的化学组成

水分（70%～90%）
- 结合水　与菌体其他成分结合
- 游离水　呈游离状态，是细菌内的重要溶剂，参加一系列生化反应

固形物（10%～30%）
- 有机物
  - 蛋白质　构成菌体重要成分，占固形物的50%～80%
  - 核　酸　有DNA和RNA两种，前者主要存在于胞浆中、胞膜上，后者存在于核质、质粒中
  - 糖　类　主要以多糖、脂多糖、黏多糖的形式存在
  - 脂　类　主要包括中性脂肪、磷脂和蜡质等，存在于细胞壁、细胞膜及胞浆内
  - 其他有机物　指各种生长因子和色素等
- 无机物　占固形物的2%～3%，有磷、硫、钾、钙、镁、铁、钠、氯、钴、锰等，其中磷和钾含量最多

2. 细菌的营养类型

根据细菌对含碳化合物要求的不同，可将细菌分为自养菌和异养菌两大营养类型。

（1）自养菌 自养菌具有完备的酶系统，合成能力较强，能以简单的无机碳化合物（如二氧化碳、碳酸盐等）作为碳源，合成菌体所需的复杂的有机物质。细菌所需的能量来自无机化合物的氧化（化学能），也可以通过光合作用获得能量（光能），因此自养菌又分为化能自养菌和光能自养菌。

（2）异养菌 异养菌不具备完备的酶系统，合成能力较差，必须利用有机碳化合物（如糖类）作为碳源，合成菌体所需的复杂的有机物质。其代谢所需能量大多从有机物氧化中获得。

异养菌由于生活环境不同，又分为腐生菌和寄生菌两类。腐生菌以无生命的有机物如动植物尸体、腐败食品等作为营养物质来源；寄生菌则寄生于有生命的动植物体内，从宿主体内的有机物中获得营养。致病菌多属于异养菌。

3. 细菌的营养物质

根据细菌的化学组成，细菌进行生长繁殖，必须不断地从外界环境中摄取各种营养物质，来合成菌体成分，提供能量，并对新陈代谢起调节作用。细菌所需的营养物质有：水、含碳化合物、含氮化合物、无机盐类和生长因子等。

（1）水 水是细菌不可缺少的重要组成成分，细菌的新陈代谢必须有水才能进行。在实验室中，最好的水是蒸馏水或去离子水。

（2）含碳化合物 用于合成菌体的糖类和其他含碳化合物，是细菌的主要能量来源。细菌的营养类型不同，所需要的含碳化合物也不同，即使同是异养菌，对含碳化合物的利用也不一致。自养菌可以利用二氧化碳或碳酸盐等无机碳化合物作为碳源；异养菌只能利用有机含碳化合物，如实验室制备培养基常利用各种单糖、双糖、多糖、有机酸、醇类、脂类等，氨基酸除供给氮源外，也能提供碳源。因此，微生物对碳源的利用情况，可作为细菌分类的依据。

（3）含氮化合物 氮是构成细菌蛋白质和核酸的重要元素。在自然界中，从分子态氮到复杂的有机含氮化合物，都可以作为不同细菌的氮源。多数病原菌以有机氮作为氮源。在实验室中，常用的有机氮化合物有牛肉膏、蛋白胨、尿素、酵母浸膏等。此外，有的病原菌也可利用无机氮化合物作为氮源，硝酸钾、硝酸钠、硫酸铵等可被少数病原菌如绿脓杆菌、大肠杆菌等所利用。

（4）无机盐类 无机盐是细菌生长所必需的，虽然需要量甚少，但作用却很大。包括常量元素如磷、硫、钾、镁、钙等和微量元素如铁、钴、铜、锰等。这些无机盐类的主要功能有：构成菌体成分；作为酶的组成成分，维持酶的活性；参与调节菌体的渗透压、pH 值等。有的无机盐类可作为自养菌的能源如硫、铁等。

（5）生长因子 是指细菌生长时不可缺少的微量有机物质。主要包括维生素、嘌呤、嘧啶、某些氨基酸等。如维生素 B 族化合物，有硫胺素、生物素、泛酸、核黄素等，它们大多是辅酶或辅基的成分。各种细菌所需要的生长因子种类不同，有些可以自己合成，有的则需要外界供给。

4. 细菌摄取营养的方式

外界的各种营养物质必须吸收到细胞内，才能被利用。细菌是单细胞生物，没有专门摄取营养的器官，营养物质的摄取以及代谢产物的排出，都是通过具有相对通透性的细胞壁和半渗透性的细胞膜的功能来完成的。

根据物质运输的特点，可将物质进出细胞的方式分为被动扩散、促进扩散、主动运输和基团转位。

（1）被动扩散 又称单纯扩散，是一种物理扩散，是细胞内外物质最简单的一种交换方式。被动扩散的动力是细胞膜两侧的物质靠浓度差（浓度梯度）进行分子扩散，不需要消耗能量。当某物质的菌体外浓度高于细胞内时，物质就自由扩散进入菌体内，直到细胞内外物质浓度达到一致，扩散便停止。水、氧气、二氧化碳及一些盐类、脂溶性分子等可进行被动扩散。被动扩散无特异性或选择性，速度较慢，因此不是物质运输的主要方式。

（2）促进扩散　这种扩散也是靠细胞膜两边的物质浓度差进行的，不需要消耗能量，但需要有特异性载体蛋白质参加才能完成。

载体蛋白质又叫渗透酶，位于细胞膜外侧，起着"渡船"的作用，糖或氨基酸等营养物质与载体蛋白质结合，从膜外转运至细胞内，然后载体蛋白质又回到原来的位置上，反复循环。载体蛋白质具有较强的特异性和选择性，葡萄糖载体只能载送葡萄糖。促进扩散的速度比被动扩散快。

（3）主动运输　是细菌吸收营养物质的一种主要方式，与促进扩散一样，需要有膜内特异性的载体蛋白参加，但被运输的物质不受菌体内外物质浓度差的制约，能主动逆浓度梯度"泵"入菌体内，因此需要消耗能量。细菌在生长过程中所需要的氨基酸和各种营养物质，主要是通过主动运输方式摄取的。

（4）基团转位　与主动运输相似，同样靠特异性载体将物质逆浓度差转运至细胞内，但物质在运输的同时受到化学修饰，如发生磷酸化，因此使细胞内被修饰的物质浓度大大高于细胞外的浓度。此过程需要特异性的载体蛋白参与，需要能量。

二、细菌的生长繁殖

1. 细菌生长繁殖的条件

（1）营养物质　包括水分、含碳化合物、含氮化合物、无机盐类和必须的生长因子等。因此，各种营养物质的浓度比例，应根据需要调制适当制成培养基。

（2）温度　细菌只能在一定温度范围内进行生命活动，超出这个范围的最低限度或最高限度，生命活动受阻乃至停止。如大多数病原菌在 $15\sim45℃$ 都能生长，最适温度是 $37℃$ 左右，所以实验室常用 $37℃$ 恒温培养箱进行细菌培养。

（3）pH 值　各种细菌只能在一定的 pH 值范围内生长，大多数病原菌需要弱碱环境，最适pH 值为 $7.2\sim7.6$，但个别偏酸，如鼻疽假单胞菌需 pH 值为 $6.4\sim6.8$；也有的偏碱，如霍乱弧菌需 pH 值为 $8.0\sim9.0$。许多细菌在生长过程中，能使培养基变酸或变碱而影响其生长，所以往往需要在培养基内加入一定的缓冲剂。

（4）渗透压　细菌细胞需要在适宜的渗透压下才能生长繁殖。盐腌、糖渍之所以具有防腐作用，即因一般细菌和霉菌在高渗条件下发生"质壁分离"，不能生长繁殖之故。如将细菌长时间置于低渗溶液（如蒸馏水）中，会发生"胞浆压出"，也不能生长。因此，在制备各种细菌悬液时，一般用生理盐水，而不用蒸馏水。不过细菌较其他生物细胞对渗透压有较大的适应能力，特别是有一些细菌能在较高的食盐浓度下生长。相对来讲，细菌细胞对低渗不敏感。

（5）气体　细菌的生长繁殖与氧的关系甚为密切，在细菌培养时，氧的提供与排除要根据细菌的呼吸类型而定。少数细菌如牛型布氏杆菌、羊型布氏杆菌在初次分离培养时需要添加 $5\%\sim10\%$ 的二氧化碳才能生长。

2. 细菌的繁殖方式和速度

细菌的繁殖方式是简单的二分裂。在适宜条件下，大多数细菌约 $20\sim30min$ 分裂一次，在特定条件下，以此速度繁殖 10h，一个细菌可以繁殖 10 亿个细菌，但由于营养物质的消耗、有害产物的蓄积，细菌是不可能保持这种速度繁殖的。有些细菌如结核杆菌，在人工培养基上繁殖速度很慢，需 10 多小时才分裂一次。

3. 细菌的生长曲线

将一定数量的细菌接种于适宜的液体培养基并置于适宜的温度中，细菌生长繁殖过程有一定的规律性，以培养时间为横坐标，活细菌数目的对数为纵坐标，可形成一条生长曲线。细菌的生长曲线一般可分为四个时期（图1-9）。

（1）适应期　又叫迟缓期，是细菌接种到新的培养基中的一段适应过程。在这个时期，细菌数目基本不增加或略有减少，但体积增大，代谢活跃，菌体产生足够量的酶、辅酶以及一些必需

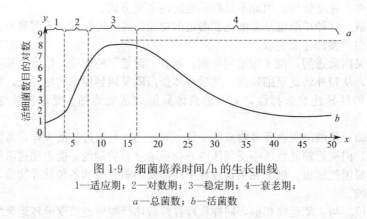

图 1-9　细菌培养时间/h 的生长曲线
1—适应期；2—对数期；3—稳定期；4—衰老期；
a—总菌数；b—活菌数

的中间产物。当这些物质达到一定程度时，少数细菌开始分裂。以大肠杆菌为例，这一时期约为 2～6h。

（2）对数期　经过适应期后，细菌代谢相当活跃，以最快的速度进行增殖，细菌数目的对数与时间呈直线关系。在此期间，菌体的形态、大小及生理特征均较典型。一般地，此期的病原菌致病力最强，对抗菌药物也最敏感。以大肠杆菌为例，这一时期约为 6～10h。

（3）稳定期　随着细菌的快速增殖，培养基中的营养物质迅速被消耗，有害代谢产物大量积累，细菌繁殖速度减慢，死亡细菌数开始增加，新繁殖的细菌数量与死亡细菌数量几乎相等，进入稳定期。此期后期可能出现菌体形态与生理特征的改变，革兰阳性菌此时可染成阴性。一些芽孢菌，可能形成芽孢。毒素等代谢产物大多在此时产生。以大肠杆菌为例，这一时期约需 8h。

（4）衰老期　细菌死亡的速度超过分裂速度，培养基中活菌数急剧下降，此期的细菌若不移植到新的培养基中，最终可能全部死亡。此期细菌的菌体出现变形或自溶，染色特性不典型，难以进行鉴定。

衰老期细菌的形态、染色特征都可能不典型，所以细菌的形态和革兰染色反应，应以对数期到稳定期中期的细菌为标准。

细菌的生长曲线是在体外人工培养条件下观察到的，在动物体内因受多种因素的制约，未必能出现此种典型的曲线，但学习、了解细菌的生长曲线，对培养、观察、利用和控制细菌具有重要意义。

三、细菌的新陈代谢

1. 细菌的酶

细菌新陈代谢过程中各种复杂的生化反应，都是在酶的催化下进行的。酶的作用具有高度的特异性。细菌的种类不同，细菌细胞内的酶系统就不同，因而其代谢过程及代谢产物也往往不同。

细菌的酶根据发挥作用的部位，可分为胞内酶和胞外酶。胞内酶仅存在于细胞内部发挥作用，包括一系列的呼吸酶以及与蛋白质、多糖等代谢有关的酶。它与细菌分解各种营养物质、进行氧化还原、获得能量有关。胞外酶是由细菌产生后分泌到细胞外面发挥作用，包括各种蛋白酶、脂肪酶、糖酶等水解酶。它能把大分子的营养物质水解成小分子的物质，便于细菌吸收。

根据酶产生的条件，细菌的酶还分为固有酶和诱导酶，细菌必须有的酶为固有酶，如某些脱氢酶等；细菌为适应环境而产生的酶为诱导酶或适应酶，如大肠杆菌的半乳糖酶，只有乳糖存在时才产生，当诱导物质消失之后，酶也不再产生。

有些细菌产生的酶与该菌的毒力有关，如溶纤维蛋白酶、透明质酸酶、血浆凝固酶等。

2. 细菌的呼吸类型

细菌借助于菌体呼吸酶从物质氧化过程中获得能量的生物氧化过程，称为细菌的呼吸。呼吸是氧化过程，但氧化并不一定需要氧。凡需要氧存在的，称为需氧呼吸；凡不需要氧的称为厌氧呼吸。根据细菌对氧的需求不同，可分为三大类型。

(1) 专性需氧菌 这类细菌具有完善的呼吸酶系统，必须在有一定浓度的游离氧的条件下才能生长繁殖，如结核分枝杆菌。

(2) 专性厌氧菌 该类细菌不具有完善的呼吸酶系统，必须在无游离氧或其浓度极低的条件下才能生长繁殖，如破伤风梭菌、肉毒梭菌等。专性厌氧菌人工培养时，必须要排除培养环境中的氧气。为了降低培养基的氧化还原势能，以利于厌氧菌的生长，往往加入硫基乙酸钠、肉渣、肝片等还原物质，并在培养基液面加盖液体或固体石蜡，以隔绝空气。

(3) 兼性厌氧菌 此类细菌具有更复杂的呼吸酶系统，在有氧或无氧的条件下均可生长，但在有氧条件下生长更佳。大多数细菌属此类型。

3. 细菌的新陈代谢产物

各种细菌因含有不同的酶系统，因而对营养物质的分解能力不同，代谢产物也不尽相同，各种代谢产物可积累于细菌体内，也可分泌或排泄于周围环境中。有些产物能被人类利用，有些可作为鉴定细菌的依据，有些则与细菌的致病性有关。

(1) 分解代谢产物

① 糖的分解产物。不同种类的细菌以不同的途径分解糖类，其代谢过程中均可产生丙酮酸。丙酮酸进一步分解生成气体（二氧化碳、氢气等）、酸类、酮类和醇类等。不同的细菌有不同的酶，对糖的分解能力也不同，有的分解产酸，有的分解产酸产气，有的不分解。利用糖的分解产物对细菌进行鉴定的生化试验有：糖发酵试验、甲基红（MR）试验、维-培（V-P）试验等。

② 蛋白质的分解产物。不同种类的细菌，分解蛋白质、氨基酸的种类和能力也不同。因此，能产生许多中间产物。吲哚（靛基质）是细菌分解色氨酸的产物；硫化氢是细菌分解含硫氨基酸的产物；明胶是一种凝胶蛋白，有的细菌有明胶酶，使凝胶状的明胶液化；在分解蛋白质的过程中，有的能形成尿素酶，分解尿素形成氨；有的细菌能将硝酸盐还原为亚硝酸盐等。利用蛋白质的分解产物对细菌进行鉴定的生化试验有：靛基质试验、硫化氢试验、尿素分解试验、明胶液化试验、硝酸盐还原试验等。

(2) 合成代谢产物 细菌通过新陈代谢不断合成菌体成分，如糖类、脂类、核酸、蛋白质和酶类等。此外，细菌还能合成一些与人类生产实践有关的产物。

① 维生素。是某些细菌能自行合成的生长因子，除供菌体自身需要外，还能分泌到菌体外。畜禽体内的正常菌群能合成维生素 B 和维生素 K，供机体需要。

② 抗生素。是一种重要的合成产物，它能抑制和杀死某些微生物。生产中应用的抗生素大多数由放线菌和真菌产生，细菌产生的很少。

③ 细菌素。是某些细菌产生的一种具有抗菌作用的蛋白质，与抗生素的作用相似，但作用范围狭窄，仅对有近缘关系的细菌有作用。目前发现的有大肠菌素、绿脓杆菌素、葡萄球菌素和弧菌素等。

④ 毒素。细菌产生的毒素有内毒素和外毒素两种。毒素与细菌的毒力有关。

⑤ 热原质。主要是指革兰阴性菌产生的一种多糖物质，将其注入人和动物体内，可以引起发热反应，故称热原质。它能耐高温，不被高压蒸汽灭菌法（121.3℃、30min）破坏，在制造注射剂和生物制品时，应用吸附剂和特制的石棉滤板将其除去。

⑥ 酶类。细菌代谢过程中产生的酶类，除满足自身代谢需要外，还能产生具有侵袭力的酶，这些酶与细菌的毒力有关，如透明质酸酶。

⑦ 色素。某些细菌在氧气充足、温度和 pH 适宜条件下能产生各种颜色的色素。细菌产生的色素有水溶性和脂溶性两种，如葡萄球菌产生的色素是脂溶性的，仅保持在细菌细胞内，使培养基上的菌落显色；而绿脓杆菌的绿脓色素与荧光素是水溶性的，使培养基显色。不同的细菌产生不同的色素，在细菌鉴定中有一定的意义。

第三节　细菌的人工培养

用人工的培养条件使细菌生长繁殖的方法，叫做细菌的人工培养。细菌的人工培养可以进行细菌的鉴定和进一步的利用，是微生物学研究和应用中十分重要的手段。

一、培养基的概念

把细菌生长繁殖所需要的各种营养物质合理地配合在一起，制成的营养基质称为培养基。培养基可根据需要自行配制，也可用商品化的培养基。培养基的主要用途是促进细菌的生长繁殖，可用于细菌的分离、纯化、鉴定、保存以及细菌制品的制造等。

二、制备培养基的基本要求

制备培养基的基本程序：

配料→溶化→测定及矫正 pH→过滤→分装→灭菌→无菌检验→备用（详细内容见实验四）

尽管细菌的种类繁多，所需培养基的种类也很多，但制备各种培养基的基本要求是一致的，具体如下。

（1）选择所需要的营养物质　制备的培养基必须含有细菌生长繁殖所需的各种营养物质，如水、含碳化合物、蛋白胨、无机盐类等。所用化学药品应为化学纯的。

（2）调整 pH　培养基的 pH 值应在细菌生长繁殖所需的范围内。多数病原菌最适 pH 值为 7.2～7.6。

（3）培养基应均质透明　均质透明的培养基便于观察细菌生长性状及生命活动所产生的各种变化。

（4）不含抑菌物质　制备培养基所用容器不应含有抑菌和杀菌物质，所用容器应洁净，无洗涤剂残留，最好不用铁制或铜制容器；所用的水应是蒸馏水或去离子水。

（5）灭菌处理　培养基制成后及盛培养基的玻璃器皿必须彻底灭菌，避免杂菌污染，以获得纯的目标菌。

三、培养基的类型

1. 根据培养基的物理性状分类

（1）液体培养基　是含各种营养成分的水溶液，最常用的是肉汤培养基。常用于生产和实验室中细菌的扩增培养。实际操作中，在使用液体培养基培养细菌时进行振荡或搅拌，可增加培养基中的通气量，并使营养物质更加均匀，可大大提高培养效率。

（2）固体培养基　是在液体培养基中加入 2%～3% 的琼脂，使培养基凝固成固体状态。固体培养基可根据需要制成平板培养基、斜面培养基和高层培养基等。平板培养基常用于细菌的分离、纯化、菌落特征观察、药敏试验以及活菌计数等；斜面培养基常用于菌种保存；高层培养基多用于细菌的某些生化试验和保存培养基用。

（3）半固体培养基　是在液体培养基中加入 0.25%～0.5% 的琼脂，使培养基凝固成半固体状态。多用于细菌运动性观察，即细菌的动力试验，也用于菌种的保存。

2. 根据培养基的用途分类

（1）基础培养基　含有细菌生长繁殖所需要的最基本的营养成分，可供大多数细菌人工培养用。常用的是肉汤培养基、普通营养琼脂培养基及蛋白胨水培养基等。

（2）营养培养基　在基础培养基中添加一些其他营养物质，如葡萄糖、血液、血清、腹水、酵母浸膏及生长因子等，用于培养营养要求较高的细菌。最常用的营养培养基有鲜血琼脂培养基、血清琼脂培养基等。

（3）鉴别培养基　利用各种细菌分解糖、蛋白质的能力及其代谢产物的不同，在培养基中加入某种特殊营养成分和指示剂,以便于观察细菌生长繁殖后发生的各种变化,从而鉴别细菌。常用的鉴别培养基有糖培养基、伊红美蓝培养基、麦康凯培养基、三糖铁琼脂培养基等。

(4)选择培养基 在培养基中加入某种化学物质,以利于需要分离细菌的生长,抑制不需要细菌的生长,从而可从混杂的多种细菌的样本中分离出所需细菌,如分离沙门菌、志贺菌等用的SS琼脂培养基。在实际使用中,鉴别与选择两种功能往往结合在一种培养基之中。

(5)厌氧培养基 专性厌氧菌不能在有氧环境中生长,将培养基与空气及氧隔绝或降低培养基中的氧化还原电势,可供厌氧菌生长。如肝片肉汤培养基、疱肉培养基等,应用时于液体表面加盖液体石蜡以隔绝空气。造成厌氧的方法较多,如焦性没食子酸法、共栖培养法和抽气法。有的还需放入无氧气培养箱维持无氧环境。

四、常用培养基的制备

内容详见实验四。

五、细菌在培养基中的生长

细菌在培养基中的生长情况是由细菌的生物学特性决定的,了解细菌的生长情况有助于识别和鉴定细菌。细菌在适宜的培养基上,一般经18～24h生长良好,并形成肉眼可见的生长特征。

细菌在液体培养基中生长后,通常能使澄清的液体变得浑浊;还可在液面形成菌膜;有的沿液面的试管壁一周形成菌环;有的在试管底部形成沉淀,如絮状、颗粒状沉淀等情况(见项目四的实图4-8)。

细菌在固体培养基上生长,经过一定时间的培养后,由单个细菌细胞于固定一点大量繁殖,形成肉眼可见的堆积物(集落),称为菌落。许多菌落融合成一片,则称为菌苔。在一般情况下,一个孤立的菌落往往是一个细菌繁殖的后代,因而平板培养基可用来分离细菌。挑出一个菌落,移种到另一培养基中,长出的细菌均为纯种,这个过程称为纯培养。某一细菌在培养基中的生长物称为培养物。各种细菌菌落的大小、形态、透明度、隆起度、硬度、湿润度、表面光滑或粗糙、有无光泽等,随菌种不同而异,在细菌鉴定上有重要意义(见项目四的实图4-6、图4-7)。

用穿刺接种法,将细菌接种到半固体培养基中,具有鞭毛的细菌,可以向穿刺线以外扩散呈放射状羽毛样或云雾状浑浊生长;无鞭毛的细菌只沿着穿刺线生长(见项目四的实图4-9)。用这种方法,可以鉴别细菌有无运动性。此外,半固体培养基还常用于保存菌种。

第四节 细菌的实验室检查方法

细菌是自然界最常见的微生物之一,细菌性传染病占动物传染病的50%左右,细菌病的发生给畜牧业带来了极大的经济损失。因此在动物生产过程中,必须做好细菌病的防治工作。对于发病的群体,及时而准确地做出诊断是十分重要的。

畜禽细菌性传染病,除少数如破伤风等可根据流行病学、临床症状作出诊断外,多数还需要借助病理变化做初步诊断,确诊则需在临床诊断的基础上进行实验室诊断,确定细菌的存在或检出特异性抗体。细菌病的实验室诊断需要在正确采集病料的基础上进行细菌的鉴定,常用的细菌实验室检查方法有:细菌的形态检查、细菌的分离培养、细菌的生化试验、动物接种试验、细菌的血清学试验、分子生物学的方法等。

一、病料的采集、保存与运送

1. 病料的采集

(1)采集病料的基本要求

① 无菌操作。采集病料要求进行无菌操作,减少病料污染,所有器械、容器及其他物品均

需事先灭菌处理。同时在采集病料时也要防止病原菌污染环境及造成人的感染。因此在尸体剖检前，首先将尸体在适当消毒液中浸泡消毒，打开胸腹腔后，应先取病料以备细菌学检验（先分离培养，后涂片染色镜检），然后再进行病理学检查。最后将剖检的尸体焚烧，或浸入消毒液中过夜，次日取出做深埋处理。剖检场地也应选择易于消毒的地面或台面，如水泥地面等，剖检后操作者、用具及场地都要进行消毒或灭菌处理。

② 采病料时机。病料应该新鲜，病料一般采集濒死期或刚刚死亡的动物。若是死亡的动物，则应在动物死亡后立即采集病料，夏天不宜迟于 6～8h，冬天不宜迟于 24h。取得病料后，应立即送检。如不能立刻进行检验，应立即存放于冰箱中冷藏保存。若需要采动物血清测抗体，最好采发病初期和恢复期两个时期的血清。

③ 采病料的部位。病料必须采自含病原菌最多的病变组织或脏器。另外，采集的病料不宜过少，以免在送检过程中细菌因干燥而死亡。病料的量至少是检测量的 4 倍。

（2）病料的采集方法

① 液体材料的采集方法。胸腹水、脓汁一般用灭菌的棉棒或吸管吸取放入无菌的试管内，塞好棉塞送检。血液可无菌操作从静脉或心脏采血，然后加无菌的抗凝剂（每 1ml 血液加 3.8% 枸橼酸钠 0.1ml）。若需分离血清，则采血后（一定不要加抗凝剂），放在灭菌的干燥试管中，摆成斜面，待血液凝固析出血清后，再将血清吸出，置于另一灭菌的干燥试管中送检。条件允许时可直接无菌操作取液体涂片或接种适宜的培养基。

② 实质脏器的采集方法。应在解剖尸体后立即采集。若剖检过程中被检器官被污染或剖开胸腹后时间过久，应先用烧红的铁片或手术刀片烧烙表面，或用酒精火焰灭菌后，在烧烙的深部取一块实质脏器，放在灭菌试管或平皿内。如有细菌分离培养条件，直接以烧红的铁片或手术刀片烧烙脏器表面，并在烙烫部位用灭菌的刀片做一切口，然后用灭菌的接种环自切口插入组织中，缓缓转动接种环，取少量组织或液体接种到适宜的培养基。或用灭菌的镊子夹取脏器新断面接种到适宜的培养基。

③ 肠道及其内容物的采集方法。肠道只需选择病变最明显的部分，将其中内容物去掉，用灭菌水轻轻冲洗后放在灭菌平皿内。粪便应采取新鲜的带有脓、血、黏液的部分，液态粪便应采集絮状物。也可将胃肠两端扎好剪下，保存送检。

④ 皮肤及羽毛的采集方法。皮肤要取有病变明显且带有一部分正常皮肤的部位。被毛或羽毛要取病变明显部位，并带毛根，放入灭菌平皿内。

⑤ 胎儿的采集方法。可将流产胎儿及胎盘、羊水等送往实验室，也可用吸管或注射器吸取胎儿胃内容物放入灭菌试管送检。

2. 病料的保存与运送

供细菌检验的病料，若能 1～2 天内送到实验室，可放在有冰的保温瓶或 4～10℃冰箱内，也可放入灭菌液体石蜡或 30% 甘油盐水缓冲保存液中（甘油 300ml，氯化钠 4.2g，磷酸氢二钾 3.1g，磷酸二氢钾 1.0g，0.02% 酚红 1.5ml，蒸馏水加至 1000ml，pH7.6）。

供细菌学检验的病料，最好及时由专人送检，并带好说明，内容包括：送检单位、地址，动物品种、性别、日龄，送检的病料种类和数量，检验目的、保存方法、死亡日期、送检日期、送检者姓名，并附临床病例摘要（发病时间、临床表现、死亡情况、免疫和用药情况等）。

二、细菌的形态观察

细菌的形态观察是细菌检验技术的重要手段之一。在细菌病的实验室诊断中，形态观察的应用有两个时机，一是直接取病死畜禽的血液或组织（如肝、脾、肾、淋巴结等）制成血液涂片或组织触片，经美蓝或瑞氏染色，然后在显微镜下观察，对于一些具有特征形态的病原体，如炭疽杆菌、猪丹毒杆菌、巴氏杆菌等可以迅速做出诊断。

将病料涂片染色镜检，有助于对细菌的初步认识，也是决定是否进行细菌分离培养的重要依据。另一个时机是在细菌分离培养之后，将细菌培养物涂片染色，观察细菌的形态、排列及染色特性，这是鉴定分离菌的基本方法之一，也是进一步生化鉴定、血清学鉴定的前提。

细菌个体微小，无色半透明，必须经过染色才能在光学显微镜下清楚地观察到细菌的形态、大小、排列、染色特性及细菌的特殊结构。常用的细菌染色法包括单染色法和复染色法两种。单染色法，只用一种染料使菌体着色，染色后只能观察细菌的形态与排列，常用的有美蓝染色法。复染色法，用两种或两种以上的染料染色，可使不同菌体呈现不同颜色或显示出部分细菌的结构，故又称为鉴别染色法，常用的有革兰染色法、抗酸染色法、特殊结构染色法（如荚膜染色法、鞭毛染色法、芽孢染色法）等，其中最常用的鉴别染色法是革兰染色法。

革兰染色法　由丹麦植物学家 Christian Gram 创建于 1884 年，以此法可将细菌分为革兰阳性菌（蓝紫色）和革兰阴性菌（红色）两大类。革兰染色的机理，目前一般认为与细菌细胞壁的结构和组成有关。细菌经初染和媒染后，在细胞膜或原生质染上了不溶于水的结晶紫与碘的复合物，革兰阳性菌的细胞壁含较多的肽聚糖且交联紧密，脂类很少，用 95% 乙醇作用后，肽聚糖收缩，细胞壁的孔径缩小至结晶紫和碘的复合物不能脱出，经红色染料复染后仍为原来的蓝紫色。而革兰阴性菌的细胞壁含有较多的脂类，当以 95% 乙醇处理时，脂类被溶去，而肽聚糖较少，且交联疏松，不易收缩，在细胞壁中形成的孔隙较大，结晶紫与碘形成的紫色复合物也随之被溶解脱去，复染时被红色染料染成红色。

常用的染色方法应用时可根据实际情况选择适当的染色方法，如对病料中的细菌进行检查，常选择单染色法，如瑞氏染色法或美蓝染色法；而对培养物中的细菌进行染色检查时，多采用可以鉴别细菌的复染色法，如革兰染色法等。当然，染色方法的选择并非固定不变。形态检查的具体操作详见项目二。

三、细菌的分离培养

细菌的分离培养及移植是细菌学检验中最重要的环节。对未知菌的研究以及细菌病的诊断与防治，常需要进行细菌的分离培养。

细菌病的临床病料或培养物中常有多种细菌混杂，其中有致病菌，也有非致病菌，从采集的病料中分离出目的病原菌是细菌病诊断的重要依据，也是对病原菌进一步鉴定的前提。不同的细菌在一定培养基中有其特定的生长现象，如在液体培养基中的均匀浑浊、菌环、菌膜或沉淀，在固体培养基上形成的菌落和菌苔等。细菌菌落的形状、大小、色泽、气味、透明度、黏稠度、边缘结构和有无溶血现象等，均因细菌的种类不同而异，根据菌落的这些特征，即可初步确定细菌的种类。

将分离到的病原菌进一步纯化，可为进一步的生化试验鉴定和血清学试验鉴定提供纯的细菌。此外，细菌分离培养技术也可用于细菌的药物敏感性试验、细菌的计数、扩增和动力观察等。

细菌分离培养的方法很多，最常用的是平板划线接种法，另外还有倾注平板培养法、斜面接种法、穿刺接种法、液体培养基接种法等，内容详见项目四。

四、细菌的生化试验

细菌在代谢过程中，进行各种生物化学反应，这些反应几乎都靠各种酶系统来催化，由于不同种类的细菌含有不同的酶，因此对各种营养物质的利用和分解能力不一致，代谢产物亦不尽相同，据此设计的以生物化学的方法来鉴定细菌的试验，称为细菌的生化试验。细菌的合成代谢产物如毒素、色素等也有一定的鉴别意义，但一般不用于生化反应检测。

一般只有纯培养的细菌才能进行生化试验鉴定。生化试验在细菌的鉴定中极为重要，方法也很多，常用的生化试验方法有糖（醇）发酵试验、维-培试验、甲基红试验、靛基质试验、硫化氢试验、枸橼酸盐利用试验、触酶试验、氧化酶试验、脲酶试验等。目前一般多用商品化的微量生化试剂检测试剂盒。

下面介绍几种常用的生化试验的原理，具体操作方法与步骤见项目五。

（1）糖（醇）发酵试验　不同细菌对糖的利用情况不同，代谢产物也不尽相同。有些细菌分解糖类既产酸又产气，有些细菌分解糖类只产酸，有些细菌不分解。根据这些特点鉴定和区别细菌。

（2）维-培试验　又称 V-P 试验，由 Voges 和 Proskauer 两学者创建，故得名。有些细菌（如产气杆菌）分解葡萄糖，产生丙酮酸，再将丙酮酸脱羧，生成中性的乙酰甲基甲醇，后者在碱性溶液中被空气中的分子氧所氧化，生成二乙酰，二乙酰与培养基蛋白胨中精氨酸所含的胍基的化合物发生反应，生成红色的化合物，即为 V-P 试验阳性；而有些细菌（如大肠杆菌）不能生成乙酰甲基甲醇，故为阴性。

（3）甲基红试验　又称 M-R 试验。某些细菌（如大肠杆菌）分解葡萄糖，产生丙酮酸，丙酮酸进一步分解产生甲酸、乙酸、乳酸、琥珀酸等，由于产酸增多，所以培养基的酸性较强，pH≤4.5，以甲基红（MR）作指示剂时，溶液呈红色，为阳性；而某些细菌（如产气杆菌）同时又可将丙酮酸脱羧，生成中性的乙酰甲基甲醇而不再产生酸类，故最终的酸类较少，培养液pH＞5.4，甲基红指示剂呈黄色，为阴性。

（4）靛基质试验　又称吲哚试验。有些细菌（如大肠杆菌、变形杆菌、霍乱弧菌）能分解蛋白胨水培养基中的色氨酸产生靛基质（吲哚），再与试剂对二甲基氨基苯甲醛作用，则形成玫瑰靛基质呈红色的化合物反应，为靛基质试验阳性，否则为阴性。

（5）硫化氢试验　某些细菌（如变形杆菌）能分解培养基蛋白质中的胱氨酸、半胱氨酸、甲硫氨酸等含硫氨基酸，产生硫化氢，与加到培养基中的醋酸铅或硫酸亚铁等反应，生成黑色的硫化铅或硫化亚铁，使培养基变黑色，为硫化氢试验阳性。

（6）枸橼酸盐利用试验　某些细菌（如产气杆菌）能利用枸橼酸盐作为唯一的碳源，能在枸橼酸盐的培养基上生长，分解枸橼酸盐生成碳酸盐，并分解其中的铵盐生成氨，使培养基由酸性变成为碱性，从而使培养基中的指示剂溴麝香草酚蓝由草绿色变为深蓝色为阳性；不能利用枸橼酸盐作为唯一碳源的细菌（如大肠杆菌）在该培养基上不能生长，培养基颜色不改变，为阴性。

（7）触酶试验　触酶又称接触酶或过氧化氢酶，能使过氧化氢快速分解成水和氧气。有的细菌能产生此酶，在细菌培养物上滴加过氧化氢水溶液，见到大量的气泡产生为阳性。乳杆菌及许多厌氧菌为阴性。

（8）氧化酶试验　氧化酶又称细胞色素氧化酶、细胞色素氧化酶 C 或呼吸酶。该试验用于检测细菌是否有该酶存在。原理是氧化酶在有分子氧或细胞色素 C 存在时，可氧化成四甲基对苯二胺，出现紫色反应。假单胞菌属、气单胞菌属等阳性，肠杆菌科阴性，可区别。

（9）脲酶试验　脲酶又称尿素酶。变形杆菌有脲酶，能分解培养基中的尿素产生氨，使培养基的碱性增加，使含酚红指示剂的培养基由粉红色转为紫红色，为阳性。沙门菌无脲酶，培养基颜色不改变，则为阴性。

五、动物接种试验

动物试验是细菌检验中常用的基本技术，有时为了证实所分离的细菌是否有致病性，可进行动物接种试验，通常选择对该种细菌最敏感的动物进行人工感染试验，最常用的是本动物接种和易感实验动物接种，将病料用适当的途径进行接种，然后根据对不同动物的致病力、症状和病变特点来帮助诊断。当实验动物死亡或经过一定时间后剖检，观察病理变化，并采取病料进行涂片检查和分离鉴定。内容详见项目九。

六、细菌的血清学试验

血清学试验具有特异性强、检出率高、方法简易快速的特点。可以用已知抗原来测定动物血清中的特异性抗体，也可以用已知抗体来测定被检材料中的细菌。因此，广泛应用于细菌的鉴定和细菌病的诊断。常用的血清学试验有凝集试验、沉淀试验、中和试验、补体结合试验、免疫标记技术等。如在生产实践中常用凝集试验进行鸡白痢和布氏杆菌病的检疫。血清学试验的详细内容及操作方法见第二篇第十章和项目十一～十五。

在细菌病的实验室诊断或细菌的鉴定中，除应用上述介绍的方法外，迅速兴起和发展起来的分子生物学技术也在广泛应用。如采用PCR新技术检测猪链球菌，1.5h左右即可出结果。

【本章小结】

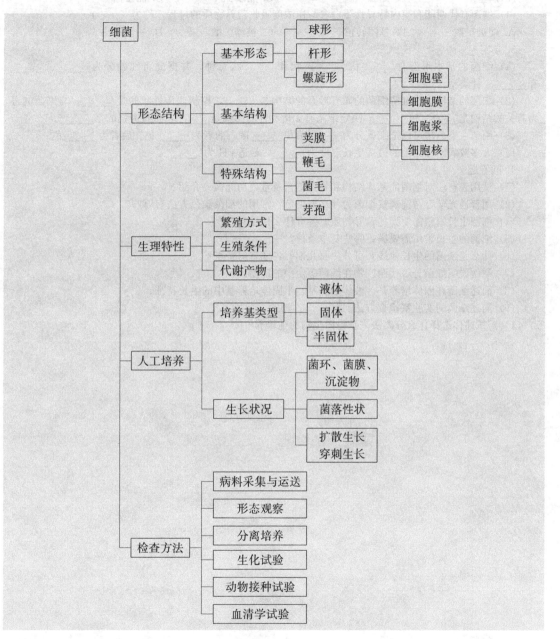

【复习题】

1. 解释下列名词

细菌　荚膜　芽孢　自养菌　异养菌　培养基　菌落　菌苔　纯培养物　细菌呼吸

2. 单项选择题

（1）细菌属于（　　）。

A. 非细胞型微生物　　B. 原核细胞型微生物　　C. 真核细胞型微生物　　D. 细胞型微生物

(2) 病原菌是属于（　　）。

A. 自养菌　　　　　B. 光能异养菌　　　　　C. 腐生菌　　　　　D. 化能异养菌

(3) 革兰阳性菌细胞壁的主要成分为（　　），青霉素能抑制该物质的合成。

A. 磷壁酸　　　　　B. 黏肽　　　　　C. 脂多糖　　　　　D. 脂蛋白

(4) 细菌有代谢能和膜内特异性蛋白参与逆浓度吸收营养物质的过程，称为（　　）。

A. 促进扩散　　　　　B. 基团转位　　　　　C. 被动扩散　　　　　D. 主动运输

3. 填空

(1) 细菌的基本形态有_____状、_____状和_____状三种，并据此将细菌分为_____、_____和_____三种类型。

(2) 细菌的结构中能维持细菌的固有形态的结构是_____，控制遗传性状的是_____，与细菌的毒力有关的结构是_____和_____，决定细菌有无运动性的结构是_____，抵抗力强的是_____。

(3) 用革兰染色法可以把细菌分为_____菌和_____菌，前者为_____色，后者为_____色。

(4) 大多数病原性细菌的最适生长温度为_____，最适 pH 为_____。

4. 问答题

(1) 试用表解法对细菌的基本结构和特殊结构及重要功能做一介绍。

(2) 用普通光学显微镜观察细菌为什么要染色？常用的细菌染色方法有哪些？

(4) 细菌生长繁殖需要哪些营养物质？各有什么作用？

(5) 细菌的生长繁殖需要满足哪些基本条件？

(6) 什么是细菌的生长曲线？可分为哪几期？各期有何特点？

(7) 举例说明细菌分解代谢产物在细菌鉴定中的应用。

(8) 简述细菌在固体培养基、液体培养基、半固体培养基中的生长特征。

(9) 简述细菌的实验室检查方法。

(10) 试述你选择什么分离法来获得微生物的纯培养？

第二章 病 毒

【学习目标】
- 了解病毒的生物学特性、形态结构
- 掌握病毒的增殖过程、人工培养法、实验室检查法

【技能目标】
- 培养学生具备对病毒进行分离培养及鉴定的能力

病毒是一类只能在活细胞内寄生的非细胞型微生物。病毒能增殖、遗传和演化，因而具有生命最基本的特征。它和其他微生物所不同的是：体积微小，能通过细菌滤器；缺乏细胞结构；只含有一种核酸（DNA 或 RNA）；必须在适宜的活细胞内寄生；可通过复制而增殖；对抗生素有抵抗力。病毒广泛存在于自然界，寄生于人类、动物、植物和微生物的细胞中，并对宿主造成不同程度的危害。病毒的种类繁多，根据病毒寄生的对象不同，可分为动物病毒、植物病毒、昆虫病毒和噬菌体；根据核酸类型又分为 DNA 病毒和 RNA 病毒两大类。

第一节 病毒的形态和结构

一、病毒的大小与形态

1. 病毒的大小

病毒形体微小，只能通过电子显微镜才能看到。其大小可用高分辨率的电子显微镜，放大几万甚至几十万倍直接测量；也可用分级过滤法，根据它可通过的超滤膜孔径估计其大小；或用超速离心法，根据病毒大小、形状与沉降速度之间的关系，推算其大小。

病毒的大小用纳米（nm，$1nm=1/1000\mu m$）为测量单位。不同的病毒大小不一，最大的病毒如痘病毒，大小为 $(170\sim260)nm\times(300\sim450)nm$。小的病毒如细小病毒和小 RNA 病毒只有 20nm 左右。绝大多数病毒在 $80\sim120nm$ 之间。

2. 病毒的形态

一个成熟有感染性的病毒颗粒称"病毒子"。通过电子显微镜观察有五种形态（图 2-1）。

① 球形。大多数人类和动物病毒为球形，如疱疹病毒及腺病毒等。

② 杆状或丝形。多见于植物病毒，如烟草花叶病病毒等。但人和动物的有些病毒也呈丝状，如流感病毒有时也可形成丝形。

③ 弹形。见于狂犬病病毒、动物水泡性口腔炎病毒等。这类病毒粒子呈圆筒形，一端钝圆，另一端平齐，形似子弹头，直径约 70nm、长约 180nm，略似棍棒。

④ 砖形。如痘病毒（天花病毒、牛痘苗病毒等），其体积约 $300nm\times200nm\times100nm$，是病毒中较大的一类。

⑤ 蝌蚪形。是大部分噬菌体的典型特征。有一个六角形多面体的"头部"和一条细长的"尾部"，但也有一些噬菌体无尾。

二、病毒的结构与功能

病毒子能感染相应的活细胞，并能在其中生长繁殖（复制）。病毒子的中心部分是芯髓，外

图 2-1 主要动物病毒群的形态及其相对大小

包一层蛋白质的衣壳,合称核衣壳。有的病毒在衣壳外面还有一层包膜,称为囊膜。主要动物病毒群的形态及其相对大小示意见图 2-2。

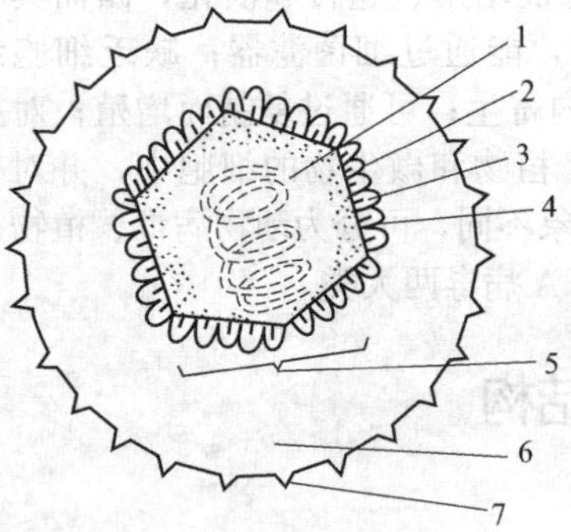

1. 病毒的芯髓

芯髓位于病毒的中心部位,主要成分是核酸。任何病毒只有一种核酸,DNA 或 RNA,二者不能同时存在。DNA 病毒核酸多数为双股,仅有少数如细小病毒为单股,而 RNA 病毒核酸多为单股,少数为双股,例如呼肠孤病毒。因此,按照核酸的不同,可把病毒分为单股 DNA、双股 DNA、单股 RNA 和双股 RNA 四种类型。如果核酸被破坏,病毒即丧失致病性。

病毒核酸也称基因组,最大的如痘病毒含有数百个基因,最小的如微小病毒仅有 3~4 个基因。核酸蕴藏着病毒遗传信息,若用酚或其他蛋白酶降解剂去除病毒的蛋白质衣壳,提取核酸并转染或导入宿主细胞,可产生与亲代病毒生物学性质一致的子代病毒,从而证实病毒的核酸携带遗传信息,主导病毒的生命活动、形态发生、遗传变异和感染性。

图 2-2 病毒结构示意图
1—核酸;2—衣壳;3—壳微粒;
4—多肽链;5—核衣壳;6—囊膜;
7—纤突

2. 病毒的衣壳

衣壳是核酸的外面紧密包绕着一层蛋白质外衣,即病毒的"衣壳"。衣壳是由许多"壳粒"按一定几何构型集结而成。壳粒由一至数条结构多肽组成。根据壳粒的排列方式将病毒构形区分为:

(1) 立体对称 形成 20 个等边三角形的面,12 个顶和 30 条棱,具有五、三、二重轴旋转对称性,如腺病毒、脊髓灰质炎病毒等(图 2-3)。

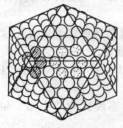

图 2-3 立体对称

图 2-4 螺旋对称

(2) 螺旋对称 壳微粒呈螺旋形对称排列,通过中心轴旋转对称,如正黏病毒、副黏病毒及弹状病毒等(图 2-4)。

（3）复合对称　同时具有或不具有两种对称性的病毒，如痘病毒与噬菌体。

蛋白质衣壳的功能是：①保护病毒的核酸，使之不被核酸酶等外界因素破坏。致密稳定的衣壳结构除赋予病毒固有的形状外，还可保护内部核酸免遭外部环境中核酸酶（DNA 酶或 RNA 酶）的破坏。②是病毒重要的抗原物质。衣壳蛋白质是病毒基因产物，具有病毒特异的抗原性，可刺激机体产生病毒抗体和免疫应答。③与病毒吸附、侵入和感染细胞有关。病毒表面特异性受体联结蛋白与细胞表面相应受体有特殊的亲和力，是病毒选择性吸附宿主细胞并建立感染灶的首要步骤。

3. 囊膜

某些病毒在衣壳外面包裹着一层双层脂质、多糖和蛋白质组成的外膜，称为囊膜。

有些病毒在电镜下观察时，常可在其囊膜表面看到球杆状或穗状突起，这些突起是病毒特有的蛋白质或糖蛋白称为纤突（囊膜粒）。它们有高度的抗原性，能选择性地与宿主细胞受体结合，促使病毒囊膜与宿主细胞膜融合，有利于感染性核衣壳进入细胞内而导致感染。囊膜中的脂质与宿主细胞膜或核膜成分相似，证明病毒是以"出芽"方式，从宿主细胞内释放过程中获得了细胞膜或核膜成分。有囊膜的病毒对乙醚、氯仿和胆盐等脂溶剂敏感，这些脂溶剂可使病毒失去感染性（图 2-5）。

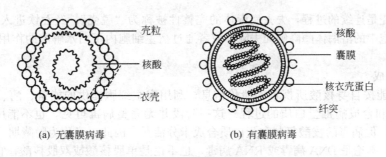

| (a) 无囊膜病毒 | (b) 有囊膜病毒 |

图 2-5　有无囊膜病毒结构示意图

囊膜的功能：①对病毒的核衣壳具有保护作用；②因囊膜上的脂质与细胞膜成分是同源的，有助于病毒对细胞的吸附和穿入；③某些病毒囊膜上的纤突是病毒与易感细胞吸附的位点，是病毒感染细胞的重要因素；④囊膜上的病毒特异蛋白是病毒重要的抗原物质。

了解病毒的形态结构、化学组成及功能，不仅对病毒的分类和鉴定有重要意义，同时也有助于理解病毒的宿主范围、致病作用及亚单位疫苗的研制。

第二节　病毒的增殖

一、病毒复制的概念

病毒的增殖方式是"复制"。由于病毒缺少完整的酶系统，不具有合成自身成分的原料和能量，也没有核糖体，因此病毒在细胞外处于静止状态，基本上与无生命的物质相似，只有当病毒进入活细胞后才能发挥其生物活性。病毒利用宿主细胞提供的酶系统、原料、能量和场所，来合成病毒的核酸和蛋白质，并装配成大量子代病毒释放到细胞外的过程称为"病毒的复制"。

二、病毒复制的过程

病毒复制的过程分为吸附、穿入、脱壳、生物合成及装配释放五个阶段。整个过程称为"复制周期"。

1. 吸附

吸附是指病毒附着于易感细胞表面的过程，它是感染的起始期。病毒与易感细胞相接触是通过静电吸引和细胞膜上的特异性受体而吸附于细胞表面，如新城疫病毒、流感病毒的吸附就是依靠囊膜上的血凝素纤突与易感细胞膜上的糖蛋白受体结合。特异性吸附是非常重要的，不吸附就不能引起感染，细胞缺乏特异性表面受体是动物不感染病毒的主要原因。

病毒吸附也受离子强度、pH、温度等环境条件的影响。研究病毒的吸附过程对了解受体组成、功能、致病机理以及探讨抗病毒治疗有重要意义。

2. 穿入与脱壳

病毒吸附于细胞表面后，可以通过多种方式进入细胞。穿入是指病毒核酸或感染性核衣壳穿过细胞膜进入细胞浆。主要有三种方式。①融合。某些有囊膜的病毒，囊膜与细胞膜接触处，改变了该处细胞膜与囊膜的性质，使核衣壳能通过细胞膜进入，而囊膜则留于细胞外。②吞饮作用。当病毒与受体结合后，在细胞膜的特殊区域与病毒一起内陷，整个病毒被吞饮入胞内形成膜性囊泡，此时病毒在胞浆中仍被细胞膜覆盖。吞饮是病毒穿入的常见方式。③直接进入。某些无囊膜病毒，如脊髓灰质炎病毒与受体接触后，衣壳蛋白的多肽构形发生变化并对蛋白水解酶敏感，病毒核酸可直接穿越细胞膜到细胞浆中，而大部分蛋白衣壳仍留在细胞膜外，这种进入的方式较为少见。

穿入和脱壳是连续的过程，失去病毒体的完整性被称为"脱壳"。经吞饮进入细胞的病毒，衣壳可被吞饮泡中的溶酶体酶降解而去除，或者通过宿主细胞内蛋白水解酶的作用，脱去衣壳，释放出核酸。

3. 生物合成

是指病毒能按自身核酸所携带的遗传信息，利用宿主细胞提供的能量、酶、原料和场所复制病毒核酸和合成病毒蛋白质的过程。这一阶段并无完整病毒可见，也不能用血清学检测出病毒的抗原，但病毒的核酸复制和蛋白质合成十分活跃，因此，又称为隐蔽期。

各种病毒，不论是 DNA 病毒或 RNA 病毒，也不论是单股核酸或双股核酸，它们在复制核酸和合成结构蛋白质之前，必须首先合成自己的 mRNA（信使 RNA），并利用宿主细胞内的核糖核体、tRNA（转移 RNA）等将病毒 mRNA 转译成蛋白质。这些蛋白质主要是一些病毒核酸和结构蛋白质合成所必需的酶类。只有在这些酶的作用下，才能进一步大量合成核酸和结构蛋白质。

现在以双股 DNA 病毒为例，简述合成过程。

动物的 DNA 病毒基因组大多数为双链 DNA，例如疱疹病毒、腺病毒。它们在细胞核内合成DNA，在胞质内合成病毒蛋白；只有痘病毒例外，因其本身携带 DNA 多聚酶，DNA 和蛋白质都在胞质内合成。

① 病毒侵入易感细胞后，以病毒 DNA 为模板，转录成 mRNA，在细胞核糖体和 tRNA 的参与下，利用细胞提供的能量及氨基酸等，合成子代病毒 DNA 所需要的 DNA 多聚酶和脱氧胸腺嘧啶激酶及多种调控病毒基因组转录和抑制宿主细胞代谢的酶，为病毒核酸的复制提供酶和条件。

② 在上述酶的作用下，亲代病毒 DNA 通过解链，并利用早期转录、转译的酶等分别以正链DNA 和负链 DNA 为模板，复制成大量子代病毒 DNA。

③ 由上述子代病毒 DNA 转录的 mRNA 可进入细胞质转译或合成大量的病毒的结构蛋白，包括衣壳蛋白及其他结构蛋白。

4. 装配与释放

新合成的病毒核酸和病毒结构蛋白在感染细胞内组合成病毒颗粒的过程称为装配，也叫成熟。

由于病毒的种类不同，在细胞内复制出子代病毒的核酸与蛋白质，在宿主细胞内装配的部位也不同。大多数 DNA 病毒，在核内复制 DNA，在胞浆内合成蛋白质，转入核内装配成熟（痘病毒其全部成分及装配均在胞浆内完成）；而 RNA 病毒多在细胞质内复制核酸、合成蛋白并装配成熟。装配后，结构和功能完整的病毒叫病毒子。有囊膜的病毒还需要在核衣壳外面形成一层囊膜才算是成熟的病毒子。

病毒从细胞内转移到细胞外的过程为释放。释放的方式有两种。一种是宿主细胞裂解后释放出来。如大多数无囊膜的杀细胞病毒，在细胞内装配完成后，借助自身的降解宿主细胞壁或细胞膜的酶，如噬菌体的溶菌酶和脂肪酶等裂解宿主细胞，子代病毒便一起释放到胞外，宿主细胞裂解死亡。另一种是以出芽的方式释放，见于有囊膜的病毒，它们在宿主细胞内合成衣壳蛋白时，还合成囊膜蛋白，经添加糖残基修饰成糖蛋白，转移到核膜、细胞膜上，取代宿主细胞的膜蛋白。宿主核膜或细胞膜上有该病毒特异糖蛋白的部位，便是出芽的位置。在细胞质内装配的病毒，出芽时外包上一层质膜成分。若在核内装配的病毒，出芽时包上一层核膜成分。有的先包上一层核膜成分，后又包上一层质膜成分，其包膜由两层膜构成，两层包膜上均带有病毒编码的特异蛋白、血凝素、神经氨酸酶等，宿主细胞并不死亡。

囊膜形成与病毒子释放示意见图 2-6。

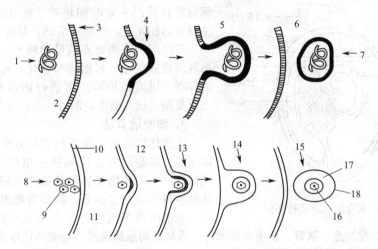

图 2-6　囊膜形成与病毒子释放示意图
1～7 细胞质内复制的病毒（如流感病毒）
1—病毒的核酸与蛋白质；2—细胞质；3—细胞膜；4—细胞膜改变；5—改变了的细胞膜
被于病毒核衣壳之外；6—病毒子释放；7—具有囊膜的病毒；
8～18 核内复制的病毒
8—裸露的病毒子；9—细胞核；10—核内膜；11—细胞质；12—核内膜的改变；13—改变了组成并变厚的核内膜；
14—被有囊膜的病毒从核膜"芽生"出；15—芽生出来的病毒子现在被小泡包围着，位于细胞质内，
它以后可能挤压出细胞膜外释放出来，也可能留在细胞质内处于潜伏性感染状态；
16—核衣壳；17—囊膜；18—小泡

有些病毒如巨细胞病毒，往往通过胞间连丝或细胞融合方式，从感染细胞直接进入另一正常细胞，很少释放于细胞外。

第三节　病毒的培养

病毒是严格的活细胞内寄生物，因此培养病毒必须选用适合病毒生长敏感的活细胞。人工培养病毒的方法有实验动物接种法、鸡胚培养法和细胞培养（包括器官、组织和单层细胞培养法等）三种。

1. 实验动物接种法

这是一种古老的方法，主要用于病毒病原性的测定、疫苗效力试验、疫苗生产、抗血清制造

及病毒性传染病的诊断等。病毒经注射、口服等途径进入易感动物体内大量增殖，并使动物产生特定反应。动物接种可分为同种动物接种（即猪的病毒接种到猪体上培养）和实验动物接种两种方法。常用的实验动物有小白鼠、家兔和豚鼠等。无论采用哪种方法接种病毒，都要求被接种的实验动物健康、血清中无相应病毒的抗体，并符合其他条件。当然，最好采用无特定病原动物或无菌动物。这种方法的缺点是实验动物难于管理、成本高、个体差异大，所以，许多病毒的培养已由细胞培养法或鸡胚培养法代替。

2. 鸡胚培养法

鸡胚培养病毒是简单、方便且经济的方法。来自禽类的许多病毒均能在鸡胚中增殖，来自其他动物的病毒，有的也可在鸡胚中增殖。

用于培养病毒的鸡胚要求是健康的、不含有接种病毒特异抗体的鸡胚或 SPF 鸡胚。接种时，因病毒不同，可选用不同日龄的鸡胚，采用相应的接种部位。常用的接种部位有绒毛尿囊膜、羊膜腔、尿囊腔或卵黄囊等。一般卵黄囊接种常用 6～8 日龄的鸡胚，羊膜囊和尿囊腔接种用 10 日龄的鸡胚，绒毛尿囊膜接种用 9～11 日龄的鸡胚。

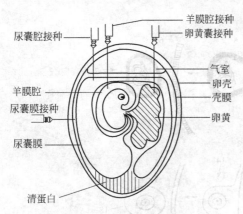

病毒接种后经一定时间培养，常可引起典型病变，主要有鸡胚死亡，胚胎不活动，照蛋时小血管消失；鸡胚某些部位有出血点或胚胎畸形；绒毛尿囊膜上出现斑点或斑块。根据这些变化，可间接推测病毒的存在。用鸡胚培养法可进行病毒的分离、鉴定，也可复制大量的病毒，制备抗原或疫苗（见图 2-7）。

图 2-7　病毒的鸡胚接种部位

3. 细胞培养法

在离体活细胞上培养病毒的方法称为病毒的组织培养。细胞培养法比鸡胚法更经济、效果更好、用途更广。用于培养病毒的细胞有原代细胞、二倍体细胞株和传代细胞系。将动物组织经胰蛋白酶消化，分散的单个细胞经培养生长，即为原代细胞。例如，鸡胚成纤维细胞、猪肾、猪睾丸细胞等。将培养的原代细胞，连续传代培养，细胞染色体仍与原代细胞一样为二倍体，称为二倍体细胞株。这两种细胞在体外培养的代次不长。传代细胞系是可体外无限制传代的异倍体癌变细胞，其种类很多，常用的有 Veto（非洲绿猴肾）细胞、HeLa（人子宫颈癌）细胞、IBRS2（猪肾）细胞等。

常用的细胞培养方法有静止培养法和旋转培养法。静止培养是将细胞分装在培养瓶或培养板（孔）中，置于含 5% CO_2 的温箱中，培养生长成贴壁的单层细胞后，接种病毒进行培养。旋转培养是细胞装进培养瓶后，让培养瓶在温室的转床中缓慢（5～10r/min）旋转，细胞在瓶壁都长满单层，接种病毒继续旋转培养。病毒感染细胞后，大多能引起光学显微镜下可见的特定细胞病变，称为病毒的致细胞病变作用。表现为细胞变形，胞浆颗粒变性、核浓缩及裂解等；在单层细胞培养时，可导致多个相邻细胞死亡而形成空斑，称为蚀斑。此法培养病毒产量高，适用于大量病毒疫苗生产。可用于多种病毒的分离、增殖，病毒抗原疫苗制备，中和试验，病毒空斑（数量）测定及克隆纯化等。

第四节　病毒的其他特性

一、干扰现象和干扰素

1. 干扰现象

当两种病毒感染同一细胞时，一种病毒能抑制另一种病毒的复制，称为干扰现象。前面的病毒称为干扰病毒，后面的病毒则称为被干扰病毒。

干扰现象可存在于异种病毒之间，这种干扰现象比较多见；也可存在于同种异型病毒之间，如流感病毒 A 与 B 型，或同型异株之间如流感病毒 A_1 与 A_2 亚型之间的干扰。此外，干扰现象还可见于缺损病毒的干扰，这是同种干扰的一种特殊类型。由于产生缺损病毒，只能复制成不完整的病毒附件，也就不能装配成完整的病毒子。例如，有时将流感病毒在鸡胚中传代，只要一出现缺损型流感病毒，以后随着继代次数的增多，缺损型病毒就越来越多，正常流感病毒就越来越少，因为缺损型干扰了正常非缺损型的复制。如果缺损病毒遇上互补的核酸片段（即能补足所缺损片段的遗传信息），则有可能恢复正常。

产生干扰现象的主要原因是：干扰病毒抢先占据或破坏了易感细胞膜上的受体，使被干扰病毒无受体结合；更有可能是病毒在细胞内复制时，干扰病毒抢先占据了生物合成的场所、原料及酶系统，使被干扰病毒无法利用；干扰病毒诱导细胞产生了干扰素，这是干扰现象存在的主要原因。

2. 干扰素

干扰素（IFN）是活细胞受病毒感染后产生的能干扰病毒复制的一种小分子糖蛋白。它对蛋白分解酶敏感，能为乙醚、氯仿等所灭活，在常温或在 pH2～11 环境下不变性。按产生细胞及性质不同，干扰素分为 3 型，由白细胞等产生的称为 α-干扰素（1FN-α）；由成纤维细胞等产生的称为 β-干扰素（IFN-β）；由 T 细胞、NK 细胞产生的为 γ-干扰素（IFN-γ）。

干扰素产生后可扩散到附近细胞，也可进入血流带至全身，当干扰素被另外的细胞吸收后，便被带至细胞核内，在核内诱生 mRNA；由于产生了 mRNA，这种细胞便产生另一种具有抑制病毒复制作用的蛋白质，称为抗病毒蛋白（AVP），从而可抑制多种病毒（无论是 DNA 病毒或 RNA 病毒）在细胞内的复制。因此，干扰素对病毒的干扰具有广谱作用。据研究表明，干扰素除表现抗病毒作用外，还具有调节免疫和抗肿瘤功能。但需要注意的是干扰素具有动物种属特异性，即一个动物细胞产生的干扰素在该种动物中才起广谱抗病毒作用，故应用受到限制。

除病毒能刺激细胞产生干扰素外，还有许多其他刺激物，如细菌、立克次体和原虫等的抽提物、真菌产物、植物血凝素以及人工合成的化学诱导剂，如多聚肌苷酸、多聚胞苷酸、梯洛龙（tilorone）等，也可刺激机体细胞产生干扰素，这些物质统称为干扰素诱导剂。目前，中草药诱导干扰素制剂如黄芪多糖，已经广泛应用于畜禽的保健和疾病的防治。

二、包含体

这是病毒在细胞内增殖后，在细胞浆或（和）细胞核内形成的，通过染色后能用光学显微镜看到的一种特殊结构。包含体是病毒复制、装配场所（即病毒加工厂），是由大量病毒粒子堆积而成，有些包含体由病毒粒子的晶体排列组成，也有些包含体是病毒的蛋白晶体排列而成。

不同的病毒感染不同的宿主细胞后，所形成的包含体往往具有各自独特的形态特征，如形状、大小、数量、包含体的染色特征（嗜酸性还是嗜碱性）、单个还是多个及存在于何种感染细胞和存在部位是位于核内还是胞浆内等均不相同。因此，观察包含体的特征，可以作为病毒性疾病诊断的依据。如狂犬病、鸡瘟、鼠痘包含体位于胞浆内；波那型马脑炎、马传染性流产、伪狂犬病等包含体位于胞核内；牛瘟、犬瘟热、副流感Ⅲ型为胞浆内及核内均有包含体。需要注意的是，包含体的形成有个过程，出现率也不是 100%，所以当查不出包含体时，不能轻易否定诊断。常见病毒包含体的检查依据见表 2-1。

三、病毒的血凝现象

许多病毒表面有血凝素（糖蛋白），能与鸡胚、鼠、人等红细胞表面受体结合，而出现红细胞凝集现象，简称为病毒的血凝现象。这种血凝是非特异性的。正黏病毒和副黏病毒是最主要的红细胞凝集性病毒，其他病毒，包括披膜病毒、细小病毒也有凝集红细胞的作用。当病毒与相应的抗病毒抗体结合后，能使红细胞凝集现象受到抑制，称为病毒的红细胞凝集抑制试验。能阻止病毒凝集红细胞的抗体称为红细胞凝集抑制抗体，其特异性很强。因此，血凝抑制试验是一种特异性试验。实践中常用血凝及血凝抑制试验诊断鸡新城疫、禽流感、流行性乙型脑炎等传染病及新城疫的免疫监测。

表 2-1　常见病毒包含体的检查依据

病毒名称	侵害动物	感染细胞	包　含　体	
			形成部位	染色特性
痘病毒	人、多种畜禽	皮肤棘层细胞	细胞质内	嗜碱性
狂犬病病毒	人、多种畜禽	唾液腺及中枢神经细胞	细胞质内	嗜酸性
伪狂犬病病毒	人、多种畜禽	脑神经细胞和淋巴细胞	细胞核内	嗜酸性
牛传染性鼻气管炎病毒	牛	呼吸道及消化管黏膜细胞	细胞核内	嗜酸性
马鼻肺炎病毒	马属动物	支气管及肺泡上皮细胞	细胞核内	嗜酸性
传染性喉气管炎病毒	鸡、火鸡、孔雀	呼吸道上皮细胞	细胞核内	嗜酸性

四、噬菌体与亚病毒

1. 噬菌体

噬菌体是一类专门寄生于细菌、放线菌、真菌和支原体等细胞的病毒，它们具有病毒的一般生物学特性。

它们在自然界广泛分布，凡是有细菌或放线菌的地方，都有噬菌体的存在。所以，污水、粪便、垃圾是分离噬菌体的好材料。噬菌体形态呈蝌蚪状、微球形、长丝状。噬菌体的核酸，多数为 DNA，少数为 RNA。噬菌体在宿主菌体内的复制增殖过程与动物病毒相似。增殖后能使菌细胞裂解的噬菌体称为烈性噬菌体；有的噬菌体感染菌体后，并不复制也不使菌细胞裂解，而是将其核酸整合到菌细胞染色体中去，随着细菌的繁殖，噬菌体的核酸也复制遗传下去，可能到某一世代，才使菌细胞裂解，这种噬菌体称为温和性噬菌体，带这种噬菌体的细菌称为溶原性细菌。也有的噬菌体从感染菌细胞到复制、增殖、释放时，细菌细胞并不裂解而仍存活，如大肠杆菌噬菌体 fd。噬菌体只对相应种类的细菌、支原体或真菌发生特异性感染和寄生，故可利用噬菌体鉴定细菌和治疗细菌性疾病，但在抗生素生产和其他发酵工业中也可因噬菌体感染发酵菌而造成危害。

2. 亚病毒

亚病毒（subhms）是个体更微小、结构和化学组成更简单，具有感染性的致病因子，又称为亚病毒因子（subvirial agents）。亚病毒包括卫星因子、类病毒和朊病毒。

① 卫星因子（satellites）。卫星因子是必须依赖宿主细胞内共同感染的辅助性病毒才能复制的核酸分子，有的卫星因子也有外壳蛋白包裹，这些又称卫星病毒（satellite viruses）。多数卫星因子是植物病毒的卫星因子，也有些是动物病毒的卫星因子，如腺联病毒，它是一种单股 DNA 病毒，在宿主细胞内复制时必须有腺病毒和疱疹病毒的辅助。

② 类病毒（viroid）。类病毒是一类感染植物引起病害的感染因子。它们的结构只有单股环状的 RNA 分子，没有蛋白质外壳，RNA 的基因组很小，不编码任何蛋白质，复制必须完全依赖宿主细胞的酶系统，复制过程只是 RNA 的直接转录。因为这类感染因子的结构、性质与常规病毒不同，称为类病毒。

③ 朊病毒（prion）。朊病毒是一类感染人类与其他哺乳类动物，引起亚急性海绵样脑病的感染因子，它们的结构主要是蛋白质，尚未确切证实是否含有核酸，故目前定名为朊病毒，或蛋白侵染因子（Prion）。

目前研究认为，朊病毒是细胞正常蛋白变构后形成的具有感染性的蛋白。朊病毒对各种抗菌药物、消毒药物、不利理化因素都不敏感，无免疫原性，不引起宿主的免疫应答，也不诱导产生干扰素。在人和动物体内的潜伏期可长达数月至数十年，主要引起人和动物脑组织空泡变性、淀粉样蛋白斑块、神经胶质细胞增生等非炎症病变，导致神经症状，最终死亡。朊病毒引起的人类疾病有克雅氏病、库鲁病、致死性家属性失眠症等；动物的疾病有绵羊山羊痒病、猫海绵状脑病、鹿的慢性消瘦病、羚羊等野生动物海绵状脑病，以及牛海绵状脑病（疯牛病）。

五、理化因素对病毒的影响

病毒对外界理化因素的抵抗力与细菌繁殖体相似。研究病毒抵抗力的目的在于如何消灭它们或使其灭活；如何保存它们，使其抗原性、致病力等不改变。

（1）温度 病毒喜冷怕热。大多数病毒可在4℃以下良好地生存，特别是在干冰温度（－70℃）和液氮（－196℃）下更可长期保持其感染性。相反，大多数病毒可在55～60℃条件下几分钟到十几分钟内灭活，100℃可在几秒钟内灭活。因此必须低温保存病毒和疫苗等。

必须指出，各种病毒对热的抵抗力不同，甚至有着明显的差异。例如黏病毒和RNA肿瘤病毒等具有包膜的病毒，感染半衰期为37℃ 1h，而痘病毒在干燥状态下，却可耐受100℃加热5～10min。

热对病毒的灭活作用，受周围环境因素的影响。蛋白质以及钙、镁等离子的存在，常可提高某些病毒对热的抵抗力。

长期保存病毒一般采用下述两种方法。

第一种是快速低温冷冻法，在病毒液中加入灭活的正常动物血清或其他蛋白保护剂，最好再加入5%～10%的二甲基亚砜，并迅速冷冻和保存于－70～－196℃。对含病毒的组织材料可以直接低温冷冻保存，如有些病毒可先浸入50%的甘油缓冲盐水中，再行低温保存，效果更好。

第二种是冷冻干燥，在真空条件下使冰冻病毒悬液脱水（通常是真空冷冻干燥），可保存几年甚至几十年，毒力不变。

（2）pH值 大多数病毒在pH6～8的范围内保持稳定，因此，通常将病毒保存在pH7.0～7.2的环境中。在pH5.0以下的酸性环境中，以及pH9.0以上的碱性环境中，病毒大多迅速灭活。酸、碱溶液是病毒学实践中常用的消毒剂。例如，实验室常用1%的盐酸溶液浸泡玻璃器皿和塑料制品，如吸管、微量培养板、滴定板等；而烧碱常用作环境消毒剂。

需要注意的是，不同的病毒对pH值变化的稳定性可能显著不同。例如呼肠孤病毒能够抵抗pH 3.0；口蹄疫病毒在pH 6.0～6.5及pH 8.0～9.0迅速灭活；猪水泡病病毒在pH2.2条件下24h内仍保持其感染性。因此pH的稳定性，是鉴定某些病毒的一个重要指标。

（3）辐射 电离辐射中的γ射线和X射线以及非电离辐射紫外线，都对病毒呈现灭活作用。其原因是它们可以破坏病毒核酸的分子结构，使其失去生物活性。

（4）超声波和光动力作用 超声波主要以强烈振荡对细菌和其他微生物以及细胞等呈现破坏作用，但对病毒的灭活作用并不明显。常用超声波破坏细胞，使病毒粒子从细胞内释放，以便收获和提纯病毒。有些病毒核酸被染料（如甲苯胺蓝、啶橙）作用后，就能被可见光灭活，称为染料的光动力作用。

（5）脂溶剂 乙醚、氯仿和丙酮等脂溶剂可以破坏病毒囊膜，因此，对有囊膜的病毒具有灭活作用。乙醚等灭活试验是鉴定病毒的一个重要指标。

（6）甘油和抗生素 应用50%的甘油盐水，大多数细菌被杀灭，但病毒可以存活数日，甚至几年。生产实践中常用50%甘油盐水保存病毒材料，同时采取冷藏措施，效果较为理想；一般的抗生素物质如青霉素、链霉素、土霉素对病毒无作用，故常将青霉素、链霉素等加入到含有病毒的材料中去，以杀死细菌而有利于病毒的分离与培养。近年来，人们已发现一些抗生素能干扰病毒DNA或RNA合成，抑制病毒复制，对病毒性疾病有一定的预防和治疗作用，如金刚烷铵、利福霉素、放线菌素D等。

（7）化学消毒剂 一般病毒对高锰酸钾、次氯酸盐等氧化剂都很敏感，升汞、酒精、强酸及强碱均能迅速杀灭病毒，但0.5%～1%石炭酸仅对少数病毒有效。0.05%～0.2%浓度的福尔马林能有效地降低病毒的致病率，但不明显影响其抗原性，所以常用于制备灭活疫苗。去污剂如十二烷基磺酸钠不仅能破坏囊膜，而且能把蛋白质衣壳分解为多肽。

第五节　病毒的实验室检查方法

在动物生产中，病毒感染十分常见。对动物性产品或动物体进行病毒检查，不仅能明确畜禽产品的卫生状况，而且能掌握传染病的流行规律，为保证食品安全和控制传染病提供可靠依据。

畜禽病毒性疾病，除了少数可以通过临床症状、流行病学、病变作出诊断外，大多数疾病的确诊需要进行实验室诊断，确证病毒或确证特异性抗体的存在。病毒感染的实验室检查包括病毒分离与鉴定、病毒核酸与抗原的直接检出以及特异性抗体的检测。

一、病料的采集、保存与运送

通常采集血液、鼻咽分泌液、痰、粪便、脑脊液、疱疹液、活检组织或尸检组织等。

1. 标本的采集

对动物性产品，应及时采取病变部位。对患病的动物，应从刚死亡的动物体或刚扑杀的濒死期动物采集标本。自然死亡的病例，应在死亡后 6h 内采取病料。做病毒分离或病毒抗原检查的标本，应在疾病刚流行时从发病初期和急性期的动物体上采集，因为这一时期病毒在动物体内大量繁殖，容易查出病毒。急性血清学检查时，应分别在发病初期和相隔 2～3 周后采取血清标本。第二份标本中的抗体水平有明显升高时才具有诊断意义。

2. 标本的处理

所采集的标本应放入经灭菌的容器内。容器的大小应适当，带有橡皮塞。液体标本应装入玻璃管，火焰封口。对本身带病菌的材料，如粪便、胃肠内容物及呼吸道分泌物，应加入青霉素和链霉素或庆大霉素除菌。采集过程中有可能污染细菌的液体标本，也应加入抗生素除菌。固体病料保存在灭菌的 50％甘油磷酸盐缓冲盐水中，可使其中的病毒保持不变。

3. 标本的保存

病毒在室温下会迅速灭活，所以，标本采集后应立即送实验室检查。路途较远时应将标本装入冰壶内送达。实验室接到标本后，应在 1～2h 内分离或培养病毒。无法及时进行病毒检验时，应将标本保存于−70℃以下的冰箱。

二、病毒包含体的检查

将被检材料直接制成涂片、组织切片或冰冻切片，染色后，用普通光学显微镜检查。这种方法对能形成包含体的病毒性传染病，具有重要的诊断意义。但包含体的形成有个过程，出现率也不是 100％，所以，在进行包含体检查时应注意。

三、病毒的分离培养与初步鉴定

采取可能含有病毒的材料，接种于实验动物、鸡胚或组织细胞，进行病毒的分离培养，并根据培养结果，作出初步诊断，并为进一步的确诊奠定基础。

病毒分离的一般程序：

1. 病理材料的准备

无菌标本（脑脊液、血液、血浆、血清）可直接接种细胞、动物、鸡胚；病理组织块、粪便、尿、感染组织或昆虫等污染标本在接种前应做除菌处理。常用的除菌方法有过滤除菌、高速离心除菌和抗生素除菌三种。操作时常将三种方法联合使用。如用口蹄疫的水疱皮进行病毒分离培养时，将送检的水疱皮用灭菌的 pH7.6 磷酸盐缓冲液冲洗数次，再用灭菌滤纸吸干，称重，研磨，制成 1：5 悬液。为了防止细菌污染，每毫升加青霉素 1000IU、链霉素 1000μg，置 2～4℃冰箱内 4～6h，然后用 8000～10000r/min 速度离心沉淀 10～15min，吸取上清液备用。

2. 病料的分离培养

采取可能含有病毒的材料，接种于动物、鸡胚或组织细胞，以进行病毒的分离培养。实践中常用动物接种和鸡胚接种。具体方法详见项目九和项目十。

3. 分离病毒的初步诊断

① 细胞致病作用（CPE）。病毒在细胞内增殖引起细胞退行性变，表现为细胞皱缩、变圆、出现空泡、死亡和脱落。某些病毒产生特征性 CPE，普通光学倒置显微镜下可观察到上述细胞病变，结合临床表现可作出预测性诊断。

② 红细胞吸附现象。流感病毒和某些副黏病毒感染细胞后 24～48h，该细胞膜上出现病毒的血凝素，能吸附豚鼠、鸡等动物及人的红细胞，发生红细胞吸附现象。若加入相应的抗血清，可中和病毒血凝素、抑制红细胞吸附现象的发生，称为红细胞吸附抑制试验。这一现象不仅可作为这类病毒增殖的指征，还可作为初步鉴定。

③ 干扰现象。一种病毒感染细胞后可以干扰另一种病毒在该细胞中的增殖，这种现象叫干扰现象。前者为不产生 CPE 的病毒（如风疹病毒）但能干扰以后进入的病毒（如 ECHO 病毒）增殖，使后者进入宿主细胞不再生产 CPE。

四、血清学实验

血清学试验在病毒性传染病的诊断上占有重要地位。常用的方法有：中和试验、补体结合试验、红细胞凝集实验、免疫扩散试验、免疫荧光技术和酶标记抗体技术等。在诊断上，应根据病毒的性质及发展阶段、被检病料类型、病原特性等，选择特异、灵敏的方法诊断。

五、病毒核酸检测

由于多数病毒基因均已成功地被克隆及进行了核苷酸序列测定，因此可以利用病毒基因作为探针，用核酸杂交的方法检测标本中有无相应的病毒核酸。作为探针的病毒核酸可以用同位素或非放射性核素标记。用探针杂交后，为检测核酸杂交体，可用放射自显影法或用生物素-亲和素系统进行检测。这一方法的敏感性一般并不高，但对标本中含有病毒核酸量较多时则很实用。用凝胶电泳将标本中 DNA 电泳后，转移至膜上（Southern 印迹法），再用病毒探针做核酸杂交，可根据分子量大小分辨标本中病毒核酸存在的状态，例如是整合型还是游离型。

对于已测定基因核苷酸序列的病毒，可设计相应的病毒基因的引物，做多聚酶链反应（PCR）。其原则为先加入标本中提取的核酸（根据待测病毒为 RNA 病毒或 DNA 病毒而加入 RNA 或 DNA），对 RNA 则需先转录成互补的 DNA，加入耐热的 DNA 多聚酶后，在一定温度及条件下做 PCR。通过扩增病毒基因片段可诊断标本中是否存在病毒核酸。本法十分敏感，但需注意操作时因污染而出现的假阳性。

检测病毒核酸的缺点是病毒核酸阳性并不等于标本中存在有感染性的活病毒。此外，对于未知病毒及可能出现的新病毒，因不了解病毒核苷酸序列，不能采用这些方法。

【本章小结】

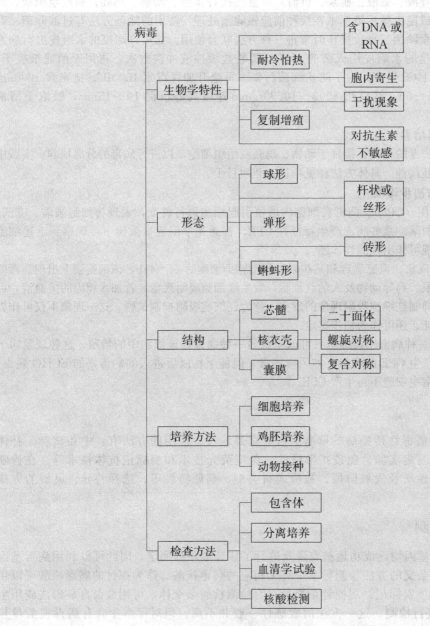

【复习题】

1. 解释名词

病毒　干扰现象　干扰素　病毒的血凝现象　包含体　噬菌体　卫星因子　类病毒

2. 单项选择题

(1) 病毒与其他微生物最重要的区别是（　　）。

A. 测量单位　　B. 结构简单　　C. 无细胞结构，只含一种核酸　　D. 活细胞内生长

(2) 裸露病毒体的结构是（　　）。

A. 核酸＋包膜　　　　　　　B. 核心＋衣壳＋包膜

C. 核衣壳＋包膜　　　　　　D. 核心＋衣壳

（3）构成病毒核心的化学成分是（　　）。

A. 磷酸　　　　B. 蛋白质　　　C. 类脂　　　　D. 肽聚糖　　　　E. 核酸

（4）控制病毒遗传变异的成分是（　　）。

A. 纤突　　　　B. 衣壳　　　　C. 壳粒　　　　D. 核酸

（5）病毒严格细胞内寄生的原因是（　　）。

A. 结构简单　　　　　　　　　B. 只含单一的核酸

C. 化学组成缺少水　　　　　　D. 缺乏酶系统和细胞器

（6）关于病毒囊膜的叙述，错误的是（　　）。

A. 成分为蛋白、脂类及多糖　　B. 表面凸起称为壳粒

C. 有种、型特异性抗原　　　　D. 保护衣壳

（7）关于病毒的干扰现象的叙述，不正确的是（　　）。

A. 只发生在异种病毒间　　　　B. 可使感染终止

C. 干扰素的作用而产生　　　　D. 两种病毒竞争受体而产生

（8）干扰素作用的种属特异性是指（　　）。

A. 作用是非特异性的

B. 某种病毒诱导产生的只对相同病毒有作用

C. 一种动物产生的干扰素只能抑制同种或接近动物的病毒

D. 干扰素的作用有广谱性

3. 填空

（1）病毒属于＿＿＿＿型微生物，必须在＿＿＿＿内生存，对抗生素＿＿＿＿。

（2）实际工作中常用＿＿＿＿保存病毒性材料。

（3）动物病毒感染抑制宿主细胞 DNA 复制的原因是＿＿＿、＿＿＿和＿＿＿。

（4）病毒显著区别于其他生物的特征是＿＿＿。

4. 问答题

（1）病毒在细胞内增殖的特点和人工培养方法。

（2）病毒性病料的保存及运送方法。

（3）病毒病的诊断方法。

（4）动物病毒感染可能给宿主细胞带来什么影响？

第三章 其他微生物

【学习目标】
- 了解原核、真核细胞型微生物的异同点
- 掌握原核细胞型微生物的形态结构、功能及致病性
- 掌握真菌的繁殖方式、菌落特征及鉴定技术

【技能目标】
- 具备对真菌、支原体进行染色、镜检、形态观察及鉴定的能力

第一节 真 菌

真菌是异养型单细胞或多细胞真核微生物，不含叶绿素，无根、茎、叶分化，大多数呈分支或不分支的丝状体，能进行有性和无性繁殖，营腐生或寄生生活。根据形态可分为酵母菌、霉菌和担子菌三大类群，但这不是真菌学上的分类方法。真菌不属于低等植物，属于单独成立的真菌界，第 8 版《真菌字典》将真菌界分为壶菌门、接合菌门、子囊菌门、担子菌门、半知菌门 5 个门，酵母菌、霉菌和担子菌分属于真菌的各门，如霉菌分别属于接合菌门、壶菌门或子囊菌门。

真菌种类多、数量大、分布广泛，与人类生产和生活有着极为密切的关系。其中大多数对人和动物有益，被广泛应用于工农业生产，但有的真菌能引起人、畜的疾病，或寄生于植物造成作物减产，称为病原性真菌。本节重点介绍酵母菌和霉菌。

一、形态结构及菌落特征

1. 酵母菌

酵母菌是人类应用较早的一类微生物，多数对人类是有益的，如用于酿酒、制馒头等。近年来又用于发酵饲料、单细胞蛋白质饲料、维生素、有机酸及酶制剂的生产等方面。但也有些种类的酵母菌能引起饲料和食品败坏，还有少数属于病原菌。

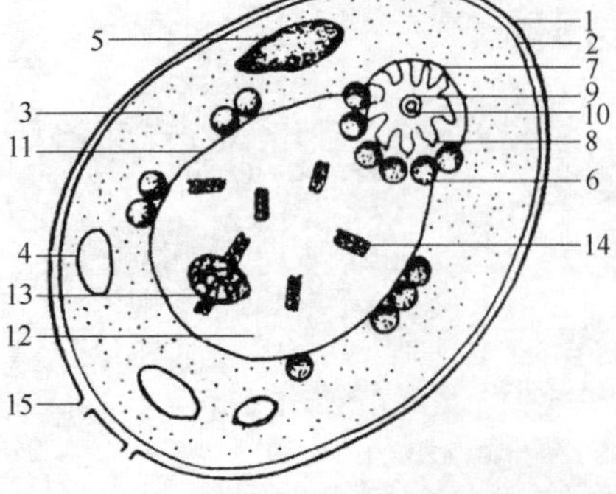

酵母菌的形态结构 大多数酵母菌为单细胞微生物，有球形、卵形、椭圆形、腊肠形、圆筒形，少数为瓶形、柠檬形和假丝状等。酵母菌细胞比细菌大得多，大小约为 $(1\sim5)\mu m \times (5\sim30)\mu m$ 或者更大，在高倍镜下即可清楚看到。

酵母菌有典型的细胞结构，有细胞壁、细胞膜、细胞质、细胞核及其他内含物等（图 3-1）。细胞壁主要由甘露聚糖、葡聚糖、几丁质等组成，一般占细胞干物质的 10% 左右。细胞膜具有典型的三层结构，呈液态镶嵌模型，碳水化合物含量高于其他细胞膜。细胞膜包裹着细胞质，内含细胞核、线粒体、核蛋白体、内质网、高尔基体和纺锤体；幼嫩细胞核呈圆形，随着液泡的扩大

图 3-1 酵母菌的细胞构造示意图

1—细胞壁；2—细胞膜；3—细胞质；4—脂肪体 5—肝糖；6—线粒体；7—纺锤体；8—中心染色质；9—中心体；10—中心粒；11—核膜；12—核；13—核仁；14—染色；15—芽痕

而变成肾形。核外包有核膜，核中有核仁和染色体。纺锤体在核附近呈球状结构，包括中心染色质和中心体，中心体为球状，内含 1～2 个中心粒。

2. 霉菌

又称丝状真菌，是工农业生产中长期广泛应用的一类微生物。它分解纤维素等复杂有机物的能力较强，同时也是青霉素、灰黄霉素、柠檬酸等的主要生产菌。有些霉菌是人和动植物的病原菌，有的能导致饲料、食物等霉败。

霉菌由菌丝和孢子构成（图 3-2）。菌丝是由成熟的孢子萌发而成，菌丝顶端延长，旁侧分支，许多菌丝交织成菌丝体。霉菌菌丝的平均宽度为 $3\sim10\mu m$，菌丝细胞有细胞壁、细胞膜、细胞核、细胞质及其内含物。

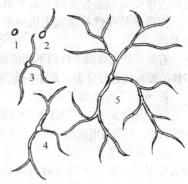

图 3-2 孢子萌发和菌丝的生长过程
1—孢子；2—孢子萌发；3～5—菌丝生长

霉菌菌丝按菌丝中有无横隔可分为有隔菌丝和无隔菌丝两类。有隔菌丝由横隔将菌丝分成成串的多细胞，每个细胞内含一个或多个细胞核，横隔上有小孔，相邻细胞之间的细胞核和细胞质可以流动，如青霉菌、曲霉菌等。无隔菌丝的整个菌丝为一个长管状的多核单细胞，如毛霉和根霉等。

二、增殖与培养

1. 真菌的繁殖

不同的真菌其繁殖方式差别很大。典型的真菌，其生活史包括无性阶段和有性阶段。酵母菌的繁殖方式以无性繁殖为主。其无性繁殖主要以芽殖、裂殖和产生掷孢子。

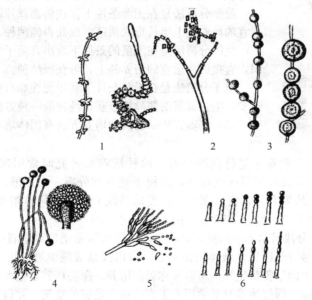

图 3-3 真菌的无性孢子
1—芽孢子；2—节孢子；3—厚垣孢子；4—孢子
囊孢子；5—分生孢子；6—分生孢子的形成过程

芽殖是成熟的酵母菌细胞先在芽痕处长出一个称为芽体的小突起，随后细胞核分裂成两个核，一个留在母细胞，一个随细胞进入芽体。当芽体逐渐长大到与母细胞相仿时，因子细胞基部收缩而脱离母细胞成为一个新的个体。有的酵母菌的母细胞与子细胞相连成串而不脱离，似丝状，称假菌丝。

裂殖是少数酵母菌的繁殖方式，其过程与细胞分裂方式相似。母细胞伸长，核分裂，细胞中央出现横隔将细胞分为两个具有单核的独立的子细胞。

掷孢子是在营养细胞生出的小梗上形成的无性孢子，成熟后通过一种特有的喷射机制将孢子射出。

有性繁殖是指两个性别不同的单倍体细胞经过接触、细胞壁溶解、细胞膜和细胞质融合，形成二倍体的细胞核进行分裂（其中一次为减数分裂），形成子囊，子囊破裂后释放出孢子。

霉菌是以无性孢子和有性孢子进行繁殖，以无性孢子繁殖为主。

(1) 无性孢子　不经过两性细胞的结合，直接由营养细胞分裂或营养菌丝的分化而形成的孢子称为无性孢子。根据其形成的方式可分为厚垣孢子、芽孢子、节孢子、分生孢子和孢子囊孢子（图3-3）。

(2) 有性孢子　不同的性细胞（又称为配子）或性器官结合后，经减数分裂而形成的孢子称为有性孢子。配子的结合有质配和核配两种形式。有性孢子常在特定的条件下形成，是真菌用来度过不良环境条件的休眠体。主要有卵孢子、接合孢子、担孢子和子囊孢子等（图3-4）。

2. 真菌的分离培养

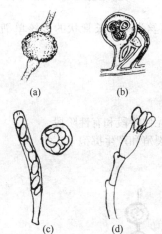

图 3-4　真菌的有性孢子
(a) 接合孢子；(b) 卵孢子；
(c) 子囊孢子；(d) 担孢子

(1) 培养条件　真菌对外界环境的适应能力强，对营养要求不高，在一般培养基上均能生长，常用弱酸性的沙保罗氏培养基或马铃薯琼脂培养基，最适培养温度为 20～28℃，pH3～6 之间生长良好，最适 pH 为 5.6～5.8，适宜生长在潮湿的环境中，在需氧的条件下生长良好，而酵母菌是兼性厌氧微生物，在厌氧条件下能发酵产生酒精；寄生于内脏的病原真菌则在 37℃左右时生长良好，常需培养数天至十几天才能形成菌落。

(2) 分离方法　酵母菌的分离方法同细菌。霉菌的分离方法有菌丝分离法、组织分离法和孢子分离法 3 种常用方法。

菌丝分离法是在无菌条件下设法将菌丝片段分离出来，使其在适宜的培养基上生长形成菌落，以获得纯菌种。

组织分离法是在无菌的条件下取出真菌子实体内部的一小块组织，直接放在适宜的培养基上，可获得纯种。

孢子分离法是在无菌条件下利用无性和有性孢子在适宜条件下萌发，生长成新的菌丝体以获得纯种的一种方法。

(3) 培养方法　真菌的培养方法有固体培养和液体培养两种基本方法。

① 固体培养法。实验室中进行菌种分离、菌种培养和研究时常用琼脂斜面和琼脂平板培养基，真菌在其上生长形成菌落或菌苔，以便于观察和分离。在发酵饲料和制曲时，利用谷糠、麸皮等农副产品为原料，按真菌的营养要求搭配好，制成固体培养基作为发酵培养基（生产培养基），根据需要，经过灭菌后，接入菌种进行培养。

② 液体培养法。分浅层培养和深层培养两类。浅层培养是把培养基置于浅层容器中。利用较大的液体表面积接触空气以保证液体的需氧量，常用浅盘或浅池进行培养。浅层培养为静置培养，真菌多在液体表面呈膜状生长，所以又称表面培养。深层培养是把大量的液体培养基置于深层的容器内进行培养。深层培养时必须用人工方法通入足够的空气，并做适当的搅拌。这种培养方式常常使用密闭式容器（发酵罐），利于各种条件的控制和防止外来污染。深层液体培养可用于生产单细胞蛋白饲料等。

三、菌落特征

1. 酵母菌的菌落特征。

在固体培养基上形成的菌落多数为乳白色，少数是黄色或红色。菌落表面光滑、湿润和黏稠，与某些细菌的菌落相似，但一般比细菌的菌落大而厚。酵母菌细胞生长在培养基的表面，菌体容易挑起。有些酵母菌菌落表面是干燥粉末状的，有些培养时间长了，菌落呈皱缩状，还有些可以形成同心环状等。

2. 霉菌的菌落特征

霉菌菌落是由菌丝体构成的，比细菌、酵母菌的菌落大，主要有绒毛状、蜘蛛网状和絮状等。菌落的颜色最初呈浅色或白色，随着孢子的逐渐成熟，菌落相应地呈黄、绿、青、黑、橙等颜色。有的霉菌因为产生色素而使菌落背面也带有颜色或使培养基变色。

第二节 放 线 菌

放线菌是一类介于细菌和真菌之间、多形态（杆状到丝状）的原核细胞微生物。多数呈丝状生长或以孢子繁殖。一方面，放线菌的细胞构造和细胞壁的化学组成与细菌相似；另一方面，放线菌菌体呈纤细的菌丝，且分枝，又以外生孢子的形式繁殖，这些特征又与霉菌相似。因放线菌菌落的菌丝常从一个中心向四周辐射状生长，因此得名。

放线菌在分类学上属放线菌目，下设8个科，其中分枝杆菌科中的分枝杆菌属和放线菌科中的放线菌属与畜禽疾病关系较大。

一、分枝杆菌属

1. 形态结构

分枝杆菌属是一类平直或微弯的杆菌，大小为 $(0.2 \sim 0.6)\mu m \times (1.0 \sim 10)\mu m$，有时分支，呈丝状，无鞭毛、芽孢或荚膜。革兰染色阳性，有抗酸染色特性。由于细胞壁中含有多量的类脂和蜡质，因此对外界环境条件尤其干燥和一般消毒药有较强的抵抗力。本属菌需要特殊营养条件才能生长。此属中的结核分枝杆菌菌体细长，牛分枝杆菌菌体较粗短，禽分枝杆菌短小且具有多形性，副结核分枝杆菌以细长为主，常排列成丛或成堆。

2. 致病性

本属菌对动物有致病性的主要是结核分枝杆菌、牛分枝杆菌、禽分枝杆菌和副结核分枝杆菌。前3种主要引起人和畜禽的结核病，副结核分枝杆菌主要引起牛、羊等反刍动物的副结核病。家禽结核病一般无治疗价值，贵重动物可用异烟肼、链霉素、对氨基水杨酸等治疗。副结核病目前尚无特效疗法，以对症治疗和淘汰净化牛羊群为主要防治措施。

二、放线菌属

1. 形态结构

此属菌为革兰阳性，着色不均，有分支，无运动性，无芽孢，厌氧，生长时需要二氧化碳，不具有抗酸染色特性，能发酵葡萄糖。菌体细胞大小不一，呈短杆状或棒状，常有分支而形成菌丝体。

2. 致病性

有代表性的病原性放线菌是牛放线菌，可引起牛放线菌病，牛感染后主要侵害颌骨、舌、咽、头颈部皮肤，尤以颌骨缓慢肿大为多见，常采用外科手术治疗。猪、马、羊也可感染。此外还有狗、猫放线菌病的病原体，可引起狗猫的放线菌病；衣氏放线菌可引起牛的骨骼放线菌病和猪的乳房放线菌病。

第三节 螺 旋 体

螺旋体是一类介于细菌和原虫之间、菌体细长弯曲呈螺旋状、能运动的单细胞原核型微生物。在生物分类上有8个属，其中与兽医关系较大的有4个属，即密螺旋体属、疏螺旋体属、钩端螺旋体属和蛇形螺旋体属。

一、形态结构

螺旋体呈螺旋状或波浪形，有一个或多个螺旋，螺旋的数目、长度、螺距及螺旋的弯曲形状因螺旋菌的种类不同而异；菌体大小极为悬殊，长可为 $5\sim250\mu m$，宽可为 $0.1\sim3\mu m$，菌体柔软易弯曲、无鞭毛，但能活泼运动（弯曲扭动或蛇样运动）。有些种类的螺旋体可通过细菌过滤器。螺旋体的细胞主要有 3 个组成部分：原生质柱、轴丝和外鞘。原生质柱呈螺旋状卷曲，外包细胞膜和细胞壁，为螺旋体细胞的主要部分。轴丝连于细胞和原生质柱，外包有外鞘。每个细胞的轴丝数为 $2\sim100$ 条以上，可因螺旋体种类不同而异。轴丝的超微结构、化学组成以及着生方式均与细菌鞭毛相似。轴丝能屈曲和收缩，因而菌体能做旋转、屈伸和水蛇样运动。

螺旋体革兰染色阴性，但难于染色，常用吉姆萨或瑞特氏染色；观察其运动性时，常用暗视野显微镜检查。

二、培养特性

密螺旋体属严格厌氧，疏螺旋体属为厌氧或微嗜氧，钩端螺旋体属和蛇形螺旋体属为严格厌氧；能人工培养，但对营养要求高，常需在培养基中加入血清或血液，某些种类还需在培养基中加入某些特定的脂肪酸、蛋白胨、胰酶消化酪蛋白、脑心浸出液等营养因子才能生长。最适宜温度为 $28\sim30\,℃$（钩端螺旋体）或 $38\,℃$（蛇形螺旋体），最适 pH 为 $7.2\sim7.5$（钩端螺旋体），生长缓慢。有些种类目前尚不能人工培养。

三、致病性

螺旋体广泛存在于自然界水域中，也有很多存在于人和动物的体内。大部分螺旋体是非致病性的，只有一小部分是致病性的。如兔梅毒密螺旋体是兔梅毒的病原体；猪痢疾蛇形螺旋体是猪痢疾的病原体；伯氏疏螺旋体可引起人和动物的莱姆病；钩端螺旋体可感染家畜、家禽和野生动物，导致钩端螺旋体病。

对钩端螺旋体，国内外已有疫苗应用，效果良好；但猪痢疾蛇形螺旋体病目前尚无可靠或实用的免疫制剂使用，可用抗生素或化学治疗剂控制。

第四节　支 原 体

支原体又称霉形体，是一类介于细菌和病毒之间、无细胞壁、能独立生活的最小的单细胞原核型微生物。

一、形态结构

支原体无细胞壁，形态多形、易变，有球形、扁圆形、玫瑰花形、丝状、分枝状等多种形状。菌体柔软，无鞭毛，能通过细菌过滤器；细胞质内无线粒体等膜状细胞器，但有核糖体。革兰染色阴性，但着色困难，常用吉姆萨染色，呈淡紫色。

二、增殖培养

以二分裂为主，也可出芽增殖。可在特定的培养基上增殖，但营养要求较一般细菌高，常需在培养基中加入 $10\%\sim20\%$ 的动物血清、固醇和高级脂肪酸，培养基中加入酵母浸膏、葡萄球菌和链球菌的培养滤液能促其生长；部分种类尚需在组织培养物上才能生长。最适培养温度为 $37℃$，最适 pH 为 $7.6\sim8.0$，兼性厌氧，初代培养需加入 5% 二氧化碳。生长缓慢，固体培养基需 $3\sim5$ 天才能形成菌落，菌落直径为 $10\sim600\mu m$，形似"油煎蛋"状、乳头状或脐状，液体培养基中需 $2\sim4$ 天才能形成极轻微的浑浊，或形成薄片状小菌落，黏附于管壁或沉于管底。多数支原体可在鸡胚的卵黄囊或绒毛尿囊膜上生长。

三、致病性

大多数支原体为寄生性，寄生于多种动物的呼吸道、泌尿生殖道、消化道黏膜以及乳腺和关节等处，导致人和畜禽疾病。兽医临床上由支原体引起的传染病主要有：猪肺炎支原体引发的猪地方性流行性肺炎（猪气喘病）；禽败血支原体引起鸡的慢性呼吸道病；滑液支原体导致家禽传染性滑液囊炎；此外还有山羊传染性胸膜肺炎、牛传染性胸膜肺炎等。

第五节 立 克 次 体

立克次体是一类介于细菌和病毒之间、专性细胞内寄生的单细胞原核型微生物。

一、形态结构

立克次体细胞具有多形性，呈球杆形、球形、杆形等，杆状菌大小为 $(0.3\sim0.6)\mu m\times(0.8\sim2)\mu m$，球状菌直径为 $0.2\sim0.7\mu m$。具有类似于革兰阴性菌的细胞壁结构和化学组成，胞壁内含有肽聚糖、脂多糖和蛋白质。革兰染色阴性，吉姆萨染色呈紫色或蓝色。

二、培养特性

立克次体不能利用葡萄糖，也不能合成和分解氨基酸，缺乏合成核酸的能力，必须依靠宿主细胞提供 ATP、辅酶 I 和辅酶 A，因此，除个别属能在特定的培养基上生长以外，其余均不能在培养基上生长。常用的培养方法有动物接种、鸡胚卵黄囊接种和鸡胚成纤维细胞培养，以菌体断裂的方式进行增殖。

三、致病性

致人畜疾病的立克次体，多寄生于网状内皮系统、血管内皮细胞或红细胞内，并常天然寄生在虱、蚤、蜱等节肢动物体内，这些节肢动物或为寄生宿主，或成为贮存宿主，成为许多立克次体病的重要的传播媒介。人畜主要经这些节肢动物的叮咬或其粪便污染伤口而感染立克次体。但有些立克次体也可通过消化道和呼吸道感染动物。Q 热立克次体主要导致人和大家畜（马、牛、羊等）发生 Q 热，通常发病急骤；东方立克次体可导致人、家畜和鸟类发生恙虫病；反刍兽可厌氏体可致牛、绵羊、山羊和野生反刍动物的心水病。

第六节 衣 原 体

衣原体是一类介于立克次体和病毒之间的、不需以节肢动物为传播媒介、严格细胞内寄生的单细胞原核型微生物。与人和动物有关系的主要有 4 种：鹦鹉热亲衣原体、沙眼衣原体、牛羊亲衣原体和肺炎亲衣原体。

一、形态结构

衣原体细胞呈圆球形，在不同的发育阶段直径差别很大，一般在 $0.3\sim1.0\mu m$。具有由肽聚糖组成的类似于革兰阴性细菌的细胞壁，呈革兰阴性，细胞内含有 DNA 和 RNA 及核糖体。

二、致病性

沙眼衣原体能引起人类沙眼、包含体性结膜炎以及性病淋巴肉芽肿等病；肺炎亲衣原体可引起人的急性呼吸道疾病；鹦鹉热亲衣原体可引起人的肺炎、畜禽肺炎、关节炎、流产等疾病；牛羊亲衣原体可导致牛、绵羊腹泻、脑脊髓炎、关节炎等。

我国已试制成功绵羊衣原体性流产疫苗，其他类型的衣原体病尚无使用或可靠的疫苗，药物治疗可选用四环素等。

【本章小结】

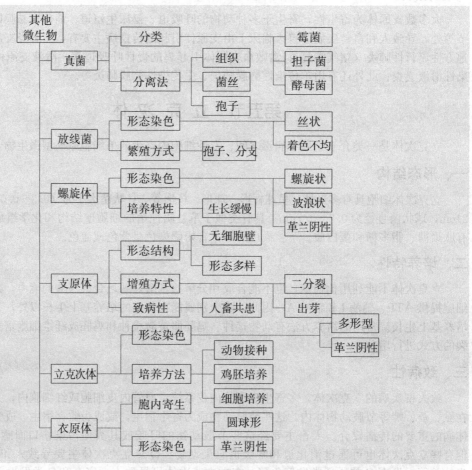

【复习题】

1. 解释下列名词

| 孢子 | 真菌 | 假菌丝 | 菌丝体 | 营养菌丝 |

气生菌丝　　　　霉菌　　　　有隔菌丝　　　　无隔菌丝　　　　放线菌

2. 单项选择题

(1) 支原体属于（　　）。

A. 非细胞型微生物　　B. 原核细胞型微生物　　C. 真核细胞型微生物　　D. 细胞型微生物

(2) 酵母菌形成（　　）。

A. 假菌丝　　　　B. 营养菌丝　　　　C. 气生菌丝　　　　D. 有隔菌丝

(3) 属于真核型微生物的是（　　）。

A. 真菌　　　　B. 细菌　　　　C. 螺旋体　　　　D. 放线菌

(4) 寄生于动物内脏的病原性真菌，其最适培养温度为（　　）℃。

A. 22　　　　B. 37　　　　C. 55　　　　D. 28

3. 问答题

(1) 简述支原体、螺旋体、衣原体、立克次体的主要生物学特性。

(2) 动物感染性真菌有哪些？如何进行微生物学诊断？

(3) 如何检测曲霉菌、黄曲霉菌？

(4) 简述衣原体、立克次体的异同点？

(5) 简述真菌的形态结构及致病性。

(6) 简述酵母菌的形态结构、生理特性。

第四章 微生物与外界环境

【学习目标】
- 了解微生物在自然界的分布
- 掌握消毒、灭菌的概念、方法、作用机理
- 掌握微生物变异现象、菌种的保存方法

【技能目标】
- 能正确消毒、灭菌及保存菌种

微生物与外界环境的关系极为密切。微生物种类繁多，代谢类型多样，繁殖迅速，适应性强，因此，它们在自然界中分布广泛，无论是土壤、空气、水、饲料、动物的体表和某些与外界相通的腔道，甚至在一些极端的环境（高等动植物不能生长的环境）中都有微生物存在。一方面，外界环境中的多种因素影响着微生物的生命活动；另一方面，微生物也可通过其新陈代谢活动对外界环境产生影响。了解微生物与外界环境之间的关系，有利于我们利用有益的微生物，控制和消灭有害的微生物，对畜牧业生产有着重要的意义。

第一节 微生物在自然界的分布

一、土壤中的微生物

土壤是微生物的天然培养基。因为土壤具备微生物生长繁殖所需要的营养、水分、空气、酸碱度、温度和渗透压等条件，并能防止直射日光的杀伤作用。因此，土壤是多种微生物生活的良好环境。

土壤中微生物的种类很多，有细菌、真菌、放线菌、螺旋体和噬菌体等，以细菌为主，占土壤微生物总数的70%～90%。表层土壤由于受日光的照射、雨水的冲刷及干燥的影响，微生物数量较少；在离地面10～20cm深的土层中微生物的数量最多，每克肥沃的土壤中微生物数以亿计；而愈往土壤深处则微生物愈少，在数米深的土层处几乎无菌。

土壤中的微生物大多是有益的，如根瘤菌、固氮菌等，可制备各种细菌肥料，促进饲料作物增产。但还有一些随着动、植物尸体及人/畜禽排泄物、分泌物、污水、垃圾等废弃物进入土壤的病原微生物。虽然土壤不适合大多数病原微生物的生长繁殖，但少数抵抗力强的芽孢菌能在土壤中生存数年甚至数十年，在一定条件下，感染人和畜禽，导致相应传染病的发生。一些抵抗力较强的非芽孢病原菌也能生存较长的时间（表4-1）。

表4-1 几种非芽孢病原菌在土壤中的存活时间

病原菌名称	存活时间	病原菌名称	存活时间
伤寒沙门菌	3个月	布氏杆菌	100天
化脓链球菌	2个月	猪丹毒杆菌	166天(土壤中尸体内)
结核分枝杆菌	5～24个月		

二、水中的微生物

水是仅次于土壤的微生物第二天然培养基，各种水域中的微生物种类和数量有明显差异。

水中的微生物主要为腐生性细菌，其次还有真菌、螺旋体、噬菌体等。很多非水生性的微生物，也常随着土壤、动物的排泄物、动植物残体、垃圾、污水和雨水等汇集到水中。

水中常见的病原微生物有：炭疽杆菌、沙门菌、大肠杆菌、布氏杆菌、巴氏杆菌、钩端螺旋体、口蹄疫病毒和猪瘟病毒等，它们在水中可存活一定时间（表 4-2）。被病原微生物污染的水体，是传染病发生和流行的重要传播媒介。

表 4-2 几种病原菌在水中的生存时间

病原菌名称	水的性质	生存时间	病原菌名称	水的性质	生存时间
大肠杆菌	蒸馏水	24～72 天	伤寒沙门菌	蒸馏水	3～81 天
布氏杆菌	无菌水和饮用水	72 天	钩端螺旋体	河水	150 天以内
结核分枝杆菌	河水	5 个月			

检查水中微生物的数量和病原微生物的存在，对人畜卫生有着十分重要的意义。国家对饮用水实行法定的公共卫生学标准，其中微生物学指标有细菌总数和大肠菌群数，大肠菌群数是指 1000ml 水中所含大肠菌群的最近似值（MPN）。我国饮用水的卫生标准是：每毫升水中细菌总数不超过 100 个，每 1000ml 水中大肠菌群数不超过 3 个。

三、空气中的微生物

空气中缺乏微生物生存所必需的营养物质，加上干燥、阳光直射及空气流动等因素的影响，因此进入空气中的微生物一般都很快死亡。只有少数耐干燥和阳光直射的种类能存活较长时间，例如细菌的芽孢和真菌的孢子，所以空气中微生物的种类和数量都较少。空气中微生物的主要来源是人、动植物及土壤中的微生物通过水滴、尘埃、飞沫或喷嚏等微粒一并散布进入，以气溶胶的形式存在。霉菌的孢子则能被气流直接吹入空气中。空气中微生物的分布受多种因素影响较大，离地面越高的空气中，含菌量越少；室内空气的含菌量比室外大；人畜密集的场所含菌量大，在畜舍内进行饲喂、清扫、梳刮等操作时，空气中的含菌数也会增多。一般在医院、畜舍、宿舍、城市街道等地空气中含微生物量较高，而在海洋、高山或极地上空的空气中，微生物的含量就很少。

空气中一般没有病原微生物存在，但在医院、动物医院及畜禽厩舍附近的空气中，常常漂浮带有病原微生物的气溶胶，或带有病原菌的分泌物和排泄物干燥后随尘埃进入空气中，健康人或动物往往因吸入而感染，分别称为飞沫传播和尘埃传播，总称为空气传播。尤其畜舍中的微生物既能造成畜禽大面积的传染病爆发，也能使舍内不间断地零星发生慢性病。此外空气中的一些非病原微生物，也可污染培养基或引起生物制品、药物制剂变质。所以在微生物接种、制备生物制剂和药剂及外科手术时，必须进行无菌操作。另外，还应该注意畜舍的通风、空气消毒以及对病畜的及时隔离。

四、正常动物体的微生物

1. 正常菌群及作用

在正常动物的体表或与外界相通的腔道中经常有一些微生物存在，它们对宿主不但无害，而且对维持宿主健康是有益和必需的，这些微生物称为正常菌群。

在生物进化的过程中，微生物通过适应和自然选择的作用，微生物与微生物之间，微生物与其宿主之间，以及微生物、宿主和环境之间形成了一个相互依赖、相互制约并呈现动态平衡的生态系。保持这种动态平衡是维持宿主健康状态不可缺少的条件。

正常菌群对动物机体的作用是多方面的，以消化道正常菌群为例，其对动物的重要作用主要体现在以下几个方面。

（1）营养作用 消化道的正常菌群从消化道获得营养，同时通过帮助消化而合成维生素等对宿主起营养作用。例如肠道细菌能合成 B 族维生素和维生素 K，并参与脂肪的代谢，有的能利用含氮物质合成蛋白质；胃肠道细菌产生的纤维素酶能分解纤维素，产生的消化酶降解蛋白质等其他物质。另外，消化道中的正常菌群有助于破坏饲料中的有害物质并阻止其吸收。

（2）免疫作用　正常菌群对宿主的免疫功能影响较大。当动物的正常菌群失去平衡，其体液免疫和细胞免疫功能下降，例如无菌动物的免疫功能明显低于普通动物。因为没有正常菌群的刺激，动物机体的免疫系统不可能正常发育和维持正常的功能。

（3）生物拮抗　消化道中的正常菌群对入侵的非正常菌群（包括病原菌）具有很强的拮抗作用。生物拮抗作用存在的原因是因细菌素的作用、免疫作用、厌氧菌的作用及特殊的生理生化环境。给饲养小鼠服用肠炎沙门菌，在小鼠肠道菌群正常时，小鼠无发病和死亡；若先给小鼠服用链霉素和红霉素，则全部死亡。

2. 正常动物体的微生物

（1）体表的微生物　动物皮毛上常见的微生物以球菌为主，如葡萄球菌、链球菌等；杆菌中主要有大肠杆菌、绿脓杆菌等。这些细菌主要来源于土壤、粪便的污染及空气中的尘埃。动物体表的金黄色葡萄球菌和化脓链球菌等是引起受损皮肤化脓的主要原因。患有传染病的动物体表常有该种传染病的病原，如口蹄疫病毒、痘病毒、炭疽杆菌芽孢等，在处理皮毛和皮革时应注意。

（2）消化道中的微生物　动物出生后伴随着吮吸、采食等过程，在其消化道中即出现了微生物。但消化道中的微生物又因不同部位而有显著差异。

口腔中因有大量的食物残渣及适宜的温湿度等，微生物很多，其中主要有乳酸杆菌、棒状杆菌、链球菌、葡萄球菌、放线菌、螺旋体等。

食道中没有食物残留，因而微生物很少。但禽类的嗉囊中则有很多随食物进入的微生物，正常栖居的是一些乳酸杆菌，它对抑制大肠杆菌和某些腐败菌起着重要作用。

胃肠道中微生物的组成很复杂，它们的种类和数量因畜禽种类、年龄和饲料不同而异，即使在同一动物不同胃肠道部位也存在差异。单胃动物的胃内受胃酸的限制，主要有乳酸杆菌、幽门螺杆菌和胃八叠球菌等少量耐酸的细菌。反刍动物瘤胃中的微生物却很多，对饲料的消化起着重要作用，其中分解纤维素的细菌有黄色瘤胃球菌、白色瘤胃球菌、小瘤胃杆菌和产琥珀酸纤维菌；合成蛋白质的细菌有淀粉球菌、淀粉八叠球菌和淀粉螺旋菌等；瘤胃厌氧真菌具有降解纤维素和半纤维素的能力，有的还具有降解蛋白质和淀粉的能力；瘤胃中的原虫虽然数量比细菌和真菌少得多，但因体积大，其表面积可与细菌相当。一般每克瘤胃内容物含细菌 $10^9 \sim 10^{10}$ 个，以及大量的真菌和部分原虫等。瘤胃微生物能将饲料中 $70\% \sim 80\%$ 的可消化物质、50% 的粗纤维进行消化和转化，供动物吸收利用。

在小肠部位，特别是十二指肠因胆汁等消化液的杀菌作用，微生物很少，小肠后段微生物逐渐增多，主要有大肠杆菌、肠球菌和芽孢杆菌等，这些微生物中有的有利，是动物消化代谢的重要组成部分，有的则是有害的，具体作用主要有粗纤维及其他有机物的发酵作用、有机物的合成作用和肠道内的腐败作用。

大肠和直肠中的微生物含量极多，成年动物肠道中大肠杆菌可占正常菌总数的 75% 以上，吮乳的幼畜肠内乳酸杆菌居多。

在正常情况下，普通动物肠道内大约有 200 种正常菌群，其中主要是非致病的厌氧菌，如双歧杆菌、真杆菌、拟杆菌等，占总数的 90% 以上，其次是肠球菌、大肠杆菌、乳杆菌等。

宿主受到日粮突然改变、环境变化、手术、患病等应激，或是在滥用抗生素等情况下，正常菌群中的微生物种类、数量发生改变，菌群平衡受到破坏，称为菌群失调。因为消化道正常菌群失去平衡，使某些潜在的致病菌能够迅速繁殖而引起的疾病称为菌群失调症。

在畜牧业生产中，早期断奶仔猪，经常出现消化不良、腹泻、生长缓慢等早期仔猪断奶综合征，诱发这种疾病的主要原因是消化道正常菌群失调。反刍动物在采食含糖类或蛋白质过多的饲料，或突然改变饲料后，常常使瘤胃正常菌群失调，引起严重的消化机能紊乱，导致前胃疾病。畜禽长期连续或大量服用广谱抗菌药物，可引起胃肠道正常菌群失调，导致消化道疾病，临床表现为肠炎和维生素缺乏症。因此为避免菌群失调症，应注意科学喂养、不滥用抗菌药物。

（3）其他器官系统中的微生物　呼吸道中的微生物常见的有葡萄球菌、链球菌、肺炎球菌和巴氏杆菌等。以鼻腔内细菌最多，其中主要是葡萄球菌，它们一般随空气进入。上呼吸道黏膜，主要是扁桃体黏膜上常栖居着一些微生物，有葡萄球菌、链球菌、肺炎球菌、巴氏杆菌等，通常呈无害状态，但当动物机体抵抗力减弱时，这些微生物趁机大量繁殖，引起原发、并发或继发感染。支气管末梢和肺泡内一般无细菌，只有在宿主患病时才有微生物存在。

在正常情况下，泌尿系统中的肾脏、输尿管、睾丸、子宫、输卵管等是无菌的，但在泌尿生殖道口是有菌的。母畜阴道中微生物主要有乳杆菌，其次是葡萄球菌、链球菌、抗酸杆菌、大肠杆菌等，偶有肠球菌和支原体。尿道口常栖居着一些革兰阴性或阳性球菌，以及若干不知名的杆菌。

动物其他的组织器官内在一般情况下是无菌的，只是在术后、传染病的隐性传染过程中等特殊情况下才会带菌。有的细菌能从肠道经过门静脉侵入肝脏，或由淋巴管侵入淋巴结，特别是在动物死亡前，抵抗力极度衰退，细菌可由这些途径侵入体内，这些侵入的细菌常会造成细菌学检查的误诊。

第二节　外界环境因素对微生物的影响

微生物与外界环境因素的关系极为密切。在适宜的环境条件下微生物可以正常生长发育，当外界环境条件不适宜时，可以抑制微生物的生长，甚至会导致微生物的死亡。在畜牧业生产和科研中我们会利用不同的环境因素对微生物进行处理，以便服务于畜牧业生产。在介绍本节内容之前，首先介绍几个概念。

消毒：利用理化方法杀死病原微生物的过程称为消毒。消毒只要求达到无传染性的目的，对非病原微生物及其芽孢、孢子并不要求严格杀死。用于消毒的化学药品称为消毒剂。

灭菌：指利用理化方法杀死物体上所有微生物（包括病原微生物、非病原微生物及其芽孢、霉菌的孢子等）的方法。

无菌：指环境或物品中没有活的微生物存在的状态。

无菌操作：是指防止微生物进入机体或其他物品的操作技术。

防腐：防止和抑制微生物生长繁殖的方法称为防腐或抑菌。用于防腐的化学药物称为防腐剂或抑菌剂。

一、物理因素对微生物的影响

影响微生物的物理因素主要有温度、干燥、射线和紫外线、渗透压、过滤除菌、超声波等。

1. 温度

温度是微生物生长繁殖的重要条件，不同的温度对微生物的生命活动呈现不同的作用。温度适宜，微生物生长繁殖良好；反之，温度过高或过低，则微生物的生长繁殖受到抑制，甚至死亡。根据微生物对生长温度的要求，将其分为嗜冷菌、嗜温菌、嗜热菌三类（表4-3）。

表 4-3　微生物的生长温度

类　　别		生长温度/℃			附　　注
		最低	最适	最高	
嗜冷菌		−5～0	10～20	25～30	水中和冷藏场所的一些微生物
嗜温菌	嗜室温菌	10～20	18～28	40～45	腐物寄生微生物
	嗜体温菌	10～20	37 左右	40～45	病原微生物
嗜热菌		25～45	50～60	70～85	土壤、温泉、厩肥中的一些微生物

(1) **高温对微生物的影响**　高温是指比微生物生长的最高温度还要高的温度。微生物对高温比较敏感，高温对微生物有明显的致死作用，其原理是高温能使菌体蛋白质变性或凝固，酶失去活性而导致微生物死亡。根据此原理，在生产中常用高温进行消毒和灭菌，主要方法有干热灭菌法和湿热灭菌法两大类。

① 干热灭菌法

a. 火焰灭菌法。以火焰直接灼烧立即杀死全部微生物的方法。常用于耐烧的物品，如接种环、试管口、金属器具等的灭菌；或用于烧毁的物品，直接点燃或在焚烧炉内焚烧，如传染病畜禽及实验动物的尸体、病畜禽的垫料及其他污染的废弃物的灭菌。

b. 热空气灭菌法。利用干热灭菌器，以干热空气进行灭菌的方法。此法适用于各种玻璃器皿、瓷器、金属器械等高温下不损坏、不变质的物品。在干热情况下，由于热空气的穿透力较低，因此干热灭菌需要160℃维持1~2h才能达到灭菌的目的。

② 湿热灭菌法。此法杀菌效力强，使用范围广，常用的有以下几种。

a. 煮沸灭菌法。煮沸10~20min可杀死所有细菌的繁殖体。而细菌的芽孢需煮沸1~2h才能被杀死。若在水中加入1%~2%碳酸氢钠或2%~5%石炭酸，可以提高水的沸点，增强杀菌力，杀菌效果更好。外科手术器械、注射器、针头等多用此法灭菌。

b. 流通蒸汽灭菌法。利用蒸汽在流通蒸汽灭菌器或蒸笼内进行灭菌的方法，也称间歇灭菌法。100℃的蒸汽维持30min，足以杀死细菌的繁殖体，但不能杀死细菌芽孢和霉菌的孢子。要达到灭菌的目的，需在第一次100℃蒸汽30min后，将被灭菌物品放于37℃温箱过夜，使芽孢萌发出芽，第二天再100℃蒸30min，如此连续3天，最终达到完全灭菌的目的。此法常用于某些不耐高温的培养基，如糖培养基、鸡蛋培养基、牛乳培养基、血清培养基等的灭菌。在应用间歇灭菌法时，根据灭菌对象的不同，加热温度、加热时间、连续次数，均可做适当增减。

c. 巴氏消毒法。利用较低的温度杀灭液态食品中的病原菌或特定的微生物，且又不会严重损害其营养成分和风味的消毒方法。由巴斯德首创，常用于乳品和葡萄酒、啤酒等消毒。具体方法可分为3类：第一类为低温维持巴氏消毒法，在63~65℃维持30min；第二类为高温瞬时巴氏消毒法，在71~72℃保持15s；第三类为超高温巴氏消毒法，在132℃保持1~2s，加热消毒后将食品迅速冷却至10℃以下（又称冷击法），这样可进一步促使细菌死亡，也有利于鲜乳等食品马上转入冷藏保存。经超高温巴氏灭菌的鲜乳在常温下，保存期可长达半年或更长。

d. 高压蒸汽灭菌法。用高压蒸汽灭菌器进行灭菌的方法，此法应用最广、最有效。在标准大气压下，蒸汽的温度只能达到100℃，在一个密闭的金属容器内，持续加热，由于不断产生蒸汽而加压，随压力的增高其沸点也升至100℃以上，以提高灭菌的效果。高压蒸汽灭菌器就是根据这一原理而设计的。通常用0.105MPa的压力，在121.3℃温度下维持15~30min，即可杀死包括细菌芽孢在内的所有微生物，达到完全灭菌的目的。凡耐高温、不怕潮湿的物品，如各种培养基、溶液、金属器械、玻璃器皿、敷料、工作服等均可用这种方法灭菌。所需温度与时间根据灭菌材料的性质和要求决定。

应用此法灭菌时，一定注意要充分排除灭菌器内的冷空气，同时还要注意灭菌物品不要相互挤压过紧，以保证蒸汽通畅，使所有物品的温度均匀上升，才能达到彻底灭菌的目的。若冷空气排不净，压力虽然达到规定的数字，但温度达不到所需要的温度，影响灭菌效果。

(2) **低温对微生物的影响**　大多数微生物对低温具有很强的抵抗力。当微生物处在其最低生长温度以下时，其代谢活动降到最低水平，生长繁殖停止，但仍可长时间保持活力，因此常用低温保存菌种、毒种、血清、疫苗、食品和某些药物等。但少数病原微生物，如脑膜炎双球菌、多杀性巴氏杆菌等对低温特别敏感，在低温中保存比在室温中死亡更快。一般细菌、酵母菌、霉菌的斜面培养物保存于0~4℃，有些细菌和病毒保存于-20~-70℃。最好在-196℃液氮中保存，可长期保持活力。

低温冷冻真空干燥是保存菌种、毒种、疫苗、补体、诊断血清等制品的良好方法。将保存的物质放在玻璃容器内，在低温下迅速冷冻，然后用抽气机抽去容器内的空气，使冷冻物质中的水分升华而干燥，这样的菌种及其他物质在冻干状态下，可以长期保存而不失去活性。

2. 干燥

水分是微生物新陈代谢过程中不可缺少的成分。在干燥的环境中，微生物的新陈代谢发生障碍，并最终死亡。不同种类的微生物对干燥的抵抗力差异很大。如淋球菌、巴氏杆菌和鼻疽杆菌在干燥的环境中仅能存活几天，而结核分枝杆菌能耐受干燥 90 天。细菌的芽孢对干燥有很强的抵抗力，如炭疽杆菌和破伤风梭菌的芽孢在干燥条件下可存活几年甚至数十年以上，霉菌的孢子对干燥也有强大的抵抗力。

微生物对干燥的抵抗力虽然很强，但它们不能在干燥的条件下生长繁殖，而且许多微生物在干燥的环境中会逐渐死亡。因此在生活和生产中常用干燥法保存食物、药物、饲料、皮张等。但应注意的是，在干燥的物品上仍能保留着生长和代谢处于抑制状态的微生物，如遇潮湿环境，又可重新生长繁殖起来。

3. 射线和紫外线

可见光线对微生物一般影响不大，但长时间暴露于光线中，也会影响其代谢和繁殖，因此培养细菌等微生物、保存菌种应置于阴暗处。如果将某些染料（如美蓝、伊红等）加入培养基中，能增强可见光的杀菌作用，这种现象叫光感作用。

在实际工作中用于消毒灭菌的射线主要是穿透力强的 X 射线、γ 射线、β 射线。一般认为 X 射线的波长越短杀菌力愈强，X 射线可使补体、酶、溶血素、噬菌体及某些病毒失去活性；β 射线的电离辐射作用较强，具有抑菌和杀菌作用；而 γ 射线的电离辐射作用较弱，仅有抑菌和微弱的杀菌作用。各种射线常用于塑料制品、医疗设备、药品和食品的灭菌。现在已有专门用于不耐热的大体积物品消毒的 γ 射线装置。关于射线处理的食品对人类的安全性问题正在进行深入研究。

紫外线中波长 $200\sim300nm$ 部分具有杀菌作用，其中以 $265\sim266nm$ 杀菌力最强。其作用机理主要有两个方面，即诱发微生物的致死性突变和强烈的氧化杀菌作用。致死性突变是因为微生物 DNA 链经紫外线照射后，同链中相邻两个胸腺嘧啶形成二聚体，DNA 分子不能完成正常的碱基配对而死亡。另外，紫外线能使空气中的分子氧变为臭氧，臭氧放出氧化能力极强的原子氧，也具有杀菌作用。

细菌受致死量的紫外线照射后，3h 以内若再用可见光照射，则部分细菌又能恢复其活力，称为光复活现象。在实际工作中应注意避免光复活现象的出现。

紫外线的穿透力弱，即使很薄的玻片也不能通过，因此它的作用仅限于照射物体的表面，常用于手术室、无菌室、病房、种蛋室及微生物实验室等的空气消毒，也可用于不耐高温或化学药品消毒的器械、物体表面的消毒。紫外线的消毒效果与照射时间、距离和强度有关，一般灯管距离地面约 2m，照射 $1\sim2h$。紫外线对眼睛和皮肤有损伤作用，一般不能在紫外线照射下工作。

4. 渗透压

渗透压与微生物生命活动的关系极为密切。适宜的渗透压下，细菌细胞可保持原形，有利于微生物的生长繁殖；若环境中的渗透压在一定范围逐渐改变，因微生物细胞内含有调整菌体渗透压作用的物质，如谷氨酸、K^+ 等，微生物也有一定的适应能力，对其生命活力影响不大。但若环境中的渗透压突然改变或超过一定限度时，则将抑制微生物的生长繁殖甚至导致其死亡。若微生物长时间处于高渗溶液（如浓糖水、浓盐水）中，则菌体内的水分向外渗出，细胞浆因高度脱水而出现"质壁分离"现象，导致微生物生长被抑制或者死亡。所以生产实践中常用 $10\%\sim15\%$ 浓度的盐腌、$50\%\sim70\%$ 浓度的糖渍等方法保存食品或果品。但有些嗜高渗菌能在高浓度的溶液中生长繁殖。若将微生物长时间处于低渗溶液（如蒸馏水）中，则因水分大量渗入菌体而膨胀，甚至菌体破裂而出现"胞浆压出"现象。因此常在细菌人工培养基中或制备细菌悬液时加入适量氯化钠，以保持渗透压的相对平衡。

5. 过滤除菌

过滤除菌法是通过机械阻止作用将空气和液体中的细菌等微生物除去的方法。主要用于一些不耐高温的血清、毒素、抗毒素、维生素、酶及药液等物质的除菌。将需要灭菌的物质溶液通过滤菌装置，滤菌装置中的滤膜含有微细小孔，只允许溶液通过，细菌等不能通过，可以获得无菌液体。但过滤除菌一般不能除去病毒、支原体等。

此外，还可利用超声波对微生物的影响达到杀菌目的。如 800kHz 的超声波可杀灭酵母菌；鲜牛奶经超声波 15～60s 后可以保存 5 天不酸败，但经超声波处理后往往有残存菌体，而且费用较高，故超声波在微生物消毒灭菌上的应用受到了一定的限制。

二、化学因素对微生物的影响

许多化学药物能抑制微生物的生长繁殖或将其杀死，这些化学物质已被广泛应用于防腐、消毒及治疗疾病。用于抑制微生物生长繁殖的化学药物称为防腐剂；用于杀死动物体外病原微生物的化学制剂称为消毒剂；用于消灭宿主体内病原微生物的化学物质称为化学治疗剂。本节重点介绍消毒剂。

1. 消毒剂的作用原理

消毒剂的种类不同，其杀菌作用的原理也不尽相同，具体有如下几种。

(1) 使菌体蛋白质变性、凝固及水解　重金属盐类对细菌都有毒性，因重金属离子带正电荷，容易和带负电荷的细菌结合，使其变性或沉淀。酸和碱可水解蛋白，中和蛋白的电荷，破坏其胶体稳定性而沉淀。乙醇能使菌体蛋白质变性或凝固，以 75% 乙醇的效果最好，浓度过高可使蛋白质表面凝固，反而妨碍乙醇渗入菌体细胞内，影响杀菌力。醛类能与菌体蛋白质的氨基结合，使蛋白质变性，杀菌作用大于醇类。染料如龙胆紫等可嵌入细菌细胞双股邻近碱基对中，改变 DNA 分子结构，使细菌生长繁殖受到抑制或死亡。

(2) 破坏菌体的酶系统　如过氧化氢、高锰酸钾、漂白粉、碘酊等氧化剂及重金属离子（汞、银）可与菌体蛋白中的一些—SH 基作用，氧化成为二硫键，从而使酶失去活性，导致细菌代谢机能发生障碍而死亡。

(3) 改变细菌细胞壁或胞浆膜的通透性　新洁尔灭等表面活性剂能损伤微生物细胞的细胞壁及细胞膜，破坏其表面结构，使菌体胞浆内成分漏出细胞外，以致菌体死亡。又如石炭酸、来苏尔等酚类化合物，低浓度时能破坏胞浆膜的通透性，导致细菌内物质外渗，呈现抑菌或杀菌作用。高浓度时，则使菌体蛋白凝固，导致菌体死亡。

实际上，消毒剂和防腐剂之间并没有严格的界限。消毒剂在低浓度时呈现抑菌作用（如 0.5% 石炭酸），而防腐剂在高浓度时也能杀菌（如 5% 石炭酸），因此，一般称为消毒剂。消毒剂与化学治疗剂（如抗生素、磺胺等）不同，在杀死或抑制病原体的浓度下，消毒剂不但能杀死病原菌，同时对人体和动物组织细胞也有损害作用，所以它只能外用。消毒剂主要用于体表（皮肤、黏膜、伤口等）、器械、排泄物和周围环境的消毒。最理想的消毒剂应是杀菌力强、价格低、无腐蚀性、能长期保存，对人、畜无毒性或毒性较小，易溶解，穿透力强的化学药品。

2. 影响化学消毒剂作用的因素

(1) 消毒剂的性质、浓度与作用时间　不同消毒剂的理化性质不同，对微生物的作用大小也有差异。化学药品与细菌接触后，或是作用于胞浆膜，使其不能摄取营养；或是渗透至细胞内，使原生质遭受破坏。因此，只有在水中溶解的化学药品，杀菌作用才显著。一般消毒剂在高浓度时杀菌，在低浓度时抑菌，但酒精例外。微生物死亡数随作用时间延长而增加，因此，消毒必须有足够的时间，才能达到消毒的目的。

(2) 温度与酸碱度的影响　一般消毒剂的温度越高，杀菌效果越好。如温度每增高 10℃，金属盐类的杀菌作用约提高 2～5 倍，石炭酸的杀菌作用约提高 5～8 倍。消毒剂酸碱度的改变可使细菌表面的电荷发生改变，在碱性溶液中，细菌带的负电荷较多，所以阳离子去污剂的作用较强，而在酸性溶液中，阴离子去污剂的杀菌作用较强。一般来说，未电离的分子较易通过细菌的细胞膜，杀菌效果较好。

(3) 微生物的种类与数量　不同种类的微生物和处于不同生长时期的微生物对同一种类消

毒剂的敏感度不同,杀菌效果不同。如一般消毒剂对结核分枝杆菌的作用要比对其他细菌繁殖体的效果差。75%的酒精可杀死细菌的繁殖体,但不能杀死细菌的芽孢。因此,消毒时必须根据消毒对象选择合适的消毒剂。另外,还要考虑污染程度的轻重,污染愈重,微生物数量越多,消毒所需要的时间就越长。

（4）环境中有机物的存在　消毒剂与环境中的有机物结合后,就减少了与菌体细胞结合的机会,从而减弱了消毒剂的效果。同样的消毒剂对于同一种细菌,在净水和在患畜的排泄物中,杀菌力有明显的差别。

（5）消毒剂的相互拮抗　不同消毒剂的理化性质不同,两种或多种消毒剂合用时,可能产生相互拮抗,使消毒剂药效降低。如阳离子表面活性剂苯扎溴铵和阴离子表面活性剂肥皂合用时,可发生化学反应而使消毒效果减弱,甚至完全消失。

3. 常用消毒剂的种类、使用方法及常用浓度（表4-4）

表4-4　常用的化学消毒剂和防腐剂

类别	消毒剂名称	作用原理	使用方法与浓度
酸类	乙酸 乳酸	以 H^+ 的解离作用妨碍菌体代谢,杀菌力与浓度成正比	5～10ml/m³ 加等量水蒸发,空间消毒 蒸气熏蒸或用2%溶液喷雾,用于空气消毒
碱类	烧碱 生石灰 草木灰	以 OH^- 的解离作用妨碍菌体代谢,杀菌力与浓度成正比	用2%～5%的苛性钠(60～70℃)消毒厩舍、饲槽、车辆、用具等 生石灰:用10%乳剂消毒厩舍、运动场等 用10%草木灰水煮沸2h,过滤,再加2～4倍水,消毒厩舍、运动场等
醇类	乙醇	使菌体蛋白变性沉淀	70%～75%乙醇消毒皮肤,也可用于体温计、器械等的消毒
酚类	石炭酸 来苏尔	使菌体蛋白变性或凝固	3%～5%的石炭酸用于器械、排泄物的消毒 3%～5%的来苏尔用于器械、排泄物的消毒
重金属盐类	升汞 硫柳汞	能与菌体蛋白质(酶)的—SH基结合,使其失去活性;重金属离子易使菌体蛋白变性	0.01%的升汞水溶液用于消毒皮肤;0.05%～0.1%用于非金属器皿消毒 0.1%的硫柳汞溶液可做皮肤消毒;0.01%适于做生物制品的防腐剂
氧化剂	过氧化氢 过氧乙酸	使菌体酶类发生氧化而失去活性	过氧化氢:3%溶液用于创口消毒 过氧乙酸:用3%～10%溶液熏蒸或喷雾,一般按0.25～0.5ml/m² 用量,适于畜禽舍空气消毒
卤族元素	漂白粉 碘酊	以氯化作用、氧化作用破坏—SH基,使酶活性受到抑制产生杀菌效果	漂白粉:用5%～20%的混悬液消毒畜禽舍、饲槽、车辆等;以0.3～0.4g/kg的剂量消毒饮用水 碘酊:2%～5%的碘酊用于手术部位、注射部位的消毒
醛类	甲醛	能与菌体蛋白的氨基酸结合,起到还原作用	1%～5%甲醛溶液或福尔马林气体熏蒸法消毒畜舍、禽舍、孵化器等用具和皮毛等
染料	龙胆紫	溶于酒精,有抑菌作用,特别对葡萄球菌作用较强	2%～4%溶液用于浅表创伤消毒
表面活性剂	新洁尔灭 (苯扎溴铵) 度米芬 洗必泰 (氯己定) 消毒净	阳离子表面活性剂能改变细菌胞浆膜的通透性,甚至使其崩解,使菌体内的物质外渗而产生杀菌作用;或以其薄层包围胞浆膜,干扰其吸收作用	新洁尔灭:0.5%的水溶液用于皮肤和手的消毒;0.1%用于玻璃器皿、手术器械、橡胶用品的消毒;0.15%～2%用于禽舍空间喷雾消毒;0.1%可用于种蛋消毒(40～43℃ 3min) 度米芬:对污染的表面用0.1%～0.5%喷洒,作用10～60min;浸泡金属器械可在其中加入0.5%亚硝酸钠溶液防锈;0.05%溶液可用于食品厂、奶牛场的设备、用具消毒 洗必泰:0.02%水溶液可消毒手;0.05%溶液可冲洗创面,也可消毒禽舍、手术室、用具等;0.1%用于手术器械的消毒 消毒净:0.05%～0.01%水溶液用于皮肤的消毒,也可用于玻璃器皿、手术器械、橡胶用品等的消毒,一般浸泡10min即可

化学消毒剂的种类很多，其作用一般无选择性，对细菌及机体细胞均有一定毒性。要达到理想的消毒效果，必须根据消毒对象的不同、病原菌的种类不同、消毒剂的特点等因素，选择适当的消毒剂。下面介绍常用的一些消毒剂。

（1）酸类　酸类主要以 H^+ 显示其杀菌和抑菌作用。无机酸的杀菌作用与电离度有关，即与溶液中 H^+ 浓度成正比。H^+ 可以影响细菌表面两性物质的电离程度，这种电离程度的改变直接影响着细菌的吸收、排泄和代谢的正常进行。高浓度的 H^+ 可以引起微生物蛋白质和核酸的水解，并使酶失去活性。

（2）碱类　碱类的杀菌能力决定于 OH^- 的浓度，浓度越高，杀菌力越强。氢氧化钾的电离度最大，杀菌力最强；氢氧化铵的电离度小，杀菌力也弱。OH^- 在室温下可水解蛋白质和核酸，使细菌的结构和酶受到损害，同时还可以分解菌体中的糖类。碱类对病毒、革兰阴性杆菌较对革兰阳性菌和芽孢杆菌敏感。因此，在生产中对于病毒的消毒常用碱类消毒剂。

（3）醇类　醇类有杀菌作用。其杀菌作用主要是由于它的脱水作用，使菌体蛋白质凝固和变性。

（4）酚类　酚能抑制和杀死大部分细菌的繁殖体，5％石炭酸溶液于数小时内杀死细菌的芽孢。真菌和病毒对石炭酸不太敏感。

（5）重金属　重金属盐类对细菌都有毒性，它们能与细菌酶蛋白的—SH 基结合，使其失去活性，使菌体蛋白变性或沉淀。它们的杀菌力随温度的增高而加强。

（6）氧化剂　氧化剂（如过氧化氢、高锰酸钾等）的杀菌能力，主要是由于氧化作用。

（7）卤族元素　所有卤族元素均有显著的杀菌力。

（8）醛类　10％甲醛溶液可以消毒金属器械、排泄物等，也可用于房舍的消毒。甲醛溶液还是动物组织的固定液。

（9）染料　龙胆紫等染料具有明显的抑菌作用，可用于伤口的消毒。

（10）表面活性剂　表面活性剂又称为去污剂或清洁剂。这类化合物能吸附于细菌表面，改变细胞膜的通透性，使菌体内的酶、辅酶和代谢中间产物逸出，因而有杀菌作用。表面活性剂分为三类，即阳离子表面活性剂、阴离子表面活性剂和不解离的表面活性剂。阳离子表面活性剂的抗菌谱广，效力快，对组织无刺激性，能杀死多种革兰阳性菌和革兰阴性菌。但对绿脓杆菌和细菌芽孢的作用弱，其水溶液不能杀死结核分枝杆菌。阳离子表面活性剂对多种真菌和病毒也有作用。其效力可被有机物及阴离子表面活性剂（如肥皂）所降低。阴离子表面活性剂仅能杀死革兰阳性菌，不解离的表面活性剂无杀菌作用。

（11）胆汁和胆酸盐　它们对某些细菌有裂解作用，因而可用于鉴别细菌。如胆汁和胆酸盐能溶解肺炎球菌，而链球菌则不受影响。胆酸盐的溶菌作用，还可用于提取菌体中的 DNA 或其他成分。

胆汁被广泛用作选择培养基的成分，它能抑制革兰阳性菌的生长，而用于肠道菌的分离，如麦康凯琼脂、煌绿乳糖胆汁肉汤和脱氧胆汁琼脂等。

三、生物因素对微生物的影响

在自然界中能影响微生物生命活动的因素很多，在各种微生物之间，或是在微生物与高等动植物之间，经常存在着相互影响的作用，如寄生、共生、拮抗。

1. 寄生

一种生物从另一种生物获取其所需要的营养，赖以为生，并往往对后者产生伤害作用的现象，称为寄生。如病原菌寄生于动植物体引起的病害。

2. 共生

两种或多种生物生活在一起时，彼此并不相互损害而是互为有利的现象，称为共生。如豆科植物与固氮菌之间存在着共生关系；反刍动物瘤胃微生物与动物机体之间的共生关系。

3. 拮抗

当两种微生物生活在一起时，一种微生物能产生对另一种微生物有毒害作用的物质，从而抑制或杀死另一种微生物的现象，称为拮抗。

影响微生物的生物因素主要有以下几个方面。

（1）抗生素　是某些微生物在代谢过程中产生的一类能抑制或杀死另一些微生物的化学物质。它们主要来源于放线菌，少数来源于某些真菌和细菌，有些抗生素也能用化学方法合成。到目前为止，已发现的抗生素达 2500 多种，但临床上最常用的只有几十种。

（2）细菌素　是某些细菌产生的一种具有杀菌作用的蛋白质，它只能作用于与它同种不同株的细菌以及与它亲缘关系相近的细菌。如大肠杆菌产生的细菌素称为大肠菌素，它除了作用于某些型别的大肠杆菌外，还能作用于与它亲缘关系相近的志贺菌、沙门菌、克雷伯菌等。细菌素可分为三类：第一类是多肽细菌素，第二类是蛋白质细菌素，第三类是颗粒细菌素。

（3）噬菌体　噬菌体是专性寄生于细菌、真菌、放线菌、支原体等细胞中的病毒，具有病毒的一般生物学特性。

此外，某些植物中也存在杀菌物质，即植物杀菌素。如黄连、黄芩、金银花、连翘、鱼腥草、板蓝根、大蒜、马齿苋等都含有杀菌物质，其中有的已制成注射液或其他制剂的药品。

第三节　微生物的变异

遗传和变异是生物的基本特征之一，也是微生物的基本特征之一。所谓遗传，系亲代性状和子代性状的相似性，它是物种存在的基础；所谓变异，系亲代性状与子代以及子代之间的不相似性，它是物种发展的基础。生物离开遗传和变异就没有进化。微生物容易发生变异，它的变异可以自发地产生，也可以人为地使之发生。如果变异是由于微生物体内遗传物质改变引起的，称为遗传性变异，是真正的变异，可以遗传给子代；但由于环境条件的改变引起的变异，基因型未发生改变，一般不遗传给子代，称为非遗传性变异。

一、常见的微生物变异现象

1. 形态变异

细菌在异常条件下生长发育时，可以发生形态的改变。如正常的猪丹毒杆菌为细而直的杆菌，而在慢性猪丹毒病猪心脏病变部的猪丹毒杆菌呈长丝状；慢性炭疽病猪咽喉部分离到的炭疽杆菌，多不呈典型的竹节状排列，而是细长如丝状，都是细菌形态变异的实例。实验室保存的菌种，如不定期移植和通过易感动物接种，形态也会发生变异。

2. 结构与抗原性变异

（1）荚膜变异　有荚膜的细菌，在特定的条件下，可能丧失其形成荚膜的能力，如炭疽杆菌在动物体内和特殊的培养基上能形成荚膜，而在普通培养基上则不形成荚膜，当将其通过易感动物体时，便可完全地或部分地恢复形成荚膜的能力。由于荚膜是致病菌的毒力因素之一，又是一种抗原物质，所以失去荚膜，必然导致病原菌毒力和抗原性的改变。

（2）鞭毛变异　有鞭毛的细菌在某种条件下，可以失去鞭毛。如将有鞭毛的沙门菌培养于含 $0.075\% \sim 0.1\%$ 石炭酸的琼脂培养基上，即可变为无鞭毛的变异菌。失去了鞭毛，细菌就丧失了运动力和鞭毛抗原性。

（3）芽孢变异　能形成芽孢的细菌，在一定的条件下也可丧失形成芽孢的能力。如巴斯德培养强毒炭疽杆菌于 $43℃$ 条件下，结果育成了不形成芽孢的菌株。

3. 菌落特征变异

细菌的菌落最常见的有两种类型，即光滑型（S 型）和粗糙型（R 型）。S 型菌落一般表面光滑、湿润、边缘整齐；R 型菌落的表面粗糙、干且有皱纹、边缘不整齐。细菌的菌落在一定条件下从光滑型变为粗糙型时，称 S→R 变异。S→R 变异时，细菌的毒力、生化反应、抗原性等也随之改变。在正常情况下，较少出现 R→S 的回归变异。

4. 毒力变异

病原微生物的毒力有增强或减弱的变异。将病原微生物长期在不适宜的环境中进行培养

（如高温或培养基中加入化学物质）或反复通过非易感动物时，可使其毒力减弱，这种毒力减弱的毒株或菌株可用于疫苗的制造。如猪瘟兔化弱毒苗、炭疽芽孢苗等都是利用毒力减弱的毒株或菌株制造的预防用生物制品。

5. 耐药性变异

耐药性变异是指细菌对某种抗菌药物由敏感到抵抗的变异。如对青霉素敏感的金黄色葡萄球菌发生耐药性变异后，成为对青霉素有耐受的菌株。细菌的耐药性大多是由于细菌的基因自发突变，也有的是由于诱导而产生了耐药性。

二、微生物变异的应用

微生物的变异在传染病的诊断与防治方面具有重要意义。

1. 传染病诊断方面

在微生物学检查过程中，要作出正确的诊断，不仅要了解微生物的典型特征，还要了解微生物的变异现象。微生物在异常条件下生长发育，可以发生形态、结构、菌落特征的变异，在传染病的诊断中应注意防止误诊。

2. 传染病防治方面

利用人工诱导变异方法，获得抗原性好、毒力减弱的毒株或菌株，制造疫苗。在传染病的流行中，要注意变异株的出现，并采取相应的预防措施。使用抗菌药物预防和治疗细菌病时，要注意耐药菌株的不断出现，合理使用抗菌药物，必要时可先做药敏试验。

【本章小结】

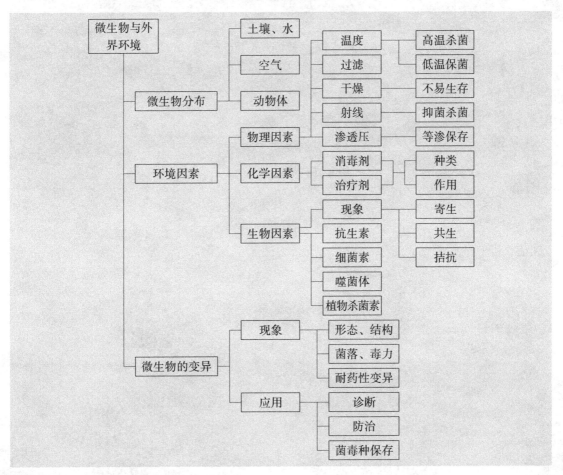

【复习题】

1. 解释下列名词

消毒　　灭菌　　无菌　　防腐　　光复活现象　　遗传性变异

巴氏消毒法　　正常菌群　　菌群失调　　噬菌体

2. 问答题

(1) 简述微生物在土壤、水、空气中的分布及规律。

(2) 为什么把大肠杆菌作为水的污染指标？

(3) 低温对细菌有何影响？

(4) 湿热灭菌比干热灭菌效果好为什么？

(5) 简述化学消毒剂的作用原理。

(6) 微生物有哪些变异现象？在生产实践中如何应用？

(7) 细菌经煮沸 10～20min 即可被杀灭，为什么实验室常用高压蒸汽（121.3℃）灭菌？

(8) 温度对微生物有何影响？如何利用此影响应用于生产实践。

(9) 为什么在生产中不可滥用抗菌药物？

(10) 近几年来免疫动物使用与以往同样的疫苗，但预防效果欠佳，请分析可能的原因。

(11) 在使用高压蒸汽灭菌器进行灭菌时，通电加热后，什么时间关闭放气阀？为什么？

(12) 自然界的环境中充满了微生物，为什么动物发病率并不很高？

第五章　微生物的致病性与传染性

【学习目标】
- 了解病原微生物的致病作用及传染发生的条件
- 掌握细菌毒素的性质、用途及病毒致病机理

【技能目标】
- 能正确进行实验动物感染的操作
- 知道毒力测定及改变毒力的原理，可顺利正确操作

微生物种类繁多，分布广泛，在自然界中所起的作用多种多样。绝大多数微生物对人和动植物无害，甚至有益，称为非病原微生物。有少数微生物能引起人和动植物发生病害，称为病原微生物。大多数病原微生物是寄生性的病原微生物，从寄生的宿主获得营养，并造成宿主的损伤和疾病。另有一些微生物长期生活在人或动植物体内，在正常情况下不致病，但在特定条件下，也能引起人类或动植物的病害，称为条件性病原微生物，如大肠杆菌。还有一些微生物本身并不侵入人或动物体内，而是以其代谢产生的毒素，随同食物或饲料进入人或动物体内，呈现毒害作用，称为腐生性病原微生物，如肉毒梭菌。

第一节　病原微生物的致病作用

一、病原微生物的致病性与毒力

1. 致病性与毒力的概念

病原微生物的致病作用取决于它的致病性和毒力。

(1) 致病性　又称病原性，是指一定种类的病原微生物，在一定条件下，引起动物机体发生疾病的能力，是病原微生物的共性和本质。病原微生物的致病性是对宿主而言的，有的仅对人有致病性，有的仅对某些动物有致病性，有的兼而有之。病原微生物不同引起的宿主机体病理过程也不同，如猪瘟病毒引起猪瘟，结核分枝杆菌引起人和多种动物发生结核病，从这个意义上讲，致病性是微生物种的特征之一。

(2) 毒力　病原微生物致病能力的强弱程度称为毒力，毒力是病原微生物的个性特征，表示病原微生物病原性的程度，可以通过测定加以量化。不同种类病原微生物的毒力强弱程度常不一致，并可因宿主及环境条件的不同而发生改变。同种病原微生物也可因型或株的不同而有毒力强弱的差异。如同一种病原微生物的不同菌株或毒株有强毒、弱毒与无毒之分。

2. 毒力的测定

在进行疫苗和血清效价测定及药物疗效研究等工作中，常需预先知道所用病原菌的毒力，因此必须测定病原微生物的毒力。常用以下 4 种方法表示毒力大小，其中常用的是半数致死量和半数感染量。

(1) 最小致死量（MLD）　指能使特定的试验动物于感染后一定时间内死亡所需要的最小的活微生物量或毒素量。

(2) 半数致死量（LD_{50}）　指能使接种的试验动物于感染后一定时间内死亡一半所需的活微

生物量或毒素量。测定 LD_{50} 应选取年龄、体重、品种、性别等各方面都相同的易感动物，分成若干组，每组数量相同，以递减剂量的病原微生物或毒素接种各组动物，在一定时限内观察记录结果，最后以生物统计学方法计算出 LD_{50}。由于半数致死量采用了生物统计学方法对资料进行处理，因而避免了动物个体差异造成的误差。

（3）最小感染量（MID） 指能引起试验对象（鸡胚、细胞或动物）发生感染的最小病原微生物的量。

（4）半数感染量（ID_{50}） 指能使半数试验对象（鸡胚、细胞或动物）发生感染的病原微生物的量。测定 ID_{50} 的方法与测定 LD_{50} 的方法类似，只不过在统计结果时以感染者的数量代替死亡者的数量。

3. 改变毒力的方法

（1）减弱毒力的方法 病原微生物的毒力可以自发地或人为地减弱。常用的方法有：长时间在体外连续培养传代，如病原体在体外人工培养基上连续多次传代后，毒力一般都逐渐减弱甚至失去毒力；在含有特殊化学物质的培养基中培养，如卡介苗是将牛型结核分枝杆菌在含有胆汁的马铃薯培养基上每 15 天传 1 代，持续传代 13 年后育成；在高于最适生长温度条件下培养，如炭疽 II 号疫苗是将炭疽杆菌强毒株在 42～43℃ 培养传代育成；在特殊气体条件下培养，如无荚膜炭疽芽孢疫苗是在含 50% CO_2 的条件下选育的；通过非易感动物，如猪丹毒弱毒苗是将强致病菌株通过豚鼠 370 代后，又通过鸡 42 代选育而成；通过基因工程的方法，如除去毒力基因或用点突变的方法使毒力基因失活，可获得无毒力菌株或弱毒菌株。此外，在含有抗血清、特异噬菌体或抗生素的培养基中培养，也都能使病原微生物的毒力减弱。

（2）增强毒力的方法 在自然条件下，回归易感动物是增强病原微生物毒力的最佳方法。易感动物可以是本动物，也可以是实验动物。特别是回归易感实验动物增强病原微生物的毒力，已被广泛应用。如多杀性巴氏杆菌通过小鼠、猪丹毒杆菌通过鸽子等都可增强毒力。有的细菌与其他微生物共生或被温和性噬菌体感染也可增强毒力，如魏氏梭菌与八叠球菌共生时毒力增强，白喉杆菌只有被温和噬菌体感染时才能产生毒素而成为有毒细菌。实验室为了保持所藏菌种或毒种的毒力，除改善保存方法（如冻干保存）外，可适时将其通过易感动物。

二、细菌的致病作用

细菌的致病性包括两方面的含义：一是细菌对宿主引起疾病的特性，这是由细菌的种属特性决定的；二是对宿主致病能力的大小即细菌的毒力。构成细菌毒力的因素主要有侵袭力和毒素两个方面。

1. 侵袭力

细菌的侵袭力是指病原细菌突破宿主的皮肤、黏膜生理屏障等免疫防御机制，侵入机体定居、繁殖和扩散的能力。侵袭力主要取决于病原菌的表面结构及其释放的侵袭蛋白或酶类。

（1）表面结构 与病原菌的侵袭力有关的表面结构包括荚膜和其他表面结构物质。

① 荚膜。细菌的荚膜具有抵抗宿主吞噬细胞的吞噬和消化的功能，能使侵入机体内的病原菌免遭吞噬和消化，使其在机体内迅速繁殖和扩散。因此，对同一种病原菌而言，有荚膜的毒力强大，失去荚膜，则变为弱毒株或无毒株。如炭疽杆菌在人工培养时失去荚膜，其毒力减弱。

② 其他表面结构。某些无荚膜的细菌，在其表面也有一些与荚膜功能相似的物质，如大肠杆菌的表面抗原、鼠伤寒沙门杆菌的毒力抗原以及溶血性链球菌的 M-蛋白，也有抗吞噬和其他提高侵袭力的作用。另外，病原菌表面的菌毛，具有与宿主细胞表面特异性受体相结合的能力，从而使病原菌黏附于宿主细胞表面，这是病原菌感染的前提。

（2）酶类 病原菌能够在宿主体内扩散，是因为病原菌在宿主体内生长繁殖时，产生了一些侵袭性酶类，并分泌到菌体外（称为胞外酶），这类酶可有多种致病作用，例如启动外毒素、灭活补体等，有的蛋白酶本身就是外毒素。但最主要的是这些酶类能作用于组织基质或细胞膜，造成损伤，增加其通透性，有利于细菌在组织中扩散及协助细菌抗吞噬。这些侵袭性酶类主要有以下几种。

① 透明质酸酶。能水解结缔组织中的透明质酸，使组织通透性增强，有利于细菌及毒素在组织中蔓延和扩散，造成全身性感染，例葡萄球菌、链球菌、魏氏梭菌等可产生此类酶。

② 神经氨酸酶。主要分解肠黏膜上皮细胞的细胞间质，霍乱弧菌及志贺菌可产生此类酶。

③ 胶原酶。主要分解肌肉或皮下组织等细胞外基质中的胶原蛋白，从而使肌肉软化、崩解、坏死，有利于病原菌的侵袭和蔓延，梭菌和产气单胞菌可产生此酶。

④ 磷脂酶。又名 α 毒素，可水解细胞膜的磷脂，产气荚膜梭菌可产生此酶。

⑤ 卵磷脂酶。分解细胞膜的卵磷脂，使组织细胞坏死和红细胞溶解，产气荚膜梭菌可产生此酶。

⑥ 激酶。能将血纤维蛋白溶酶原启动为血纤维蛋白溶酶。包括链球菌产生的链激酶和葡萄球菌等产生的激酶，均具有分解血纤维蛋白防止形成血凝块的作用。

⑦ 脱氧核糖核酸酶（DNA 酶）。能溶解组织坏死时释放出的 DNA。DNA 可使细菌生长的局部环境的液体变浓稠，不利于病原菌的进一步扩散蔓延，而 DNA 酶溶解 DNA 后，就会使渗出的液体变稀，从而有利于细菌的扩散。如链球菌可产生此酶。

⑧ 凝固酶（凝血浆酶）。能加速感染局部血浆的凝固，阻碍吞噬细胞的游走，从而保护病原菌免遭吞噬细胞的吞噬。这种酶主要出现于感染的开始，其作用与溶纤维蛋白酶相反。金黄色葡萄球菌可产生此酶。

2. 毒素

细菌在生长繁殖过程中产生的损害宿主组织、器官并引起生理功能紊乱的毒性成分，称为毒素。细菌毒素按其来源、性质和作用的不同，可分为外毒素和内毒素两类。它们的主要区别见表 5-1。

表 5-1　外毒素和内毒素的主要区别

区别要点	外 毒 素	内 毒 素
产生细菌	主要由革兰阳性菌产生	革兰阴性菌多见
存在部位	由活的细菌产生并释放至菌体外	是细胞壁的结构成分,菌体崩解后释放出来
化学成分	蛋白质	类脂 A、核心多糖和菌体特异性多糖复合物(毒性主要为类脂 A)
毒性	强,有选择作用,引起特殊病变	弱,毒性作用无选择性
耐热性	一般不耐热,60～80℃ 30min 被破坏	耐热,160℃2～4h 才能被破坏
抗原性	强,能刺激机体产生抗毒素,可制成类毒素	弱,不能刺激机体产生抗毒素,不能制成类毒素

（1）外毒素　是细菌在生长繁殖过程中产生并释放到菌体外的一种毒性蛋白质。主要由多数革兰阳性菌和少数革兰阴性菌产生。如破伤风梭菌、产气荚膜梭菌、肉毒梭菌、炭疽杆菌、链球菌、金黄色葡萄球菌等革兰阳性菌；大肠杆菌、多杀性巴氏杆菌、霍乱弧菌等革兰阴性菌。大多数外毒素在菌体内合成后分泌至细胞外，若将产生外毒素细菌的液体培养基用滤菌器除菌，即能获得外毒素。但也有不分泌的，只有当菌体细胞裂解后才释放出来，如大肠杆菌的外毒素就属于这种类型。

外毒素的毒性作用强，小剂量即能使易感动物致死。如破伤风毒素对小鼠的半数致死量为 10^{-6} mg；白喉毒素对豚鼠的半数致死量为 10^{-3} mg。

不同病原菌产生的外毒素，对机体的组织器官具有选择性（或称为亲嗜性），引起特殊的病理变化。例如破伤风梭菌产生的痉挛毒素选择性地作用于脊髓腹角运动神经细胞，引起骨骼肌的强直性痉挛；而肉毒梭菌产生的肉毒毒素，选择性地作用于眼神经和咽神经，引起眼肌和咽肌麻痹。有些细菌的外毒素已经证实为一种特殊的酶。例如产气荚膜梭菌的甲种毒素是卵磷脂酶，作用于细胞膜上的卵磷脂，引起溶血和细胞坏死等。按细菌外毒素对宿主细胞的亲嗜性和作用方式的不同，可分成神经毒素（破伤风痉挛毒素、肉毒毒素等）、细胞毒素（白喉毒素、葡萄球菌毒性休克综合征毒素、链球菌致热毒素等）和肠毒素（霍乱弧菌肠毒素、葡萄球菌肠毒素等）三类。

大多数外毒素由 A、B 两种亚单位组成。A 亚单位是外毒素的活性部分，决定其毒性效应，但 A 亚单位单独不能自行进入易感细胞；B 亚单位无毒，但能与宿主易感细胞表面的受体特异性结合，介导 A 亚单位进入细胞，使 A 亚单位发挥其毒性作用。所以，外毒素必须具备 A、B 两种亚单位时才有毒性。因为 B 亚单位与易感细胞受体结合后能阻止该受体再与完整外毒素分子结合，所以人们利用这一特点，正在研制外毒素 B 亚单位疫苗以预防相应的外毒素性疾病。

一般来说外毒素的本质是蛋白质，不耐热。白喉毒素加热到 $58\sim60℃$ 经 $1\sim2h$，破伤风毒素 $60℃$ 经 $20min$ 即可被破坏。一般在 $60\sim80℃$ 经 $10\sim80min$ 即可失去毒性，但也有少数例外，如葡萄球菌肠毒素及大肠杆菌肠毒素能耐 $100℃$ $30min$。此外外毒素可被蛋白酶分解，遇酸则发生变性。

外毒素具有良好的抗原性，可刺激机体产生特异性抗体，这种抗体称为抗毒素。抗毒素可用于紧急预防接种和治疗。外毒素经 $0.3\%\sim0.5\%$ 甲醛溶液于 $37℃$ 处理一定时间后，使其毒性完全消失，但仍保持良好的抗原性，称为类毒素。类毒素注入动物机体后仍可刺激机体产生抗毒素，是用于预防传染病的一类重要的生物制品。

（2）内毒素　是细菌在生活过程中产生的，但不释放到菌体外的一类细菌毒素。主要由革兰阴性菌产生，是大多数革兰阴性菌细胞壁的构成成分，只有当菌体死亡破裂或用人工方法裂解细菌才释放出来，故称为内毒素。沙门菌、大肠杆菌、痢疾杆菌等革兰阴性菌都能产生内毒素，内毒素也存在于螺旋体、衣原体和立克次体中。

内毒素耐热，加热至 $100℃$ 经 $1h$ 不被破坏，必须加热到 $160℃$ 经 $2\sim4h$，或用强酸、强碱或强氧化剂煮沸 $30min$ 才能灭活。内毒素不能用甲醛脱毒制成类毒素，但能刺激机体产生具有中和内毒素活性的抗多糖抗体。

内毒素的主要成分是脂多糖，是革兰阴性菌细胞壁的最外层组成成分，覆盖在坚韧细胞壁的黏肽上。内毒素对组织细胞作用的选择性不强，不同细菌内毒素的毒性作用大致相同，主要包括为以下几个方面。

① 发热反应。少量的内毒素（$0.001\mu g$）注入人体，即可引起发热。自然感染时，因革兰阴性菌不断生长繁殖，同时伴有陆续死亡、释放出内毒素，故发热反应将持续至体内病原菌完全消灭为止。内毒素能直接作用于体温调节中枢，使体温调节功能紊乱，引起发热；也可作用于中性粒细胞及巨噬细胞等，使之释放一种内源性致热原，作用于体温调节中枢，间接引起发热反应。

② 弥漫性血管内凝血。内毒素能活化凝血系统的Ⅻ因子，当凝血作用开始后，使纤维蛋白原转变为纤维蛋白，造成弥漫性血管内凝血，之后由于血小板与纤维蛋白原大量消耗，以及内毒素活化胞浆素原为胞浆素，分解纤维蛋白，进而产生出血倾向。

③ 对白细胞的作用。内毒素进入血流数小时后，能使外周血液的白细胞总数显著增多，这是由于内毒素刺激骨髓，使大量白细胞进入循环血液的结果。部分不成熟的中性粒细胞也可进入循环血液。绝大多数被革兰阴性菌感染的动物血流中白细胞总数都会增加。

④ 内毒素血症与内毒素休克。当病灶或血流中革兰阴性菌大量死亡，释放出来的大量内毒素进入血液时，可发生内毒素血症。内毒素启动了血管活性物质（5-羟色胺、激肽释放酶与激肽）的释放。这些物质作用于小血管造成其功能紊乱而导致微循环障碍，临床表现为微循环衰竭、低血压、缺氧、酸中毒等，最终导致休克，这种病理反应称为毒素休克。

三、病毒的致病作用

病毒对宿主的致病机制与细菌差别很大，包括对宿主细胞的致病作用和对宿主整个机体的致病作用两个方面。其中对宿主细胞的致病作用是病毒致病性的基础，主要的致病机制是通过干扰宿主细胞的营养和代谢，引起宿主细胞水平和分子水平的病变，导致机体组织器官的损伤和功能改变，造成机体持续性感染。病毒感染免疫细胞导致免疫系统损伤，造成免疫抑制以及免疫病理也是重要的致病机制之一。

1. 病毒对宿主细胞的致病作用

（1）杀细胞效应　病毒在宿主细胞内复制完毕，可在很短时间内一次释放大量子代病毒，宿主细胞被裂解死亡（称为杀细胞性感染）。这种情况主要见于一些无囊膜、杀伤性强的病毒，如腺病毒、脊髓灰质炎病毒等。此类病毒大多数能在被感染的细胞内产生由病毒核酸编码的早期蛋白，这种蛋白能阻断宿主细胞 RNA 和蛋白质的合成，继而影响 DNA 的合成，使细胞的正常代谢功能紊乱，最终死亡。有的病毒可破坏宿主细胞的溶酶体膜，溶酶体酶被释放而引起宿主细胞自溶。某些病毒的衣壳蛋白具有直接杀伤宿主细胞的作用，在病毒的大量复制过程中，细胞膜、细胞核、内质网、线粒体均被损伤，从而导致宿主细胞裂解死亡。

（2）稳定状态感染　有些病毒在宿主细胞内增殖过程中，对细胞代谢、溶酶体膜影响不大，以出芽方式释放病毒，过程缓慢，病变较轻，细胞暂时也不会出现溶解和死亡。这些不具有杀细胞效应的病毒引起的感染称为稳定状态感染。常见于有囊膜病毒，如麻疹病毒、流感病毒、某些披膜病毒等。稳定状态感染后可引起宿主细胞发生多种变化，其中以细胞融合以及细胞表面产生新抗原具有重要意义。

① 细胞融合。麻疹病毒和副流感病毒等能使感染的细胞膜发生改变，由于感染细胞因自溶所释放的溶酶体酶，使邻近其他细胞的结构发生变化，导致感染细胞与相邻细胞发生融合。细胞融合是病毒扩散的方式之一。病毒借助于细胞融合，扩散到未受感染的细胞内，细胞融合的结果是形成多核巨细胞或合胞体等病理特征。

② 细胞表面出现病毒基因编码的抗原。病毒感染细胞后，在复制的过程中，细胞膜上常出现由病毒基因编码的新抗原。如副黏病毒、流感病毒在细胞内组装成熟后，以出芽方式释放时，细胞表面形成血凝素，因而能吸附某些动物的红细胞。流感病毒感染时，细胞膜上出现病毒血凝素和神经氨酸酶，使感染细胞成为免疫攻击的靶细胞。有的病毒导致细胞癌变后，因病毒核酸整合到细胞染色体上，细胞表面也表达病毒基因编码的特异性新抗原。

（3）包含体形成　包含体是某些细胞受病毒感染后出现的可用普通光学显微镜观察到的、与正常细胞结构和着色不同的圆形或椭圆形斑块。不同病毒的包含体形态不同，单个或多个，或大或小，圆形、卵圆形或不规则形，位于胞质或胞核，嗜酸性或嗜碱性。其本质是：① 有些病毒的包含体就是病毒颗粒的聚集体，如狂犬病病毒产生的内基氏小体，是堆积的核衣壳。② 有些是病毒感染引起的细胞反应物，如疱疹病毒感染所产生的"猫头鹰眼"，是感染细胞中心染色质浓缩形成的一个圈。③ 有些是病毒增殖留下的痕迹，如痘病毒的病毒胞浆或称病毒工厂。根据病毒包含体的形态、染色特性以及存在部位，对某些病毒病有一定的诊断价值。如从可疑为狂犬病的动物脑组织切片或涂片中发现胞浆内有嗜酸性包含体，即内基氏小体，就可诊断为狂犬病。

（4）细胞凋亡　细胞凋亡是由宿主细胞基因控制的程序性细胞死亡，是一种正常的生物学现象。有些病毒感染细胞后，病毒可直接或由病毒编码蛋白间接作为诱导因子诱发细胞凋亡。当细胞受到诱导因子作用激发并将信号传导入细胞内部，细胞的凋亡基因即被启动；启动凋亡基因后，便会出现细胞膜鼓泡、核浓缩、染色体 DNA 降解等凋亡特征。已经证实，人类免疫缺陷病毒、腺病毒等可以直接由感染病毒本身引发细胞凋亡，也可以由病毒编码蛋白作为诱导因子间接地引发宿主细胞凋亡。

（5）基因整合与细胞转化　某些病毒的全部或部分核酸结合到宿主细胞染色体中称为基因整合，见于某些 DNA 病毒和反转录病毒。反转录 RNA 病毒是先以 RNA 为范本反转录合成 cDNA，再以 cDNA 为范本合成双链 DNA，然后将此双链 DNA 全部整合于细胞染色体 DNA 中的；DNA 病毒在复制中，偶尔将部分 DNA 片段随机整合于细胞染色体 DNA 中。整合后的病毒核酸随宿主细胞的分裂而传给子代，一般不复制出病毒颗粒，宿主细胞也不被破坏，但可造成染色体整合处基因失活、附近基因启动等现象。

基因整合可使细胞的遗传性发生改变，引起细胞转化。此外病毒蛋白也可诱导细胞转化。转化细胞的主要变化是生长、分裂失控，在体外培养时失去单层细胞相互间的接触抑制，形成细胞间重叠生长，并在细胞表面出现新抗原等。

基因整合或其他机制引起的细胞转化与肿瘤形成密切相关。如与人类恶性肿瘤密切相关的病毒有：乙型肝炎病毒——肝细胞癌，人乳头瘤病毒——宫颈癌等。但转化能力不等于致癌作用，即一个转化了的细胞并不一定是恶性细胞。例如，腺病毒C组只能在体外转化地鼠细胞而在体内却不具有诱发肿瘤的能力。

2. 病毒感染的免疫病理作用

病毒在感染宿主的过程中，通过与宿主免疫系统相互作用，诱发免疫反应，导致组织损伤是重要的致病机制之一。目前仍有不少病毒病的致病作用及发病机制不明了，但越来越多地发现免疫损伤在病毒感染性疾病中的作用，特别是持续性病毒感染及主要与病毒感染有关的自身免疫性疾病。免疫损伤机制包括特异性细胞免疫和特异性体液免疫。一种病毒感染可能诱发一种发病机制，也可能两种机制并存，还可能存在非特异性免疫机制引起的损伤。其原因可能为：①病毒改变宿主细胞的膜抗原；②病毒抗原与宿主细胞的交叉反应；③淋巴细胞识别功能的改变；④抑制性T淋巴细胞功能过度减弱等。主要有以下几个免疫病理作用。

（1）抗体介导的免疫病理作用　因病毒感染，宿主细胞表面出现了新抗原，与特异性抗体结合后，在补体参与下引起细胞破坏。在病毒感染中，病毒的囊膜蛋白、衣壳蛋白均是良好的抗原，能刺激机体产生相应抗体，抗体与抗原结合可阻止病毒扩散，导致病毒被清除。然而许多病毒的抗原可出现于宿主细胞表面，与抗体结合后，激活补体，破坏宿主细胞，引起Ⅱ型变态反应。

有些病毒抗原与相应抗体结合形成免疫复合物，可长期存在于血液中。当这种免疫复合物沉积在某些组织器官的膜表面时，激活补体引起Ⅲ型变态反应，造成局部损伤和炎症。若免疫复合物沉积于肾小球基底膜，则引起蛋白尿、血尿等症状；若沉积于关节滑膜则引起关节炎；若发生在肺部，则引起细支气管炎和肺炎，如婴儿呼吸道合胞病毒感染。

（2）细胞介导的免疫病理作用　特异性细胞毒性T细胞对感染细胞造成损伤，属于Ⅳ型变态反应。特异性细胞免疫是宿主机体清除细胞内病毒的重要机制，细胞毒性T淋巴细胞（CTL）对靶细胞膜病毒抗原识别后引起的杀伤，能终止细胞内病毒复制，对感染的恢复起关键作用。但细胞免疫也能损伤宿主细胞，造成宿主功能紊乱，是病毒致病机制中的一个重要方面。

（3）免疫抑制作用　某些病毒能损伤特定的免疫细胞，导致免疫抑制。如人类免疫缺陷综合征（AIDS）病毒（HIV1和HIV2）、猴免疫缺陷病毒（SIV）、牛免疫缺陷病毒（BIV）和猫免疫缺陷病毒（FIV）等。例如人类免疫缺陷综合征病毒感染时，AIDS病人因免疫功能缺陷，最终会因感染多种病原微生物或寄生虫而死亡。传染性法氏囊病毒感染鸡的法氏囊时，导致法氏囊萎缩和严重的B淋巴细胞缺失，易发生新城疫病毒、马立克病毒、传染性支气管炎病毒的双重感染或多重感染。

许多病毒感染可引起机体免疫应答能力降低或暂时性免疫抑制。如流感病毒、犬瘟热病毒、猪瘟病毒、牛病毒性腹泻病毒、犬和猫细小病毒感染都能暂时抑制宿主体液及细胞免疫应答。

病毒感染所致的免疫抑制反过来可启动体内潜伏的病毒复制或促进某些肿瘤生长，使疾病更加复杂，成为病毒持续性感染的原因之一。如当免疫系统被抑制时，潜在的疱疹病毒、腺病毒或乳头瘤病毒感染会被启动。

第二节 传染的发生

一、传染的概念

病原微生物在一定的条件下，突破机体的防御机能，侵入机体，在一定部位定居、生长繁殖，并引起不同程度的病理反应的过程称为传染或感染。在传染过程中，一方面病原微生物的侵入、生长繁殖及产生的有毒物质，破坏了机体的生理平衡；另一方面动物机体为了维持自身生理平衡，对病原微生物发生了一系列的防卫反应。因此，传染是病原微生物的损伤作用和机体抗感染作用之间相互作用、相互斗争的生物学过程。

二、传染发生的条件

传染过程能否发生，病原微生物的存在是首要条件，此外动物的易感性和外界环境因素也是传染发生的必要条件。

1. 病原微生物的毒力、数量与适当的侵入门户

毒力是病原微生物毒株或菌株对宿主致病能力的反映，根据病原微生物的毒力的强弱，可将病原微生物分为强毒株、中等毒力株、弱毒株和无毒株等。病原微生物必须有较强的毒力才能引起传染。

此外，病原微生物引起传染，还必须有足够数量的病原微生物。一般来说病原微生物毒力越强，引起感染所需要的数量就越少；反之需要量就越多。如毒力较强的鼠疫耶尔森菌在机体无特异性免疫力的情况下，有数个细菌侵入就可引起感染，而毒力较弱的沙门菌属引起食物中毒的病原菌常需要数亿个才能引起急性肠胃炎。对大多数病原菌而言，需要一定的数量，才能引起感染，数量过少，则易被机体防御机能所清除。

传染的发生除需要有较强毒力和足够数量的病原微生物外，还需要适当的侵入门户或途径。有些病原微生物只有经过特定的侵入门户，并在特定部位定居繁殖，才能造成感染。例如，破伤风梭菌只有侵入深而窄的厌氧创口才能引起破伤风；伤寒沙门菌必须经口进入机体，先定位在小肠淋巴结中生长繁殖，然后进入血液循环而致病；乙型脑炎病毒由蚊子为媒介叮咬皮肤后经血流传染；肺炎球菌、脑膜炎球菌、麻疹病毒、流感病毒经呼吸道传染。但也有些病原微生物的侵入途径是多种的，例如炭疽杆菌可以通过呼吸道、消化道、皮肤伤口等多种途径侵入机体；结核分枝杆菌，在消化道、呼吸道、皮肤创伤等部位均可以造成感染。各种病原微生物之所以有不同的侵入途径，是由病原微生物的习性及宿主机体不同组织器官的微环境的特性决定的。

2. 易感动物

对病原微生物具有感受性的动物称为易感动物。动物对病原微生物的感受性是动物"种"的特性，是在动物长期进化过程中，病原微生物寄生与机体免疫系统抗寄生相互作用、相互适应的结果。因此动物的种属特性决定了它对某种病原微生物的传染具有天然的免疫力或感受性。动物的种类不同，对病原微生物的感受性也不同，如炭疽杆菌对草食动物、人较易感，而鸡则不易感；猪瘟病毒对猪易感，而对牛羊则不易感。同种动物对病原微生物的感受性也有差异，例如鸡的品种不同对马立克病病毒的易感性不同。也有多种动物，对同一种病原微生物有易感性，如口蹄疫病毒、结核分枝杆菌等。

此外，动物的易感性还受年龄、性别、营养状况等因素的影响，其中以年龄因素影响较大。例如布氏杆菌病发生于性成熟以后的动物；小鹅瘟病毒对3周龄以内的雏鹅易感。体质也会影响动物对病原微生物的感受性，一般情况下，体质较差的动物感受性较大且症状较重，但仔猪水肿病却多发生于体格健壮的猪。

3. 外界环境因素

外界环境因素包括气候、温度、湿度、地理环境、生物因素（如传播媒介、贮存宿主）、饲

养管理及使役情况等，它们是传染发生重要的诱因。一方面，环境因素可以影响病原微生物的生长、繁殖和传播；另一方面，不适宜的环境因素可使生物机体抵抗力、易感性发生变化。例如寒冷的冬季和早春能降低易感动物呼吸道黏膜的抵抗力，易发生呼吸道传染病；而夏季气温高，病原微生物易于生长繁殖，易发生消化道传染病。另外，某些特定环境条件下，存在着一些传染病的传播媒介，影响传染病的发生和传播。如乙型脑炎在夏季多发，与蚊虫孳生、叮咬有着密切关系。

【本章小结】

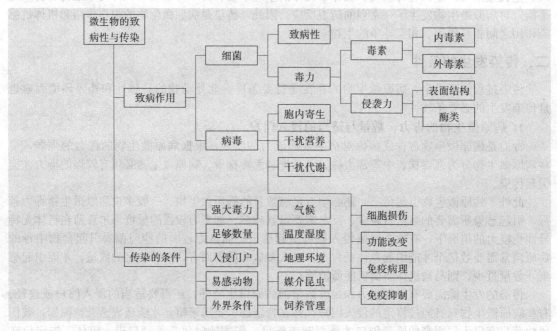

【复习题】

1. 解释下列名词

传染　毒素　类毒素　条件致病菌　毒力　MLD　LD_{50}　MID　ID_{50}　侵袭力

2. 问答题

(1) 简述构成细菌侵袭力及毒力的因素。

(2) 从传染的发生考虑如何预防传染病？

(3) 病毒是怎样致病的？

(4) 简述细菌的外毒素和内毒素的区别。

【本篇小结】

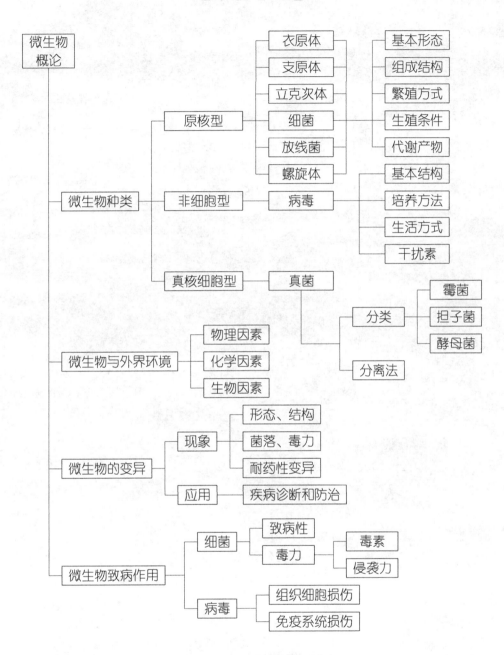

第二篇

免疫学基础

第六章 免 疫 概 述

【学习目标】
- 了解免疫的概念及其基本功能
- 掌握免疫的类型

【技能目标】
- 能利用免疫原理对畜禽进行抗传染免疫

第一节 免疫的概念与功能

一、免疫的概念

在人和动物漫长的进化过程中，不仅要躲避和抵抗各种猛兽的猎食，更要面对自然环境中各种各样的病原体（pathogens，包括细菌、真菌、病毒和寄生虫等）的侵犯。对病原微生物来说，动物的机体是上苍赐予的营养丰富的"美味佳肴"，只要有机会它们就会在宿主体内繁衍、增殖，影响其身体健康，甚至危及生命。翻开世界上任何国家100年前的人口死因统计报表，传染病（如伤寒、霍乱、鼠疫和天花等）都是排在第一位（战争死亡除外）。各种病原体所引起的瘟疫不知曾夺去多少人的生命。

经过多年的实践和经验总结，人们开始认识到在大规模的烈性传染病流行之前，如果预先使易感者轻度感染，可免除此病，免疫（immunity）一词也由"黜免徭役"引申为"免除瘟疫"，即抗感染。随着生物医学的研究进展，逐渐发现了一些与感染无关的免疫现象，如血型不符引起的输血反应、器官移植的排斥现象等。这些现象发现：①引起机体免疫应答的物质不一定都是病原体；②免疫的效应不一定均对机体有利；③引起机体免疫应答的物质，如病原体及上述的异型血细胞、移植的器官等，对其进入的宿主来讲，都是结构成分与机体不同的异物。因此，免疫概念也由抗感染免疫扩大为：人和动物机体识别和清除抗原性异物，维持自身生理动态平衡与相对稳定的功能。机体的免疫应答必须首先分辨"自我"和"非我"，以做出适当反应。

二、免疫的基本功能

动物体内存在一个行使免疫功能的完整系统，与神经和内分泌等其他系统一样，这个系统有着自身的运行机制，并可与其他系统相互配合、相互制约，共同维持机体在生命过程中总的生理平衡。免疫功能主要表现在以下三个方面。

1. 免疫防疫

指机体排斥外源性抗原异物的能力。这种功能一是抗感染，就是传统的免疫概念，即抵御外界病原微生物的侵扰。当细菌、真菌等病原微生物侵入时，机体即迅速动员各种防御因素，将入侵者及其产物消灭、清除；二是排斥异种或同种异体的细胞和器官，这是器官移植需要克服的主要障碍。在异常情况下，如该功能反应过于强烈或持续时间过长，在清除抗原的同时，也能导致组织损伤或功能异常，即发生超敏反应，如过敏等；若反应过低或缺乏，机体易出现免疫缺陷病。

2. 免疫自稳

机体在生长、代谢过程中不断产生衰、老、残、损细胞及某些衰变的物质，例如红细胞，寿命才120天，每天要死亡1.9亿个，这些物质对机体来说就是"非我"，是抗原性异物，它会刺激机体产生一个极低水平的免疫应答反应，中和这些自身抗原，维持机体稳定，这就是免疫自稳功能。在正常情况下，这种反应对机体有利，但当这种反应过强，对自身的组织和器官造成病理损伤和功能障碍，表现出临床症状时，就成为自身免疫疾病，如慢性甲状腺炎。

3. 免疫监视

1971年Bumet正式提出免疫监视概念，认为机体免疫系统能够识别和清除突变或畸变的恶性细胞，起监视警报作用。据估计人体每天有10^{14}个以上的细胞在复制，细胞突变率为$10^{-7}\sim10^{-6}$，这样每天每人有$10^7\sim10^9$个细胞发生突变，如果没有识别和清除这些突变细胞的机制，则肿瘤的发生不堪设想。已经证明，宿主免疫监视失调，突变细胞就可能无限制增生而形成肿瘤；或病毒感染后，基因整合到宿主细胞中，造成持续感染。

免疫的功能见表6-1。

表6-1　免疫的三大功能

功　　能	生理性(有利)	病理性(有害)
免疫防疫	防御病原微生物侵害	超敏反应/免疫缺陷
免疫自稳	消除损伤或衰老细胞	自身免疫病
免疫监视	消除突变细胞	细胞癌变/持续感染

第二节　免疫的类型

动物机体的免疫在起源、表现、形成机制和其他特性方面是多种多样的，因此，可将免疫区分为一定类型。

一、根据免疫起源分

1. 非特异性免疫（先天性免疫、固有免疫）

小知识

当动物机体皮肤黏膜有破损时，细菌则容易侵入体内，引起炎症反应。

非特异性免疫（nonspecific immune）是动物在长期进化过程中形成的一系列天然防御功能，是个体生下来就有的，具有遗传性，又称先天性免疫、固有免疫。

非特异性免疫可以表现在动物的种间，例如牛不患鼻疽和猪瘟，马不得牛瘟。非特异性免疫非常稳定，在大多数情况下，甚至将大量的病原微生物注入到动物机体内，也不能破坏其免疫状态。例如，不论在什么样的条件下，马都不会感染牛瘟。不过，动物的种的免疫也并非是绝对的，当动物机体出于某种原因而衰弱时，其对某种病原微生物的不感受性就会遭到破坏。例如鸡在一般情况下不感染炭疽，但是，如以人为的方法使鸡的体温由41～42℃下降到37℃，则炭疽杆菌即可在其体内发育而致病。

一般说来，非特异性免疫虽然是种的特征，但有时也表现在动物种内。例如绵羊对炭疽是易感的，但阿尔及利亚品种的绵羊对炭疽却有很强的抵抗力，在这种情况下，是该种动物的个别品种具有特殊的抵抗力；而有些个体对于某种病原微生物较其他同种动物具有坚强得多的抵抗力，称之为个体免疫。

非特异性免疫的特点是：①作用范围广，机体对入侵抗原性异物的清除没有特异的选择性；②反应快，抗原物质一旦接触机体，立即遭到机体的排斥和清除；③有相对的稳定性，既不受入侵抗原性异物的影响，也不因入侵抗原性异物的强弱或次数而有所增减；④有遗传性，生物体出生后即具有非特异性免疫能力，并能遗传给后代；⑤是特异性免疫发展的基础。从种系发育来看，无脊椎动物的免疫都是非特异性的，脊椎动物除非特异性免疫外，还发展了特异性免疫，两者紧密结合，不能截然分开。从个体发育来看，当抗原异物入侵机体后，首先发挥作用的是非特异性免疫，而后产生特异性免疫。因此，非特异性免疫是一切免疫防护能力的基础。

2. 特异性免疫（获得性免疫、适应性免疫）

特异性免疫是动物机体在生活过程中接受抗原物质刺激而获得的免疫，故又称获得性免疫、适应性免疫。

特异性免疫的特点是：①获得性，特异性免疫不是生来就有的，而是出生后受抗原刺激而获得，故又称获得性免疫、适应性免疫；②高度特异性，即动物机体只是对一定的病原微生物或其毒素的抵抗力，而对其他的病原微生物或其毒素没有抵抗力；③记忆性，表现为记忆细胞的存在，可对同一抗原再次产生迅速而且增强的反应，抵抗力也相应增加。

特异性免疫按产生的方式可区分为主动获得性免疫与被动获得性免疫两种。

（1）主动获得性免疫　动物直接受到病原微生物或其产物的作用后，经本身的防御机能而自身产生的免疫力称为主动获得性免疫。又可按感染来源分为天然主动免疫与人工主动免疫。

①天然主动免疫。动物自然感染了某种传染病痊愈后或经过隐性感染后，常能获得对该病的免疫力，称为天然主动免疫。如患过猪瘟病愈后可获得坚强的免疫力。

②人工主动免疫。动物由于接受了某种疫苗或类毒素等生物制品刺激后所产生的免疫，称为人工主动免疫。如兔出血症组织灭活疫苗、羊梭菌多联菌苗。

（2）被动获得性免疫　动物机体被动接受抗体、致敏淋巴细胞或其产物所获得的特异性免疫能力，称为被动获得性免疫，简称被动免疫。被动免疫也可通过天然方式和人工方式而产生，故分为天然被动免疫和人工被动免疫。

①天然被动免疫。母源抗体能够通过动物胎盘、卵黄或初乳从免疫母体传递给下一代，使子代获得被动免疫。母源抗体半衰期：雏鸡4～5天，仔猪6.5～22.5天。

②人工被动免疫。是指给机体注射高免血清、免疫球蛋白、康复动物的血清或高免卵黄抗体后所获得的免疫。这种免疫产生迅速，注射免疫血清数小时后机体即可建立免疫力，但其持续时间很短，一般仅为2～3周。这种免疫多用于紧急预防或治疗。如遇猪水肿病、猪丹毒、猪瘟、传染性法氏囊病、小鹅瘟、小鸭肝炎等紧急情况，可采用人工被动免疫进行预防或治疗疾病。

为了预防初生动物的某些传染病，可先给妊娠母畜注射疫苗，使其获得或加强抗该病的免疫力，待分娩后，经初乳仔畜被动获得特异性抗体，从而建立相应的免疫力。这种方法是人工主动免疫和天然被动免疫的综合应用。

综上所述，可将免疫的类型归纳如下：

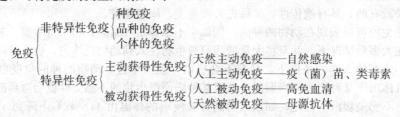

二、根据免疫机体内是否存在病原微生物分

1. 无菌免疫

侵入动物机体的病原体经过适当的治疗被完全消灭后，仍保留对该病原体的免疫力，称为"无菌免疫"。

2. 带菌免疫

即"传染免疫"。在宿主体内与病原体（寄生虫及细胞内感染菌）的感染同时并存的一种免疫。它的特征是：当宿主体内保持一定量的病原体时，机体对同种病原体有防止重复感染的能力；如果病原体一旦消失，宿主又恢复到易感状态。在患某些慢性传染病如结核病、布氏杆菌病时，可以出现带菌免疫。如采用卡介苗以预防结核病，是带菌免疫在实践中的应用。

三、根据机体对于病原的作用特点分

1. 抗菌免疫
机体的防御机能抵抗致病菌侵袭和阻止它在体内生长繁殖的能力。

2. 抗毒免疫
机体在外毒素或类毒素的刺激下产生抗毒素，并与进入机体的相应毒素发生作用，使毒素消失毒害作用。在抗毒免疫时，机体的防御机能是以特导的免疫体——抗毒素——来清除细菌毒素的有害作用。这时，侵入机体中的病原菌可能存留一段时间，不引起疾病。

3. 抗病毒免疫
机体免疫系统对入侵的病毒的防御功能。

【本章小结】

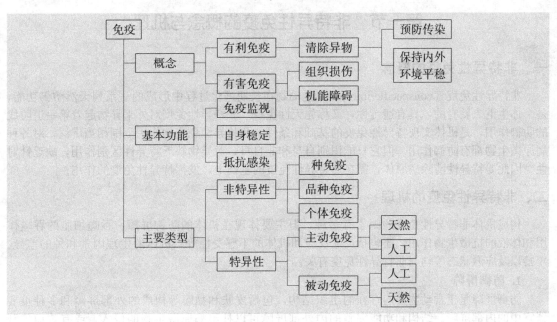

【复习题】

1. 名词解释

免疫　免疫防御　免疫自稳　免疫监视　人工自动免疫　人工被动免疫

2. 简答题

(1) 如何理解"免疫"的概念？机体的免疫反应有何功能？

(2) 请举例说明人工自动免疫、人工被动免疫。

第七章 非特异性免疫

【学习目标】
- 熟悉非特异性免疫的概念及构成条件
- 掌握非特异性的特点、功能及影响因素

【技能目标】
- 具备在实际工作中检测非特异性免疫功能强弱的能力

第一节 非特异性免疫的概念与机理

一、非特异性免疫的概念

非特异性免疫（nonspecific immune）是动物在长期进化过程中形成的一系列天然防御功能，是个体生下来就有的，具有遗传性，又称先天性免疫。非特异性免疫对外来异物起着第一道防线的防御作用，是机体实现特异性免疫的基础和条件。非特异性免疫的作用范围相当广泛，对各种病原微生物都有防御作用。但它只能识别自身和非自身，对异物缺乏特异性区别作用，缺乏针对性。因此要特异性清除病原体，需在非特异性免疫的基础上，发挥特异性免疫的作用。

二、非特异性免疫的机理

构成机体非特异性免疫的因素有多种，但主要体现在机体的防御屏障、吞噬细胞的吞噬作用和体液的抗微生物作用，还包括炎症反应和机体的不感受性等。机体的生理因素和种的差异、年龄以及应激状态等均与非特异性免疫有关。

1. 防御屏障

防御屏障是正常动物普遍存在的组织结构，包括皮肤和黏膜等构成的外部屏障和多种重要器官中的内部屏障。结构和功能完整的内外部屏障可以杜绝病原微生物的侵入，或有效地控制其在体内的扩散。

（1）皮肤和黏膜屏障　覆盖在体表的皮肤及与外界相通的腔道内衬着的黏膜构成一个密闭的口袋，将机体内各组织器官封闭在内，成为动物机体抵御各种病原体入侵的第一道防线。这些屏障的保护作用是极为有效的。皮肤表面覆盖有多层鳞状上皮细胞，由坚实的间质连接，屏障作用很强；皮肤上的附属器如指甲、毛发、鳞片的屏障作用更强；皮肤上产生的各种分泌液，如汗腺分泌的乳酸、皮脂腺分泌的不饱和脂肪酸，均有微弱的抑菌作用。黏膜表面是单层柱状上皮细胞，屏障作用较弱，是多种病原微生物的侵入门户，机体约80%的感染首先发生在黏膜。但黏膜也有各种附件及分泌液，如呼吸道黏膜上皮细胞均为假复层柱状纤毛上皮细胞；纤毛自下而上有节律地摆动可将分泌物及附着于表面的微生物向外排出；呼吸道、消化道分泌的黏液中均含有某些抗菌物质，如溶菌酶、补体、天然抗体，它们有抗感染作用；分泌液和尿液可除去微生物；胃酸可杀死进入的大多数微生物。

此外，在动物机体体表和外界相通的孔道中有一定的微生物区系，它们与机体和睦相处，为正常菌群，有抵御外来微生物的作用。例如，口腔中有些细菌可产生过氧化氢，能杀死白喉杆菌、脑膜炎球菌等；唾液链球菌形成的抗菌物质能抗多种革兰阴性菌；肠道中的大肠杆菌能分泌细菌素，抑制某些厌氧菌和革兰阳性菌定居和繁殖。此外，存在于机体某处的正常菌群能刺激机体产生天然抗体，有一定的抗感染作用。如果大量应用抗生素或长期应用广谱抗生素，有可能抑制或杀死大部分正常菌群，从而破坏其抗感染作用，并导致某些耐药菌繁殖致病，出现所谓的菌群失调症。

(2) 内部屏障　动物体有多种内部屏障，具有特定的组织结构，能保护体内重要器官免受感染。

① 血脑屏障。主要由软脑膜、脉络丛的脑毛细血管壁和包在壁外的星状胶质细胞等构成，其结构致密，能阻挡血液中的病原微生物及其他大分子毒性物质进入脑组织和脑脊液，是防止中枢神经系统感染的重要防御结构。幼小动物的血脑屏障发育尚未完善，容易发生中枢神经系统疾病的感染。

② 胎盘屏障。胎盘屏障是妊娠期动物母-胎界面的一种防御机构，可以阻止母体内的大多数病原微生物通过胎盘感染胎儿。不过，这种屏障是不完全的，如猪瘟病毒感染妊娠母猪后可经胎盘感染胎儿，妊娠母畜感染布氏杆菌后往往引起胎盘发炎进而导致胎儿感染。

另外，肺脏中的气血屏障能防止病原微生物经肺泡壁进入血液；睾丸中的血睾屏障能防止病原微生物进入曲精细管，它们也是机体内部屏障的重要组成部分。

2. 吞噬作用

吞噬作用是动物进化过程中建立起来的一种原始而有效的防御反应。单细胞生物即具有吞噬和消化异物的功能，而哺乳动物和禽类吞噬细胞的功能更加完善。病原微生物及其他异物突破防御屏障进入机体后，将会遭到吞噬细胞的吞噬而被破坏。但是，吞噬细胞在吞噬过程中能向细胞外释放溶酶体酶，因而过度的吞噬可能损伤周围健康组织。

(1) 吞噬细胞　吞噬细胞是吞噬作用的基础。动物体内的吞噬细胞主要有两大类。一类以血液中的嗜中性粒细胞为代表，具有高度移行性和非特异性吞噬功能，个体较小，属于小吞噬细胞。它们在血液中存活 12~48h，在组织中只存活 4~5 天，能吞噬并破坏异物，还能吸引其他吞噬细胞向异物移动，增强吞噬效果。嗜酸性粒细胞具有类似的吞噬作用，还具有抗寄生虫感染的作用，但有时能损伤正常组织细胞而引起过敏反应。另一类吞噬细胞形体较大，为大吞噬细胞，能黏附于玻璃和塑料表面，故又称黏附细胞。它们属于单核巨噬细胞系统，包括血液中的单核细胞，以及由单核细胞移行于各组织器官而形成的多种巨噬细胞，如肺脏中的尘细胞、肝脏中的枯否细胞、皮肤和结缔组织中的组织细胞、骨组织中的破骨细胞、神经组织中的小胶质细胞等。它们分布广泛，寿命长达数月至数年，不仅能分泌免疫活性分子，而且具有强大的吞噬能力。能吞噬、过滤、清除病原体（细菌、真菌、病毒、寄生虫等）和体内凋亡细胞及各种异物（尘埃颗粒、蛋白质复合分子）的作用。被某些免疫分子（如 IFN-γ）或肿瘤抗原等物质激活后，巨噬细胞具有很强的杀肿瘤作用。巨噬细胞能合成分泌 50 余种生物活性物质，如中性蛋白酶、溶菌酶等多种酶类，白细胞介素 1、干扰素、前列腺素、血浆蛋白和各种补体成分等，具有多种利于机体的生物学功能。但巨噬细胞的作用有双重性，如也参与超敏反应和自身免疫病的发生，在杀肿瘤的同时，也有促瘤生长和转移的作用；在吞噬杀灭病原体的同时伴随有正常的组织损伤。

(2) 吞噬的过程　吞噬细胞与病原菌的接触可为偶然相遇，也可在趋化因子的作用下向病原菌定向移动。吞噬细胞通过其表面受体（如甘露糖受体）识别病原菌相应的配体并与之结合，也可通过其 IgG Fc 受体、C_{3b} 受体识别并结合病原菌。吞噬细胞伸出伪足将细菌摄入，形成由部分细胞膜包绕的吞噬体。接着细胞内溶酶体向吞噬体靠近，并与之融合成吞噬溶酶体，溶酶体内的溶菌酶、髓过氧化物酶、乳铁蛋白、杀菌素、碱性磷酸酶等可杀死细菌，蛋白酶、多糖酶、脂酶、核酸酶等将细菌分解、消化，最后将不能消化的细菌残渣排出胞外。

中性粒细胞的杀菌机制包括氧依赖和非氧依赖两大系统。前者是指有分子氧参与的杀菌过程，其机制是通过某些氧化酶的作用，使分子氧活化成为各种活性氧或氧化物，直接作用于病原菌，或通过髓过氧化物酶和卤化物的协同作用杀死病原菌。后者不需要分子氧参与，主要由酸性环境和杀菌性蛋白发挥作用。

（3）吞噬的结果 由于机体的抵抗力、病原菌的种类和致病力不同，吞噬发生后可能表现为完全吞噬和不完全吞噬两种结果。

动物整体抵抗力和吞噬细胞的功能较强时，病原微生物在吞噬溶酶体中被杀灭，消化后连同溶酶体内容物一起以残渣的形式排出细胞外，这种吞噬称为完全吞噬。相反，当某些细胞内寄生的细菌如结核分枝杆菌、布氏杆菌及部分病毒被吞噬后，不能被吞噬细胞破坏并排到细胞外，称为不完全吞噬。不完全吞噬有利于细胞内病原微生物逃避体内杀菌物质及药物的作用，甚至在吞噬细胞内生长、繁殖，或随吞噬细胞的游走而扩散，引起更大范围的感染。

吞噬细胞的吞噬作用是机体非特异性抗感染的重要因素，而在特异性免疫中，吞噬细胞会发挥更强大的清除异物的作用，因为吞噬细胞内不仅含有大量的溶酶体，表面还具有多种受体，其中包括 IgG Fc 受体和补体 C_{3b} 受体，能分别与特异性抗体、补体 C_{3b} 相结合，从而通过调理作用等促进病原体的清除。

3. 正常体液的抗微生物物质

动物机体中存在多种非特异性抗微生物物质，具有广泛的抑菌、杀菌及增强吞噬的作用。

（1）溶菌酶 是一种不耐热的碱性蛋白质，主要来源于吞噬细胞，广泛分布于血清、唾液、泪液、乳汁、胃肠和呼吸道分泌液及吞噬细胞的溶酶体颗粒中。溶菌酶能分解革兰阳性细菌细胞壁肽聚糖，使胞壁损伤，细菌溶解。革兰阴性菌因有外膜保护而不被溶菌酶破坏，但在有补体和 Mg^{2+} 存在时，溶菌酶能使革兰阴性细菌的脂多糖和脂蛋白受到破坏，从而破坏革兰阴性细菌的细胞。溶菌酶还具有激活补体和促进对所有细菌吞噬的作用。

（2）补体（complement）及其作用 补体是动物血清及组织液中的一组具有酶活性的球蛋白，包括近 30 多种不同的分子，故又称为补体系统，常用符号 C 表示，按被发现的先后顺序分别命名为 C_1、C_2、C_3、…C_9。它们广泛存在于哺乳类、鸟类及部分水生动物体内，大约占血浆球蛋白总量的 10%～15%，含量保持相对稳定，与抗原刺激无关，不因免疫次数增加而增加。在血清学试验中常以豚鼠的血清作为补体的来源。

补体在 -20℃ 可以长期保存，但对热、剧烈振荡、酸碱环境、蛋白酶等不稳定，经 56℃ 30min 即可失去活性。因而，血清及血清制品必须经过 56℃ 30min 加热处理，称为灭活。灭活后的血清不易引起溶血和溶细胞作用。

① 补体的激活途径与激活过程。补体系统是由一系列的连锁反应机制调节的，在正常情况下，补体系统各组分以无活性的酶原状态存在于血浆中，只有在激活物的作用下，各成分才依次活化，进行一系列的酶促反应。这些酶促反应的基本规律是第一个反应的产物催化第二个反应，第二个反应的产物催化第三个反应，依此类推。这种连锁反应称为"级联"反应。补体系统从酶原转化成具有酶活性状态的活化过程称为补体系统的激活。能激活补体系统的物质称为补体的激活物或激活剂。补体系统有两条激活途径，即补体激活的经典途径和补体激活的旁路途径。

a. 经典途径。又称传统途径或 C_1 激活途径，此途径的激活因子多为抗原抗体复合物，依次激活 C_1、C_4、C_2、C_3，形成 C_3 与 C_5 转化酶，这一激活途径是补体系统中最早发现的级联反应，因此称之为经典途径。

C_1～C_9 九种成分均参与经典途径的激活，当抗体和相应的抗原结合后，抗体构型发生改变，暴露补体结合位点，C_1 能识别此位点并与之结合，而被激活，激活的 C_1 是 C_4 的活化因子，活化的 C_1 使 C_4 断裂为两个片段：小片段的 C_{4a} 游离至血清中，另一大片段的 C_{4b} 则迅速地结合到抗原物质表面。C_{4b} 是 C_2 的活化因子，可使 C_2 裂解为两个片段：C_{2b} 和 C_{2a}，C_{2b} 游离于血浆中，C_{2a} 与 C_{4b} 结合形成具有酶活性的 C_{4b2a}，此复合物能裂解 C_3，称为 C_3 转化酶。

C_3 是补体系统中含量较多的组分，可表现多方面的功能。C_{4b2a}（C_3 转化酶）将其裂解为两个片段：很小的 C_{3a} 和较大的 C_{3b} 片段，C_{3a} 游离于血浆中，呈现过敏毒素和趋化因子的作用，C_{3b} 迅速与 C_{4b2a} 结合成 C_{4b2a3b} 复合物，此复合物即 C_5 转化酶。

C_5 被 C_{4b2a3b} 激活后，分解为 C_{5a} 和 C_{5b}，C_{5a} 游离于血清中。C_5 之后的过程为单纯的自身聚合过程，C_{5b} 与 C_6 非共价结合形成一个牢固的复合体，然后再与 C_7 结合，形成稳定的 C_{5b67} 复合物，并插入靶细胞双层脂质膜中。C_{5b67} 与 C_8 有高度亲和力并与之结合形成 C_{5b678} 复合物，此复合物使 C_9 聚合，形成 C_{5b6789} 复合物，称为攻膜复合体。攻膜复合体是由一个 C_{5b678} 复合物促使 12～15 个 C_9 分子相聚合形成的一种管状结构，该管状结构嵌入细胞膜的脂质双层，使细胞内容物通过 C_9 聚合体形成的管道溢出，造成细胞溶解和破坏。此外，$C_{5b} \sim C_9$ 还具有与孔道无关的膜效应，它们与膜磷脂的结合，打乱了脂质分子之间的顺序，使脂质分子重排，出现膜结构缺陷，从而失去通透屏障作用。

b. 旁路途径。旁路途径也称替代途径、C_3 激活途径、备解素途径。该途径是补体系统不经过 C_1、C_4、C_2 途径，而由 C_3、B 因子、D 因子参与的活化过程。旁路途径的激活物除免疫复合物外，还有革兰阴性菌的脂多糖、酵母多糖、菊糖等，在 IF、P 因子、D 因子等血清因子的参与下，完成 $C_3 \sim C_9$ 的激活。

IF (initiating factor，始动因子，血清中的一种球蛋白)，在脂多糖等激活物质的作用下，成为活化的 IF，它在另一种未知因子的协同下，激活备解素 (P 因子)，激活的 P 因子在 Mg^{2+} 参与下，激活 D 因子，激活的 D 因子是 C_3 激活因子前体的转化酶，可使 B 因子 (C_3 激活因子前体) 裂解为 Ba 和 Bb 两部分，Bb 片段为 C_3 激活因子，并与 C_3 结合形成 $C_3 B_b$，$C_3 B_b$ 可起到 C_3 转化酶的作用，但 $C_3 B_b$ 极不稳定，必须与血清中的 P 因子结合形成 $P \cdot C_3 B_b$ 才稳定。然而在正常血清中存在两种抑制因子，分别称为 H 因子与 I 因子。H 因子将 $P \cdot C_3 B_b$ 复合物裂解成 C_{3b} 和 $B_b P$，然后 I 因子将 C_{3b} 灭活。因此，在正常情况下，替代途径的 C_3 转化酶形成后即被破坏。但当有 H 因子抑制物时，如细菌、蠕虫的角质、某些肿瘤细胞膜和聚集的免疫球蛋白表面等，H 因子受到抑制，$P \cdot C_3 B_b$ 即能保持稳定不被裂解，并可作用于 C_3 产生 C_{3a} 与 C_{3b}。$P \cdot C_3 B_b$ 再与 C_{3b} 结合形成 $P \cdot C_3 B_b \cdot C_{3b}$ (C_5 转化酶)，C_5 以后的活化过程与经典途径一样，最后形成 C_{5b6789} 引起靶细胞的破坏。

机体由于有旁路途径激活补体的形式存在，大大增加了补体系统的作用，扩大了非特异性免疫和特异性免疫之间的联系。另外，还可以说明在抗感染免疫中，抗体未产生之前，机体即有一定的免疫力，其原因是细菌的脂多糖等通过补体旁路途径激活补体系统，杀死微生物，发挥抗感染免疫的生物学效应。

② 补体系统的生物学活性。补体既可参与非特异性防御反应，如在没有抗体时可通过旁路途径激活而发挥作用，也可参与特异性免疫学应答，被抗原抗体复合物激活介导各种生物学效应。

a. 溶菌、溶细胞作用。补体系统依次被激活，最后在细胞膜上形成穿孔复合物引起细胞膜不可逆的变化，导致细胞的破坏。可被补体破坏的细胞包括红细胞、血小板、革兰阴性菌、有囊膜的病毒等，故补体系统的激活可起到杀菌、溶细胞的作用。上述细胞对补体敏感，革兰阳性菌对补体不敏感，螺旋体则需补体和溶菌酶结合才能被杀灭，酵母菌、霉菌、癌细胞和植物细胞对补体不敏感。

b. 免疫黏附和免疫调理作用。免疫黏附是指抗原抗体复合物结合 C_3 后，能黏附到灵长类、兔、豚鼠、小白鼠、大白鼠、猫、狗和马等的红细胞及血小板表面，然后被吞噬细胞吞噬。起黏附作用的主要是 C_{3b} 和 C_{4b}。补体的调理作用是通过 C_{3b} 和 C_{4b} 实现的。如 C_{3b} 与免疫复合物及其他异物颗粒结合后，同时又以另一个结合部位与带有 C_{3b} 受体的单核细胞、巨噬细胞或粒细胞结合，C_{3b} 成了免疫复合物与吞噬细胞之间的桥梁，使两者相互连接起来，有利于吞噬细胞对免疫复合物和靶细胞的吞噬和清除，此即调理作用。

c. 趋化作用。补体裂解成分中的 C_{3a}、C_{5a}、C_{5b67} 能吸引中性粒细胞到炎症区域，促进吞噬并构成炎症发生的先决条件。

d. 过敏毒素作用。补体活化过程中产生的 C_{3a}、C_{4a} 和 C_{5a} 活性片段，称为过敏毒素。C_{3a}/C_{4a} 受体表达于肥大细胞、嗜碱性粒细胞、平滑肌细胞和淋巴细胞表面，C_{5a} 受体则表达于肥大细胞、嗜碱性粒细胞、中性粒细胞、单核-巨噬细胞和内皮细胞表面，它们作为配体与细胞表面相应受体结合后，激发细胞脱颗粒，释放组胺之类的血管活性介质，从而使毛细血管扩张、血管通透性增强并引起局部水肿；过敏毒素也可与平滑肌结合并刺激其收缩，引起支气管痉挛。三种过敏毒素中，以 C_{5a} 的作用最强，此外它还是一种有效的中性粒细胞趋化因子。

e. 抗病毒作用。抗体与相应病毒结合后，在补体参与下，可以中和病毒的致病力。补体成分结合到致敏病毒颗粒后，可显著增强抗体对病毒的灭活作用。此外，补体系统激活后可溶解有囊膜的病毒。

(3) 促吞噬肽（tuftsin） 来源于脾脏，也存在于血清中，是一种具有抗感染和抗肿瘤效应的物质。该物质是由 Thr-lys-pro-Arg 四种氨基酸残基组成的四肽。吞噬细胞上有促吞噬肽受体，该因子能促进白细胞的吞噬作用，还能增强巨噬细胞、NK 细胞和中性粒细胞的杀肿瘤作用，此外，尚可诱导白细胞释放干扰素和溶酶体酶。切除脾脏后促吞噬肽水平下降，易发生严重感染。

(4) 干扰素（interferon, IFN） 是病毒、细菌、真菌、立克次体、衣原体、植物血凝素等干扰素诱生剂作用于机体活细胞合成的一类抗病毒、抗肿瘤的糖蛋白，为一种重要的非特异性免疫因素。根据来源和理化性质的差异，干扰素可分为 IFN-α、IFN-β、IFN-γ 三种类型。IFN-α、IFN-β 主要由白细胞、成纤维细胞和病毒感染的组织细胞产生，它们结合相同的受体，主要具有抗病毒、抗肿瘤的生物学效应，称为 I 型干扰素。IFN-γ 主要由活化 T 细胞和 NK 细胞产生，结合的受体与 I 型干扰素有所不同，其生物学作用以免疫调节为主，抗病毒作用较弱，称为 II 型干扰素。各型干扰素的作用大同小异，但均具有相对的种属特异性，即某一种属细胞产生的干扰素一般只作用于相同种属的其他细胞，如猪干扰素只对猪有保护作用。为增加干扰素用于控制病毒性疾病的供应量，现已应用细胞培养和基因工程技术大规模生产干扰素产品。但据报道，干扰素连续小剂量应用于小鼠可导致肝坏死和肾小球肾炎。

4. 炎症反应

机体感染病原微生物引起的炎症是一种病理过程，也是一种防御、消灭病原微生物的非特异性免疫反应。在感染部位，组织中的巨噬细胞、肥大细胞、单核细胞、多形核粒细胞、红细胞、血小板和补体，可直接或间接地引起细胞内或组织中组胺、5-羟色胺、补体酶片段等的释放，使得感染部位的微血管迅速扩张，血流量增加，并可使微血管壁通透性增大。血液中的吞噬细胞、杀菌成分渗出而大量滞留体液，感染部位出现红、肿、热、痛和机能障碍等炎症症状。另外，一些外源性（外毒素）和内源性热原质（蛋白质）由血液传送至下丘脑部位的体温调节中枢，使患病动物感染部位的体温增高，这些统称为炎症反应。该反应可动员大量吞噬细胞、淋巴细胞和抗菌物质聚集在炎症部位。炎症部位的高温和体温升高可降低某些病原体的繁殖速度。

第二节　影响非特异性免疫的因素

第一节中讲述的防御屏障、吞噬作用、体液因素、炎症反应等，都是构成非特异性免疫的重要因素。对初次侵入机体的任何微生物，表现为杀灭及清除的反应。但这些防御手段在不同种类、年龄的动物中，对不同的微生物作用往往不同。

一、种属因素

某些动物生来具有对某种病原微生物及其有毒产物的不感受性，这是动物的一种生物学特性，是机体先天性缺乏某种病原微生物及其有毒产物的受体或机体的内环境不适合病原微生物的缘故，而不是病原微生物及其有毒产物失去了毒力。例如，给龟皮下注射大量的破伤风毒素，龟无任何中毒症状，但取其血液注入小鼠，小鼠则发生破伤风死亡；鸡不感染炭疽，但若人工使其体温降至 37℃，炭疽杆菌可在其体内增殖，引起感染；偶蹄动物牛、羊、猪等之所以易感染布氏杆菌引发流产，是因为其胎盘、绒毛膜、尿囊液和羊水中含有刺激布氏杆菌生长的赤藓醇。

二、年龄因素

不同年龄的动物对病原微生物的易感性和免疫反应性也不同。在自然条件下，某些传染病仅发生于幼龄动物，例如幼小动物易患大肠杆菌病，而布氏杆菌病主要侵害性成熟的动物。老龄动物器官组织的功能及机体的防御能力趋于下降，因此容易发生肿瘤或反复感染。

三、环境因素

环境因素如气候、温度、湿度的剧烈变化对机体免疫力有一定的影响。例如，寒冷能使呼吸道黏膜的抵抗力下降；营养极度不良，往往使机体的抵抗力及吞噬细胞的吞噬能力下降。因此，加强管理和改善营养状况，可以提高机体的非特异性免疫力。

四、应激因素

应激因素是指机体受到强烈刺激时，如剧痛、创伤、烧伤、过冷、过热、饥饿、疲劳、电离辐射等，而出现以交感神经兴奋和垂体-肾上腺皮质分泌增加为主的一系列的防御反应，引起机能与代谢的改变，从而降低机体的免疫功能，表现为淋巴细胞转化率和吞噬能力下降，因而易发生感染。

第三节　非特异性免疫的增强剂

自肿瘤免疫被广泛重视以来，对非特异性免疫的重要性有了新的认识。在肿瘤、自身免疫病及免疫缺陷病的防治上，近年来广泛应用了增强非特异性免疫的措施。其中包括以下几方面。

一、微生物疫苗制剂

卡介苗可增强细胞免疫功能，对于肿瘤治疗有辅助作用，对感冒及流感有一定的预防作用因而广泛应用于基础免疫及疫苗的增强剂。

革兰阳性厌氧小棒状杆菌是一种非特异性免疫的激活剂，能诱导淋巴系统组织的高度增生，增强巨噬细胞的吞噬活力、黏附力，使溶酶体的酶活性增强，从而导致肝、脾和肺的体积增大，增强机体对各种抗原的免疫反应，促进抗体合成，以及抗体抗原的结合力。

除细菌外，真菌多糖均能增强非特异性免疫，目前主要用于肿瘤治疗。

二、生物制剂类增强剂

胸腺素能诱导淋巴细胞转化，促进淋巴细胞分裂与再生，加强细胞免疫。可应用胸腺素制剂治疗胸腺功能不全及各种肿瘤疾病。转移因子（TF），用脾脏提取用作细胞免疫增强剂。根据治疗对象的不同，选择相应的动物作供体，如治疗结核病，则选择结核菌素强阳性反应动物制备转移因子。

对免疫功能低下的动物和人，使用相应动物和人的 γ-球蛋白和干扰素，均能增强非特异性免疫。

三、化学免疫增强剂

一种合成的驱虫药——左旋咪唑，有增强细胞免疫的作用，能使受抑制的吞噬细胞和淋巴细胞功能恢复正常，从而增强对细菌、病毒、原虫或肿瘤的抗御作用。聚肌胞是人工合成的干扰素诱生剂，它不仅能强有力地诱导干扰素的产生，同时也是一种有力的免疫增强剂，且对癌细胞有毒性反应，故可应用于某些病毒性疾病和肿瘤的治疗。

四、中草药免疫增强剂

不少中草药可增强非特异性免疫，提高机体抵抗各种微生物感染的能力。黄芪、党参、灵芝等能提高单核-吞噬细胞系统，有类似卡介苗的作用；当归、白术、黄芪、红花等有一定的刺激机体增强免疫功能的作用；薏米、黄精能提高淋巴细胞的转化率。这些药物均为非特异性免疫增强剂。

【本章小结】

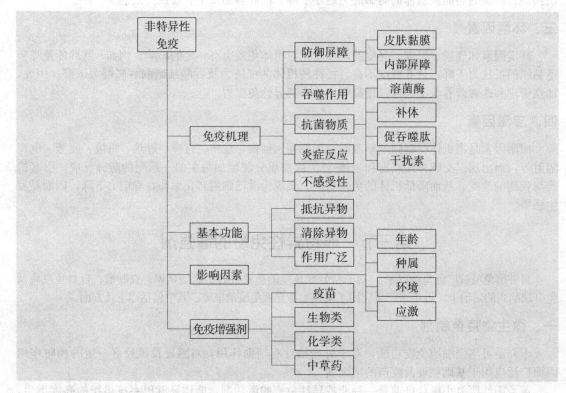

【复习题】

1. 名词解释

非特异性免疫　补体　免疫增强剂　血脑屏障　完全吞噬

2. 简答题

(1) 简述构成机体非特异性免疫的机理。

(2) 结合您所学到的知识，简述非特异性免疫在畜禽传染病上的应用。

(3) 补体为什么不能单独发挥作用？

(4) 为什么把非特异性免疫称为先天性免疫？它有何特征？

第八章 特异性免疫

【学习目标】
- 熟悉免疫器官、免疫细胞及细胞因子的功能
- 掌握动物机体免疫应答的概念、特点及过程
- 掌握细胞免疫、体液免疫的概念及抗传染免疫的功能
- 掌握动物主要抗原和抗体产生的规律、影响因素及实际意义

【技能目标】
- 具备抗传染免疫实际应用的操作能力

特异性免疫是动物机体在生活过程中接受抗原物质刺激而获得的免疫，故又称获得性免疫。动物无论是通过天然方式还是人工方式接触抗原，都可以获得特异性免疫力。特异性免疫有较强的针对性，并且随着同种抗原接触次数的增多而加强。特异性免疫的实现，依赖于免疫器官和免疫细胞、抗原、效应细胞及效应分子。

第一节 免疫器官和免疫细胞

免疫器官和免疫细胞是机体执行免疫功能的结构基础，也是免疫反应中效应细胞及效应分子的来源。

一、免疫器官

免疫器官是淋巴细胞和其他免疫细胞发生、分化成熟、定居和增殖以及产生免疫应答反应的场所。根据其功能的不同可分为中枢免疫器官和外周免疫器官。中枢免疫器官在动物出生后继续发育，至性成熟期体积最大，功能也最旺盛，以后逐渐萎缩，而外周免疫器官终生存在。

1. 中枢免疫器官

又称为初级或一级免疫器官，是淋巴细胞等免疫细胞发生、分化和成熟的场所，包括骨髓、胸腺、腔上囊。后二者在胚胎早期出现，青春期后退化。

（1）骨髓　具有造血和免疫双重功能，动物出生后，一切血细胞均源于骨髓。

骨髓中的多能干细胞首先分化成髓样干细胞和淋巴干细胞，前者进一步分化成红细胞、粒性白细胞、血小板；后者则发育成各种淋巴细胞的前体细胞。一部分淋巴干细胞分化为 T 细胞的前体细胞，随血流进入胸腺后，被诱导并分化为成熟的淋巴细胞，称为胸腺依赖性淋巴细胞，简称 T 细胞，参与细胞免疫。一部分淋巴干细胞分化为 B 细胞的前体细胞。在鸟类，这些前体细胞随血流进入腔上囊发育成为成熟的 B 细胞，又称囊依赖性淋巴细胞，参与体液免疫。在哺乳动物，这些前体细胞则在骨髓内进一步分化发育为成熟的 B 细胞。骨髓也是形成抗体的重要部位，抗原免疫动物后，骨髓可缓慢、持久地大量产生抗体，所以骨髓也是重要的外周免疫器官。

（2）胸腺　哺乳动物的胸腺位于颈部两侧或胸腔前部纵隔内，能产生胸腺素，是 T 淋巴细胞分化成熟的场所。来自骨髓的无活性的淋巴干细胞在胸腺素的作用下增殖分化，形成具有免疫活性的胸腺依赖性淋巴细胞（T 淋巴细胞），简称 T 细胞。牛 4～5 岁，猪 2 岁半，狗 2 岁，羊

1～2岁，鸡4～5个月胸腺开始生理性退化。这时成熟的T淋巴细胞已经在外周免疫器官定居、增殖，并且能对异物的刺激表现正常的免疫应答。

(3) 腔上囊　是鸟类特有的淋巴器官，位于泄殖腔背侧上方，并以短管与其相连，又称为法氏囊，能产生囊激素。形似樱桃，鸡和火鸡为球形或椭圆形囊，囊内有12～14个纵行皱褶，鹅、鸭腔上囊呈圆筒形囊，仅有两个皱褶。性成熟前达到最大，以后逐渐萎缩退化，直到完全消失。

腔上囊是B细胞诱导、分化和成熟的场所。来自骨髓的淋巴干细胞在囊激素的作用下，分化、成熟为具有免疫活性的淋巴细胞，称为囊依赖性淋巴细胞（B淋巴细胞），简称B细胞。B细胞随淋巴液和血液迁移到外周免疫器官，参与机体的体液免疫应答。哺乳动物没有腔上囊，相当于腔上囊的功能由骨髓兼管，B细胞在骨髓内发育成熟。

2. 外周免疫器官

又称为周围免疫器官，包括脾脏、淋巴结、扁桃体，以及消化道、呼吸道及泌尿生殖道的淋巴组织，是淋巴细胞定居、增殖、接受抗原刺激并进行免疫应答的场所。

(1) 脾脏　具有造血、贮血和免疫功能，是动物体内最大的免疫器官。它在胚胎期能生成红细胞，出生后能贮存血液。脾脏外部有包膜，内部的实质分成两部分：一部分称为红髓，主要功能是生成红细胞和贮存红细胞，还有捕获抗原的功能；另一部分称为白髓，是产生免疫应答的部位。禽类的脾脏较小，白髓和红髓的分界不明显，主要参与免疫，贮血作用较小。

脾脏中的淋巴细胞35%～50%为T淋巴细胞，50%～65%为B细胞。

脾脏的免疫功能主要表现在四个方面。①脾脏具有滤过血液的作用。循环血液通过脾脏时，脾脏中的巨噬细胞可吞噬和清除侵入血液的细菌等异物以及自身衰老与凋亡的血细胞等废物。②脾脏具有滞留淋巴细胞的作用。正常情况下，淋巴细胞经血液循环进入并自由通过脾脏和淋巴结，但是当抗原进入脾脏和淋巴结后，就会引起淋巴细胞在这些器官中的滞留，使抗原敏感细胞集中到抗原积聚的部位附近，增进免疫应答的效应，许多佐剂能诱导这种滞留。③脾脏是免疫应答的重要场所。脾脏中定居着大量淋巴细胞和其他免疫细胞，抗原一旦进入脾脏即可诱导T细胞和B细胞的活化和增殖，产生致敏T细胞和浆细胞。因B细胞略多于T细胞，所以，脾脏是体内产生抗体的主要器官。④脾脏能产生吞噬细胞增强激素。在脾脏有一种含苏-赖-脯-精氨酸的4肽激素，称为特夫素，它能增强巨噬细胞及中性粒细胞的吞噬作用。

(2) 淋巴结　呈圆形或豆状，遍布于淋巴循环路径的各个部位，以便捕获从躯体外部进入血液-淋巴液的抗原。它由网状组织构成支架，外有结缔组织包膜，其内充满淋巴细胞、巨噬细胞和树突状细胞。

淋巴结的皮质区中含有淋巴小结，主要由B细胞聚集而成，也称为初级淋巴小结，又称为非胸腺依赖区。接触抗原刺激后，B细胞分裂增殖，形成生发中心，又称为二级淋巴小结，内含有处于不同分化阶段的B细胞和浆细胞，还存在少量T细胞。在新生动物未发现生发中心。无菌动物生发中心很差，胸腺切除一般不影响生发中心，淋巴小结和髓质之间为副皮质区。淋巴小结周围和副皮质区是T细胞主要集中区，故称为胸腺依赖区，在该区也有树突状细胞和巨噬细胞等。见图8-1。

髓质由髓索和髓窦组成。髓索中含有B细胞、浆细胞和巨噬细胞等。髓窦位于髓索之间为淋巴液通道，与输出淋巴管相通。髓窦内有许多巨噬细胞，能吞噬和清除细菌等异物。此外，淋巴结内免疫应答生成的致敏T淋巴细胞及特异性抗体可汇集于髓窦中随淋巴液循环分布到全身发挥作用。

猪淋巴结的结构与其他哺乳动物淋巴结的结构不同，其组织学图像呈相反的构成，淋巴小结在淋巴结的中央，

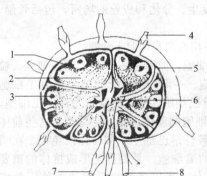

图8-1　淋巴结结构示意图
1—皮质区；2—副皮质区；
3—生发中心；4—输入淋巴管；
5—被膜；6—髓质；7—输
出淋巴管；8—血管

相当于髓质的部分在淋巴结外层。淋巴液由淋巴结门进入淋巴结流经中央的皮质和周围的髓质，最后由输出管流出淋巴结。

鸡无淋巴结，但淋巴组织广泛分布于体内，有的为弥散性，如消化道管壁中的淋巴组织；有的为淋巴集结，如盲肠扁桃体；有的呈小结状等，它们在抗原刺激后都能形成生发中心。鹅、鸭等水禽类，有两对淋巴结，即颈胸淋巴结和腰淋巴结。

淋巴结具有以下两方面的免疫功能。①淋巴结具有过滤和清除异物作用。侵入机体的致病菌、毒素或其他有害异物，通常随组织淋巴液进入局部淋巴结内，淋巴窦中的巨噬细胞有效地吞噬和清除这些细菌等异物，但对病毒和癌细胞的清除能力较低。②淋巴结是产生免疫应答的场所。淋巴实质中的巨噬细胞和树突状细胞能捕获抗原和处理外来异物性抗原，并将抗原递呈给 T 细胞和 B 细胞，使其活化增殖，形成致敏 T 细胞和浆细胞。在此过程中，因淋巴细胞大量增殖，生发中心增大，机体表现为局部淋巴结的肿大。

(3) 哈德氏腺 又称为瞬膜腺、副泪腺，是禽类眼窝内腺体之一，位于其眼球后部中央，在接受抗原刺激后，能独立地分泌特异性抗体，通过泪液带入上呼吸道黏膜分泌物内，成为口腔、上呼吸道的抗体来源之一，故在上呼吸道免疫方面起着非常重要的作用。哈德氏腺不仅可在局部形成坚实的屏障，它还能激发全身免疫系统，协调体液免疫。在雏鸡免疫时，它对疫苗发生应答反应，不受母源抗体的干扰，对免疫效果的提高，起着非常重要的作用。

哈德氏腺在视神经区呈喙状延伸，呈不规则的带状。整个腺体由结缔组织分割成许多小叶，小叶由腺泡、腺管及排泄管组成。腺泡上皮由一层柱状腺上皮排列而成，上皮基膜下是大量浆细胞和部分淋巴细胞。它能分泌泪液、润滑眼膜，对眼睛具有机械性保护作用。

(4) 黏膜相关淋巴组织 包括扁桃体和散布在全身的淋巴组织，尤其是黏膜部位的淋巴组织，构成了机体重要的黏膜免疫系统，如肠道黏膜集合淋巴结、消化道、呼吸道和泌尿生殖道黏膜下层的许多淋巴结和弥散性淋巴组织，统称为黏膜相关淋巴组织，其内均含有丰富的 T 细胞和 B 细胞及巨噬细胞等。黏膜下层的淋巴组织中 B 细胞数量比 T 细胞多，而且多是能产生分泌型 IgA 的 B 细胞，T 细胞则多为具有抗菌作用的 T 细胞。

骨髓既是中枢免疫器官，同时也是体内最大的外周免疫器官，就器官的大小比较而言，脾脏产生抗体的量很多，但骨髓产生的抗体总量最大，对某些抗原的应答，骨髓所产生的抗体可占抗体总量的 70%。

二、免疫细胞

凡是参与免疫应答或与免疫应答相关的细胞统称为免疫细胞。它们的种类繁多，功能各异，但相互作用、相互依存，共同发挥清除异物的作用。在免疫应答中起主要作用的细胞，根据其功能及作用机理，可分为免疫活性细胞和免疫辅佐细胞两大类。

此外，还有 K 细胞、NK 细胞、粒细胞、红细胞（称核心细胞）等也参与了免疫应答中的某一特定环节。

1. 免疫活性细胞

免疫活性细胞是在淋巴细胞中，受抗原刺激后能增殖分化，并产生特异性免疫应答的细胞。主要是指 T 细胞和 B 细胞（见表 8-1）。免疫活性细胞均来源于骨髓的多能干细胞。

表 8-1 T 细胞和 B 细胞的主要分布/%

器官	T 细胞	B 细胞	器官	T 细胞	B 细胞
胸腺	95~100	<1	脾脏	30~40	60~70
胸导管	80~90	10~20	骨髓	少数	多数
血液	70~80	20~30	肠道集合淋巴结	30	60
淋巴结	75~80	15~25			

T细胞和B细胞在光学显微镜下均为小淋巴细胞，形态、大小酷似，难于区分。在扫描电镜下多数T细胞表面光滑，有较少绒毛突起；而B细胞表面较为粗糙，有较多绒毛突起，但这不足以区别T细胞和B细胞。淋巴细胞表面存在着大量不同种类的蛋白质分子，这些表面分子又称为表面标志，可用于鉴定T细胞和B细胞及其亚群。

(1) T细胞

① 表面标志

a. 抗原受体。又称为TCR，是T细胞表面识别和结合特异性抗原的分子结构。在T细胞发育过程中，可形成几百万种以上不同的T细胞，可识别相应数量的特异性抗原。在同一个体内，可能有数百万种T细胞，在同一种细胞表面有相同的TCR，能识别同一种抗原。

TCR识别和结合抗原的性质是有条件的，只有当抗原片段或决定簇与抗原递呈细胞上的主要组织相容性复合体（MHC）分子结合在一起时，T细胞的TCR才能识别或结合MHC分子-抗原复合物中的抗原部分。TCR不能识别和结合单独存在的抗原片段或决定簇。

b. E受体。又称为红细胞受体，是T细胞的重要表面标志，B细胞无此标志。在体外将某种动物的T细胞与绵羊红细胞结合，可见到红细胞围绕T细胞形成红细胞花环（E玫瑰花环），见图8-2。E花环试验是鉴别T细胞及检测外周血中T细胞的比例及数目的常用方法。

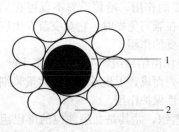

图8-2　E玫瑰花环

1—T淋巴细胞；2—绵羊红细胞

c. 白细胞介素受体。T细胞表面具有多种白细胞介素受体（如IL-2受体），可结合白细胞介素，并接受白细胞介素的刺激和调控。

另外，在T细胞的表面还有丝裂原受体、IgG或IgM的Fc受体以及各种激素或介质如肾上腺素、皮质激素、组胺的受体等。

② T细胞的亚群。根据T细胞在免疫应答中的功能不同，将T细胞分为5个主要亚群。

a. 细胞毒性T细胞（T_C）。又称为杀伤性T细胞（T_K），活化后称为细胞毒性T淋巴细胞（CTL）。在免疫效应阶段，T_C活化产生CTL，它能特异性地杀伤带有抗原的靶细胞，如感染微生物的细胞、同种异体移植细胞及肿瘤细胞等，CTL能连续杀伤多个靶细胞。T_C细胞具有记忆功能，有高度特异性。

b. 辅助性T细胞（T_H）。是体内免疫应答不可缺少的亚群，其主要功能为协助其他免疫细胞发挥功能。通过分泌细胞因子和与B细胞接触可促进B细胞的活化、分化和抗体产生；通过分泌细胞因子可促进T_C和T_{DTH}的活化；能协助巨噬细胞增强迟发型变态反应的强度。

c. 抑制性T细胞（T_S）。能抑制B细胞产生抗体和其他T细胞分化增殖，从而调节体液免疫和细胞免疫。T_S细胞占外周血液T细胞的10%～20%。

d. 诱导型T细胞（T_I）。能诱导T_H和T_S细胞的成熟。

e. 迟发型变态反应T细胞（T_D或T_{DTH}）。在免疫应答的效应阶段和Ⅳ型变态反应中能释放多种淋巴因子导致炎症反应，发挥清除抗原的功能。

(2) B细胞

① B细胞抗原受体。B细胞表面的抗原受体是细胞表面的免疫球蛋白（SmIg）。这种SmIg与血清中的Ig相同，其Fc段的几个氨基酸镶嵌在细胞膜脂质双层中，Fab段则伸向细胞外侧以便与抗原结合，SmIg主要是单体的IgM和IgD。每个B细胞表面约有10^4～10^5个免疫球蛋白分子。SmIg是鉴别B细胞的主要特征。同一种B细胞表面的抗原受体相同，可以和结构相同的抗原结合。而种类不同的B细胞表面的抗原受体互不相同。动物出生后不久，体内就形成了种类不同的B细胞，可以结合多种不同的抗原。据测定，一只成熟小鼠的脾脏约含有$2×10^8$个B细胞，至少可以和10^7种结构不同的抗原结合而发生免疫应答。

② B细胞受抗原刺激后能分化发育为浆细胞和记忆B细胞。浆细胞产生抗体后逐渐死亡，

而记忆 B 细胞寿命较长，在同种抗原再次刺激下能迅速分化出众多的浆细胞，产生大量抗体而发挥强有力的免疫作用。

2. 免疫辅佐细胞

T 细胞和 B 细胞是完成免疫应答的主要细胞，但这一反应的完成，大多需要单核吞噬细胞和树突状细胞首先对抗原进行捕捉、加工和处理，因此将这些细胞称为辅佐细胞，简称 A 细胞。由于辅佐细胞在免疫应答中将抗原递呈给免疫活性细胞，因此，也称之为抗原递呈细胞（APC）。

（1）单核巨噬细胞系统　包括血液中的单核细胞和组织中的巨噬细胞。巨噬细胞主要分布于疏松结缔组织、肝脏、脾脏、淋巴结、骨髓、肺泡及腹膜等处，可存活数周到几年。不同组织内的巨噬细胞有不同的名称，如结缔组织中的组织细胞、肺泡中的尘细胞、肝脏中的枯否细胞、骨组织中的破骨细胞、神经组织中的小胶质细胞、各处表皮下的郎罕细胞，在淋巴结和脾脏中仍称为巨噬细胞。各组织中的巨噬细胞分化程度很低，主要依靠血液中的单核细胞来补充。

组织中的巨噬细胞比血液中的单核细胞含有更多的溶酶体和线粒体，具有更强大的吞噬功能。在单核巨噬细胞表面具有 IgG 的 Fc 受体、补体 C_{3b} 受体、各种淋巴因子受体等。

（2）树突状细胞　简称 D 细胞，来源于骨髓和脾脏的红髓，成熟后主要分布于脾脏和淋巴结中，结缔组织中也广泛存在。树突状细胞表面伸出许多树突状突起，胞内线粒体丰富，高尔基体发达，但无溶酶体和吞噬体，故无吞噬能力。主要功能是处理与递呈不需细胞处理的抗原，尤其是可溶性抗原，能将病毒抗原、细菌内毒素等递呈给免疫活性细胞。大量研究表明，树突状细胞是体内递呈抗原功能最强的专职 APC。此外，B 细胞、红细胞也具有抗原递呈作用。

3. K 细胞和 NK 细胞

（1）杀伤细胞（K 细胞）　是一种直接来源于骨髓的淋巴细胞，主要存在于腹腔渗出液、血液和脾脏中。K 细胞的主要特点是表面具有 IgG 的 Fc 受体，能与任何抗原（靶细胞）-抗体复合物的 Fc 段结合，从而激发 K 细胞释放细胞毒，裂解靶细胞，这种作用称为抗体依赖性细胞介导的细胞毒作用（ADCC）。K 细胞杀伤的靶细胞包括病毒感染的宿主细胞、恶性肿瘤细胞、移植物中的异体细胞及某些较大的病原体（如寄生虫）等。因此，K 细胞在抗肿瘤免疫、抗感染免疫和移植排斥反应、清除自身的衰老细胞等方面有一定意义。

（2）自然杀伤细胞（NK 细胞）　是一群既不依赖抗体，也不需要任何抗原刺激和致敏就能杀伤靶细胞的淋巴细胞，因而称为自然杀伤细胞。NK 细胞来源于骨髓，主要存在于外周血液和脾脏中，淋巴结和骨髓中很少，胸腺中不存在。NK 细胞表面存在着识别靶细胞表面分子的受体结构，通过受体与靶细胞结合而发挥杀伤作用。其主要生物学功能是，非特异性地杀伤肿瘤细胞、抵抗多种微生物感染及排斥骨髓细胞移植，同时释放多种细胞因子如 IL-1、IL-2、干扰素等，发挥免疫调节作用。已发现动物体内抗肿瘤能力的大小与 NK 细胞的水平有关。认为 NK 细胞在机体内的免疫监视中也起着重要作用。

4. 其他免疫细胞

（1）粒细胞　胞浆中含有颗粒的白细胞统称为粒细胞，包括嗜中性、嗜碱性和嗜酸性粒细胞。嗜中性粒细胞是血液中的主要吞噬细胞，具有高度的移动性和吞噬功能。细胞膜上有 Fc 及补体 C_{3b} 受体。它在防御感染中起重要作用，并可分泌炎症介质，促进炎症反应，还可处理颗粒性抗原提供给巨噬细胞。嗜碱性粒细胞内含有大小不等的嗜碱性颗粒，颗粒内含有组胺、白细胞三烯、肝素等参与 I 型变态反应的介质，细胞表面有 IgE 的 Fc 受体，能与 IgE 结合。带有 IgE 的嗜碱性粒细胞与特异性抗原结合后，立即引起细胞脱颗粒，释放组胺等介质，引起过敏反应。嗜酸性粒细胞内含有许多嗜酸性颗粒，颗粒中含有多种酶，尤其含有过氧化物酶。该细胞具有吞噬杀菌能力，并具有抗寄生虫的作用，寄生虫感染时往往嗜酸性粒细胞增多。

（2）红细胞　研究表明红细胞和白细胞一样具有重要的免疫功能。它具有识别抗原、清除体内免疫复合物、增强吞噬细胞吞噬功能、递呈抗原信息及免疫调节等功能。

第二节 抗 原

一、抗原的概念

1. 抗原与抗原性

凡是能刺激机体产生抗体和致敏淋巴细胞并能与之结合引起特异性反应的物质称为抗原。抗原具有抗原性，抗原性包括免疫原性和反应原性两个方面的含义。免疫原性是指能刺激机体产生抗体和致敏淋巴细胞的特性。反应原性是指抗原与相应的抗体或致敏淋巴细胞发生反应的特性。

2. 完全抗原与半抗原

抗原又分为完全抗原与不完全抗原。既具有免疫原性又具有反应原性的物质称为完全抗原，也可称为免疫原。只具有反应原性而缺乏免疫原性的物质称为不完全抗原，又可称为半抗原。半抗原又分为简单半抗原和复合半抗原，前者分子量较小，只有一个抗原决定簇，不能与相应抗体发生可见反应，但能与相应抗体结合，如抗生素、酒石酸、苯甲酸等；后者的分子量较大，有多个抗原决定簇能与相应抗体发生肉眼可见的反应，如细菌荚膜多糖、类脂、脂多糖等都为复合半抗原。

二、构成抗原的条件

抗原物质要有良好的免疫原性，需要具备以下条件。

1. 异源性

又称为异质性。在正常情况下，动物机体能识别自身物质与非自身物质，只有非自身物质进入机体内才能具有免疫原性。因此，异种动物之间的组织、细胞和蛋白质均是良好的抗原。通常动物之间的亲缘关系相距越远，生物种系差异越大，免疫原性越好，此类抗原称为异种抗原。

同种动物不同个体的某些成分也具有一定的抗原性，如血型抗原、组织移植抗原，此类抗原称为同种异体抗原。

动物自身组织细胞通常情况下不具有对自身的免疫原性，但在下列情况下可显示抗原性成为自身抗原。①组织蛋白的结构发生改变，如机体组织遭受烧伤、感染及电离辐射等作用，使原有的结构发生改变而具有抗原性。②机体的免疫识别功能紊乱，将自身组织视为异物，可导致自身免疫病。③某些组织成分，如眼球晶状体蛋白、精子蛋白、甲状腺球蛋白等因外伤或感染而进入血液循环系统，机体视之为异物引起免疫反应。

2. 分子大小与结构的复杂性

抗原的免疫原性与分子量的大小及结构的复杂程度有关。分子量越大，结构越复杂，其免疫原性就越强。免疫原性良好的物质相对分子质量一般在 10000 以上，在一定条件下，分子量越大，免疫原性越强。相对分子质量小于 5000 的物质其免疫原性较弱。相对分子质量在 1000 以下的物质为半抗原，没有免疫原性，但与大分子蛋白质载体结合后可具有免疫原性。许多半抗原，如青霉素，进入动物机体后可以和血浆蛋白结合，刺激机体产生针对半抗原的抗体，从而引发免疫反应。蛋白质分子大多是良好的抗原，例如，细菌、病毒、外毒素、异种动物血清都是抗原性很强的物质。

抗原物质除了要求具有一定的分子量外，相同大小的分子如果化学组成、分子结构和空间构象不同，其免疫原性也有一定差异。一般而言，分子结构和空间构象越复杂的物质免疫原性越强。如明胶分子虽然相对分子质量在 10 万以上，但其结构为直链排列的氨基酸，在体内易被降解，抗原性很弱。而将苯丙氨酸、酪氨酸等芳香氨基酸连接到明胶上，可使其免疫原性大大增强。

3. 抗原的特异性

抗原的分子结构十分复杂，但抗原分子的活性和特异性并不是决定于整个抗原分子，决定其免疫活性的只是其中的一小部分抗原区域。抗原分子表面具有特殊立体构型和免疫活性的化学基团称为抗原决定簇。抗原决定簇决定抗原的特异性，即决定抗原与抗体发生特异性结合的能力。抗原分子上抗原决定簇的数目称为抗原价。含有多个抗原决定簇的抗原称为多价抗原，大部分抗原都属于这类抗原；只有一个抗原决定簇的抗原称为单价抗原，如简单半抗原。天然抗原一般都是多价抗原，可同时刺激机体产生多种抗体。抗原价与分子大小有一定的关系，据估计，相对分子质量 5000 大约会有一个抗原决定簇，例如牛血清白蛋白的相对分子质量为 69000，有 18 个决定簇，但只有 6 个决定簇暴露于外面。

4. 物理状态

不同物理状态的抗原物质的免疫原性也有差异。呈聚合状态的抗原一般较单体抗原的免疫原性强，颗粒性抗原比可溶性抗原的免疫原性强。因此，抗原性弱的物质吸附到大分子颗粒表面后免疫原性可增强。如将甲状腺球蛋白与聚丙烯酰胺凝胶颗粒结合后免疫家兔，可使其产生的 IgM 效价提高 20 倍。

三、抗原的分类

抗原物质很多，从不同角度可以将抗原分成许多类型。

(1) 根据抗原的性质分类　根据抗原的性质可分为完全抗原和不完全抗原或半抗原。

(2) 根据抗原的来源分类　可分为异种抗原、同种抗原、自身抗原等多种。

① 异种抗原。与免疫动物不同种属的抗原，如微生物抗原、异种动物红细胞、异种动物蛋白。

② 同种抗原。与免疫动物同种属的抗原，能刺激同种而基因型不同的个体产生免疫应答，如血型抗原、同种移植抗原。

③ 自身抗原。动物自身组织细胞、蛋白质在特定条件下形成的抗原，对自身免疫系统具有抗原性。如患传染性贫血马的红细胞。

(3) 根据对胸腺（T 细胞）的依赖性分类　在免疫应答过程中，依据是否有 T 细胞参加，将抗原分为胸腺依赖性抗原和非胸腺依赖性抗原。

① 胸腺依赖性抗原（TD 抗原）。这类抗原在刺激 B 细胞分化和产生抗体的过程中需要辅助性 T 细胞的协助。多数抗原均属此类，如异种组织与细胞、异种蛋白、微生物及人工复合抗原等。TD 抗原刺激机体产生的抗体主要是 IgG，易引起细胞免疫和免疫记忆。

② 非胸腺依赖性抗原（TI 抗原）。这类抗原直接刺激 B 细胞产生抗体，不需要 T 细胞的协助。如大肠杆菌脂多糖、肺炎链球菌荚膜多糖、聚合鞭毛素和聚乙烯吡咯烷酮等。此类抗原的特点是由同一构成单位重复排列而成。TI 抗原仅刺激机体产生 IgM 抗体，不易产生细胞免疫，无免疫记忆。

四、主要微生物抗原

1. 细菌抗原

细菌的抗原结构比较复杂，每个细菌的每种结构都由多种抗原成分构成，因此细菌是由多种成分构成的复合体。细菌抗原主要包括菌体抗原、鞭毛抗原、荚膜抗原和菌毛抗原。

(1) 菌体抗原（O 抗原）　主要指革兰阴性菌细胞壁抗原，其化学本质为脂多糖（LPS），较耐热。

(2) 鞭毛抗原（H 抗原）　主要指鞭毛蛋白抗原。

(3) 菌毛抗原（F 抗原）　为许多革兰阴性菌和少数革兰阳性菌所具有，有很强的抗原性。

(4) 荚膜抗原（K 抗原）或表面抗原　主要是指荚膜多糖或荚膜多肽抗原。

2. 毒素抗原

破伤风梭菌、肉毒梭菌等多种细菌能产生外毒素，其成分为糖蛋白或蛋白质，具有很强的抗原性，能刺激机体产生抗体（抗毒素）。外毒素经甲醛或其他适当方式处理后，毒力减弱或完全丧失，但仍保留很强的免疫原性，称为类毒素。

3. 病毒抗原

各种病毒都有相应的抗原结构。有囊膜病毒的抗原特异性由囊膜上的纤突所决定，将病毒表面的囊膜抗原称为 V 抗原，如流感病毒囊膜上的血凝素（H）和神经氨酸酶（N）都是 V 抗原。V 抗原具有特异性。无囊膜病毒的抗原特异性取决于病毒颗粒表面的衣壳结构蛋白，将病毒表面的衣壳抗原称为 VC 抗原，如口蹄疫病毒的结构蛋白 VP_1、VP_2、VP_3、VP_4 即为此类抗原。其中 VP_1 为口蹄疫病毒的保护性抗原。另外还有 S 抗原（可溶性抗原）、NP 抗原（核蛋白抗原）。

4. 真菌和寄生虫抗原

真菌、寄生虫及其虫卵都有特异性抗原，但免疫原性较弱，特异性也不强，交叉反应较多，一般很少用于进行分类鉴定。

5. 保护性抗原

微生物具有多种抗原成分，但其中只有 1～2 种抗原成分能刺激机体产生抗体，具有免疫保护作用，因此将这些抗原称为保护性抗原或功能性抗原。如口蹄疫病毒的 VP_1 保护性抗原、传染性法氏囊病毒的 VP_2 保护性抗原，以及致病性大肠杆菌的菌毛抗原（K_{88}、K_{99} 等）和肠毒素抗原（如 ST、LT 等）。

除此之外，异种动物的血清、血细胞也具有良好的抗原性。将异源血清注射动物，能产生抗该血清的抗体，又称抗抗体。将绵羊红细胞给家兔注射，可以刺激家兔产生抗绵羊红细胞的抗体，称此抗体为溶血素。

第三节 免 疫 应 答

一、免疫应答的机理

免疫应答是动物机体在抗原刺激下，体内免疫细胞发生一系列反应而清除异物的过程。这一过程主要包括抗原递呈细胞对抗原的处理、加工和递呈，T、B 淋巴细胞对抗原的识别、活化、增殖和分化，最后产生效应分子抗体与细胞因子以及免疫效应细胞（细胞毒性 T 细胞和迟发型变态反应性 T 细胞），并最终将抗原物质和再次进入机体的抗原物质清除。

参与机体免疫应答的核心细胞是 T 细胞和 B 细胞，巨噬细胞等是免疫应答的辅佐细胞，也是免疫应答不可缺少的细胞。动物体内的免疫应答包括体液免疫和细胞免疫，分别由 B、T 细胞介导。免疫应答具有三大特点：一是特异性，即只针对某种特异性抗原物质；二是具有一定的免疫期，这与抗原的性质、刺激强度、免疫次数和机体反应性有关；三是具有免疫记忆，通过免疫应答，动物机体可建立对抗原物质（如病原微生物）的特异性抵抗力，即免疫力。

淋巴结和脾脏等外周免疫器官是免疫应答的主要场所。抗原进入机体后一般先通过淋巴循环进入淋巴结，进入血流的抗原则滞留于脾脏和全身各淋巴组织，随后被淋巴结和脾脏中的抗原递呈细胞捕获、加工和处理，而后表达于抗原递呈细胞表面。与此同时，血液循环中成熟的 T 细胞和 B 细胞，经淋巴组织中的毛细血管后静脉进入淋巴器官，与表达于抗原递呈细胞表面的抗原接触而被活化、增殖，最终分化为效应细胞，并滞留于该淋巴器官内。由于正常淋巴细胞的滞留、特异性增殖，以及因血管扩张所致体液成分增加等因素，引起淋巴器官的迅速增长，待免疫应答减退后才逐渐恢复到原来的大小。

抗原的引入包括皮内、皮下、肌肉和静脉注射等多种途径，皮内注射可为抗原提供进入淋巴循环的快速入口；皮下注射为一种简便的途径，抗原可被缓慢吸收；肌内注射可使抗原快速进入血液和淋巴循环；而静脉注射进入的抗原可很快接触到淋巴细胞。抗原物质无论以何种途径进入机体，均由淋巴管和血管迅速运至全身，其中大部分被吞噬细胞降解清除，只有少部分滞留于淋巴组织中诱导免疫应答。皮下注射的抗原一般局限于局部淋巴结中；静脉注入的抗原局限在骨髓、肝脏和脾脏。在淋巴结中，抗原主要滞留于髓质和淋巴滤泡，髓质内的抗原很快被降解和消化，而皮质内的抗原可滞留较长时间。在脾脏中的抗原，一部分在红髓被吞噬和消化，多数长时间滞留于白髓的淋巴滤泡中。抗原在体内滞留时间的长短与抗原的种类、物理状态、体内是否有特异性抗体存在及免疫途径等因素有关。

二、免疫应答的基本过程

免疫应答是一个十分复杂的生物学过程，除了由单核巨噬细胞系统和淋巴细胞系统协调完成外，还有许多细胞因子发挥辅助效应。这一过程可人为地划分为致敏阶段、反应阶段、效应阶段（如图 8-3）。

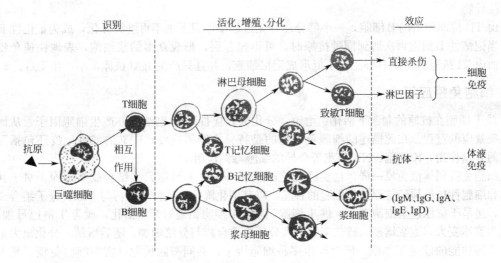

图 8-3　免疫应答基本过程示意图

1. 致敏阶段

又称感应阶段，是抗原物质进入体内，抗原递呈细胞对其识别、捕获、加工处理和递呈以及 T 细胞和 B 细胞对抗原的识别阶段。

当抗原物质进入体内，机体的抗原递呈细胞首先对抗原物质进行识别，然后通过吞噬、吞饮作用或细胞内噬作用将其吞入细胞内，在细胞内经过胞内酶消化降解成抗原肽，抗原肽与主要组织相容性复合体（MHC）分子结合形成抗原肽-MHC 复合物，然后将其运送到抗原递呈细胞表面，供 T 细胞和 B 细胞识别。

2. 反应阶段

又称增殖分化阶段，是 T 细胞和 B 细胞识别抗原后，进行活化、增殖与分化，以及产生效应性淋巴细胞和效应分子的过程。T 细胞增殖分化为淋巴母细胞，最终成为效应性 T 淋巴细胞，并产生多种细胞因子；B 细胞增殖分化为浆母细胞，最终成为浆细胞，由浆细胞合成并分泌抗体。一部分 T 细胞、B 细胞在分化过程中变为记忆细胞。这个阶段有多种细胞间的协作和多种细胞因子的参加。

3. 效应阶段

主要体现在活化的效应细胞（细胞毒性 T 细胞与迟发型变态反应性 T 细胞）和效应分子（细胞因子和抗体）发挥细胞免疫效应和体液免疫效应。这些效应细胞与效应分子共同作用清除抗原物质。

三、体液免疫应答

是指 B 细胞在抗原刺激下转化为浆细胞，并产生抗体而发挥的特异性免疫应答。一个 B 细胞表面约有 $10^4 \sim 10^5$ 个抗原受体，可以和大量的抗原分子相结合。

在体液免疫应答中，TI 抗原能直接与 B 细胞表面的抗原受体结合，而 TD 抗原必须经过巨噬细胞等抗原递呈细胞的吞噬和处理才能与 B 细胞结合。抗原递呈细胞将 TD 抗原捕捉、吞噬、消化处理后，将含有抗原决定簇的片段呈送到抗原递呈细胞表面，只有当 T_H 细胞表面的 TCR 识别抗原决定簇后，B 细胞才能与抗原决定簇结合而被激活。

B 细胞与抗原结合后就识别了该抗原，同时也被抗原所激活。B 细胞活化后体积增大，代谢加强，依次转化为浆母细胞（体积较小，胞体为球形）、浆细胞（卵圆形或圆形，胞核偏于一侧），由浆细胞合成并分泌抗体球蛋白（浆细胞寿命一般只有 2 天，每秒可合成 300 个抗体球蛋白）。在正常情况下，抗体产生后很快排出细胞外，进入血液，并在补体及多种免疫细胞的配合下清除异物。

由 TD 抗原激活的 B 细胞，一小部分在分化过程中停留下来不再继续分化，成为记忆性 B 细胞。当记忆性 B 细胞再次遇到同种抗原时，可迅速分裂，形成众多的浆细胞，表现快速免疫应答。而由 TI 抗原活化的 B 细胞，不能形成记忆细胞，并且只产生 IgM 抗体，不产生 IgG。

四、细胞免疫应答

系 T 细胞在抗原的刺激下活化、增殖、分化为效应性 T 淋巴细胞并产生细胞因子，从而发挥免疫效应的过程。在此描述的细胞免疫指的是特异性细胞免疫，广义的细胞免疫还包括吞噬细胞的吞噬作用，K 细胞、NK 细胞等介导的细胞毒性作用。

细胞免疫同体液免疫一样，也要经过抗原识别，一般 T 细胞只能结合肽类抗原，对于其他异物和细胞性抗原须经抗原递呈细胞的吞噬，将其消化降解成抗原肽，再与 MHC 分子结合成复合物，递呈于抗原递呈细胞表面，供 T 细胞识别。T 细胞识别后开始活化，成为 T 淋巴母细胞，表现为胞体变大，胞浆增多，核仁明显，大分子物质合成与分泌增加，随后增殖，分化出大量的具有不同功能的效应 T 细胞，同时产生多种细胞因子，共同清除抗原，实现细胞免疫。其中一部分 T 细胞在分化初期就形成记忆 T 细胞而暂时停止分化，受到同种抗原的再次刺激时，便迅速活化增殖，产生再次应答。

第四节　免疫应答的效应物质及作用

一、体液免疫的效应物质——抗体

抗体（antibody，Ab）是机体受到抗原物质刺激后，由 B 淋巴细胞转化为浆细胞产生的，能与相应抗原发生特异性结合反应的免疫球蛋白（Ig）。它主要由脾脏、淋巴结、呼吸道和消化道组织中的浆细胞分泌而来，因而广泛存在于体液中，包括血液及多种分泌液中。

1. 免疫球蛋白的基本结构

所有免疫球蛋白单体的结构是相似的，即是由 4 条肽链构成的对称分子，呈 "Y" 字形。其中两条相同的长链称为重链（H 链），两条短链称为轻链（L 链），各链间通过二硫键相连（如图 8-4）。

Ig 分子的可变区（V 区）位于肽链的氨基端（N 端），是 Ig 分子与抗原特异性结合的部位，其氨基酸排列顺序及结构随抗体分子的特异性变化而有差异，能充分适应抗原决定簇的多样性。一个单体 Ig 分子中有两个可变区，可以结合两个相同的抗原决定簇。

Ig 分子的恒定区（C 区）位于肽链的羧基端（C 端），其氨基酸排列顺序及结构相对稳定，只在各类 Ig 分子间有微小差异。恒定区最末端有细胞结合点，是免疫球蛋白与细胞结合的部位，

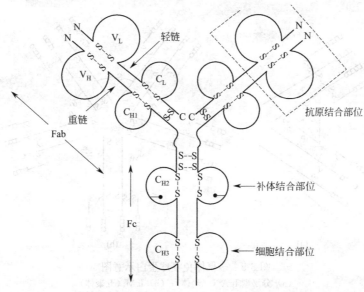

图 8-4 免疫球蛋白单体（IgG）的基本结构

能使 Ig 分子吸附于细胞表面，进而发挥一系列生物学效应，如激发 K 细胞对靶细胞的杀伤作用，刺激肥大细胞和嗜碱性粒细胞释放活性物质等。细胞结合点附近还有一个补体结合点，是抗体和补体结合的部位。

重链中的中间有一段铰链区，它能使 Ig 分子张合自如，便于两个可变区与不同距离的抗原决定簇结合。结合抗原前，Ig 分子呈"T"形结构，补体结合点被覆盖。结合抗原后，则 Ig 分子变成"Y"形结构，使恒定区的补体结合点暴露出来。这种抗体一旦遇到补体后，就会很快与补体结合，使补体发挥其多种生物学效应。

IgG 分子可被木瓜蛋白酶在铰链区重链间的二硫键近氨基端切断，水解成大小相似的三个片段，其中两个相同片段，可与抗原决定簇结合，称为抗原结合片段（Fab），另一个片段可形成结晶，称为可结晶片段（Fc）。Fc 片段不能与抗原结合，但与抗体的生物学活性密切相关。如选择性地通过胎盘、与补体结合活化补体、决定 Ig 的亲细胞性（即与带 Fc 受体的细胞结合）以及 Ig 通过黏膜进入外分泌液等功能，都是由 Fc 片段完成的。

2. 各类免疫球蛋白（Ig）的主要特性与功能

根据免疫球蛋白的化学结构和抗原性的不同，将目前发现的免疫球蛋白分为 IgG、IgM、IgA、IgE 和 IgD 五类。其中有的由单体 Ig 分子组成，如 IgG、IgE 和 IgD，而有的由数个 Ig 分子的多聚体组成，如 IgM（图 8-5）。

（1）IgG　是人和动物血清中含量最高的免疫球蛋白，占血清 Ig 总量的 75%～80%。IgG 是介导体液免疫的主要抗体，多以单体形式存在。半衰期最长，约为 23 天。相对分子质量为 160000～180000。IgG 主要由脾脏和淋巴结中的浆细胞产生，大部分存在于血浆中，其余存在于组织液和淋巴液中。IgG 是唯一能通过人和兔胎盘的抗体。IgG 是动物自然感染和人工主动免疫后，机体产生的主要抗体，在动物体内不仅含量高，而且持续时间长，可发挥抗菌、抗病毒、抗毒素和抗肿瘤等免疫学活性，能调理、凝集和沉淀抗原，但只在有足够分子存在并以正确构型积聚在抗原表面时才能结合补体。此外，IgG 还参与Ⅱ型、Ⅲ型变态反应。

（2）IgM　是动物体初次体液免疫应答最早产生的免疫球蛋白，主要由脾脏和淋巴结中的 B 细胞产生，分布于血液中。其含量仅占血清的 10%左右，半衰期约 5 天。以五聚体形式存在，相对分子质量最大，为 900000 左右，又称为巨球蛋白。IgM 在体内产生最早，但持续时间短，因此不是机体抗感染的主力，而是感染早期的重要免疫力量，也可通过检测 IgM 抗体进行疾病的血清学早期诊断。IgM 具有抗菌、抗病毒、中和毒素等免疫活性，由于其分子上含有多个抗原

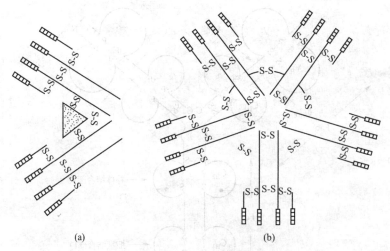

图 8-5 多聚体免疫球蛋白示意图
(a) 分泌型 IgA（二聚体）；(b) IgM（五聚体）

结合部位，所以它是一种高效能的抗体，其杀菌、溶菌、溶血、调理及凝集作用均比 IgG 高，IgM 也具有抗肿瘤作用。IgM 不能到达血管外，因此在组织液和分泌液中的保护作用不大。

（3）IgA 以单体和二聚体两种分子形式存在，单体存在于血清中，称为血清型 IgA，约占血清免疫球蛋白的 10%～20%；二聚体为分泌型 IgA，是由两个 IgA 分子构成的，由呼吸道、消化道、泌尿生殖道等部位的黏膜固有层中的浆细胞所产生，因此主要存在于这些黏膜的分泌液以及初乳、唾液、泪液中，此外，在脑脊液、羊水、腹水、胸膜液中也含有分泌型 IgA。分泌型 IgA 对机体呼吸道、消化道等局部黏膜免疫起着相当重要的作用，是机体黏膜免疫的一道屏障，可抵御经黏膜感染的病原微生物。在传染病的预防接种中，经滴鼻、点眼、饮水及喷雾途径免疫，均可产生分泌型 IgA，建立相应的黏膜免疫力。IgA 不结合补体，也不能透过胎盘，初生动物只能从初乳中获得。

（4）IgE 以单体分子形式存在，相对分子质量为 200000，是由呼吸道和消化道黏膜固有层中的浆细胞产生的，在正常动物血清中的含量甚微。IgE 是一种亲细胞性抗体，易与皮肤组织、肥大细胞、血液中的嗜碱性粒细胞和血管内皮细胞结合，可介导 I 型变态反应。IgE 在抗寄生虫，及某些真菌感染方面也有重要作用。

（5）IgD 在人、猪、鸡等动物体内已经发现，血清中含量极低，而且不稳定，容易降解。IgD 相对分子质量为 170000～200000。IgD 主要是作为成熟 B 细胞膜上的抗原特异性受体，是 B 细胞的表面标志。此外，还认为 IgD 与免疫记忆有关，也有报道认为 IgD 与某些过敏反应有关。

3. 抗体产生的一般规律

动物机体初次和再次接触抗原后，引起体内抗体产生的种类、抗体的水平都有差异。

（1）初次应答 抗原首次进入动物体内引起的抗体产生过程称为初次应答。抗原首次进入机体后，要经过较长诱导期血液中才出现抗体。一般情况下，细菌抗原诱导期为 5～7 天，病毒抗原为 3～4 天，而毒素则需 2～3 周才出现抗体。初次应答产生的抗体总量较低，维持时间也较短。其中 IgM 维持的时间最短，IgG 可在较长时间内维持较高水平，其含量也比 IgM 高。

（2）再次应答 动物机体第二次接触相同的抗原时，体内产生的抗体过程称为再次应答。再次应答过程中，抗体的水平起初略有下降，2～3 天后抗体水平很快上升，诱导期显著缩短。抗体含量可达到初次应答的几倍到几十倍，而且可以维持较长时间。通常用疫苗或类毒素预防接种后，隔一定时间进行第二次接种，就是为了激发机体产生再次应答，达到强化免疫的目的。初次应答后，每隔一定时间刺激一次，都会迅速产生再次应答。再次应答的发生是由于上次应答时形成了记忆 T 细胞和记忆性 B 细胞。见图 8-6。

4. 影响抗体产生的因素

（1）抗原方面

① 抗原的性质。抗原影响免疫应答的类型、速度和免疫期的长短及免疫记忆等特性。一般情况下，抗原在体内能同时引起细胞免疫和体液免疫，但有主次之分。例如，异源性强的抗原容易激活 B 细胞，则主要引起体液免疫，而亲缘关系较近的抗原，包括同种异体移植及肿瘤细胞，主要引起细胞免疫；细胞外寄生的微生物多引起体液免疫，而真菌和细胞内寄生的微生物多引起体液免疫。

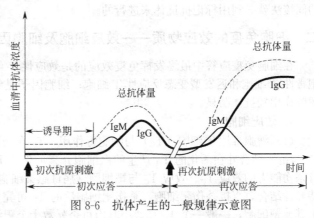

图 8-6　抗体产生的一般规律示意图

在活的微生物刺激下，机体产生抗体较快，而机体受类毒素及死亡微生物刺激时，抗体产生较慢。如活病毒进入机体后 2～3 天就出现抗体，活的细菌进入机体后 3～5 天可出现抗体，而类毒素刺激机体后 2～3 周才产生抗体。

荚膜多糖等 TI 抗原只引起机体产生短期保护力，而不产生免疫记忆。相反，病毒和细菌的蛋白质等 TD 抗原可使机体长期保持免疫记忆。

② 抗原用量、次数及间隔时间。在一定限度内，抗体产生的量随抗原用量的增加而增加，但当抗原用量超过一定限度，抗体的产生不再增加，称为免疫麻痹。活疫苗用量较少，免疫 1 次即可，而死疫苗用量较大，应免疫 2～3 次才能产生足够的抗体，间隔 7～10 天，类毒素则间隔 6 周左右。

③ 免疫途径。免疫途径的选择应以能刺激机体产生良好的免疫反应为原则。因为大多数抗原易被消化酶降解而失去免疫原性，所以多数疫苗采用非经口途径免疫，如皮内、皮下、肌内等注射途径及滴鼻、点眼、气雾免疫等，只有少数弱毒苗，如传染性法氏囊疫苗可经饮水免疫。

（2）机体方面　动物的年龄、品种、营养状况、某些内分泌激素及疾病等均可影响抗体的产生。如初生动物或出生后不久的动物，免疫应答能力较差。其原因主要是免疫系统尚未发育健全，以及受母源抗体的影响。母源抗体是指动物机体通过胎盘、初乳、卵黄等途径从母体获得的抗体。母源抗体可保护幼畜禽免于感染。老龄动物的免疫功能逐渐下降；或者动物处于严重的感染期，免疫器官和免疫细胞遭受损伤，都会影响抗体形成。如雏鸡感染传染性法氏囊病病毒，可使法氏囊受损，导致雏鸡体液免疫应答能力下降，影响抗体的产生。

5. 人工制备抗体的种类

（1）多克隆抗体　克隆是指一个细胞经无性增殖而形成的一个细胞群体。由一个 B 细胞增殖而来的 B 细胞群体即 B 细胞克隆。一种天然抗原物质具有多种抗原决定簇，由此产生的抗体是一种多克隆的混合抗体，即为多克隆抗体，也称为第一代抗体。

（2）单克隆抗体　由于一种类型的 B 细胞表面只有一种抗原受体，所以只识别一种抗原决定簇。这样，由一个 B 细胞形成的 B 细胞克隆所产生的抗体就只能针对一种抗原决定簇，这种抗体称为单克隆抗体，也称为第二代抗体。单克隆抗体是高度同质的纯净抗体。

6. Ig 的抗原性

抗体（Ig）是一种动物针对其抗原产生的。但是，由于 Ig 是蛋白质，结构复杂，分子量又大，因此一种动物的 Ig 对另一种动物而言是良好的抗原。Ig 不仅在异种动物之间具有抗原性，而且在同种动物不同个体之间，以及自身体内同样是一种抗原物质。所以说，抗体具有双重性。用一种动物的 Ig 免疫异种动物，就能获得抗这种动物 Ig 的抗体，这种抗体称为抗抗体或二级抗体。抗抗体能与抗原-抗体复合物中的抗体结合，形成抗原-抗体-抗抗体复合物。免疫标记技术中的间接法就是利用标记抗抗体来进行的。

二、细胞免疫的效应物质——效应细胞及细胞因子

在细胞免疫应答中最终发挥免疫效应的是效应性 T 细胞和细胞因子。效应细胞主要包括细胞毒性 T 细胞和迟发型变态反应性 T 细胞；细胞因子是细胞免疫的效应因子，对细胞性抗原的清除作用较抗体明显。

1. 效应细胞

（1）细胞毒性 T 细胞（T_C）与细胞毒作用　T_C 在动物机体内以非活化的前体形式存在，当 T_C 与抗原结合并在活化的 T_H 产生的白细胞介素的作用下，T_C 前体细胞活化、增殖，分化为具有杀伤能力的效应 T_C。效应 T_C 与靶细胞（病毒感染细胞、肿瘤细胞、胞内感染细菌的细胞）能特异性结合，直接杀伤靶细胞。杀伤靶细胞后的 T_C 可完整无缺地与裂解的靶细胞分离，继续攻击其他靶细胞，一般一个 T_C 在数小时内可杀死数十个靶细胞。T_C 在细胞免疫效应中主要表现为抗细胞内感染和抗肿瘤作用。

（2）迟发型变态反应性 T 细胞（T_D）与炎症反应　T_D 在动物体内也是以非活化的前体细胞形式存在，其表面抗原与靶细胞的抗原特异性结合，并在活化的 T_H 细胞释放的白细胞介素等的作用下活化、增殖、分化成具有免疫效应的 T_D。该细胞通过释放多种可溶性的淋巴因子而发挥作用，主要引起局部的单核细胞浸润为主的炎症反应，即迟发型变态反应。

2. 细胞因子

细胞因子是指由免疫细胞和某些非免疫细胞合成和分泌的一类高活性多功能的蛋白质多肽分子。主要包括淋巴因子和白细胞介素两类。能够产生细胞因子的细胞主要有活化的免疫细胞、基质细胞（包括血管内皮细胞、上皮细胞、成纤维细胞等）及某些肿瘤细胞。抗原刺激、感染、炎症等许多因素都可以刺激细胞因子的产生，而且各细胞因子之间也可以彼此促进合成和分泌。

（1）淋巴因子　是一类在免疫应答和炎症反应中起重要作用的物质。目前发现的淋巴因子有 20 多种，分别作用于巨噬细胞、淋巴细胞、粒细胞、血管壁等，有的还直接作用于靶细胞或病毒。引起机体多种免疫反应，如肿瘤免疫、感染免疫、移植免疫、自身免疫等。见表 8-2。

表 8-2　主要的淋巴因子及其免疫生物学活性

淋巴因子名称	免疫生物学活性
巨噬细胞趋化因子（MCF）	吸引巨噬细胞、中性粒细胞至抗原所在部位
巨噬细胞移动抑制因子（MIF）	抑制炎症区域的巨噬细胞移动
巨噬细胞活化因子（MAF）	活化和增强巨噬细胞杀伤靶细胞的能力
巨噬细胞凝聚因子（MAgF）	使巨噬细胞凝聚
趋化因子（CFs）	分别吸引粒细胞、单核细胞、巨噬细胞、淋巴细胞等至炎症区域
白细胞移动抑制因子（LIF）	抑制嗜中性粒细胞的随机移动
肿瘤坏死因子（TNF）	选择性地杀伤靶细胞
γ-干扰素（IFN-γ）	抑制病毒增殖，激活细胞，增强巨噬细胞活性及免疫调节
转移因子（TF）	将特异性免疫信息传递给正常淋巴细胞，使其致敏
皮肤反应因子（SRF）	引起血管扩张、增加血管通透性
穿孔素	细胞毒性 T 细胞产生，导致靶细胞壁形成微孔

（2）白细胞介素　把由免疫系统分泌的主要在白细胞之间发挥免疫调节作用的糖蛋白称为白细胞介素，并根据发现的先后顺序命名为 IL-1、IL-2、IL-3 等，至今已报道的白介素有 23 种。它们主要由 B 细胞、T 细胞和单核巨噬细胞产生，具有增强细胞免疫功能、促进体液免疫以及促进骨髓造血干细胞增殖和分化的作用。目前 IL-2、IL-3 和 IL-12 已经用于治疗肿瘤和造血功能低下症。

第五节　特异性免疫的抗感染作用

特异性免疫包括体液免疫和细胞免疫两个方面。一般情况下，机体内的体液免疫和细胞免疫是同时存在的，它们在抗微生物感染中互相配合和调节，以清除入侵的病原微生物，保持机体内环境的平衡。

一、体液免疫的抗感染作用

抗体作为体液免疫的重要分子，在体内可发挥多种免疫功能。由抗体介导的免疫效应在大多数情况下对机体是有利的，但有时也会造成机体的免疫损伤。

1. 中和作用

体内针对细菌毒素（外毒素或类毒素）的抗体和针对病毒的抗体，可对相应的毒素和病毒产生中和效应。毒素的抗体一方面与相应的毒素结合，改变毒素分子的构型而使其失去毒性作用；另一方面毒素与相应的抗体形成的复合物容易被单核/巨噬细胞吞噬。对病毒的抗体可通过与病毒表面抗原的结合，使其失去对细胞的感染性，从而发挥中和作用。

2. 抗吸附作用

由黏膜固有层中浆细胞产生的分泌型 IgA 是机体抵抗从呼吸道、消化道及泌尿生殖道感染的病原微生物的主要防御力量，分泌型 IgA 具有阻止病原微生物吸附黏膜上皮细胞的能力。

> **小知识**
>
> 大肠杆菌菌毛具有黏附在肠道黏膜的作用，现已经有大肠杆菌菌毛抗体研究及应用，该抗体的应用可有效地阻止大肠杆菌对肠黏膜的黏附，为预防大肠杆菌病提供了一种有效的方式。

3. 免疫调理作用

抗原-抗体复合物与补体结合后，可以增强吞噬细胞的吞噬作用，称为免疫调理作用。近年来发现，红细胞除了具有携氧功能外，也能结合补体，从而增强嗜中性粒细胞的吞噬作用。

4. 免疫溶解作用

未被吞噬的细菌（某些革兰阴性菌）、感染病毒的细胞和某些原虫（如锥虫）与抗体结合，可激活补体，导致菌体、感染细胞或虫体溶解。

5. 抗体依赖性细胞介导的细胞毒作用（ADCC）

一些效应淋巴细胞（如 K 细胞），其表面具有抗体分子 Fc 片段的受体，当抗体分子与相应靶细胞结合，形成抗原-抗体复合物时，K 细胞能与抗体结合，从而发挥其细胞毒作用，从而杀伤病毒、细菌等微生物感染的靶细胞或肿瘤细胞。这种作用相当有效，当体内只有微量抗体与抗原结合，尚不足以激活补体时，K 细胞就能发挥杀伤作用。另外，NK 细胞、巨噬细胞、嗜中性粒细胞与 IgG 结合后，吞噬和杀伤作用也加强。见图 8-7。

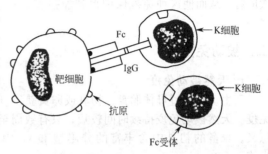

图 8-7　K 细胞破坏靶细胞作用示意图

6. 生长抑制作用

一般而言，细菌的抗体与之结合后，不会影响细菌的生长和代谢，仅表现为凝集和制动现象。只有霉形体和钩端螺旋体，其抗体与之结合后可表现出生长抑制的作用。

抗体在体内引起的免疫损伤主要是介导 I 型、II 型和 III 型变态反应，以及一些自身免疫病。

二、细胞免疫的抗感染作用

1. 抗细胞内细菌感染

慢性细菌感染多为细胞内细菌感染，如结核杆菌、布氏杆菌、李氏杆菌等细胞内寄生菌而引起慢性感染。在这类感染中，细胞免疫起决定性作用，而体液免疫作用不大。当这些病原菌侵入机体后，一般先由中性粒细胞吞噬，但不能被杀灭，反而在其中繁殖并被带到体内深部。中性粒细胞一旦死亡崩解，病菌随之散播。

一般在未免疫动物体内，巨噬细胞不能将吞入的病原菌消灭，因而它们仍能在巨噬细胞内繁殖。直至机体产生了特异性免疫，巨噬细胞在巨噬细胞活化因子等作用下，转化为有活性的巨噬细胞，并聚集于炎症区域，有效吞噬并破坏细胞内寄生细菌，使感染终止。

2. 抗病毒感染

细胞免疫在抗病毒感染中起重要作用。细胞毒性 T 细胞能特异性杀灭病毒或裂解感染病毒的细胞。各种效应 T 细胞释放淋巴因子，或破坏病毒，或增强吞噬作用，其中的干扰素还能抑制病毒的增殖等。

此外，细胞免疫也是抗真菌感染的主要力量。

第六节 特异性免疫的获得途径

动物机体获得特异性免疫力有主动免疫和被动免疫两种。主动免疫是动物受抗原刺激后，由动物自身产生的免疫力；被动免疫是动物接受其他动物产生的抗体而具有的免疫力。不论主动免疫或被动免疫，都可以通过天然和人工两种方式获得。在生产实践中利用主动免疫和被动免疫，是控制动物传染病的有力措施。

一、主动免疫

1. 天然主动免疫

动物患某种传染病痊愈后，或发生隐性传染后所产生的特异性免疫，称为天然主动免疫。天然主动免疫一旦建立，则能持续较长时间。

2. 人工主动免疫

是人工给机体接种抗原物质（如疫苗），刺激机体免疫系统发生应答所产生的特异性免疫，称为人工主动免疫。其免疫期持续时间较长，而且有回忆反应，可通过重复免疫接种不断产生再次应答，从而使这种免疫保护得到加强和延长。人工主动免疫是预防畜禽传染病的重要措施之一。

二、被动免疫

1. 天然被动免疫

新生动物通过母体胎盘、初乳或卵黄获得母源抗体而形成的特异性免疫力，称为天然被动免疫。天然被动免疫持续时间较短，只有数周至几个月，但对保护幼龄动物免于感染具有重要意义。家畜的初乳中含丰富的分泌型 IgA，因而，使初生动物吃足初乳是必不可少的保健措施。

2. 人工被动免疫

给动物注射免疫血清、康复动物血清或卵黄抗体等，称为人工被动免疫，其免疫力一般只维持 2～3 周，多用来治疗和紧急预防。

【本章小结】

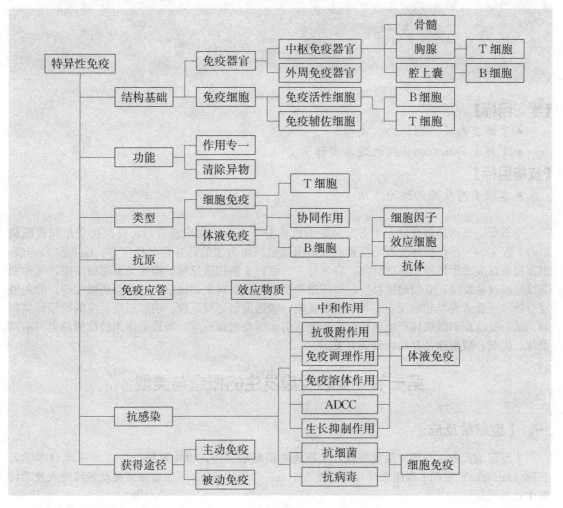

【复习题】

1. 名词解释

特异性免疫　免疫活性细胞　自然杀伤细胞　抗原　抗原结合价　佐剂　单克隆抗体　免疫球蛋白
免疫应答　体液免疫　细胞免疫　ADCC 作用

2. 简答题

(1) 什么叫抗体？简述抗体的作用。

(2) 吞噬细胞的功能可因哪些体液因子的作用而增强？

(3) 什么叫免疫应答？分哪几个阶段？

(4) 如何理解抗原的特异性和类属性？在实践中有何意义？

(5) 根据化学结构不同，可将免疫球蛋白分为哪几类？各有何作用？

(6) 病毒侵入血液，试分析动物机体怎样发挥抗感染作用。

(7) 简述特异性免疫的形成过程。

(8) 在免疫应答中 T、B 细胞如何协作？巨噬细胞的作用是什么？

(9) 试举例说明天然免疫与特异性免疫间并无截然界限。

(10) 简述一个细菌进入机体的遭遇。

第九章　变　态　反　应

【学习目标】
- 了解变态反应的概念、类型
- 掌握变态反应的作用机理及实际意义

【技能目标】
- 掌握变态反应的防治方法

变态反应又称超敏反应，变态反应是指机体对某些抗原初次应答后，再次接受相同抗原刺激时，发生的一种以机体生理功能紊乱或组织细胞损伤为主的特异性免疫应答。Gell 和 Coombs 根据超敏反应发生机理和临床特点，将其分为四型：Ⅰ型超敏反应，即速发型超敏反应，又称变态反应或过敏反应；Ⅱ型超敏反应，即细胞毒型或细胞溶解型超敏反应；Ⅲ型超敏反应，即免疫复合物型或血管炎型超敏反应；Ⅳ型超敏反应，即迟发型超敏反应。引起超敏反应的抗原称变应原。某一变应原刺激机体产生何种应答产物，引起哪型超敏反应，与致敏作用的抗原种类、不同个体、佐剂、致敏途径及动物种属有关。

第一节　变态反应发生的概念与类型

一、Ⅰ型超敏反应

Ⅰ型超敏反应　一般发生比较快，又称速发型超敏反应，也称过敏反应。1966 年日本学者石阪（Ishizaka）发现Ⅰ型超敏反应是由血清中 IgE 介导的，IgE 可通过血清被动转移使人及动物发生过敏反应。

Ⅰ型超敏反应的特点：①由 IgE 介导，肥大细胞和嗜碱性粒细胞参与；②发生快，恢复快，一般无组织损伤；③有明显的个体差异和遗传背景。

1. 参与Ⅰ型超敏反应的变应原

引起Ⅰ型超敏反应的变应原多种多样，根据变应原进入机体的途径可分为如下几类。

① 从呼吸道进入机体，又称吸入性变应原。例如，花粉、粉尘、螨虫及其代谢产物、动物的皮屑、微生物等空气中漂浮的物质。

② 经消化道进入机体的又称食物性变应原。例如，鱼、虾、肉、蛋、防腐剂、香料等。

③ 还有的是由于药物引起的Ⅰ型超敏反应，又称药物性变应原。大部分是通过肌内注射或静脉途径进入机体。例如，异种动物血清、异种组织细胞、青霉素、磺胺、奎宁、非那西丁、普鲁卡因，也可由药物中的污染物引起。吸入性抗原及食物性抗原多为完全抗原，而化学药物常为半抗原，进入机体与组织蛋白结合，才获得免疫原性。主要由特异性 IgE 抗体介导产生，发生于局部或者全身

2. Ⅰ型超敏反应的发生机制

（1）致敏阶段　抗原刺激机体产生 IgE，IgE 结合于肥大细胞和嗜碱性粒细胞（FcεR）。

（2）效应阶段　处于已致敏状态的机体，一旦再次接触相同的变应原，则变应原与肥大细胞和嗜碱细胞膜表面的 IgE 的 Fab 段结合，引发Ⅰ型超敏反应。相应细胞脱颗粒释放贮存介质及新

合成的介质，并分泌一些细胞因子和表达黏附分子。Ⅰ型超敏反应的发生机制如图9-1所示。

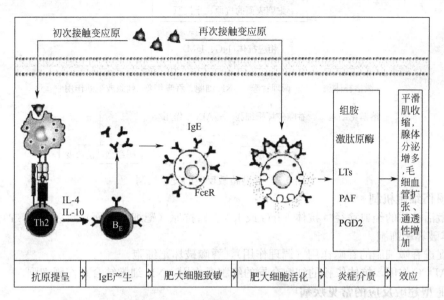

图9-1　Ⅰ型超敏反应发生过程示意图

3. Ⅰ型超敏反应的常见疾病。

① 药物（最常见青霉素）过敏性休克。

② 呼吸道过敏反应，尘土、花粉引发的过敏性鼻炎和过敏性哮喘。

③ 消化道过敏反应。

④ 皮肤过敏反应，如湿疹、皮炎等。

4. Ⅰ型超敏反应的防治原则

① 检出抗原并避免接触，查找过敏原可通过询问病史和皮试来完成。

② 急性脱敏治疗。方法是采用小量（0.1ml、0.2ml、0.3ml）短间隔（20～30min）多次注射，主要应用于外毒素所致疾病危及生命又对抗毒素血清过敏者。

③ 慢性脱敏治疗，方法是采用微量（mg、ng）长时间反复多次皮下注射，其应用于已查明且难以避免接触的环境中抗原如尘土、花粉、螨虫、霉菌类等的病人。

5. 药物治疗

① 抑制免疫功能的药物，如地塞米松、氢化可的松等。

② 抑制生物活性介质释放的药物，如肾上腺素、异丙肾上腺素及儿茶酚胺类和前列腺素E等。

③ 生物活性介质拮抗剂，如苯海拉明、氯苯那敏、异丙嗪等抗组胺药物。

④ 改善效应器反应性的药物，如肾上腺素使毛细血管收缩、血压升高。

二、Ⅱ型超敏反应

由IgG或IgM类抗体与细胞表面的抗原结合，在补体、吞噬细胞及NK细胞等参与下，引起的以细胞裂解死亡为主的病理损伤。

1. Ⅱ型超敏反应的发生机制（见图9-2）

① 变应抗原常为细胞性抗原（细胞固有抗原如同种异型抗原ABO血型抗原、Rh抗原、HLA和血小板）。

② 参与抗体为调理性抗体，主要为IgG和IgM类抗体。

③ 损伤细胞机制为激活补体、吞噬细胞、NK细胞等参与。

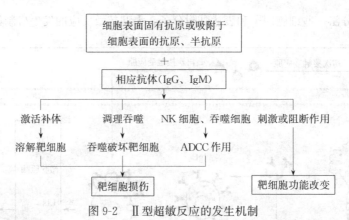

图 9-2　Ⅱ型超敏反应的发生机制

2. 损伤细胞机制

① 激活补体的经典途径。抗体（IgG 或 IgM）＋ 抗原（靶细胞表面）激活补体，产生的膜攻击复合体破坏靶细胞。

② 促进吞噬细胞的吞噬作用（调理作用），吞噬破坏靶细胞。

③ ADCC 作用，抗体依赖的细胞介导的细胞毒作用，NK 细胞结合杀伤靶细胞。

3. Ⅱ型超敏反应的常见疾病

① 输血反应，包括 ABO 血型不符的输血、新生儿溶血症等。

② 血细胞减少症，如自身免疫性溶血性贫血。

三、Ⅲ型超敏反应

Ⅲ型超敏反应又称免疫复合物型超敏反应。抗原与体内相应的抗体（IgG，IgM）结合，可形成免疫复合物。在某些条件下，所形成的免疫复合物未被及时清除。则可在局部或其他部位的毛细血管内沿其基底膜沉积，激活补体吸引中性粒细胞的聚集，从而引起血管及其周围的炎症，故本型超敏反应也有人称血管炎型超敏反应。

1. 免疫复合物

（1）免疫复合物（ICC）的形成　抗体与抗原结合形成免疫复合物，是机体排除外来抗原的免疫生理现象。在血流或组织中形成的 ICC 可被肝的枯否细胞，脾、肺、淋巴结处的巨噬细胞所吞噬、消化、降解，最后清除，一般不发生免疫复合物病。免疫复合物是否易于清除与免疫复合物分子的大小有关。当抗体分子数目超过抗原数目形成大分子免疫复合物时，易被单核巨噬细胞吞噬清除而不沉积致病；当抗原分子数稍超过抗体时形成中等大小的（约 19～22S）可溶性免疫复合物时，既不易被吞噬清除，又较易沉积于局部的毛细血管壁，方有致病的可能。

IgG 及 IgM 类抗体虽均可与抗原形成免疫复合物，但 IgM 形成的免疫复合物分子量大，多迅速被清除，故引起免疫复合物病的抗体以 IgG 类居多。

（2）沉积部位　免疫复合物较易沉积于血流湍急、静脉压较高的组织，如肾小球、肝、脾、关节、心瓣膜。因为肾小球和滑膜中的毛细血管在高流体静脉压下通过毛细血管是超过滤，因此，它们成为免疫复合物最常沉积的部位。

（3）影响沉积的因素　免疫复合物的沉积程度首先与机体从循环中清除它们的能力呈反比。吞噬功能降低或缺陷促进 ICC 的沉积；血管通透性增加有利于 ICC 的沉积；抗原在机体内持续存在，也为 ICC 沉积创造了更多的机会。体内吞噬细胞主要靠 $C_{3b}R$ 或 FcR 来捕捉抗原，因此，补体或抗体的缺乏，也为 ICC 提供了条件。

2. 发生机理

当免疫复合物沉积于抗原进入部位附近时，发生局部的 Arthus 反应，当在血中形成循环免疫复合物（ICC）时，沉积可发生在全身任何部位。沉积后，可通过以下几种方式致病。

（1）激活补体　免疫复合物的沉积是发生Ⅲ型超敏反应的启动原因，但沉积的免疫复合物本身并不直接损伤组织。免疫复合物可通过经典途径激活补体系统。激活过程中产生的 C_3、C_{5a} 即过敏毒素，能使肥大细胞、嗜碱性粒细胞脱颗粒，释放组胺等血管活性介质，增强血管通透性。血管通透性增加，一方面渗出增加，本身是一种血管炎症；另一方面为后续的免疫复合物继续沉积创造了更有利的条件。

(2) C_{3a}、C_{5a}、C_{567} 的趋化作用　补体激活过程中产生的水解片段 C_{3a}、C_{5a}、C_{567} 也是中性粒细胞趋化因子。能吸引中性粒细胞聚集于免疫复合物的沉积部位，中性粒细胞的浸润为本型超敏反应病理改变的主要特征之一。聚集于局部的中性粒细胞，在吞噬沉积的免疫复合物过程中，释放部分溶酶体酶。包括中性水解酶、酸性水解酶、胶原酶、弹力纤维酶等多种酶类，可水解血管的基底膜和内弹力膜以及结缔组织等，造成血管及其周围组织的损伤；溶酶体酶中的碱性蛋白、激肽原酶等可直接或间接产生血管活性介质，有加重和延续组织损伤和炎症的作用。

(3) 血小板的聚集和活化　脱颗粒产生 PAF，可诱导血小板集聚和活化，释放血管活性胺类及释放凝血因子，进一步增强血管通透性，形成血栓。此种情况，虽然不是造成血管炎的主要因素，但加剧了病变。Ⅲ型超敏反应的发生机理如图9-3所示。

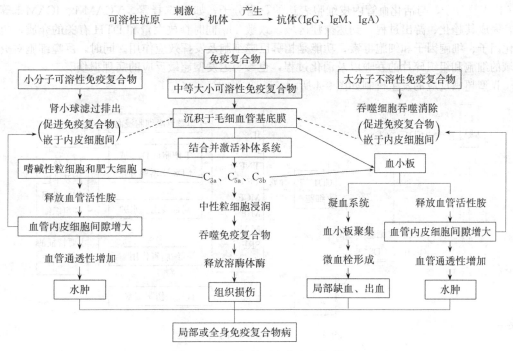

图 9-3　Ⅲ型超敏反应的发生机制

3. Ⅲ型超敏反应的常见疾病

① 局部免疫复合物病，如 Arthus 反应，当家兔再次注入马血清，兔体局部红肿、出血及坏死。

② 人类局部免疫复合物病，如糖尿病人注射胰岛素，局部出现红肿。

③ 全身免疫复合物病，如血清病，抗毒素血清（大量）注射机体，产生的抗体与抗原（局部尚未被完全排除）结合，局部红肿、全身皮疹、发热、关节肿痛、淋巴结肿大、肾损伤等症状及体征。

④ 系统性红斑狼疮，细胞核物质（如 DNA、RNA、核内可溶性蛋白）抗原与抗核抗体沉积于全身各个部位，引起损伤。

四、Ⅳ型超敏反应

Ⅳ型超敏反应是由效应 T 细胞与相应抗原作用后，引起的以单个核细胞浸润和组织细胞损伤为主要特征的炎症反应。发生较慢，当机体再次接受相同抗原刺激后，通常需经 24～72h 方可出现炎症反应，因此又称迟发型超敏反应。与抗体和补体无关，而与效应 T 细胞和吞噬细胞及其产生的细胞因子或细胞毒性介质有关。

1. Ⅳ型超敏反应的发生机制

（1）T 细胞致敏阶段　引起Ⅳ型超敏反应的抗原主要有胞内寄生菌、某些病毒、寄生虫和化学物质。这些抗原性物质经抗原递呈细胞（APC）加工处理后，能以抗原肽：MHC-Ⅱ/Ⅰ类分子复合物的形式表达于 APC 表面，使具有相应抗原受体的 $CD4^+$ 初始 T 细胞和 $CD8^+$ CTL 细胞活化。这些活化 T 细胞在 IL-12 和 IFN-γ 等细胞因子作用下，有些增殖分化为效应 T 细胞，即 $CD4^+Th_1$ 细胞（炎性 T 细胞）和 $CD8^+$ 效应 CTL 细胞；有些成为静止的记忆 T 细胞。

（2）致敏 T 细胞的效应阶段　Th_1 的激活及其效应功能。迟发型超敏反应是由 T 细胞介导的免疫损伤。Th_1 是细胞免疫的参与者，自然也介导 DTH，因此相应的 T 细胞亚群曾被称为迟发型超敏反应 T 细胞（TDTH）。T 细胞的激活必须依赖 APC 和抗原的加工递呈，DTH 中的 Th_1 亦不例外；Th_1 活化后，通过其表面的黏附分子如 L-选择素、迟现抗原-4（VLA-4）、LFA-1 以及 CD44 等分子，与活化血管内皮细胞表达的黏附分子，如 E-选择素、VCAM-1、ICAM-1 等结合，完成其趋化、游出过程，到达炎症区域。致敏 Th_1 同时释放大量和 DTH 有关的介质，包括趋化因子、细胞因子和细胞毒素，功能是招募巨噬细胞及发挥效应作用。同时，巨噬细胞对炎症区域的细胞和组织碎片的吞噬以及消化过程，也参与迟发型超敏反应的病理损伤。

Ⅳ型超敏反应的发生机制如图 9-4 所示。

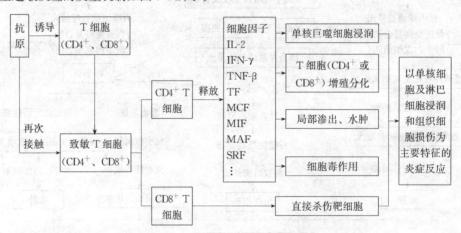

图 9-4　Ⅳ型超敏反应的发生机制

2. Ⅳ型超敏反应的常见疾病

① 接触性皮炎，接触性皮炎由细胞介导的细胞毒反应引起。

② 移植排斥反应也是Ⅳ型超敏反应的常见疾病。

第二节　变态反应病的防治

（1）检出变应原并避免接触，查找过敏原可通过询问病史和皮试来完成。

（2）急性脱敏治疗：方法是采用小量（0.1ml、0.2ml、0.3ml）短间隔（20～30min）多次注射，主要应用于外毒素所致疾病危及生命且对抗毒素血清过敏者。

（3）慢性脱敏治疗，方法是采用微量（mg、ng）长时间反复多次皮下注射，其应用于已查明且难以避免接触的环境中变应原等的病人。

（4）药物治疗

① 抑制免疫功能的药物，如地塞米松、氢化可的松等。

② 抑制生物活性介质释放的药物，如肾上腺素、异丙肾上腺素及儿茶酚胺类和前列腺素E 等。

③ 生物活性介质拮抗剂，如苯海拉明、氯苯那敏、异丙嗪等抗组胺药物。

④ 改善效应器反应性的药物，如肾上腺素使毛细血管收缩、血压升高。

【本章小结】

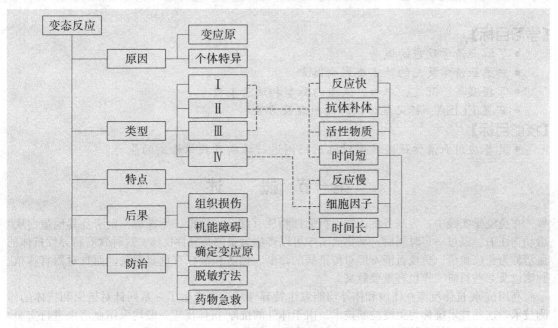

【复习题】

1. 名词解释

变态反应　变应原　脱敏疗法

2. 简答题

(1) 超敏反应分几型? 各型超敏反应有何主要异同点?

(2) 青霉素过敏性休克属于哪一型超敏反应? 其发病机制是什么。

(3) 简述嗜酸性粒细胞在 Ⅰ 型超敏反应中的反馈调节作用机制。

(4) 血清过敏症属于哪一型超敏反应? 其发病机制是什么?

(5) 血细胞减少症属于哪一型超敏反应? 其发病机制是什么?

(6) 简要说明Ⅲ型超敏反应发生机制。

(7) 以接触性皮炎为例，说明Ⅳ型超敏反应性疾病是怎样发生的。

(8) 比较凝集试验与沉淀试验的异同点? 并说明各自的用途及特点?

第十章　免疫血清学试验

【学习目标】
- 了解血清学反应的概念
- 熟悉血清学反应的特点及影响因素
- 掌握凝集、沉淀、中和、试验的类型和注意事项
- 掌握 ELISA、标记抗体试验的原理及方法

【技能目标】
- 具备应用血清学试验技术对临床病例进行诊断及抗体检测的能力

第一节　概　　述

在免疫学实践中，为制备抗体常以抗原性物质（细菌、病毒、类毒素、血清及其他蛋白质）给动物注射。经过一定时间后，动物血清中可以产生大量的特异性抗体。这种含有特异性抗体的血清称为免疫血清。免疫血清不但对传染病的诊断、预防和治疗有重要意义，而且对器官移植、肿瘤以及某些科研工作也有重要意义。

利用抗原-抗体反应在体内和体外均能发生特异性反应，产生了一系列针对抗原和抗体的检测技术，这些技术统称为免疫检测技术。由于体外的抗原-抗体反应一般均采用血清来进行实验，通常所说的检测抗体，就是直接检测血清，有的间接使用血清，因此在免疫学和微生物学以及传染病学中，所谓的抗原-抗体反应，通常就是指血清学反应。

一、抗原抗体反应的一般规律

1. 特异性和交叉性

所谓特异性，即一种抗原只能和其相应的抗体相结合，不能与其他抗体发生反应。如抗鸡瘟病毒的抗体只能与鸡瘟病毒结合，而不能与鸡法氏囊病毒结合。

当两种抗原物质间有共同抗原成分存在时，则可与相应抗体发生交叉反应。如鼠伤寒沙门菌抗体能凝集肠炎沙门菌。

2. 反应具有可逆性

抗原与抗体的结合虽有相对的稳定性，但因抗原与其相应抗体，是分子表面之间的结合，又是可逆的，二者在一定条件下仍可离解，且离解后的抗原、抗体各自的生物学活性不变。

3. 反应需要合适的浓度比

抗原一般都是多价的，有 10～50 个不等的结合点，而抗体有 10 个结合点属最多（IgM），因此，只有二者比例合适时，结合得最充分，形成的复合物最多，反应最明显，结果出现最快，称此为等价带。如抗原过多或抗体过多，则二者结合后均不能形成大的复合物，不出现可见反应现象，称此为带现象。所以，在进行血清学反应时，抗原或抗体一方做适当稀释，以避免抗原过剩。

二、影响血清学反应的因素

1. 电解质

特异性抗原与抗体表面带有许多极性基团（如—NH_3^+、—COO^-），受电解质作用失去电荷

而互相凝集或沉淀。因此，血清学反应须在适当浓度的电解质参与下，方可出现可见反应，常用电解质为生理盐水。

2. 温度

温度升高，可增加抗原与抗体分子运动而碰撞接触，加速反应的出现，温度低，反应时间延长，但反应结合充分，最适温度为 37℃。

3. 酸碱度

血清学反应最适 pH6～8，过酸或过碱都可使复合物解离，pH 值在等电点时，可引起非特异凝集。

三、血清学反应的应用

血清学技术具有特异性强、敏感性高、方法简便、适用面广等特点。血清学技术广泛应用于动物传染病的诊断、免疫学检测、生化制药检测、蛋白质纯化等各种领域。下面重点介绍一些常用的血清学检测技术。

第二节 凝 集 试 验

颗粒性抗原（细菌、螺旋体、红细胞等）与相应的抗体血清混合后，在电解质参与下，经过一定时间，抗原抗体凝聚成肉眼可见的凝集团块，这种现象称为凝集反应。血清中的抗体称为凝集素，抗原称为凝集原。

细菌或其他凝集原都带有相同的电荷（阴电荷），在悬液中相互排斥而呈均匀的分散状态。抗原与抗体相遇后，由于抗原和抗体分子表面存在着相互对应的化学基团，因而发生特异性结合，成为抗原抗体复合物。由于抗原与抗体结合，降低了抗原分子间的静电排斥力，抗原表面的亲水基团减少，由亲水状态变为疏水状态，此时已有凝集的趋向，在电解质（如生理盐水）参与下，由于离子的作用，中和了抗原抗体复合物外面的大部分电荷，使之失去了彼此间的静电排斥力，分子间相互吸引，凝集成大的絮片或颗粒，出现了肉眼可见的凝集反应。

一般细菌凝集均为菌体凝集（O 凝集），抗原凝集呈颗粒状。有鞭毛的细菌如果在制备抗原时鞭毛未被破坏（鞭毛抗原在 56℃时即被破坏），则反应出现鞭毛凝集（H 凝集），鞭毛凝集时呈絮状凝块。颗粒性抗原是指抗原的颗粒很大，如细菌和细胞直接作为抗原颗粒来使用，就是颗粒性抗原。从化学角度来说，颗粒性抗原的颗粒大小，至少大于 100nm，也就是说大于胶体颗粒，其在水溶液和电解质水溶液中组成不稳定的悬浮液。这样的抗原通称为颗粒性抗原。

凝集反应广泛地应用于疾病的诊断和各种抗原性质的分析，既可用已知免疫血清来检查未知抗原，亦可用已知抗原检测特异性抗体，操作简便且快速。一般只用于定性，不用于定量。

一、直接凝集反应

颗粒抗原与抗体直接结合出现凝集现象叫直接凝集反应，又分为玻片凝集反应和试管凝聚反应。

1. 玻片凝集反应

玻片凝集反应一般用于未知细菌的定性，所以又称为定性凝集反应。实践中常用于新分离的大肠杆菌和沙门菌的鉴定和分型。反过来，也可用已知的细菌抗原去鉴定未知抗体，如鸡白痢沙门菌病的血清群就是采用已知鸡白痢菌抗原去检测鸡白痢抗体。

结果判定与注意事项

① 每次试验必须以标准阳性血清和标准阴性血清进行对照。

② 加抗原前必须摇匀。

③ 反应温度最好保证在 30℃左右，在 1～3min 出现结果，如反应温度偏低，可适当延长判读时间，最长在 5min 内判定。血清滴出现明显可见的凝集块，液体变为透明，盐水对照滴仍均

匀浑浊，即为凝集反应阳性，说明被检颗粒抗原与已知诊断血清是相对应的。

④ 注意如环境温度过低，则可将玻片背面与手背轻轻摩擦或在酒精灯火焰上空拖几次，以提高反应温度，促进结果出现。如结果不够清晰，可将玻片放于低倍显微镜下观察。

⑤ 如用两个血清量做试验，任何一个血清量出现凝集反应时，则需要用四个血清量重检。

⑥ 平板凝集反应最好用于初筛，如出现阳性或可疑反应，再用试管凝集反应进行复检，以定性。

平板凝集试验的实例参见实验实训部分。

2. 试管凝集反应

为一种定量凝集试验，用已知抗原检查血清中有无特异抗体，并测定其相对含量的凝集反应。

结果观察与注意事项

① 观察切勿摇动试管，以免凝集块分散。

② 先看对照管，此管应无凝集现象，管内液体仍成浑浊状态。但如放置时间较长，细菌堆于管底成小圆点状，为阴性反应。

③ 试验管应自第1管看起，如有凝集时则于管底有不同大小的圆片状边缘不整齐的凝集物，上清液则澄清透明或不同程度浑浊。凝集的强弱可用"＋"号表示。

④ 在试管凝集反应中，特别是在新建立一项试管凝集反应时，抗原抗体的比例是非常重要的，必须进行摸索，如抗体比例过大，即稀释倍数较小，可出现假阴性现象，即在"＋＋＋＋"的前几管可出现"－"或低于"＋＋＋＋"的反应强度，这种现象就叫前带现象。如进行马流产伤寒沙门菌血清试管凝集反应时，就可能出现这种前带现象。

⑤ 如对照管不符合要求时，试管须废弃重做。

⑥ 如果结果为可疑时，隔2～3周后采血重做。阳性畜群，重检时仍为可疑，可判阳性。对同群中既无临床症状又无凝集反应阳性者，马、猪重检仍为可疑者，判阴性，牛、羊血清重检仍为可疑者，可判为阳性，或以补反等核对。

⑦ 对阴性畜群，初检为可疑，复检仍为可疑（即效价不升高者），为慎重起见，可进行补反或细菌分离，如补反和细菌分离均为阴性者，可判为阴性。

⑧ 化验结果通知畜主时，必须注明凝集价。

⑨ 凝集反应用的血清必须新鲜，过度溶血的血清也不好。用0.5％石炭酸防腐的血清，也最好在15日内检测完。

试管凝集试验的实例参见实验实训部分。

二、间接凝集反应

将可溶性抗原吸附于一种与免疫无关的颗粒载体上，然后与相应的抗体结合，也可出现颗粒载体的凝集现象，称为间接凝集反应。间接凝集反应比直接凝集反应敏感性为高，可用于微量抗体或抗原的检查。

1. 原理

可溶性抗原（或抗体）吸附于免疫学反应无关的颗粒（称为载体）表面上，当这些致敏的颗粒与相应的抗体（或抗原）相遇时，就会产生特异性的结合，在电解质参与下，这些颗粒就会发生凝集现象。这种借助于载体的抗原抗体凝集现象叫做间接凝集反应。

载体的存在使反应的敏感性得以大大提高。间接凝集反应的优点为：①敏感性强，间接凝集反应是最具敏感性的血清学反应方法之一，可以检测到微量的抗体和抗原；②快速，一般1～2h即可判定结果，若在玻板上进行，则只需几分钟；③特异性强；④使用方便、简单。

2. 载体

具有吸附抗原（或抗体）的载体很多，如聚苯乙烯乳胶、白陶土、活性炭、人和多种动物的红细胞、某些细菌等。

良好载体有如下几点基本要求：①在生理盐水或缓冲液中无自凝倾向；②大小均匀；③密度与介质相似，短时间内不能沉淀；④无化学或血清学活性；⑤吸附抗原（或抗体）后，不影响其活性。

目前应用最广的是人的 O 型红细胞和绵羊红细胞。而后者应用更广，因为其来源方便。另外绵羊红细胞的表面有大量的（约 1000 个以上）糖蛋白受体，极易吸附某些抗原物质，吸附性能好，且大小均匀一致。

间接凝集的分类：

① 根据载体的不同，可分为间接炭凝、间接乳胶凝集和间接血凝等；

② 根据吸附物不同可分为间接凝集反应（吸附抗原）和反向间接凝集反应（吸附抗体）；

③ 根据反应目的不同，又可分为间接凝集抑制反应和反向间接凝集抑制反应；

④ 根据用量和器材的不同又可分为试管法（全量法）、凹窝板法（半微量法）和反应板法（微量法）。

（1）间接血细胞凝集试验　间接血细胞凝集试验是根据红细胞表面的吸附作用而建立起来的。将细菌可溶性抗原提出或其他可溶性抗原使之吸附于红细胞表面，此时红细胞即称为"致敏红细胞"。这种致敏的红细胞具有细菌的抗原性，与相应的抗血清相遇可产生凝集现象。

间接血凝抗原的制备可用加碱或加热的方法使菌体中的多糖物质浸出，去除类脂以免干扰红细胞的吸附作用。用来吸附的红细胞需先用鞣酸予以处理。

间接血细胞凝集试验的实例参见实验实训部分。

（2）协同凝集试验　金黄色葡萄球菌细胞壁成分中的 A 蛋白能与人及多种哺乳动物（猪、兔、羊、鼠等）血清中 IgG 类抗体的 Fc 段结合。IgG 的 Fc 段与 SpA 结合后，两个 Fab 段暴露在葡萄球体表面，仍保持其抗体活性和特异性，当其与特异性抗原相遇时，也出现特异凝集现象。在此凝集反应中，金黄色葡萄球菌菌体成了 IgG 抗体的载体，称为协同凝集反应。本反应也可用于检测微量抗原。

协同凝集试验的实例参见实验实训部分。

（3）间接炭凝反应　间接炭凝集反应简称炭凝。它是以炭粉微粒作为载体，将已知的抗体球蛋白吸附于这种载体上，形成炭粉抗体复合物，当炭血清与相应的抗原相遇时，二者发生特异性结合，形成肉眼可见的炭微粒凝集块。目前炭凝反应已用于炭疽、鼠疫和马副伤寒性流产等病的诊断。

间接炭凝反应的实例参见实验实训部分。

（4）反向间接乳胶凝集反应　原理同炭凝，只是载体换为聚苯乙烯乳胶，它是一种由 0.6～0.7μm 的颗粒所组成的胶体溶液，具有良好的吸附蛋白质的性能。间接乳胶凝集目前已用于鼠疫菌、沙门菌、流感杆菌、脑膜炎双球菌、葡萄球菌肠毒素以及许多病毒病等的诊断。

反向间接乳胶凝集试验的实例参见实验实训部分。

第三节　沉淀试验

沉淀反应的概念，沉淀反应（precipitation reaction），是指可溶性抗原（如细菌浸出液、含菌病料浸出液、血清以及其他来源的蛋白质、多糖质、类脂体等）与其相应的抗体相遇后，在电解质参与下，抗原抗体结合形成白色絮状沉淀，出现白色沉淀线，此种现象称为沉淀反应。沉淀反应中的抗原叫沉淀原（precipitinogen），与沉淀原发生反应的抗体称为沉淀素（precipitin）。沉淀反应的发生机制与凝集反应基本相同。不同之处是：沉淀原分子小，单位体积内总面积大，故在定量试验时，通常稀释抗原。

沉淀反应主要包括有环状沉淀反应、絮状沉淀反应和琼脂扩散反应。

环状沉淀反应是最早的沉淀反应，目前在链球菌的分类、鉴定，昆虫吸血性能及所吸血液来自何种动物的鉴别，肉品种属鉴定及炭疽尸体与皮张的检验工作中仍然应用。主要是用已知的抗体诊断未知的抗原。

絮状沉淀反应是将抗原与血清在试管内混合，在电解质存在的情况下，抗原抗体复合物可形成浑浊沉淀或絮状沉淀凝聚物，此法通常用于毒素与抗毒素的滴定。

琼脂凝胶免疫扩散（agar-gel immunodiffusion）是沉淀反应的一种形式，是指抗原抗体在琼脂凝胶内扩散，特异性的抗原抗体相遇后，在凝胶内的电解质参与下发生沉淀，形成可见的沉淀线。这种反应简称琼脂扩散。

抗原抗体扩散使用的凝胶种类很多，除琼脂外还有明胶、果胶、聚丙烯酰胺等，因此总的名称叫免疫扩散。琼脂扩散是免疫扩散中的一种方法。

琼脂扩散的原理是：物质自由运动形成扩散现象，扩散可以在各种介质中进行。我们所使用的 $1\%\sim2\%$ 琼脂凝胶，琼脂形成网状构架，空隙中是 $98\%\sim99\%$ 的水，扩散就在此水中进行。$1\%\sim2\%$ 琼脂所形成的构架网孔较大，允许相对分子质量在 20 万以下甚至更大些的大分子物质通过，绝大多数可溶性抗原和抗体的相对分子质量在 20 万以下，因此可以在琼脂凝胶中自由扩散，所受阻力甚小。二者在琼脂凝胶中相遇，在最适比例处发生沉淀，此沉淀物因颗粒较大而不扩散，故形成沉淀带。

对流免疫电泳是在琼脂扩散基础上结合电泳技术而建立的一种简便且快速的方法。此方法能在短时间内出现结果，故可用于快速诊断，敏感性比双向扩散技术高 $10\sim15$ 倍。

血清蛋白在 pH 8.6 条件下带负电荷，所以在电场作用下都向 E 极移动。但由于抗体分子在这样的 pH 条件下只带微弱的负电荷，而且它的分子量又较大（为 r 球蛋白），所以游动慢。更重要的是抗体分子受电渗作用影响较大，也就是说电渗作用大于它本身的迁移率。所谓电渗作用是指在电场中溶液对于一个固定固体的相对移动。琼脂是一种酸性物质，在碱性缓冲液中进行电泳，它带有负电荷，而与琼脂相接触的水溶液就带正电荷，这样的液体便向负极移动。抗体分子就是随着带正电荷的液体向负极移动的。而一般的蛋白质（如血清抗原）也受电渗作用的影响，使泳动速度减慢，但它的电泳迁移率远远大于电渗作用。这样抗原抗体就达到了定向对流，在两者相遇且比例合适时便形成肉眼可见的沉淀线。

一种抗原抗体系统只出现一条沉淀带，复合物抗原中的多种抗原抗体系统均可根据自己的浓度、扩散系数、最适比等因素形成自己的沉淀带。本法的主要优点是能将复合的抗原成分加以区分，根据沉淀带出现的数目、位置以及相邻两条沉淀带之间的融合、交叉、分支等情况，就可了解该复合抗原的组成。

沉淀反应的种类有环状沉淀、絮状沉淀、荚膜膨胀、琼脂扩散及免疫电泳等。此外还有放射性同位素标记、酶标记等测定法。

具体的沉淀试验如环状沉淀试验、琼脂免疫扩散试验、对流免疫电泳试验的操作方法实例参见实验实训部分。

第四节　补体结合试验

补体结合试验是指可溶性抗原，如蛋白质、多糖、类脂质和病毒等，与相应抗体结合后，抗原抗体复合物可以结合补体，但这一反应肉眼不能察觉，如再加入红细胞和溶血素，即可根据是否出现溶血反应来判定反应系统中是否存在相应的抗原或抗体。这个反应就是补体结合反应。

补体结合反应是一种古老的血清学技术，Bordet 和 Gengou 在 1901 年设计这一试验，由于有敏感性高和适应性广的优点，尽管操作繁杂，目前仍被有效地应用。

一、补体及其作用特点

补体存在于哺乳动物血清中，各种动物比较，豚鼠血清中补体含量最高，成分较全，效价稳定，采取方便，故通常将豚鼠的全血清作为补体。56℃ 30min 可使补体失去活性，称为"灭能"

或"非动"。

补体的作用为能与抗原-抗体复合物结合，但不能与抗原单独结合，也不易与抗体单独结合；补体的作用没有特异性，能与任何一组抗原抗体复合物结合。它能与红细胞（抗原）和溶血素（抗体）的复合物结合，引起红细胞破坏（溶血），也能与细菌、病毒成分及其相应抗体的复合物结合。

二、溶血反应

将红细胞多次注射于动物（如将绵羊红细胞多次免疫家兔）可使之产生相应的抗体（溶血素），这种抗体与红细胞结合，若有补体存在时，则红细胞被溶解，这种现象称为溶血反应。红细胞和溶血素被称为溶血系统，常在补体结合反应中用作测定有无补体游离存在的指示剂。

三、补体结合反应及其原理

可溶性抗原，如蛋白质、多糖、类脂、病毒等或者颗粒性抗原，与相应抗体结合后，其抗原抗体复合物可以结合补体，但这一反应肉眼不能觉察。如再加入红细胞和溶血素，即可根据是否出现溶血反应来判定反应系统中是否存在相对应的抗原和抗体。此反应即为补体结合反应。

补体结合反应中的抗体主要是 IgG 和 IgM。

反应的原理在于补体本身没有特异性，能与任何抗原抗体复合物结合。以检查鼻疽病为例，先向试管中加入已知的抗原（鼻疽菌的浸出液），再加入被检马匹的血清（抗体）和豚鼠血清（补体），这三种成分称为反应系统或溶菌系统。如果该马是鼻疽病马，则血清中有抗鼻疽杆菌的抗体。抗原和抗体发生结合，吸附补体。如果该马没有鼻疽病，血清中没有抗鼻疽菌的抗体，则不能形成抗原抗体复合物，不能吸附补体，则补体游离存在。

由于许多抗原是非细胞性的，而且上述抗原、抗体和补体三种成分都是用生理盐水或缓冲盐水稀释的比较透明的液体，所以补体不论是否被结合，都不能直接看到，故无法判定。因此，在反应系统的三种成分作用一定时间之后，再向其中添加指示系统——绵羊红细胞和特异性抗体溶血素。如果抗原和抗马血清中抗体特异性结合，吸附补体，没有游离补体存在，加入指示系统，因无补体参加，不发生溶血，这种情况称为补体结合反应阳性，即该马患有鼻疽病；反之，则该马未患鼻疽病。

四、补体结合反应的特点

补体结合反应操作繁杂，且需十分细致，反应的各个因子的量必须有恰当的比例。当抗原与其对应的抗体结合时，所生成的抗原抗体复合物能从溶液中将补体吸着此即谓补体结合。参与补体结合反应的抗原是透明的溶液，故补体结合现象不能被肉眼看出来，因此必须借助溶血系统（溶血素及相对应的羊血细胞）作为指示剂，来判定媒质中有无游离的补体，近而推定媒质中未知抗原（或抗体）和已知抗体（或抗原）是否进行了特异性的结合。本反应具有很高的敏感性及特异性。

由于参与本反应的各种成分间有着一定量的关系，这些因子的用量又与其活性有关：活性强，用量少；活性弱，用量多，故在本试验之前，必须精确测定溶血素效价、溶血系统补体价、溶菌系统补体价等，测定其活性以确定用量。

五、补体结合反应的应用

补体结合反应是诊断人、畜传染病常用的血清学诊断方法之一。本法不仅可用于诊断传染病，如鼻疽、牛肺疫、马传染性贫血、乙型脑炎、布氏杆菌病、钩端螺旋体病、血锥虫病等，也可用于鉴定病原体，如对马流行性乙型脑炎病毒的鉴定和口蹄疫病毒的定型等。

具体的补体结合反应的预备试验及正式试验的实例参见实验实训部分。

第五节 中 和 试 验

中和反应是指病毒或毒素与相应的抗体结合后，失去对易感动物的致病力，谓之中和试验。本试验主要用于：①从待检血清中检出抗体，或从病料中检出病毒，从而诊断病毒性传染病；②用抗毒素血清检查材料中的毒素或鉴定细菌的毒素类型；③测定抗病毒血清或抗毒素效价；④新分离病毒的鉴定和分型。中和试验不仅可在易感的实验动物体内进行，亦可在细胞培养上或鸡胚上进行。试验方法主要有简单定性试验、固定血清稀释病毒法、固定病毒稀释血清法、空斑减少法等。

一、简单定性中和试验

本法主要用于检出病料中的病毒，亦可进行初步鉴定或定型。先根据病毒易感性选定试验动物（或鸡胚、细胞培养）及接种途径。将病料研磨，并稀释成一定浓度（约 $100\sim1000$ LD_{50} 或 $TCID_{50}$）。污染的病料需加抗生素（青霉素、链霉素各 $200\sim1000$ 单位），或用细菌滤器过滤，与已知的抗血清（适当稀释或不稀释）等量混合，并用正常血清加稀释病料作对照。混合后置 37℃ 1h，分别接种实验动物，每组至少 3 只。分别隔离饲喂，观察发病和死亡情况。对照动物死亡，而中和组动物不死，即证实该病料中含有与该抗血清相应的病毒。本法亦可用于毒素（如肉毒毒素）的鉴定和分型。

二、固定血清稀释病毒法

本法多将病毒做 10 倍递增稀释，分置 2 列试管，第一列加正常血清（对照组），第二列加待检血清（试验组）。混合后，置 37℃作用 1h，将各管混合液分别接种选定的试验动物，每一稀释度用 $3\sim5$ 只动物。接种后，逐日观察，并记录其死亡数，观察结束后，计算 LD_{50} 和中和指数（表 10-1、表 10-2），本法适用于大量检样的检测。

表 10-1　固定血清稀释病毒法术式

混合前病毒稀释	2×10^{-1}	2×10^{-2}	2×10^{-3}	2×10^{-4}	2×10^{-5}	2×10^{-6}	2×10^{-7}	—
正常血清 稀释病毒	—	—	—	1.0	1.0	1.0	1.0	
正常血清 正常血清	—	—	—	1.0	1.0	1.0	1.0	1.0
对照组 稀释液	—	—	—	—	—	—	—	1.0
待检血清 稀释病毒	1.0	1.0	1.0	1.0	1.0	1.0	—	
待检血清 待检血清	1.0	1.0	1.0	1.0	1.0	1.0	—	
中和组 稀释液	—	—	—	—	—	—	—	1.0
混合后病毒稀释	10^{-1}	10^{-2}	10^{-3}	10^{-4}	10^{-5}	10^{-6}	10^{-7}	

表 10-2　固定血清稀释病毒法中和试验

病毒稀释	10^{-1}	10^{-2}	10^{-3}	10^{-4}	10^{-5}	10^{-6}	10^{-7}	LD_{50}[2]	中和指数
正常血清对照组	—	—	—	4/4[1]	3/4	1/4	0/4	$10^{-5.5}$	$10^{3.3}=1.995$
待检血清中和组	4/4	2/4	1/4	0/4	0/4	0/4	0/4	$10^{-2.2}$	

① 分母为接种数，分子为死亡数。
② LD_{50} 计算见实例。

$$中和指数＝中和组 LD_{50}/对照组 LD_{50}＝10^{-2.2}/10^{-5.5}＝10^{3.3}$$

查 3.3 反对数是 1.995，故中和指数 $10^{3.3}=1.995$。也就是说该待检血清中和病毒的能力为正常血清的 1.995 倍。本法多用以检出待检血清中的中和抗体，对病毒而言，通常中和指数大于 50 者判为阳性，10～49 为可疑，小于 10 为阴性。

三、固定病毒稀释血清法

本法用以测定抗病毒血清的中和价，将待检血清 2 倍递增稀释，加等量已知毒价的病毒液（与血清混合后，每一接种剂量含病毒 $100LD_{50}$），摇匀后，置 37℃ 作用 1h，接种实验动物（表 10-3）。

四、空斑减少法

在细胞培养上进行病毒中和试验，近年来多采用空斑减少法。先将病毒稀释成适当浓度，使每 0.2ml 含 80～100 个 PFU（空斑形成单位），与不同稀释度的待检血清等量混合，置 37℃ 作用 1～2h，分别测定 PFU，使空斑减少 50% 血清稀释度即为该血清的中和价。见表 10-4。

表 10-3 固定病毒稀释血清中和试验[1]

血清稀释度[2]	1：10	1：20	1：40	1：80	1：160	1：320	1：640	1：1280	1：2560	1：5200	血清中和价[4]
正常血清	0/4[3]	—	—	—	—	—	—	—	—	—	—
康复血清	4/4	4/4	4/4	3/4	2/4	0/4	0/4	0/4	0/4	0/4	1：141
免疫血清	4/4	4/4	4/4	4/4	4/4	4/4	4/4	2/4	4/4	4/4	1：1280

① 接种剂量 0.1ml，含病毒 $100LD_{50}$。
② 系指与病毒混合后的稀释度。
③ 分母为接种数，分子为保护数。
④ PD_{50} 为半数保护，其计算法同 LD_{50} 的计算。

表 10-4 空斑减少法中和试验示例

血清稀释倍数[1]		1：16 (4^{-2})	1：64 (4^{-3})	1：256 (4^{-4})	1：1024 (4^{-5})	1：409 (4^{-6})	不加血清对照	中和抗体价[2]
待检血清 A	空斑数	3	13	38	51	53	55	$4^{-3.6}=1：140$
	空斑减少率	95%	76%	31%	7%	0%		
待检血清 B	空斑数	—	8	25	51	56	55	$4^{-4.1}=1：290$
	空斑减率数	—	85%	54%	7%	0%		
待检血清 C	空斑数	—	—	6	22	44	55	$4^{-5.2}=1：1300$
	空斑减少率	—	—	89%	59%	19%		

① 血清用 4 倍递增稀释。
② 空斑减少 50% 的血清稀释度，其计算法同 LD_{50} 的计算。

中和试验的具体实例参见实验实训部分。

第六节 免疫标记技术

近年来，免疫标记技术发展很快。酶联免疫吸附试验（ELISA）和放射免疫分析技术都是成熟的免疫标记技术。众所周知，抗原-抗体的反应利用常规的免疫血清学方法，在抗原或抗体的含量很低时就无法进行。为进一步提高灵敏性和检测限，免疫标记技术应运而生，该技术利用某些特殊物质，即使在超微量时也能通过特殊的方法将其检测出来，如果将这些物质标记在抗体或抗原上，则常规免疫血清学方法无法检测的抗原-抗体反应，通过该标记物质就能检测到抗原抗体复合物的存在。这种通过抗原抗体结合的特异性和标记物质的敏感性建立的技术，称之为免疫标记技术。

目前，应用最广泛的高敏感性标记分子主要有化学荧光基团、酶分子和放射性同位素三种标记分子，由此建立了三类免疫标记技术：免疫荧光技术、免疫酶技术和同位素标记技术。其中免疫酶技术因操作简单、灵敏度高、易于商品化以及无需特殊设备等优点得到了广泛应用，其中应用最广泛的是酶联免疫吸附试验。下面就酶联免疫吸附试验的原理、类型以及试验条件的选择等给予详细介绍。

一、ELISA 实验原理及类型

将已知抗体或抗原结合在某种固相载体上，并保持其免疫活性。测定时将待检标本和酶标抗体或酶标抗原按不同步骤与固相载体表面吸附的抗体或抗原发生反应，用洗涤的方法分离抗原抗体复合物和游离物成分，然后加入底物显色，进行定性或定量测定。

ELISA 可用于检测抗体，也可用于检测抗原。根据检测目的和操作步骤的不同，通常有三种类型的检测方法。

（1）间接法　此法是检测抗体最常用的方法。将已知抗原吸附于固相载体上，加入待测血清（抗体）与之结合，洗涤后，加酶标抗体和底物进行测定。其原理见图10-1。

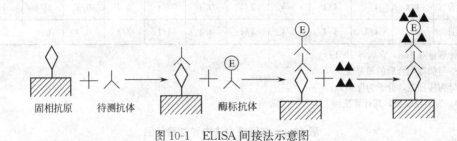

图 10-1　ELISA 间接法示意图

固相抗原　　待测抗体　　　　　　　酶标抗体

（2）双抗体夹心法　此法常用于检测抗原。将已知抗体吸附于固相载体，加入待测标本（含相应抗原）与之结合，温育后洗涤，加入酶标抗体及底物溶液进行测定。见图10-12。

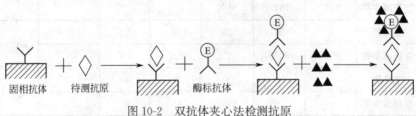

图 10-2　双抗体夹心法检测抗原

固相抗体　　待测抗原　　　　　　　酶标抗体

（3）竞争法　此法可用于抗原及半抗原的定量测定，也可用于测定抗体。以测定抗原为例，将特异性抗体吸附于固相载体上，加入待测抗原和一定量的已知酶标抗原，使二者竞争地与固相抗体结合，经过洗涤分离，最后结合于固相的酶标抗原与待测抗原含量呈负相关。见图10-3。

二、ELISA 试验条件的选择

（1）固相载体的选择　载体的种类很多，其中包括纤维素、交联右旋糖酐、聚苯乙烯、聚丙烯酰胺等。从使用形式上可有凹孔平板、试管、珠粒等。

聚苯乙烯凹孔板是应用最广泛的一种载体。聚苯乙烯塑料微量滴定板吸附蛋白的性能好，操作简便、用量小，适于大批检查。

由于聚苯乙烯的工艺过程不够稳定，造成各批次差异较大。所以进行 ELISA 之前，必须进

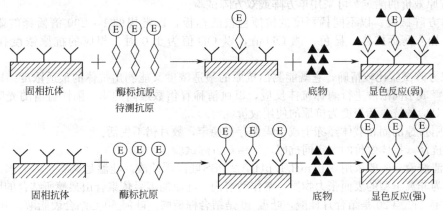

图 10-3　竞争法测抗原示意图

行筛选。检查方法如下。

① 吸附性能的检查。先加抗体包被，然后加入同一稀释度的酶标抗原，最后加底物、显色、测 OD 值，求出总平均 OD 值，再求出每相邻两孔的 OD 平均值，此均值在总均值的 ±10％以内为合格，若中间孔与四周孔 OD 值相差太大，或一侧与另一侧孔 OD 值相差较大均属不合格。

② 对比测定阳性血清与阴性血清，观察是否存在明显差异，若二者 OD 值相差于 10 倍以上者为合格。

板的处理。新板一般不用处理，用蒸馏水冲洗即可应用。板用一次即废。但不少实验工作者认为用超声波处理，清洁液 Triton X100、20％乙二醇处理仍可应用。但发现空白对照显色较深和阳性样品显色结果不理想时，应弃去不用。

（2）载体的吸附条件　载体的吸附均为物理吸附。吸附的多少取决于 pH 值、温度、蛋白浓度、离子强度以及吸附时间等。

较好的吸附条件是：离子强度为 0.05～0.10mol/L，pH 9.0～9.6 碳酸盐缓冲液，蛋白质浓度为 1～100μg/ml，4℃过夜或 37℃ 3h。

（3）酶标抗体使用浓度的确定　于聚苯乙烯板孔中加足够量的抗体包被，温育一定时间，冲洗、把酶标结合物倍比稀释，每个稀释度加 2 孔，温育、冲洗、再加底物显色、比色。以 OD 值为纵坐标，酶标结合物的稀释度为横坐标，制作曲线。找出 OD 值为 1 时，相对应的酶标抗体稀释度为最适酶标抗体稀释度。

这个稀释度是指在这种条件下的最适稀释度，换个条件就不是最适的了。如 1：400 的酶标抗体稀释度温育 6h 可与 1：6400 稀释度温育 24h 结果相同。所以一旦条件确定之后，就不要变更，以保证结果的重复性和相对的准确性。

此最适酶标抗体稀释度可作为工作浓度，也可提高半个至一个滴度，但不能提高过高，否则非特异性显色增加。

酶标抗体的滴度反映酶标抗体的质量，也可以此比较酶标结合物的优劣。有材料报道认为 1：320 滴度为合格，1：1000 以上更好。酶标抗体滴度越高，用于工作浓度的稀释倍数就越大，敏感性就越高，非特异性反应就越低。

（4）抗原

① 抗原的要求。用于 ELISA 的抗原必须采用相当纯的抗原，如果含有其他杂质，将与抗原共同竞争固相载体上的有限位置。用于其他血清学反应的抗原不一定能适用 ELISA 实验，必须经过试验，抗原必须能牢固地吸附于载体上，而不丧失其免疫活性，且可得到有规律的重复的结果。另外在吸附载体后，对加入的各种试剂产生最小的非特异性吸附，即与阴、阳性血清结合差异较大。

② 抗原效价的测定。可采用单方阵或双方阵试验。

a. 单方阵试验。以不同稀释度的抗原包被酶标板，以常规的 1∶200 倍稀释的阳性血清加入，再加入酶标抗体、显色、测 OD 值，以 OD 值为 1.0 时，相应的抗原浓度作为使用效价。

b. 双方阵试验比较精确，它既能测出抗原的最适浓度又能测出抗体的最适浓度。即将抗原抗体均稀释成不同浓度进行酶标抗体反应，以血清稀释倍数最高的阴、阳性血清的光吸收值差最大时所对应的抗原稀释度为抗原的使用效价。

已吸附抗原的固相载体经冻干或干燥保存很稳定，数月仍不失活。

（5）抗体　抗体效价的测定同抗原，采用双方阵试验。

（6）清洗液　一般采用 0.01mol/L pH 7.2 PBS 吐温缓冲液。吐温是聚氧乙烯失水山梨醇脂肪酸酯，为非离子型的表面张力物质，常作助溶剂。吐温的编号依聚合山梨醇所结合的脂肪酸种类不同而定。吐温 20 是结合月桂酸，吐温 40 是结合棕榈酸，吐温 60 是结合硬脂酸，吐温 80 是结合油酸等。通常用吐温 20 加入缓冲液内作为湿润剂，以减少非特异性吸附。也可在 PBS 缓冲液中加入 1% 牛血清白蛋白（或 10% 小牛血清或卵清蛋白），特别在抗原包被以后，以牛血清白蛋白缓冲液再包被一次，而占据孔内剩下位置，以减少非特异性反应。

（7）反应时间　抗原与抗体、抗体与酶标抗体反应一般在 37℃ 2～3h 达到高峰。时间太短，敏感性下降；时间太长，吸附的抗原或复合物（在这个温度下）可能脱落。

酶底物反应时间的确定：一般采用 15min-30min-45min。也可以标准阳性血清为准，随时测定其 OD 值，当达到规定的 OD 值时，即终止反应。

三、ELISA 结果判定及表示法

结果判定，分目测法和比色法。结果表示有以下几种。

① 以"+""-"分别表示阳性、阴性。

② 直接用 OD 值表示。

③ 用终点滴度表示。即将标本连续稀释，以最高稀释度的阳性反应（如规定大于某一 OD 值或阴阳性比值大于某一数值）为该标本滴度。

④ 以单位表示。将已知阳性血清做不同稀释进行滴定，以阳性血清的单位数为横坐标，以相对应的 OD 值为纵坐标，绘制标准曲线。未知样品可根据其 OD 值从标准曲线上找出单位数，再乘以稀释倍数，即可获得未知样品的单位数。

酶联免疫吸附试验（ELISA）的具体实例参见实验实训部分。

第七节　分子免疫学技术

随着现代分子生物学的普及和发展，分子免疫学技术得到了迅速发展，它是目前检测限最低、灵敏度最高的免疫学检测技术。分子免疫学技术在有些领域得到了广泛的应用。下面就免疫PCR 技术（immuno-PCR technique）做一详细介绍。

一、免疫 PCR 技术的概念

免疫 PCR 是一种抗原检测系统，将一段已知序列的 DNA 片段标记到抗原抗体复合物上，再用 PCR 方法将这段 DNA 扩增，然后用常规方法检测 PCR 产物。

免疫 PCR 集 PCR 的高灵敏度与抗体和抗原反应的特异性于一体。其突出的特点是指数级的扩增效率带来了极高的敏感度，能检出浓度低至 2ng/L 的抗原物质，为现行任何一种免疫定量方法所不及。

二、免疫 PCR 体系的组成

免疫 PCR 体系由待检抗原、特异性抗体、连接分子、DNA 和 PCR 扩增系统组成。

（1）待检抗原 被检测的样品可以是抗原，或者是作为抗原的某种抗体。待检的抗原可以直接吸附于固相（包被抗原），这一过程与 ELISA 试验是相同的。

（2）特异抗体 免疫 PCR 中的特异性是对应于待测抗原，与 ELISA 一样，抗体的特异性和亲和力将影响免疫 PCR 的特异性和敏感性。一般均选用单克隆抗体，这个抗体常采用生物素标记，通过亲和或叶绿素再结合 DNA。

（3）连接分子 连接分子是连接特异抗体与 DNA 之间的分子。Sano 等用链亲和素/蛋白 A（striptavidin-protein A）基因工程融合体作为连接分子来连接生物素标记的 DNA 与抗体，此种融合蛋白的链亲和素部分可识别 DNA 上的生物素，蛋白部分可识别抗体的 Fc 段。

（4）DNA 和 PCR 系统 免疫 PCR 中的 DNA 是一指示分子，用 DNA 聚合酶将结合于固相上的 DNA 特异放大，由此定量检测抗原。免疫 PCR 的敏感性多于 ELISA 主要是应用了 PCR 强大的扩增能力。免疫 PCR 中的 DNA 分子可以选择任何 DNA，但要保证 DNA 的纯度，且有较好的均质性，尽可能不选用受检样品中可能存在的 DNA。一般可选用质粒 DNA 或 PCR 产物等。DNA 的生物素化是用生物素标记的 dATP 或 dUTP 通过聚合酶标记在 DNA 分子上，一般是 1 个分子 DNA 标记 2 个生物素，标记率可达百分之百。免疫 PCR 的 PCR 扩增系统与一般 PCR 一样，主要包括引物、缓冲液和耐热 DNA 聚合酶。

三、免疫 PCR 产物的检测

PCR 扩增产物一般先用琼脂糖凝胶进行电泳，然后经溴化乙啶染色，再照相记录 PCR 产物的电泳结果，通过底片上 PCR 产物的光密度可以得出 PCR 产物的量，即代表固相上吸附的待检抗原量，将其与标准抗原制备的标准曲线进行比较就可以准确地得出抗原的实际量。

免疫 PCR 技术应用实例参见实验实训部分。

四、结果与注意事项

本实验的关键步骤是获得适当的抗体-DNA 复合物。用链亲和素将生物素标记的抗体与生物素标记的 DNA 偶联的方法，因每个链亲和素分子可与四个生物素分子结合，因此要优化反应条件，以使得每个链亲和素分子既能结合上抗体分子，又能结合上 DNA 片段。

此外，还可用化学方法将 DNA 片段与抗体分子共价偶联，即将抗体分子和 5′ 端氨基酸修饰的 DNA 片段分别用不同的双功能偶联剂激活，然后通过自发的反应偶联到一起，比如，用 N-琥珀酰亚胺酯-S-乙酰基巯基乙二醇酯（SATA）活化氨基修饰的 DNA 片段，用磺酸-琥珀酰亚胺酯-4-(马来酰氨基甲基) 环己烷-1-羧酸琥珀酰亚胺酯（Sulfo-SMCC）修饰抗体分子，然后将二者在一小管中混合，通过加入盐酸胲（hydroxylamine hydrochloride）使二者偶联在一起。

免疫 PCR 具有高敏感性。因此，抗体和标记 DNA 的任何非特异性结合均可导致严重的本底问题。因而在加入抗体和标记 DNA 后必须尽可能彻底地清洗。即使有些特异性结合的抗体或标记 DNA 被洗掉了，亦可在最后通过增加 PCR 的循环次数得到弥补。此外，应用有效的封闭剂对防止非特异性结合也是非常重要的。可用脱脂奶粉和牛血清白蛋白作蛋白封闭剂，用鱼精 DNA 作核酸封闭剂。防止本底信号的另一个重要因素是控制污染，这也是所有敏感的检测系统存在的问题。即使每一步试验都做得非常认真，重复使用同样的引物和标记 DNA 均会产生假阳性信号。

免疫 PCR 的一个优点是标记 DNA 序列完全是人为选定。因此标记 DNA 及其引物可经常变换，以避免由于污染造成的假阳性信号。

免疫 PCR 可以检测到常规免疫学方法无法检测的样品。因此，应用免疫 PCR 可在微观水平（单细胞）检测抗原，定量 PCR 产物可以估计某一标本中的抗原数量，在临床诊断中可在疾病早期抗原量很低时就能检测到微量的抗原。

【本章小结】

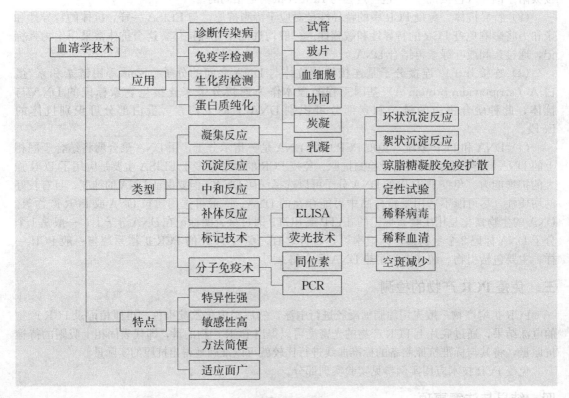

【复习题】

1. 名词解释

血清学反应　带现象　凝集试验　沉淀试验　ELISA

补体结合试验　中和试验　效价　间接血凝试验

2. 简答题

(1) 血清学技术的反应类型有哪些? 各有何特点?

(2) 简述荧光技术、酶标抗体技术试验的原理、方法及用途。

(3) 简述中和反应、补体反应、琼脂反应试验的原理、方法及用途。

(4) ELISA 检测抗原的方法有哪几种? 各有何优缺点?

(5) 免疫 PCR 的原理及检测的优点?

(6) 已知有一 8 单位病毒 (8 个血凝单位),请问它的 HA 效价应是多少?

(7) 8 单位病毒和 4 单位病毒配制是否准确,怎样检测?

(8) 颗粒性抗原与可溶性抗原的本质区别是什么?

(9) 比较凝集试验与沉淀试验的异同点? 并说明各自的用途及特点?

【本篇小结】

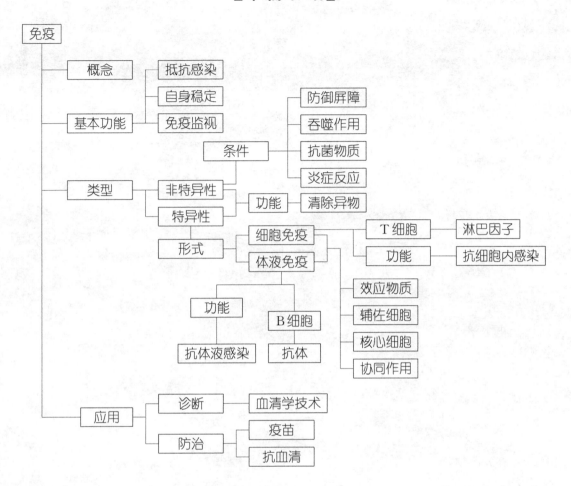

第三篇

主要病原微生物

第十一章 主要动物病原细菌

【学习目标】
- 了解病原菌的病原性
- 掌握主要病原菌的生物学特性及诊断方法
- 熟练掌握葡萄菌、链球菌、炭疽杆菌及毒素的检验方法

【技能目标】
- 培养学生对主要病原菌进行分离、鉴别、检验的能力

第一节 葡 萄 球 菌

葡萄球菌广泛分布于自然界，如空气、水、土壤、饲料、物体表面及人畜的皮肤、黏膜、肠道、呼吸道及乳腺中。本菌是最常见的化脓性球菌之一，80%以上的化脓性疾病由本菌引起，能在人、畜的组织、器官和创伤中引起感染或化脓，其至引起败血症和脓毒败血症。

一、生物学特性

1. 形态与染色

典型的菌体呈球形或稍呈椭圆形，排列成葡萄状。葡萄球菌无鞭毛，不能运动。无芽孢，除少数菌株外一般不形成荚膜。易被常用的碱性染料着色，革兰染色为阳性。其衰老、死亡或被白细胞吞噬后，以及耐药的某些菌株可被染成革兰阴性。见图 11-1～图 11-3。

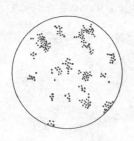 

图 11-1 葡萄球菌　　图 11-2 葡萄球菌血液平板上的菌落特征　图 11-3 葡萄球菌败血症血液标本

2. 培养特性

本菌对营养要求不高，在普通培养基上生长良好，在含有血液和葡萄糖的培养基中生长更佳，需氧或兼性厌氧，少数专性厌氧。温度在 28～40℃ 及 pH 值为 4.5～9.8 之间均能生长，致病菌最适温度为 37℃，最适 pH 值为 7.4。在肉汤培养基中 24h 后呈均匀浑浊生长，在琼脂平板上形成圆形凸起、边缘整齐、表面光滑、湿润、不透明的菌落。不同的菌株产生不同的色素，如金黄色、白色、柠檬色。葡萄球菌在血琼脂平板上形成的菌落较大，有的菌株菌落周围形成明显的全透明溶血环（β溶血），也有不发生溶血者。凡溶血性菌株大多具有致病性。

3. 生化反应

生化反应不恒定，常因菌株及培养条件而异。触酶阳性，氧化酶阴性，多数能分解乳糖、葡萄糖、麦芽糖和蔗糖，产酸不产气。致病菌株多能分解甘露醇，还能还原硝酸盐，不产生靛

基质。

4. 抵抗力

葡萄球菌对外界环境的抵抗力强于其他无芽孢菌，在干燥的脓汁、痰液中可存活 2～3 周，80℃ 30min 才被杀死，在 5％石炭酸、0.1％升汞中 10～15min 死亡。对碱性染料较敏感，如 1：(100000～200000) 稀释的龙胆紫溶液能抑制其生长繁殖。故临床上用 1％～3％龙胆紫溶液治疗葡萄球菌引起的化脓症，效果良好。1：20000 洗必泰、消毒净、新洁尔灭及 1：10000 度米芬，可在 5min 内杀死本菌。

葡萄球菌对磺胺类、金霉素、青霉素、土霉素、红霉素、新霉素等抗生素敏感，但易产生耐药性。某些菌株能产生青霉素酶，或携带抗四环素、红霉素等基因，因而对这些抗生素产生耐药性。

5. 分类与分型

根据生化反应和产生色素不同，可分为金黄色葡萄球菌、表皮葡萄球菌和腐生葡萄球菌三种。其中金黄色葡萄球菌多为致病菌，表皮葡萄球菌偶尔致病，腐生葡萄球菌一般不致病。60％～70％的金黄色葡萄球菌可被相应噬菌体裂解，表皮葡萄球菌不敏感。用噬菌体可将金黄色葡萄球菌分为 4 群 23 个型。肠毒素型食物中毒由Ⅲ和Ⅳ群金黄色葡萄球菌引起，Ⅱ群菌对抗生素产生耐药性的速度比Ⅰ和Ⅳ群缓慢很多。

6. 抗原结构

葡萄球菌抗原构造复杂，已发现的有 30 种以上，对其化学组成及生物学活性了解的仅少数几种。

(1) 蛋白抗原　葡萄球菌 A 蛋白（SPA）系存在于菌细胞壁的一种表面蛋白，位于菌体表面，与胞壁的黏肽相结合。它与人及多种哺乳动物血清中的 IgG 的 Fc 段结合，因而可用含 SPA 的葡萄球菌作为载体，结合特异性抗体，进行协同凝集试验。SPA 是一种单链多肽，与细胞壁肽聚糖呈共价结合，是完全抗原，具属特异性。所有来自人类的菌株均有此抗原，动物源株则少见。

(2) 多糖抗原　具有群特异性，存在于细胞壁，借此可以分群，A 群多糖抗原学组成为磷壁酸中的 N-乙酰葡胺核糖醇残基。B 群化学组成是磷壁酸中的 N-乙酰区糖胺甘油残基。

(3) 荚膜抗原　几乎所有金黄色葡萄球菌菌株的表面都有荚膜多糖抗原的存在。表皮葡萄球菌仅个别菌株有此抗原。

二、致病性

1. 致病物质

葡萄球菌可产生多种毒素与酶。

(1) 血浆凝固酶　是能使含有枸橼酸钠或肝素抗凝剂的人或兔血浆发生凝固的酶类物质，致病菌株多能产生，常作为鉴别葡萄球菌有无致病性的重要标志。

凝固酶有两种：一种是分泌至菌体外的，称为游离凝固酶。作用类似凝血酶原物质，可被人或兔血浆中的协同因子激活变成凝血酶样物质后，使液态的纤维蛋白原变成固态的纤维蛋白，从而使血浆凝固。另一种凝固酶结合于菌体表面并不释放，称为结合凝固酶或凝聚因子，在该菌株的表面起纤维蛋白原的特异受体作用，细菌混悬于人或兔血浆中时，纤维蛋白原与菌体受体交联而使细菌凝聚。游离凝固酶采用试管法检测，结合凝固酶则以玻片法测试。凝固酶耐热，100℃ 30min 或高压灭菌后仍保持部分活性，但易被蛋白分解酶破坏。

凝固酶和葡萄球菌的毒力关系密切。凝固酶阳性菌株进入机体后，使血液或血浆中的纤维蛋白沉积于菌体表面，阻碍体内吞噬细胞的吞噬，即使被吞噬后，也不易被杀死。同时，凝固酶集聚在菌体四周，亦能保护病菌不受血清中杀菌物质的作用。葡萄球菌引起的感染易于局限化和形成血栓，与凝固酶的生成有关。

凝固酶具有免疫原性，刺激机体产生的抗体对凝固酶阳性的细菌感染有一定的保护作用。

慢性感染患者血清中可有凝固酶抗体的存在。

（2）葡萄球菌溶血素　多数致病性葡萄球菌产生溶血。按抗原性不同，至少有 α、β、γ、δ、ε 五种，对人畜有致病作用的主要是 α 溶血素。它是一种"攻击因子"，化学成分为蛋白质，不耐热，65℃ 30min 即可破坏。如将 α 溶血素注入动物皮内，能引起皮肤坏死；如静脉注射，则导致动物迅速死亡。α 溶血素还能使小血管收缩，导致局部缺血和坏死，并能引起平滑肌痉挛。α 溶血素是一种外毒素，具有良好的抗原性。经甲醛处理可制成类毒素。

（3）杀白细胞素　含 F 和 S 两种蛋白质，能杀死人和兔的多形核粒细胞和巨噬细胞。此毒素有抗原性，不耐热，产生的抗体能阻止葡萄球菌感染的复发。

（4）肠毒素　从临床分离的金黄色葡萄球菌，约 1/3 产生肠毒素，肠毒素是一种可溶性蛋白质，耐热，经 100℃ 煮沸 30min 不被破坏，也不受胰蛋白酶的影响，故误食污染肠毒素的食物后，在肠道作用于内脂神经受体，传入中枢，刺激呕吐中枢，引起呕吐，并产生急性胃肠炎症状。表现为发病急，病程短，恢复快。一般潜伏期为 1～6h，出现头晕、呕吐、腹泻，发病 1～2 天可自行恢复，预后良好。

（5）表皮溶解毒素　也称表皮剥脱毒素，引起人类或新生小鼠的表皮剥脱性病变。主要发生于新生儿和婴幼儿，引起烫伤样皮肤综合征。主要是由噬菌体 II 型金黄色葡萄球菌产生的一种蛋白质，具有抗原性，可被甲醛脱毒成类毒素。

（6）毒性休克综合毒素 I　系噬菌体 I 群金黄色葡萄球菌产生。可引起发热，增加对内毒素的敏感性，增强毛细血管的通透性，引起毒素休克综合征。

2. 所致疾病

（1）侵袭性疾病主要引起化脓性炎症。葡萄球菌可通过多种途径侵入机体，导致皮肤或器官的多种感染，甚至败血症。

① 皮肤软组织感染主要有疖、痈、毛囊炎、脓痤疮、麦粒肿、蜂窝组织炎、伤口化脓等。

② 内脏器官感染如肺炎、脓胸、中耳炎、脑膜炎、心包炎、心内膜炎等，主要是由金黄色葡萄球菌引起。

③ 全身感染如败血症、脓毒血症等，多由金黄色葡萄球菌引起，新生儿或动物机体防御严重受损时表皮葡萄球菌也可引起严重败血症。

（2）毒性疾病由金黄色葡萄球菌产生的有关外毒素引起

① 食物中毒。进食含肠毒素食物后 1～6h 即可出现症状，如恶心、呕吐、腹痛、腹泻。

② 烫伤样皮肤综合征。多见于新生儿、幼儿和新生小鼠，开始有红斑，1～2 天有皮起皱，继而形成水疱，至表皮脱落。由表皮溶解毒素引起。

③ 毒性休克综合征。由毒性休克综合毒素 I（TSST1）引起，主要表现为高热、低血压、红斑皮疹伴脱屑和休克等。

三、微生物学诊断

不同病型采取不同病料如脓汁、血液、可疑食物、呕吐物及粪便等。

1. 镜检

取病料涂片，革兰染色后镜检，根据细菌形态、排列和染色性可作出初步诊断。

2. 分离培养与鉴定

将病料接种于血琼脂平板，甘露醇和高盐培养基中进行分离培养，孵育后挑选可凝菌落进行涂片、染色、镜检。致病性葡萄球菌的主要特点为：凝固酶产生阳性，金黄色素，有溶血性，发酵甘露醇。

食物中毒病人的呕吐物、粪便或剩余食物在做细菌分离鉴定的同时，接种于肉汤培养基中，孵育后取滤液注射于 6～8 周龄的幼猫腹腔，注射后 4h 内发生呕吐、腹泻、体温升高或死亡提示有肠毒素存在的可能。此外，还可以采用反向间接血凝、ELISA、放射免疫等方法检测葡萄球菌肠毒素。

3. 凝固酶试验

是鉴定金黄色葡萄球菌致病性的重要指标。

四、防治

对皮肤创伤应及时处理，葡萄球菌易形成耐药性，必须合理用药，避免滥用抗生素。可通过药敏试验，选择敏感的抗菌药物。

五、展望

金黄色葡萄球菌是条件致病菌，菌体抗原成分复杂，疫苗研究受限制。目前人们关注的是金黄色葡萄球菌的致病机理和检查方法。

今后利用分子生物学技术对 MRSA 的耐药机制快速检查和防治方法成为金黄色葡萄球菌深入研究的内容。对金黄色葡萄球菌的肠毒素和中毒性休克毒素检测也是研究的重要内容。

第二节 链 球 菌

链球菌是化脓性球菌的另一类常见的细菌，革兰染色阳性，呈链状排列，故名为链球菌。链球菌种类很多，广泛存在于自然界和人及动物粪便以及健康人畜的鼻咽部，可引起人畜的各种化脓性疾病、肺炎、脑膜炎、乳腺炎、败血症等。

链球菌可分为致病性链球菌和非致病性链球菌两大类。根据在血琼脂培养基上的溶血特征可分为三种不同类型：甲型（α）溶血性链球菌又称草绿色链球菌，菌落周围出现草绿色溶血环，通常寄居在人畜的口腔、呼吸道及肠道中，致病力弱。乙型（β）溶血性链球菌产生强烈的溶血毒素，在血琼脂培养基上，可使菌落周围出现宽 2～4mm、界限分明、无色透明的溶血环，致病力强，能引起人畜多种疾病。根据抗原构造不同，又分成 A、B、C、D、E、F、G、H、K、L、M、N、0、P、Q、R、S、T、U 19 个血清群，在每一群中，因表面抗原的不同，又分成若干亚群，对人畜有致病性的绝大多数属于 A 群。丙型（γ）链球菌不溶血，对人类无致病作用。

一、生物学特性

1. 形态与染色

本菌为球形或卵圆形，呈链状排列。链的长短不一，短链由 4～8 个细菌组成，长链细菌数可达 20～30 个，在液体培养基中易形成长链，而在固体培养基中常呈短链。大多数链球菌在幼龄培养物中可见到荚膜，继续培养则荚膜消失，本菌无芽孢和鞭毛，革兰染色阳性。见图 11-4～图 11-6。

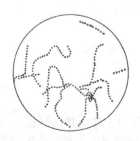

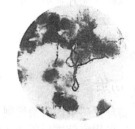

图 11-4　链球菌　　　图 11-5　猪链球菌在血液平板上的菌落特征　　　图 11-6　猪链球菌心血涂片

2. 培养特性

本菌需氧或兼性厌氧，有些为厌氧菌。营养要求较高，普通培养基中需加有血液、血清、葡萄糖等才能生长。最适温度为 37℃，最适 pH 值为 7.4～7.6。血琼脂平板上形成灰白、光滑、圆形突起小菌落，不同菌株有不同的溶血现象。

3. 生化反应

本菌能发酵葡萄糖、蔗糖、麦芽糖、海藻糖产酸，不能发酵阿拉伯糖、甘露醇、山梨醇、甘油和核糖。试验证明血清型 7 型和 8 型的大多数菌株能产生透明质酸酶，其他菌株则不产生。

4. 抗原结构

链球菌抗原结构复杂，成分较多，主要有三种。

（1）核蛋白抗原　又称 P 抗原，无种、属及型特异性，为非特异性抗原，各种链球菌均含有，与葡萄球菌有交叉。

（2）多糖抗原　又称 C 抗原特异性抗原，是细胞壁的组成成分。对人致病的 90％属于 A 族，其次为 B 族，其他族少见。

（3）蛋白质抗原　是链球菌细胞壁的蛋白质抗原，位于 C 抗原外层，具有型特异性，同族链球菌可根据表面抗原不同进行分型，如 A 族链球菌可据此分为 60 多个型。

5. 抵抗力

本菌对热和一般消毒药抵抗能力较弱。55℃ 10min 或阳光直射 1h 均可杀死本菌。但在病料中于阴暗处可存活 1～2 月。本菌对一般消毒药敏感，对肥皂液很敏感，在 0.1％高锰酸钾溶液中很快死亡；对青霉素、红霉素、氯霉素、四环素等均敏感，耐药性低。

二、致病性

链球菌所致疾病具有复杂而多样的特点，一方面，由于细菌类型多，且既有侵袭力也有毒素；另一方面，人畜机体各组织器官均高度易感，且有变态反应机制参与发病。本菌可产生多种酶和外毒素。如透明质酸酶、蛋白酶、链球菌激酶、脱氧核糖核酸酶、核糖核酸酶、溶血毒素、红疹毒素及杀白细胞素等。溶血素有两种，溶血素 O 和 S，在血液琼脂平板上所出现的溶血现象即为溶血素所致。红疹毒素是 A 群链球菌产生的一种外毒素，该毒素是蛋白质，具有抗原性，对细胞或组织有损害作用，还有内毒素样的致热作用。

这些毒素和酶可使人及马、牛、猪、羊、犬、猫、鸡等发生多种疾病。不同血清群的链球菌所致动物的疾病不同。C 群的某些链球菌，常引起猪的急性或亚急性败血症、脑膜炎、关节炎及肺炎等；D 群的某些链球菌可引起小猪心内膜炎、脑膜炎、关节炎及肺炎等；E 群主要引起猪淋巴结脓肿；L 群可致猪的败血症、脓毒败血症。我国流行的猪链球菌病是一种急性败血型传染病，病原体属 C 群。

三、微生物学诊断

根据链球菌所致疾病不同，可采取脓汁、咽拭、血液等标本送检。

1. 镜检

取脓汁涂片，革兰染色，镜检，发现革兰阳性呈链状排列的球菌，就可以初步诊断。

2. 分离培养

将病料接种于血液琼脂平板上，培养后在菌落周围观察溶血情况，必要时做生化及血清学试验。

四、防治

链球菌感染的防治原则与葡萄球菌相同，家畜发生创伤时要及时处理，发生猪链球菌病的地区，可用疫苗进行预防注射。对感染本菌的家畜，及早使用足量的磺胺药或抗生素，临床应用最好做药物敏感试验。

第三节　炭 疽 杆 菌

炭疽杆菌属于需氧芽孢杆菌属，能引起羊、牛、马等动物及人类的炭疽病。因本菌能引起感染局部皮肤等处发生黑炭状坏死，故名炭疽杆菌。

一、生物学特性

1. 形态与染色

炭疽杆菌菌体粗大，两端平切，在动物或人体内常呈单个或短链状，在菌体相连处有清晰的间隙，如竹节状。在猪体内形态较为特殊，菌体常为弯曲或部分膨大，多单在或两三个相连。无鞭毛，革兰染色阳性，在人和动物体内能形成荚膜，在含血清和碳酸氢钠的培养基中，孵育于 CO_2 环境下，也能形成荚膜。荚膜与致病力有密切的关系。本菌在氧气充足、温度适宜（25～30℃）的条件下易形成芽孢。在活体或未经解剖的尸体内，则不能形成芽孢。芽孢呈椭圆形，位于菌体中央，其宽度小于菌体的宽度。见图 11-7～图 11-9。

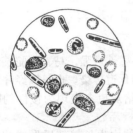

图 11-7　炭疽杆菌及其荚膜　　图 11-8　炭疽杆菌纯培养形　　图 11-9　炭疽杆菌血液涂片形态

2. 培养特性

本菌专性需氧，在普通培养基中易繁殖。最适温度为 37℃，最适 pH 值为 7.2～7.4。在琼脂平板培养 24h，长成直径 2～4mm 的粗糙菌落。菌落呈毛玻璃状，边缘不整齐，呈卷发状，有一个或数个小尾突起，这是本菌向外伸延繁殖所致。在 5%～10%绵羊血液琼脂平板上，菌落周围无明显的溶血环，但培养较久后可出现轻度溶血。菌落特征出现最佳时间为 12～15h。菌落有黏性，用接种针钩取可拉成丝，称为"拉丝"现象。

在普通肉汤培养基中培养 24h 后，上部液体仍清亮透明，液面无菌膜或菌环形成，管底有白色絮状沉淀，若轻摇试管，则絮状沉淀徐徐上升，卷绕成团而不消散。

在明胶穿刺培养中，细菌除沿穿刺线生长，整个生长物好似倒立的松树状。经培养 2～3 天后，明胶上部逐渐液化呈漏斗状。

在含青霉素 0.5IU/ml 的培养基中，幼龄炭疽杆菌细胞壁的肽聚糖合成受到抑制，原生质体互相连接成串，称为"串珠反应"。若培养基中青霉素含量加至 10IU/ml，则完全不能生长或轻微生长。这是炭疽杆菌所特有的，可与其他需氧芽孢杆菌鉴别。

3. 生化特性

本菌能发酵葡萄糖产酸，而不产气，不能发酵阿拉伯糖、木糖和甘露醇。能水解淀粉、明胶和酪蛋白。VP 试验阳性，不产生吲哚和硫化氢，能还原硝酸盐。

4. 抵抗力

本菌繁殖体抵抗力不强，易被一般消毒剂杀灭。60℃ 30～60min 或 75℃ 5～15min 即可杀死之。常用消毒剂如 1∶5000 洗必泰、1∶10000 新洁尔灭、1∶50000 度米芬等均能在短时间内将其杀灭。在未解剖的尸体中，细菌可随腐败而迅速崩解死亡。

而芽孢抵抗力强，在干燥的室温环境中可存活数十年，在皮毛中可存活数年。牧场一旦被污染，芽孢可存活数年至数十年。煮沸 10min 或干热 140℃ 3h 可将芽孢杀死。炭疽芽孢对碘特别敏感，0.04%碘液 10min 即可将其破坏。除此之外，过氧乙酸、环氧乙烷、次氯酸钠等对其都具有良好的灭活效果。本菌对青霉素、先锋霉素、链霉素、卡那霉素等高度敏感。

5. 抗原结构

已知本菌有菌体抗原、荚膜抗原、芽孢抗原及保护性抗原 4 种成分。

（1）菌体抗原　有两种，其中一种是存在于细菌细胞壁及菌体内的半抗原，为D-葡萄糖胺、D-半乳糖及乙酸所组成的多糖成分。该抗原与细菌毒力无关，但性质稳定，即使经煮沸或高压蒸汽处理，其抗原性也不被破坏，这是Ascoli反应加热处理抗原的依据。此法特异性不高，其他需氧芽孢杆菌能发生交叉反应。

（2）荚膜抗原　仅见于有毒株，与毒力有关。由D-谷氨酸多肽构成，是一种半抗原，可因腐败而被破坏，失去抗原性。此抗原的抗体无保护作用，但其反应性较特异，可据此建立各种血清型鉴定方法，如荚膜肿胀试验及荧光抗体法等，均呈较强的特异性。

（3）芽孢抗原　是芽孢的外膜层含有的抗原决定簇，它与皮质一起组成炭疽芽孢的特异性抗原，具有免疫原性和血清学诊断价值。

（4）保护性抗原　是一种胞外蛋白质抗原成分，在人工培养条件下亦可产生，为炭疽毒素的组成成分之一，具有免疫原性，能使机体产生抗本菌感染的保护力。

二、致病性

本菌可引起各种家畜、野兽、人类的炭疽病，牛、绵羊、鹿等易感性最强，马、骆驼、猪等次之，犬、猫等有相当的抵抗力，禽类一般不感染。本菌主要通过消化道传染，也可以经呼吸道及皮肤创伤或吸血昆虫传播。食草动物炭疽常表现为急性败血症，猪炭疽多表现为慢性的咽部局限感染，犬、猫和食肉动物则多表现为肠炭疽。

炭疽杆菌的毒力主要与荚膜和毒素有关。荚膜主要是细菌侵入体内生长繁殖后形成的，从而利于扩散，引起感染乃至败血症。炭疽杆菌产生的毒素称为炭疽毒素，包括水肿毒素及致死毒素两种。毒素由水肿因子（EF）、致死因子（LF）以及保护性抗原（PA）三种因子构成，三者单独均无毒性作用，只有PA与EF或与LF结合时，才能有致病作用。若将EF与LF混合注射家兔或豚鼠皮下，可引起皮肤水肿；LF与PA混合注射，可引起肺部出血水肿，并致豚鼠死亡；三种成分混合注射可出现炭疽的典型中毒症状。炭疽毒素的毒性作用主要有增强微血管的通透性，改变血液循环动力学，损害肾脏以及干扰糖代谢，最后导致机体死亡。

三、微生物学诊断

疑似炭疽病死亡动物尸体应严禁解剖。需从末梢血管采血，涂片染色镜检，切口烧烙止血封口，确有必要时须在严格消毒、防止病原扩散的情况下，才能将尸体做局部切开，取小块脾脏做镜检、培养和血清学检查。切口用浸有0.2%升汞或5%石炭酸纱布堵塞。病料装入试管或玻璃瓶内严密封口，用浸有0.2%升汞纱布包好，装入塑料袋内，再置广口瓶中，由专人送检。

1. 镜检

新鲜病料涂片以碱性美蓝、瑞氏染色液染色法或吉姆萨染色法染色镜检，如发现有荚膜的典型粗大杆菌，即可初步诊断。

2. 分离培养

取病料接种于普通琼脂或血液琼脂，37℃培养18～24h，观察有无典型的炭疽杆菌菌落。同时涂片做革兰染色镜检。

3. 动物试验

将被检病料或培养物用生理盐水做适当稀释后，皮下注射小鼠0.1～0.2ml，如小鼠在18～72h内因败血症死亡，剖检时可见注射部位皮下呈胶样水肿，脾脏肿大，并在内脏和血液中有大量具有荚膜的炭疽杆菌，则为炭疽病。

4. Ascoli反应

在一支小玻璃管内把疑为炭疽病死亡的动物尸体组织的浸出液与特异性炭疽沉淀素血清重叠，如在二液接触面产生灰白色沉淀环，即可诊断。本法适用于干燥皮毛、陈旧或严重污染杂菌的动物尸体。因炭疽杆菌与蜡状芽孢杆菌有共同抗原，因此本试验供炭疽病诊断时参考。

5. 间接血凝试验

将炭疽抗血清吸附于炭粉或乳胶，制成炭粉诊断血清或乳胶诊断血清，然后采用玻片凝集试验的方法（室温下作用 5min），检查被检样品中是否含有炭疽杆菌芽孢。当被检样品每毫升含炭疽芽孢 78000 个以上，可表现为阳性反应。

四、防治

预防措施：经常或近 2～3 年内曾发生炭疽地区的易感动物，每年应做预防接种。常用疫苗有无毒炭疽芽孢苗（对山羊不宜使用）及炭疽第二号芽孢苗。这两种疫苗接种后 14 天产生免疫力，免疫期为一年。另外，应严格执行兽医卫生防疫制度。

血清疗法：抗炭疽血清是治疗病畜的特效制剂，病初应用有良效。

药物治疗：可选用青霉素、土霉素、链霉素及氯霉素等抗生素。

五、回顾与展望

随着应用分子生物学和基因重组技术等手段，对炭疽杆菌毒素与靶细胞的相互作用和基因调节等问题的研究取得重要成果。

目前正在研究 LF（致死因子）的本质，认为它是炭疽杆菌致死性核心所在。炭疽病仍威胁着人类和动物的生命，动物用炭疽苗效果好，人用菌苗不理想，当前正利用有效 PA（保护性抗原）基因片段构建工程菌苗菌株的研究，以期解决炭疽病的特异防治。特别是美国"9·11"事件后更加促进了人们对炭疽菌的警惕和研究。

第四节　猪丹毒杆菌

本菌是猪丹毒病的病原体，又称为红斑丹毒丝菌。广泛分布于自然界，可寄生于猪、羊、鸟类和其他动物体表、肠道等处。

一、生物学特性

1. 形态与染色

本菌为革兰阳性纤细的小杆菌，菌体直或微弯，无芽孢、荚膜和鞭毛，在病料中呈单在、成对或成丛排列，易形成长丝状。在白细胞内成丛存在，老龄培养或慢性病的心内膜疣状物中，多为弯曲的长丝状。见图 11-10、图 11-11。

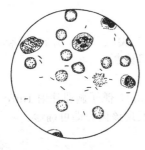

图 11-10　猪丹毒杆菌

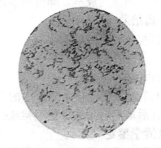

图 11-11　猪丹毒杆菌纯培养形态

2. 培养特性

本菌为微需氧菌或兼性厌氧。最适温度为 30～37℃，最适 pH 值为 7.2～7.6。在普通琼脂培养基和普通肉汤中生长不良，如加入 0.5％葡萄糖或 5％～10％血液、血清则生长良好。在血琼脂平皿上经 37℃ 24h 培养可形成湿润、光滑、透明、灰白色的小菌落，菌落边缘不整齐，表面呈颗粒状，并形成狭窄的绿色溶血环（α 溶血环）。在麦康凯培养基不生长。肉汤培养，呈轻度浑浊，试管底部有少量灰白色颗粒样沉淀，不形成菌膜及菌环；明胶穿刺呈试管刷状生长，不液化明胶。

3. 生化特性

VP 试验、MR 试验、过氧化酶、氧化酶试验、尿素酶和吲哚试验阴性，能产生硫化氢。在含 5%马血清或 1%蛋白胨水的糖培养基中可发酵葡萄糖、乳糖和果糖，产酸不产气，不发酵蔗糖、阿拉伯糖、山梨醇、肌醇、麦芽糖、海藻糖和菊糖等。

4. 抵抗力

本菌抵抗力较强，在干燥环境中能存活 3 周，在熏制腌渍的肉品中存活 3～4 个月，肉汤培养物封存于安瓿中存活 17 年；但本菌对热抵抗力不强，50℃ 15min、70℃ 5min 可杀死本菌；对消毒剂抵抗力不强，1%漂白粉、3%克辽林、0.1%升汞、5%石炭酸、5%氢氧化钠及 5%福尔马林等均可在短时间内杀死本菌。该菌对青霉素很敏感。

5. 抗原结构

本菌抗原结构复杂，具有耐热抗原和不耐热抗原。根据其对热、酸的稳定性，又可分为型特异性抗原和种特异性抗原。用阿拉伯数字表示型号，用英文小写字母表示亚型，目前共有 25 个血清型和 1a、1b 及 2a、2b 亚型。大多数菌株为 1 型和 2 型，从急性败血症分离的菌株多为 1a 亚型，从亚急性及慢性病病例分离的则多为 2 型。

二、致病性

本菌通过消化道感染，进入血流，而后定殖在局部或引起全身感染。由于神经氨酸酶的存在有助于菌体侵袭宿主细胞，故认为其可能是毒力因子。

已从 70 多种动物中分离出本菌，带菌率和发病率与饲养条件、气候变化及动物年龄大小关系密切，是一种"自然疫源性传染病"。自然条件下，本菌可使猪发生猪丹毒，也可感染马、山羊、绵羊，引起多发性关节炎；鸡、火鸡感染后出现衰弱和下痢等症状；鸭感染后常呈败血经过，并侵害输卵管。小鼠和鸽子最易感，试验感染时，皮下注射 2～5 天内呈败血死亡；家兔和豚鼠抵抗力较强；人可经外伤感染，发生皮肤病变，由于症状与化脓链球菌所致的人的丹毒病相似，故称为"类丹毒"。

三、微生物学诊断

1. 镜检

可采取高热期病猪耳静脉血做涂片，染色，镜检。死后可采取心血及新鲜肝、脾、肾、淋巴结等制成涂片，革兰染色镜检。如发现革兰染色阳性、细长、单在、成对或成丛的纤细小杆菌，特别在白细胞内排列成丛，即可初步诊断。

2. 分离培养

将病料接种于血液琼脂平板，培养 24～36h，观察有无针尖状菌落，并在菌落周围呈 α 溶血，取此菌落涂片染色镜检，若为革兰阳性纤细小杆菌，即可诊断。

3. 动物试验

取病料制成 5～10 倍生理盐水的乳剂给小鼠皮下注射 0.2ml，鸽子胸肌注射 1ml，于 2～5 天内死亡。死后取病料涂片染色镜检或接种于血液琼脂平板，发现该菌，即可确诊。

4. 血清学鉴定

可采用免疫荧光试验、生长凝集试验以及协同凝集试验。

（1）免疫荧光试验　取病料涂片、干燥、丙酮固定，再用 A 型、B 型荧光抗体分别染色，在荧光显微镜下检查，于 1～2h 即可作出诊断。

（2）生长凝集试验（ESCA）　是根据猪丹毒杆菌在生长繁殖中能与该菌抗血清发生特异性凝集的原理设计的。即在含有抗猪丹毒血清的培养基中接种被检组织液或纯培养物，置 37℃ 培养 18～24h，观察有无细菌凝集。

（3）协同凝集试验　用猪丹毒高免血清致敏含 A 蛋白的金黄色葡萄球菌，制成诊断液，对其进行诊断，可在 1～2min 内得出结果。

四、防治

用猪丹毒氢氧化铝甲醛苗或猪瘟、猪丹毒、猪肺疫三联苗，能有效地预防猪丹毒；用青霉素治疗猪丹毒效果良好，四环素、林可霉素、泰乐菌素等也有效，血清＋青霉素效果更好。

第五节 大 肠 杆 菌

大肠杆菌是人和动物肠道内正常菌群成员之一，一般情况下不致病，并能合成维生素 B 和维生素 K，产生大肠杆菌素，抑制致病性大肠杆菌生长，对机体有利。但该菌在一定条件下可引起肠道外感染，也可引起肠道感染，称为致病性大肠杆菌。另外，一些大肠杆菌还是分子生物学和基因工程中重要的实验材料和研究对象。

一、生物学特性

1. 形态与染色

大肠杆菌为革兰阴性无芽孢的直杆菌，中等大小，两端钝圆，散在或成对；大多数菌株有周鞭毛，但也有无鞭毛或丢失鞭毛变异株；一般均有普通菌毛，少数菌株兼有性菌毛；除少数菌株外，通常无可见荚膜，但常有微荚膜。碱性染料对本菌有良好的着色性，菌体两端偶尔略深染。见图 11-12～图 11-14。

图 11-12 大肠杆菌纯培养形态

图 11-13 大肠杆菌在麦康凯培养基上的菌落特征

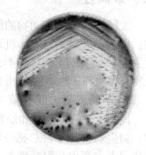

图 11-14 大肠杆菌在伊红美蓝培养基上的菌落特征

2. 培养特性

本菌为需氧或兼性厌氧菌，对营养要求不高，在普通培养基上生长良好，最适生长温度为 37℃，最适 pH 值为 7.2～7.4。在普通营养琼脂上培养 18～24h 时，形成圆形凸起、光滑、湿润、半透明、灰白色的中等偏大的菌落，直径为 2～3mm；在麦康凯琼脂上 18～24h 后形成红色菌落；在伊红美蓝琼脂上形成紫黑色带金属光泽的菌落；有的菌株在血琼脂平板上产生 β 溶血环；在肉汤中呈均匀浑浊生长，管底有黏性沉淀物，液面管壁有菌环。

3. 生化特性

大肠杆菌能分解葡萄糖、乳糖、麦芽糖、甘露醇产酸产气，靛基质试验和 MR 试验为阳性，VP 试验和枸橼酸盐利用试验为阴性；不产生硫化氢，不分解尿素。

4. 抵抗力

大肠杆菌对热的抵抗力较其他肠道杆菌强，55℃经 60min 或 60℃经 15min 仍有部分细菌存活。在自然界的水中可存活数周至数月，在温度较低的粪便中存活更久。5％石炭酸、3％来苏尔等 5min 内可将其杀死。对磺胺类、链霉素、氯霉素、金霉素、红霉素、新霉素、庆大霉素、卡那霉素等敏感，但易耐药，临床中应先进行抗生素药物敏感试验，选择适当的药物以提高疗效。某些化学药品如胆酸盐、亚硒酸盐、煌绿等对大肠杆菌有抑制作用。

5. 抗原结构

大肠杆菌的抗原成分复杂，可分为菌体抗原（O）、鞭毛抗原（H）和表面抗原（K），后者有抗机体吞噬和抗补体的能力。目前已确定的大肠杆菌 O 抗原有 173 种，H 抗原有 56 种，K 抗原有 80 种。因此，有人认为自然界中可能存在的大肠杆菌血清型高达数万种，但致病性大肠杆菌血清型数量是有限的。

（1）O 抗原　O 抗原是 S 型菌的一种耐热菌体抗原，121℃加热 2h 不破坏其抗原性。其成分是细胞壁中脂多糖上的侧链多糖，当 S 型菌体丢失该部分结构时，即变成 R 型菌，O 抗原也随之丢失，这种菌株无法做分型鉴定。每个菌株只含有一种 O 抗原，其种类以阿拉伯数字表示，可用单因子抗 O 血清做玻板或试管凝集试验进行鉴定。

（2）H 抗原　H 抗原是一类不耐热的鞭毛蛋白抗原，加热至 80℃或经酒精处理后即可破坏其抗原性。有鞭毛的菌株一般只有一种 H 抗原，无鞭毛菌株则不含 H 抗原。H 抗原能刺激机体产生高效价凝集抗体。

（3）K 抗原　K 抗原是菌体表面的一种热不稳定抗原，多存在于被膜或荚膜中，个别位于菌毛中。具有 K 抗原的菌株不会被其相应的抗 O 血清凝集，称为 O 不凝集性。根据耐热性不同，K 抗原又分成 L、A 和 B 三型。一个菌落可含 1～2 种不同 K 抗原，也有无 K 抗原的菌株。在 80 种 K 抗原中，除 K88 和 K99 是两种蛋白质 K 抗原外，其余均属多糖 K 抗原。

大肠杆菌的血清型按 O∶K∶H 排列形式表示。如 O8∶K25∶H9 表示该菌具有 O 抗原 8、K 抗原 25、H 抗原为 9。

二、致病性

大肠杆菌在人和动物的肠道内，大多数于正常条件下不致病，在特定条件下可致大肠杆菌病。根据毒力因子与发病机理的不同，可将与动物疾病有关的致病性大肠杆菌分为五类：产肠毒素大肠杆菌（ETEC）、产类志贺毒素大肠杆菌（SLTEC）、肠致病性大肠杆菌（EPEC）、败血性大肠杆菌（SEPEC）及尿道致病性大肠杆菌（UPEC）。其中研究的最清楚的是前两类。

1. 产肠毒素大肠杆菌（ETEC）

ETEC 是一类致人和幼畜（初生仔猪、断奶仔猪、犊牛及羔羊）腹泻最常见的致病性大肠杆菌，初生幼畜被 ETEC 感染后常因剧烈水样腹泻和迅速脱水死亡，发病率和死亡率均很高。其致病因素主要由黏附素性菌毛和肠毒素两类毒力因子构成，二者密切相关且缺一不可。

（1）黏附素性菌毛　是 ETEC 的一类特有菌毛，它能黏附于宿主的小肠上皮细胞，故又称其为黏附素或定居因子，对其抗原亦相应称做黏附素抗原或定居因子抗原。ETEC 必须首先黏附于宿主的小肠上皮细胞，才能避免肠蠕动和肠液分泌的清除作用，使 ETEC 得以在肠内定居和繁殖，进而发挥致病作用。因此黏附素虽然不是导致宿主腹泻的直接致病因子，但它是构成 ETEC 感染的首要毒力因子。

（2）肠毒素　是 ETEC 在体内或体外生长时产生并分泌到胞外的一种蛋白质性毒素，按其对热的耐受性不同可分为不耐热肠毒素（LT）和耐热肠毒素（ST）两种。LT 对热敏感，65℃加热 30min 即被灭活，作用于宿主小肠和兔回肠可引起肠液积蓄，此毒素可应用家兔肠袢试验做测定。ST 通常无免疫原性，100℃加热 30min 不失活，对人和猪、牛、羊均有肠毒性，可引起肠腔积液而导致腹泻。

2. 产类志贺毒素大肠杆菌（SLTEC）

SLTEC 是一类在体内或体外生长时可产生类志贺毒素（SLT）的致病性大肠杆菌。引起婴、幼儿腹泻的肠致病性大肠杆菌（EPEC）以及引起人出血性结肠炎和溶血性尿毒综合征的肠出血性大肠杆菌（EHEC）都产生这类毒素。在动物，SLTEC 可致仔猪水肿病，以头部、肠系膜和胃壁浆液性水肿为特征。常伴有共济失调、麻痹或惊厥等神经症状，发病率较低但致死率很高。近年来，发现 SLTEC 与犊牛出血性结肠炎有密切关系，在致幼兔腹泻的大肠杆菌菌株中也查到 SLT。

除上述一些主要毒力因子外，与大肠杆菌致病性有关的其他毒力因子，如内毒素（LPS）、具有抗吞噬作用的 K 抗原、溶血素、大肠菌素 V、血清抵抗因子、铁载体等，在不同动物大肠杆菌病的发生中可能起到不同的致病作用。

三、微生物学诊断

1. 镜检
可采取病料（下痢粪便、肠内容物、血液、肝及脾等）涂片染色镜检。如发现有革兰染色阴性、散在或成对、中等大小、两端钝圆的直杆菌，即可初步诊断。

2. 分离培养
病料接种于培养基、37℃温箱培养 18～24h，观察菌落特征。如在普通营养琼脂上培养形成圆形凸起、光滑、湿润、半透明、灰白色的中等偏大的菌落；在麦康凯琼脂上形成红色菌落；在伊红美蓝琼脂上形成紫黑色带金属光泽的菌落；在血琼脂平板上产生 β 溶血环等，即可诊断。

3. 生化试验
挑取麦康凯平板上的红色菌落或伊红美蓝琼脂上的紫黑色带金属光泽的典型菌落几个，做系列生化鉴定和纯培养。

此外，还可以采用动物实验、血清学试验等方法检测致病性大肠杆菌。

四、防治

本菌抗原复杂，血清型多，要选用同血清型大肠杆菌疫苗进行免疫，做好饲养管理及卫生工作。对病畜使用敏感抗菌药物与抗血清治疗。

五、回顾与展望

大肠杆菌原是正常菌群，随着分子生物技术的应用和遗传学进展，发现一些新出现的病原菌（如 O157），有着极强的致病力。大肠杆菌致病类型变化多端，致病机理各不一样。与致病机理直接相关的毒性因子，成为医学诊断和食品卫生检验最可靠的标志。

在预防方面，随着细菌基因组研究的深入发展，细菌基因组人工修饰和改造成为可能，可以预见在不远的将来会有更为安全和有效的基因工程疫苗问世。

另外，大肠杆菌毒性基因在进化中形成，大部分位于转移性遗传物质上，和一些菌株重新组合，就可能出现新的病原性菌株。这些不断变化的情况，促使微生物学工作者去迎接大肠杆菌的诊断、治疗和预防所提出的新的挑战。

第六节 沙 门 菌

沙门菌（*Salmonella*）是肠杆菌科沙门杆菌属的细菌，是一群寄生于人类及各种温血动物肠道内的革兰阴性无芽孢直杆菌，绝大多数沙门菌对人和动物有致病性，能引起人和动物的多种不同的沙门菌病。有些专对人致病，有些专对动物致病，也有些对人和动物都能致病，并为人类食物中毒的主要病原之一，在医学、兽医和公共卫生上均十分重要。

一、生物学特性

1. 形态与染色
沙门菌的形态和染色特性与大肠杆菌相似，呈直杆状，革兰染色阴性。除鸡白痢沙门杆菌和鸡伤寒沙门杆菌无鞭毛不运动外，其余均有周鞭毛，能运动。大多数有普通菌毛，一般无荚膜、无芽孢。见图 11-15。

2. 培养特性
本菌在普通培养基上均能生长，只有鸡白痢、鸡伤寒、羊流产和甲型副伤寒等沙门杆菌在普

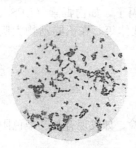

图 11-15　沙门杆菌
纯培养形态

通琼脂培养基上生长贫瘠，形成较小的菌落。培养基中加入硫代硫酸钠、胱氨酸、血清、葡萄糖、脑心浸液和甘油等均有助于本菌生长。大多数菌株因不发酵乳糖，在含有胆盐的培养基中生长良好，所以在含乳糖、胆盐和中性红指示剂的麦康凯琼脂平板上或 SS 琼脂平板上形成无色半透明、中等大小、表面光滑的菌落，可与大肠杆菌等发酵乳糖的肠道菌加以区别。

3. 生化特性

大多数沙门菌不发酵乳糖和蔗糖，能发酵葡萄糖、麦芽糖和甘露醇产酸产气（伤寒和鸡伤寒沙门杆菌不产气），VP 试验阴性，不水解尿素，不产生靛基质，能产生硫化氢。生化反应对鉴定沙门菌有重要意义。

4. 抵抗力

本菌的抵抗力中等，在水中能存活 2～3 周，在粪便中可活 1～2 个月；对热的抵抗力不强，60℃ 15min 即可杀死，5% 石炭酸、0.1% 升汞、3% 来苏尔 10～20min 内即被杀死。多数菌株对土霉素、四环素、链霉素和磺胺类药物等产生了抵抗力，对阿米卡星、头孢曲松、氟苯尼考敏感。

5. 抗原结构

沙门菌抗原结构复杂，可分为 O 抗原、H 抗原和毒力 Vi 抗原三种。

（1）O 抗原　是沙门菌细胞壁表面的耐热多糖抗原，能耐热 100℃ 达数小时，也不被乙醇或 0.1% 石炭酸破坏。O 抗原有许多组成成分，用阿拉伯数字 1、2、3、4 等表示。例如乙型副伤寒杆菌有 4、5、12 三个，鼠伤寒杆菌有 1、4、5、12 四个，猪霍乱杆菌有 6、7 两个。每种菌常有数种 O 抗原，有些抗原是几种菌共有的，将具有共同抗原的沙门菌归属一组，这样可以把沙门菌分为 A、B、C、D、E 等 34 组，对动物致病的大多数在 A～E 内。

（2）H 抗原　H 抗原为蛋白质鞭毛抗原，对热不稳定，65℃ 15min 或纯酒精处理后即被破坏，但能抵抗甲醛。具有鞭毛的沙门菌新培养物经甲醛处理后，即为血清学上所使用的抗原，此时鞭毛已被固定，且能将 O 抗原全部遮盖，而不能与相应抗 O 抗体反应。

H 抗原有两种：第 1 相和第 2 相，前者用 a、b、c、d 等表示，称为特异相；后者用 1、2、3、4 等表示，是几种沙门菌共有的称为非特异相。具有第 1 相和第 2 相抗原的细菌称为双相菌，仅有其中一相抗原者为单相菌。

（3）Vi 抗原　因与毒力有关而命名为 Vi 抗原。由聚-N-乙酰-D-半乳糖胺糖醛酸组成。不稳定，经 60℃ 加热、石炭酸处理或人工传代培养易破坏或丢失。从病料标本中分离出的伤寒杆菌、丙型副伤寒杆菌等有此抗原。Vi 抗原存在于细菌表面，它能阻碍 O 抗原与相应抗体的特异性结合。Vi 抗原的抗原性弱，刺激机体产生较低效价的抗体；细菌被清除后，抗体也随之消失，故测定 Vi 抗体有助于对伤寒带菌者的检出。

二、致病性

本属菌均有致病性，宿主极其广泛，感染动物后常导致严重的疾病，是一种重要的人畜共患病。沙门菌的毒力因子有多种，其中主要的有内毒素、肠毒素等。本菌通过动物消化道和呼吸道传播；也可通过自然交配或人工授精传播；还可以通过子宫内感染或带菌禽蛋垂直传播。最常侵害幼龄动物，引发败血症、胃肠炎及其他组织局部炎症，对成年动物则往往引起散发性或局限性沙门杆菌病，发生败血症的怀孕母畜可表现流产，在一定条件下也能引起急性流行性暴发。与畜禽有关的沙门菌有：猪霍乱沙门菌，引起仔猪副伤寒；马流产沙门菌，使怀孕母马发生流产或公马睾丸炎；鸡白痢沙门菌，使雏鸡发生白痢；鼠伤寒沙门菌，引起各种畜禽的副伤寒；肠炎沙门菌，对多种畜禽有致病性。

三、微生物学诊断

检查沙门菌需采集病料（如粪便、肠内容物、阴道分泌物、精液、血液和脏器）。对未污染的被检组织可直接在普通琼脂、血琼脂或鉴别培养基平板上划线分离，但已污染的被检病料如饮水、粪便、饲料、肠内容物和已败坏组织等，因含杂菌数远超过沙门杆菌，故常需先进行增菌培养再行分离。增菌培养基最常用的有亮绿-胆盐-四硫磺酸钠肉汤、四硫磺酸盐增菌液、亚硒酸盐增菌液以及亮绿-胱氨酸-亚硒酸氢钠增菌液等。这些培养基能抑制其他杂菌生长而有利于沙门杆菌大量繁殖。接种量为培养基的 1/10，接种后于 37℃培养 12～24h，如未出现疑似本菌菌落，则需从已培养 48h 的增菌培养物中重新划线分离一次。

鉴别培养基常用伊红美蓝、麦康凯、SS、去氧胆盐钠-枸橼酸盐等琼脂，必要时还可用亚硫酸铋和亮绿中性红等琼脂。绝大多数沙门菌因不发酵乳糖，故在这类平板上生长的菌落颜色与大肠杆菌不同。

挑取几个鉴别培养基上的可疑菌落分别纯培养，同时分别接种三糖铁（TSI）琼脂和尿素琼脂，37℃培养 24h。若反应结果均符合沙门菌者，则取三糖铁琼脂的培养物或与其相应菌落的纯培养物做沙门菌 O 抗原群和生化特性试验进一步鉴定，必要时可做血清型分型。

此外，用凝集试验、ELISA、PCR、免疫磁力分离法、对流免疫电泳和核酸探针等方法可进行快速诊断。

四、防治

我国已研制了沙门菌弱毒苗，如仔猪副伤寒弱毒冻干苗、马流产沙门菌氢氧化铝福尔马林苗，均有一定的预防效果。治疗可用以下药物：呋喃唑酮（痢特灵）、庆大霉素、阿米卡星、头孢曲松及氟苯尼考等。

五、展望

沙门菌基因组计划的完成，为防治沙门菌病开辟了广阔的前景。展望未来，继续研究伤害减毒口服活疫苗预防伤害菌感染，发展二价式多价疫苗是计划免疫程序所面临的重大研究课题。开发快速且特异性的 PCR 诊断试剂盒式 DNA 芯片，能有效快速诊断沙门菌种群。

以沙门菌减毒株作载体与抑制肿瘤生长的效应蛋白基因进行重组，进而达到攻击肿瘤细胞的目的。

第七节　布氏杆菌

布氏杆菌是一种革兰阴性的不运动细菌，是多种动物和人的布氏杆菌病的病原，不仅危害畜牧生产，而且严重损害人类健康，因此受到医学或兽医学领域的高度重视。本属有 6 个种，即马耳他布氏杆菌、流产布氏杆菌、猪布氏杆菌、林鼠布氏杆菌、绵羊布氏杆菌和犬布氏杆菌。

一、生物学特性

1. 形态与染色

本菌呈球形、杆状或短杆形，新分离者趋向球形。多单在，很少成双、短链或小堆状。没有芽孢和荚膜，偶尔有类似荚膜样结构，无鞭毛不运动。革兰染色阴性，吉姆萨染色呈紫色。见图 11-16。

2. 培养特性

本属细菌专性需氧，但许多菌株，尤其是在初代分离培养时尚需 5%～10%CO_2。最适生长温度为 37℃，最适 pH 值为 6.6～7.4。大多数菌株在初次培养时生长缓慢，在 48h 内难形成菌落，常需 5～10 天其

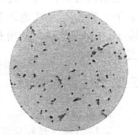

图 11-16　布氏杆菌
纯培养形态

至更长时间，但实验室长期传代保存的菌株，培养 48～72h 即可生长良好。

本菌在普通培养基中生长缓慢，加入甘油、葡萄糖、血液、血清等能刺激其生长。在液体培养基中呈轻微浑浊生长，无菌膜；但培养日久，可形成菌环，有时形成厚的菌膜。在固体培养基上培养 2 天后，可见到光滑湿润、有光泽、圆形、隆起、边缘整齐的针尖大小的菌落，培养日久，菌落增大到 1～3mm，呈灰黄色；在血液琼脂平板上一般不溶血。

3. 生化特性

本菌不溶解红细胞，不水解明胶，吲哚、甲基红和 VP 试验阴性，触酶阳性，氧化酶常为阳性，石蕊牛乳无变化，不利用柠檬酸盐。绵羊布氏杆菌不水解或迟缓水解尿素，其余各种均可水解尿素。除绵羊布氏杆菌和一些犬布氏杆菌菌株外，均可还原硝酸盐和亚硝酸盐。在常规培养基内对糖类的分解能力很弱而难以检测，但可氧化许多糖类和氨基酸，以此获得能源。

4. 抵抗力

本菌对外界的抵抗力较强，在污染的土壤和水中可存活 1～4 个月，皮毛上可存活 2～4 个月，鲜乳中可存活 8 天，肉食品中约 2 个月，粪便中可存活 120 天，流产胎儿中至少可存活 75 天，子宫渗出物中可存活 200 天。在阳光直射下可存活 4h。但对湿热的抵抗力不强，煮沸立即死亡。60℃ 30min 或 70℃ 5min 即可杀死。对消毒剂的抵抗力也不强，2％石炭酸、来苏尔、氢氧化钠溶液或 0.1％升汞，可于 1h 内杀死本菌；0.5％新鲜石灰乳 2h 或 1％～2％福尔马林 3h 可将其杀死；0.01％度米芬、消毒净或新洁尔灭，5min 内即可杀死本菌。

5. 抗原结构

布氏杆菌抗原结构非常复杂，目前可分为属内抗原与属外抗原，属内抗原包括 A 抗原、M 抗原和 R 抗原等表面抗原。A 抗原与 M 抗原的决定簇位于细胞壁的脂多糖蛋白复合物上，为外露的多糖链部分。各种布氏杆菌的菌体表面均含有 A 抗原与 M 抗原。这两种抗原在各个菌株中含量各不相同。如羊布氏杆菌以 M 抗原为主，A：M 约为 1：20；牛布氏杆菌以 A 抗原为主，A：M 约为 20：1；猪布氏杆菌介于两者之间，A：M 约为 2：1。R 抗原为细胞壁低蛋白含量的脂多糖复合物，其抗血清可与绵羊种和犬种布氏杆菌凝集，而不能再与光滑型布氏杆菌凝集。

二、致病性

本菌可通过消化道、皮肤及吸血昆虫等传播途径侵入动物机体。虽不产生外毒素，但会产生毒性较强的内毒素，此毒素是细胞壁的脂多糖（LPS）成分。在不同的种别和生物型，甚至同型细菌的不同菌株之间，毒力差异较大。对豚鼠的致病性顺序是：马耳他布氏杆菌≥猪布氏杆菌≥流产布氏杆菌＞林鼠布氏杆菌≥犬布氏杆菌＞绵羊布氏杆菌。光滑型的流产布氏杆菌入侵机体黏膜屏障后，被吞噬细胞吞噬成为细胞内寄生菌，并在淋巴结中生长繁殖形成感染灶。一旦侵入血液，则出现菌血症。

本菌能引起人畜的布氏杆菌病，其中羊、牛、猪等动物最易感，马、狗等也会感染。常引起母畜流产，及公畜的关节炎、睾丸炎等。不同种别的布氏杆菌虽然各有主要宿主，但也存在相当普遍的宿主转移现象。例如马耳他布氏杆菌的自然宿主是绵羊和山羊，但也可以感染牛、猪、人及其他许多动物；流产布氏杆菌的自然宿主是牛，但也可以感染骆驼、绵羊、鹿等许多动物和人；猪布氏杆菌的自然宿主主要是猪，但大多也可以感染人和犬、马、啮齿类等动物。

三、微生物学诊断

1. 镜检

采集病料（最好用流产胎儿的胃内容物、肺、肝和脾以及流产胎盘和羊水等）直接涂片，做革兰和柯氏染色镜检。若发现革兰染色阴性、柯氏染色为红色的球状菌或短小杆菌，即可作出初步诊断。

2. 动物试验

将病料乳悬液做豚鼠腹腔或皮下注射，每只 1～2ml，每隔 7～10 天采血检查血清抗体，如果凝集价达到 1：50 以上，即认为感染了布氏杆菌。

3. 血清学检查

（1）凝集试验　家畜感染本病 4～5 天后，血清中开始出现 IgM，随后产生 IgG，其凝集效价逐渐上升，特别是在母畜流产后的 7～15 天增高明显。

平板凝集反应简单易行，适合现场大群检疫。试管凝集反应可以定量，特异性较高，有助于分析病情。如在间隔 30 天的两次测试中均为阳性结果，且第二次效价高，说明感染处于活动状态。本试验已作为国际上诊断布氏杆菌病的重要方法。

（2）全乳环状反应　是用已知的染色抗原检测牛乳中相应抗体的方法。患病奶牛的牛乳中常有凝集素，它与染色抗原凝集成块后，被小脂滴带到上层，故乳脂层为有染色的抗原抗体结合物，下层呈白色，即为乳汁环状反应阳性。此法操作简单，适用于奶牛群的检测。

4. 变态反应检查

皮肤变态反应一般在感染后的 20～25 天出现，因此不宜用作早期诊断。本法适于动物的大群检疫，主要用于绵羊和山羊，其次为猪。检测时，将布氏杆菌水解素 0.2ml 注射于羊尾根皱襞部或猪耳根部皮内，24h 及 48h 后各观察反应一次。若注射部发生红肿，即判为阳性反应。此法对慢性病例的检出率较高，且注射水解素后无抗体产生，不妨碍以后的血清学检查。

四、防治

我国已研制了布氏杆菌弱毒苗。

猪布氏杆菌 2 号弱毒活苗：简称猪型 2 号苗，是我国选育的一种优良布氏杆菌苗。对山羊、绵羊、猪和牛都有较好的免疫效力。

马耳他布氏杆菌 5 号弱毒活苗：简称羊型 5 号苗，用于绵羊、山羊、牛和鹿的免疫。

五、展望

布氏杆菌从发现至今，100 多年间对本菌的研究一直为人们所关注。

目前亟待深入研究的问题如下。一是进一步解析各基因的编码功能和与本菌的致病性有关基因及表达产物的研究，对了解致病机制及本病的防治均有重要意义。二是新型疫苗的研究，有待解决问题为：①原用弱毒苗（具有残余毒力和毒力恢复的特点）的安全性；②菌苗产生的免疫反应与感染相似；③活菌对机体的致病作用与强毒苗相似。三是研究更科学、更完善的分类方法。四是布氏杆菌是一种可能应用的生物试剂，研究快速、准确的鉴定、检测及有效的防护，一定要有充分的技术与物质储备。五是本菌可能出现变异株，对其出现的新的生物学特性和致病性要有检测与预防的应对措施和方法。

第八节　破伤风梭菌

破伤风梭菌是引起破伤风的病原菌，大量存在于人和动物肠道及粪便中，由粪便污染土壤，经伤口感染引起疾病。

一、生物学特性

1. 形态及染色

破伤风梭菌菌体细长，多单在，有时成双，偶有短链，在湿润琼脂表面上，可形成较长的丝状。大多数菌株具周鞭毛而能运动，无荚膜。芽孢呈圆形，位于菌体顶端，直径比菌体宽大，似鼓槌状，是本菌形态上的特征。繁殖体为革兰阳性，带上芽孢的菌体易转为革兰阴性。见图 11-17。

2. 培养特性

本菌为严格厌氧菌，对营养要求不高，最适生长温度为 37℃，最适 pH 值为 7.0～7.5。在普通琼脂平板上培养 24～48h 后，菌落中心紧密，周围疏松，边缘似羽毛状，整个菌落呈小蜘蛛状；在血琼脂平板上生长，可形成直径 4～6mm 的菌落，菌落扁平、半透明、灰色、表面粗糙无光泽，边缘不规则，常伴有狭窄的 β 溶血环；在厌氧肉肝汤中生长稍微浑浊，微变黑，产生气体和发臭，培养 48h 后，在 30～38℃ 适宜温度下形成芽孢，温度超过 42℃ 时芽孢形成减少或停止。

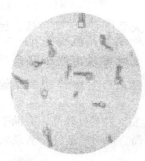

图 11-17　破伤风梭菌

3. 生化特性

本菌一般不发酵糖类，只轻微分解葡萄糖，不分解尿素，能液化明胶，产生硫化氢，形成吲哚，不能还原硝酸盐为亚硝酸盐。VP 试验和甲基红试验均为阴性。神经氨酸酶阴性，脱氧核糖核酸酶阳性。对蛋白质有微弱消化作用。

4. 抵抗力

本菌繁殖体抵抗力不强，但其芽孢的抵抗力极强。芽孢在土壤中可存活数十年，湿热 80℃ 6h、90℃ 2～3h、105℃ 25min 及 120℃ 20min、煮沸 40～60min、干热 150℃ 1h 能杀死芽孢，5%石炭酸、0.1%升汞作用 15h 杀死芽孢。对青霉素敏感，磺胺类药物对本菌有抑制作用。

5. 抗原结构

本菌具有不耐热的鞭毛抗原，用凝集试验可分为 10 个血清型，其中第 Ⅵ 型为无鞭毛不运动的菌株，我国常见的是第 Ⅴ 型。各型细菌都有一个共同的耐热菌体抗原，均能产生抗原性相同的外毒素，此外毒素能被任何一个型的抗毒素中和。

二、致病性

破伤风梭菌芽孢广泛分布于自然界中，可借助土壤、污染物通过适宜的皮肤黏膜和伤口（自然外伤、分娩损伤或断脐、去势、断尾及其他外科手术等的人工伤口）侵入机体，即可在其中发育繁殖，引发破伤风。但破伤风梭菌是厌氧菌，在一般伤口中不能生长，伤口的厌氧环境是破伤风梭菌感染的重要条件。窄而深的伤口，有泥土或异物污染，或大面积创伤、烧伤、坏死组织多，局部组织缺血或同时有需氧菌或兼性厌氧菌混合感染，均易造成厌氧环境，有利于破伤风梭菌生长。破伤风梭菌能产生强烈的外毒素，即破伤风痉挛毒素或称神经毒素。破伤风痉挛毒素是一种蛋白质，由十余种氨基酸组成，不耐热，可被肠道蛋白酶破坏，故口服毒素不起作用。但毒性非常强烈，仅次于肉毒毒素。破伤风梭菌没有侵袭力，只在污染的局部组织中生长繁殖，一般不入血流。毒素在局部产生后，通过运动终板吸收，沿神经纤维间隙至脊髓前角神经细胞，上达脑干，也可经淋巴吸收，通过血流到达中枢神经。毒素能与神经组织中的神经节结合，封闭脊髓抑制性突触末端，阻止释放抑制冲动的传递介质甘氨酸和 γ-氨基丁酸，从而破坏上下神经原之间的正常抑制性冲动的传递，导致超反射反应（兴奋性异常增高）和横纹肌痉挛。

三、微生物学诊断

破伤风的临诊症状特殊，诊断并不困难。特殊情况下需做微生物检查时，可取伤口渗出物或坏死组织做涂片染色镜检及厌氧培养，也可做动物试验。

1. 分离鉴定

采集病料，接种厌气肉肝汤，置 37℃ 培养 5～7 天后分离。取上述肉肝汤培养物，在 65℃ 水浴中加热 30min，杀死无芽孢细菌，然后接种于血液琼脂平皿，只接半面，厌气培养 2～3 天，用放大镜观察，可见丝状生长并覆盖在培养基的表面。从生长区的边缘移植，即可获得破伤风梭菌纯培养物。然后将纯培养物进行染色镜检，生化鉴定。

2. 动物试验

用小鼠两只，一只皮下注射破伤风抗毒素 0.5ml（1500IU/ml），另一只不注射，于 1h 后分别于后腿肌内注射含 2.5%CaO 的分离菌培养物上清液 0.25ml。几天后，未注射抗毒素的小鼠出现破伤风症状。即从注射的后腿僵直逐渐发展到尾巴僵直，最后出现全身肌肉痉挛，脊柱向侧面弯曲，前腿麻痹，最终死亡。注射破伤风抗毒素的小鼠不发病，即可确诊。

四、防治

预防注射：在发病较多地区，每年定期给家畜接种精制破伤风类毒素，皮下注射，幼畜减半。

防止外伤感染：平时要注意饲养管理，防止家畜受伤。一旦发生外伤，应注意伤口消毒。

特异性疗法：早期使用破伤风抗毒素，疗效较好。一次大剂量（20 万～80 万单位）抗毒素比少量多次注射效果要好。

抗生素疗法：当病畜体温升高或有肺炎等继发感染时，可选用一定抗生素或磺胺类药治疗。

五、展望

破伤风类毒素疫苗安全有效，但还是有缺陷的。目前正在进行新疫苗的研制，主要解决的问题是：减少疫苗的副作用；具有终生保护力疫苗；免疫操作简单和容易保存疫苗；研制一次免疫剂量的联合苗预防多种疾病。

另外，在基因水平上研究破伤风梭菌，如毒素的表达调控、致病因子的致病作用及破伤风菌的进化等，有助于在分子水平对破伤风菌及毒素进行改造和利用，以便找到更有效的途径防治该病。

第九节 魏氏梭菌

又称产气荚膜杆菌，在自然界分布极广，可见于土壤、污水、饲料、食物、粪便以及人畜肠道中。在一定条件下，可以引起多种严重疾病，如人和动物创伤性感染恶性水肿、羔羊痢疾、羊猝疽、羊肠毒血症和仔猪红痢等。

一、生物学特性

1. 形态与染色

魏氏梭菌为革兰阳性粗大杆菌，单个或成双排列，短链状很少出现。芽孢大，呈卵圆形，位于菌体中央或近端，芽孢直径不比菌体大。此菌在一般条件下芽孢形成少，必须在无糖培养基中才能形成芽孢，因而较为难见。无鞭毛，不运动。在机体内可形成荚膜，荚膜多糖的组成因菌株不同而有变化。见图 11-18、图 11-19。

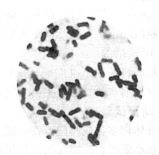

图 11-18　魏氏梭菌在厌氧血液培养基上的菌落特征　　　图 11-19　魏氏梭菌纯培养形态

2. 培养特性

本菌厌氧程度要求不高，在低浓度游离氧条件下也能生长，对营养要求不苛刻，在普通培养基上可迅速生长，若加葡萄糖、血液，则生长得更好。多数菌株的可生长温度范围为 20～50℃，其中 A 型、D 型和 E 型菌株的最适生长温度为 45℃，B 型和 C 型为 37～45℃。本菌生长非常迅速，在适宜的条件下增代的时间仅为 8min。据此特征，可用高温迅速培养法进行分离，即在 45℃下每培养 3～4h 传代一次，可较易获得纯培养。

在普通平板上形成灰白色、不透明、表面光滑、边缘整齐的菌落。有些菌落中间有突起，外周有放射状条纹，边缘呈锯齿状。在血液琼脂平板上，多数菌株有双层溶血环，内环透明，外环淡绿。在牛乳培养基中，能分解乳糖产酸，并使酪蛋白凝固，产生大量气体，冲开凝固的酪蛋白，气势凶猛，称为"暴烈发酵"，是本菌的特点之一。

3. 生化特性

本菌分解糖的作用极强，能分解葡萄糖、果糖、麦芽糖、乳糖、淀粉等，产酸产气。其最为突出的生化特性，是对牛乳培养基的"暴烈发酵"。

4. 抵抗力

本菌的抵抗力与一般病原梭菌相似，在含糖的厌氧肉肝汤中，因产酸于几周内即可死亡，而在无糖厌氧肉肝汤中能生存几个月。芽孢在 90℃ 30min 或 100℃ 5min 死亡，而食物中毒型菌株的芽孢可耐煮沸 1～3h。

5. 抗原结构

魏氏梭菌以菌体抗原进行血清型分类意义不大，而且菌体抗原与以毒素分型之间没有明显关系。可溶性抗原（外毒素）有 α、β、γ、δ、ε、η、θ、ι、κ、λ、μ 和 ν 12 种。根据产生外毒素的不同，又将本菌分成 A、B、C、D、E 和 F 6 型。每型菌产生一种主要毒素，一种或数种次要毒素。A 型菌主要产生 α 毒素，B、E 型菌主要产生 β 毒素，D 型菌产生 ε 毒素。α 毒素最为重要，具有坏死、溶血和致死作用，β 毒素有坏死和致死作用。

二、致病性

本菌致病作用主要在于它所产生的毒素，迄今发现该菌能产生 12 种外毒素，其中 α、β、ε 和 ι 为主要的致死毒素。A 型菌主要引起人气性坏疽和食物中毒，也可引起动物的气性坏疽，还可引起牛、羊、野山羊、驯鹿、仔猪、家兔等的肠毒血症或坏死性肠炎；B 型菌主要引起羔羊痢疾，还可引起驹、犊牛、羔羊、绵羊和山羊的肠毒血症和坏死性肠炎；C 型菌主要是羊猝疽的病原，也能引起羔羊、犊牛、仔猪、绵羊的肠毒血症和坏死性肠炎以及人的坏死性肠炎；D 型菌可引起羔羊、绵羊、山羊、牛以及灰鼠的肠毒血症；E 型菌可致犊牛、羔羊肠毒血症，但很少发生。

三、微生物学诊断

1. 镜检

新鲜病料（肝、肾）涂片、染色、镜检，如发现革兰染色阳性、粗大、钝圆、单在，不易见芽孢荚膜的细菌，可初步诊断为本菌。

2. 厌氧培养

新鲜病料接种于血液琼脂平板、牛乳培养基、肝片肉汤，厌氧培养，可见菌落整齐，生长快，有双层溶血环，引起牛奶暴烈发酵等现象，取培养物涂片镜检并进一步鉴定。

3. 动物试验

取液体培养物或肠内容物，用生理盐水适当稀释，离心沉淀，取上清液 0.1～0.3ml 给小鼠静注，如小鼠死亡，即证明待检材料含毒素。必要时以各型定型血清做中和试验，判定毒素型别。

四、防治

可用"三联灭活苗"或"五联灭活苗"预防由本菌引起的羊快疫、羊猝疽、羊肠毒血症、羔羊痢疾、羊黑疫；用 C 型魏氏梭菌氢氧化铝菌和仔猪红痢干粉菌苗预防由本菌引起的仔猪红痢。治疗本病，早期可用多价抗毒素血清，并结合抗生素和磺胺类药物，有较好的疗效。

五、展望

生物学技术的发展把研究了上百年的古老病菌带入了新的研究领域，目前的研究热点：一是毒素（ε 和 ι）的研究；二是对魏氏梭菌移动性遗传单位的研究；三是对魏氏梭菌毒素的开发与应用，魏氏梭菌可产生不同结构特点和致病方式的毒素，其中的一些特点可以在科研和医疗领域进行开发利用。如：利用 ι 毒素双分子的结构特点，解决外源蛋白的细胞内化问题；利用一些具有细胞毒特性的毒素（ι 和 CPE）制备免疫毒素治疗肿瘤；利用 θ 毒素 C 末端结构与细胞膜结合的特点，作为研究细胞表面磷脂运动的工具等，从这些毒素中开发出更多有益的蛋白。

第十节　肉毒梭菌

肉毒梭菌是一种腐生性细菌，它不能在活的机体内繁殖，即使进入人畜消化道，亦随粪便排出。当存在或污染于有适宜营养的湖泊、沼泽土壤、动植物尸体、饲料、食品等且获得厌氧环境时，即可生长繁殖并产生强烈的外毒素。人畜误食被肉毒毒素污染的食物或饲料后，可发生肉毒中毒症。

一、生物学特性

1. 形态与染色

本菌为革兰阳性粗大杆菌，两端钝圆，多散在，偶见成对或短链排列；无荚膜，有 4～8 根周身鞭毛，运动力弱；芽孢椭圆形，大于菌体宽度，位于偏端，使菌体呈汤匙状或网球拍状，易于在液体和固体培养基上形成。

2. 培养特性

本菌专性厌氧。对温度要求因菌株不同而异，一般最适生长温度为 30～37℃，多数菌株在 25℃和 45℃可生长。产毒素的菌株最适生长温度为 25～30℃，最适 pH 值为 7.8～8.2。本菌对营养要求不高，在普通培养基中能生长。其培养特性极不规律，甚至同一菌株也是变化无常。在血液琼脂平板上菌落较大且不规则，有 β 溶血现象。在疱肉培养基中，能消化肉渣，使之变黑并有腐败恶臭。

3. 生化特性

本菌的生化反应变化很大，即使同一型的各菌株之间也不完全一致。一般情况下，本菌能发酵葡萄糖、麦芽糖，不发酵乳糖，能产生硫化氢和脂酶，不形成靛基质和卵磷脂，不还原硝酸盐，不分解尿素，甲基红试验、VP 试验阴性。

4. 抵抗力

肉毒梭菌繁殖体抵抗力中等，80℃ 30min 或 100℃ 10min 能将其杀死。但芽孢抵抗力极强，不同型菌的芽孢抵抗力不同。多数菌株的芽孢，在湿热 100℃ 5～7h、高压 105℃ 100min 或 120℃ 2～20min、干热 180℃ 15min 可被杀死。但肉毒毒素不耐热，加热 80℃ 30min 或煮沸 10min 即被破坏。消化酶不能破坏它。

5. 抗原结构

肉毒梭菌可产生毒性极强的肉毒毒素，该毒素是目前已知毒素中最强的一种，1mg 纯化结晶的肉毒毒素能杀死 2000 万只小鼠，对人的致死量小于 1μg。根据毒素抗原性的不同，目前可分为 A、B、C、D、E、F、G 七个型，各型毒素之间抗原性不同，其毒素只能被相应型的特异性抗毒素所中和。

二、致病性

在自然条件下，家畜对肉毒毒素很敏感，其中马、牛、骡的中毒多由 C 型或 D 型毒素引起；羊和禽类由 C 型毒素引起；人由 A、B、E、F 型毒素引起；猪主要由 A、B 型毒素引起。家畜中毒后，出现特征性临诊症状，引起运动肌麻痹，从眼部开始，表现为斜视，继而咽部肌肉麻痹，咀嚼吞咽困难，膈肌麻痹，呼吸困难，心力衰竭而死亡。

肉毒毒素对小鼠、大鼠、豚鼠、家兔、犬、猴等试验动物以及鸡、鸽等禽类都敏感，但易感程度在各种动物种属间、在毒素型别之间都有或大或小的差异。

三、微生物学诊断

1. 毒素检查

被检物若为液体材料，可直接离心沉淀；固体或半流体材料则可制成乳剂，于室温下浸泡数小时甚至过夜后再离心，取上清液注入小鼠腹腔，1～2 天后观察发病情况，若有毒素存在，小鼠一般多在注射后 24h 内发病（出现流涎、眼睑下垂、四肢麻痹，呼吸困难等症状），最后死亡。

另外，还可以用毒素中和试验和间接血凝试验检测肉毒毒素。

2. 分离培养

将待检病料煮沸 1h 以杀灭非芽孢杂菌后，接种血液琼脂平板，厌氧培养或接种疱肉培养基，加热煮沸，37℃培养 24～48h，然后，挑选可疑菌落，涂片检查细菌的形态，只作参考；并将培养液进行毒素检查，以确定分离菌的型别。

四、防治

肉毒梭菌中毒症以预防为主，应注意食物的保存、加工，防止饲料发霉；不可用腐烂的草料、青菜饲喂动物；应及时清除动物尸体、病畜粪便。经常发病地区，可用同型类毒素或明矾菌苗预防接种。治疗可用同型抗毒素。

五、展望

肉毒梭菌毒素可作为生物战剂使用，世界各国都非常重视。近年来，对肉毒梭菌的研究集中在肉毒神经毒素的基因和蛋白结构、功能方面。随着对肉毒毒素的研究深入，目前对肉毒神经毒素蛋白分子结构及表达和调控机制等有了进一步的了解，使人们对肉毒神经毒素的修饰改造和利用成为可能。肌肉痉挛、肌张力障碍、中风后痉挛、脑瘫疾病及一些与不自主肌肉运动有关的疾病等均可用 BONT/A 治疗，肉毒梭菌毒素在世界范围内广泛应用于美容。

第十一节　多杀性巴氏杆菌

多杀性巴氏杆菌是引起多种畜禽巴氏杆菌病的病原菌，能使多种畜禽发生出血性败血症或传染性肺炎。不同动物分离的巴氏杆菌对该种动物的致病性较强，但很少交叉感染其他动物。本菌广泛分布于世界各地，是一种条件性病原微生物，正常存在于多种健康动物的口腔和咽部黏膜，当动物机体抵抗力低下时，细菌侵入体内，大量繁殖并致病，发生内源性传染。过去按感染动物的名称，将本菌分别称为牛、羊、猪、禽、马、兔巴氏杆菌，现统称为多杀性巴氏杆菌。

一、生物学特性

1. 形态与染色

本菌为卵圆形、两端钝圆的球杆菌或短杆状，不形成芽孢，无鞭毛，新分离的强毒株具有荚膜，病畜的血液涂片或组织触片经美蓝或瑞氏染色呈典型的两极浓染，革兰染色阴性。见图 11-

20、图 11-21。

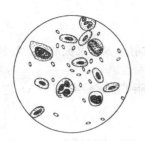
图 11-20　多杀性巴氏杆菌

图 11-21　多杀性巴氏杆菌纯培养形态

2. 培养特性

本菌为需氧或兼性厌氧菌。最适培养温度为 37℃，最适 pH 值为 7.2～7.4。对营养要求比较严格，在普通培养基上虽能生长，但不旺盛。在加有血液或血清琼脂培养基上生长良好，培养 24h 后形成灰白色、湿润、边缘整齐、表面光滑闪光的露珠状小菌落。本菌无溶血现象。在血清肉汤中培养，开始轻度浑浊，4～6 天后液体变清朗，管底出现黏稠沉淀，振摇后不分散。表面形成菌环。

3. 生化特性

本菌可分解葡萄糖、果糖、蔗糖、甘露糖和半乳糖，产酸不产气。大多数菌株可发酵甘露醇、山梨醇和木糖。一般对乳糖、鼠李糖、水杨苷、肌醇、菊糖不发酵。可形成靛基质，触酶和氧化酶均为阳性，甲基红试验和 VP 试验均为阴性，石蕊牛乳无变化，不液化明胶，产生硫化氢和氨。

4. 抵抗力

多杀性巴氏杆菌抵抗力不强，在无菌蒸馏水和生理盐水中很快死亡，在干燥的空气中 2～3 天死亡；在阳光中暴晒 1min、在 56℃ 15min 或 60℃ 10min 可被杀死；厩肥中可存活 1 个月；一般消毒药在几分钟或十几分钟内可杀死本菌，3％石炭酸和 0.1％升汞水在 1min 内、10％石灰乳与常用的甲醛溶液 3～4min 内可使之死亡。本菌对链霉素、磺胺类及许多新的抗菌药物敏感。冻干菌种在低温中可保存长达 26 年。

5. 抗原结构

本菌的抗原结构复杂，主要有荚膜抗原（K 抗原）和菌体抗原（O 抗原）。荚膜抗原有型特异性和免疫原性。用特异性荚膜抗原吸附于红细胞上做被动血凝试验，分为 A、B、D、E 四型血清群；利用菌体抗原做凝集试验，将本菌分为 12 个血清型。若将 K、O 两种抗原组合在一起，迄今已有 16 个血清型。本菌引起的疾病的病型、宿主特异性、致病性、免疫性等都与血清型有关。

二、致病性

本菌常存在于畜禽的上呼吸道内，一般不致病。当机体抵抗力降低时，才引起发病。可使鸡、鸭等发生禽霍乱，使猪发生猪肺疫，使牛、羊、兔、马以及许多野生动物发生败血症。

三、微生物学诊断

1. 镜检

采集新鲜病料（渗出液、心、肝、脾、淋巴结等）涂片或触片，用美蓝或瑞氏染色液染色，显微镜检查，如发现典型的两极着色的短杆菌，结合流行病学及剖检，可作出初步诊断。但慢性病例或腐败材料不易发现典型菌体，须进行分离培养和动物试验。

2. 分离培养

分离培养最好用麦康凯琼脂和血琼脂平板同时进行分离培养。麦康凯培养基上不生长。而将病料接种于血液琼脂上，24h 后形成灰白色、圆形、湿润、露珠状、不溶血的小菌落。必要时可进一步做生化试验进行鉴定。

3. 动物试验

用病料研磨制成悬液，或用分离培养菌，皮下或肌内注射小鼠、家兔或鸽，动物多在 24～48h 内死亡，剖检、镜检、分离培养，以期确诊。

此外，还可用血清学试验（如试管凝集、间接凝集、琼脂扩散试验或 ELISA）进行确诊。

四、防治

使用疫苗是控制多杀性巴氏杆菌的有效方法，猪可选用猪肺疫氢氧化铝甲醛苗、猪肺疫口服弱毒苗或猪瘟、猪丹毒、猪肺疫三联苗，禽用禽霍乱氢氧化铝菌苗，牛用牛出血性败血症氢氧化铝苗。治疗可用抗生素、磺胺类药。

【本章小结】

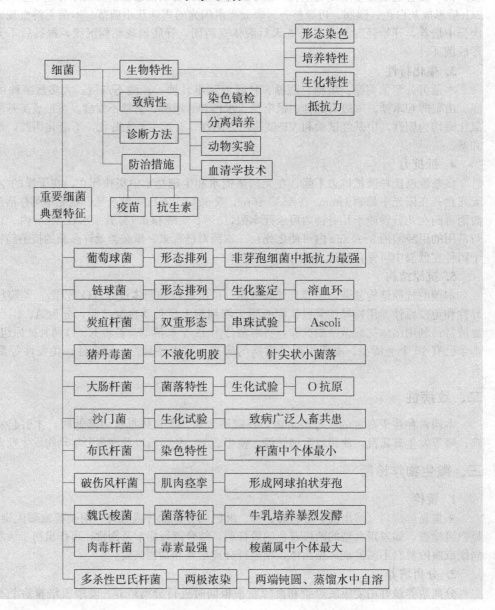

【复习题】

1. 试述葡萄球菌的致病物质及其致病作用。
2. 试述猪链球菌的致病作用及其微生物学鉴定。
3. 炭疽杆菌在形态和培养上有哪些主要特征?
4. 试述猪丹毒杆菌的致病作用及其微生物学鉴定。
5. 描述大肠杆菌在培养及生化方面的特点。
6. 简述大肠杆菌的致病作用。
7. 沙门菌的致病性有何特点?
8. 如何鉴别诊断大肠杆菌和沙门菌?
9. 布氏杆菌的检疫诊断有哪些方法?
10. 试述破伤风梭菌的致病特点。
11. 试述魏氏梭菌的培养与生化特性及致病作用。
12. 试述肉毒梭菌的致病作用及其微生物学鉴定。
13. 多杀性巴氏杆菌在形态、染色、培养及生化方面有哪些特点?
14. 试述多杀性巴氏杆菌的致病作用及其微生物学鉴定。

第十二章 主要动物病毒

【学习目标】
- 了解主要病毒的生物学特性
- 掌握病毒的致病性及微生物学鉴定方法
- 熟练掌握口蹄疫、猪瘟、猪圆环病毒、马立克病毒的检验方法

【技能目标】
- 培养学生对不同病毒进行分离、鉴别、检验的能力

第一节 口蹄疫病毒

口蹄疫病毒（food and mouth disease virus，FMDV）是牛、猪、羊等偶蹄兽口蹄疫的病原体，引起疾病的特点是体温升高，以口、鼻、蹄、乳房等部位的皮肤发生水疱病变为特征。本病常在牛群和猪群中大范围流行，对成年动物的致死率不高，但感染发病率很高。近年来发现一种只在猪群中流行的口蹄疫病毒，通常对牛的易感性很低。人多为亚临床感染，重症者可出现发热及口、手、足等部位皮肤发生水泡疹病变。口蹄疫病毒感染的动物是本病的主要传染源。该病毒可经多种途径传播，动物间可直接接触传播，也可经空气及被污染的饲料、饮水、用具、物品和被污染的畜产品传播。本病流行很广，传播迅速，能给畜牧业生产带来巨大损失，是当前世界各地最重视的家畜传染病之一。

一、生物学特性

口蹄疫病毒是微 RNA 病毒科口蹄疫病毒属病毒。口蹄疫病毒是目前发现的最小的 RNA 病毒，病毒粒子呈二十面体对称，直径 20～25nm，无囊膜，病毒的核酸是单股线状 RNA。全世界有 7 个血清型，分别命名为 O、A、C、SAT1、SAT2、SAT3 及 Aisa1 型，电镜下口蹄疫病毒粒子呈颗粒状，衣壳内 32 个短而中空的圆柱状颗粒组成，病毒颗粒的中心区域密度较低，该病毒在细胞浆内增殖，在细胞浆内常呈晶格状排列。完全病毒颗粒的 RNA 含量为 30%，蛋白质含量为 70%。病毒颗粒经石炭酸处理，除去蛋白质外壳，获得的裸状 RNA 仍然具有感染性，并能侵入易感细胞内复制出完整病毒。完全病毒颗粒的沉降系数为 140S，中空衣壳为 75S，无感染性的衣壳亚单位颗粒为 12S，VIA 抗原（病毒感染相关抗原）颗粒为 4.5S。口蹄疫病毒的衣壳蛋白由四种多肽构成，分别为 VP1、VP2、VP3、VP4。其 VP1 为保护性抗原，能刺激机体产生保护性抗体。

口蹄疫病毒对乙醚不敏感，在 1mol/L 氯化镁中对热不稳定。病毒对酸敏感，病毒在 pH 值为 6.5 的缓冲溶液中，4℃经 14h 病毒灭活 90%；在 pH 值为 5.5 时，每分钟灭活 90%；在 pH 值为 5.0 时，16s 灭活 90%；在 pH 值为 3.0 时，病毒瞬间灭活。由于口蹄疫病毒对酸特别敏感，肉品中的口蹄疫病毒可经酸化杀毒。3%～5%的乙酸具有很强的杀病毒作用。口蹄疫病毒对碱也敏感，1%氢氧化钠溶液数分钟即可杀灭病毒。畜牧业生产中，常将 2%～3%氢氧化钠用于厩舍、工具、车辆、环境的消毒。4%碳酸钠也可用于口蹄疫病毒的消毒。口蹄疫病毒对其他化学消毒剂的抵抗力较强。0.1%升汞、3%来苏尔 6h 以上才能杀死病毒，在 1%石炭酸中存活 5 个月，70%酒精中可存活 2～3 天。口蹄疫病毒对高温十分敏感，经巴氏消毒即失去感染能力，病毒在 65℃ 15min、70℃ 10min、80℃ 1min 被灭活。病毒的裸露 RNA 对热稳定。低温下病毒较

为稳定。

口蹄疫病毒的抗干燥能力较强，上皮细胞中的病毒较游离的病毒抵抗力强。在土壤或干草中病毒可存活 30 天，在上皮细胞中病毒可存活 21～350 天。该病毒可在犊牛、仔猪及仓鼠肾细胞、牛舌上皮细胞、甲状腺细胞、兔胚胎肾细胞等原代或传代细胞中增殖，并可引起细胞病变。

二、致病性

在自然条件下，口蹄疫病毒主要感染偶蹄兽，以口腔及蹄部的皮肤发生水疱为特征病变。其中黄牛和奶牛最易感，水牛和牦牛次之，猪也较易感，羊和骆驼次之，野生偶蹄兽也能感染。试验动物中豚鼠最易感，感染后死亡率不高，常用于病毒的定性试验。乳鼠对该病毒也很易感，病毒皮下接种 7～10 日龄的乳鼠，数日后乳鼠出现后肢痉挛性麻痹，最后死亡。

三、微生物学诊断

世界卫生组织（OIE）把口蹄疫列为 A 类疫病，我国也把口蹄疫定为 14 个一类疫病之一。诊断必须在指定的实验室进行。送检的样品包括水疱液、剥落的水疱、抗凝血或血清等。死亡动物则可采淋巴结、扁桃体和心脏。样品应冷冻保存，或置于 pH7.6 的甘油缓冲溶液中。

1. 动物接种试验

取病畜的水疱液及经研磨处理的水疱皮，加双抗处理后接种于牛和豚鼠，牛舌面划痕接种，豚鼠趾部划痕接种，若 2～4 天出现水疱病变，可建立初步诊断。

2. 血清学定型试验

口蹄疫病毒的血清学诊断试验方法很多，常用的有交叉中和试验、反向间接血凝试验、琼脂扩散试验、对流免疫电泳、ELISA 试验、金标记免疫试验等。目前较为常用的方法有反向间接血凝试验和 OIE 推荐的商品化及标准化的 ELISA 试剂盒诊断。

四、防治

本病康复后获得坚强的免疫力，能抵抗同型强毒的攻击，免疫期至少 12 个月，但可被异型病毒感染。由于病毒高度的传染力，防制措施必须非常严密。严禁从疫区调入牲畜，一旦发病，立即严格封锁现场，焚毁病畜，周边地区畜群紧急接种疫苗，建立免疫防护带。

人工主动免疫可用弱毒苗或灭活苗。弱毒苗有兔化口蹄疫疫苗、鼠化口蹄疫疫苗、鸡胚苗及细胞苗。灭活苗有氢氧化铝甲醛苗和结晶紫甘油疫苗。但是弱毒苗有可能散毒，并对其他动物不安全，例如用于牛的弱毒疫苗对猪有致病力，并且弱毒疫苗中的活病毒可能在畜体和肉中长期存在，构成疫病散播的潜在威胁，而病毒在多次通过易感动物后可能出现毒力反弹，更是一个不可忽视的问题，国外大多数国家已禁止使用。推荐使用浓缩的灭活疫苗进行免疫。基因工程疫苗研究已取得一定进展。

第二节　狂犬病病毒

狂犬病病毒能引起人和各种温血动物的狂犬病，感染的人和动物一旦发病，几乎都难免死亡。临床特征主要表现为高度兴奋、大量流涎、举止异常、恐水、磨牙、乱咬，有时主动攻击动物，继而麻痹死亡。动物种类不同，表现症状有差异，病毒主要由唾液排出，通过接触、咬伤引起感染。本病毒对大多数动物是致命的，动物感染后幸存者甚微。但近年来也发现一些非致死性狂犬病康复病例，这种康复动物是危险的带毒者。

一、生物学特性

在自然条件下能对犬、人、猫等感染的病毒称街毒。街毒对人、家畜及某些野生动物的毒力很强，对家兔毒力较弱。把街毒接种于家兔脑内，连续传代后，对家兔的毒力逐渐增强，而且毒力稳定，称为固定毒。通过动物试验，证明由街毒变异为固定毒的过程是不可逆的。

狂犬病病毒为单股 RNA 病毒，属于弹状病毒科（Rhabfoviridae）狂犬病病毒属（*Lysavirus*），病毒颗粒呈子弹形，长 180～250nm、宽 75nm，表面有许多突起，排列整齐，于负染色标本中表现为六边形蜂房形结构，每个突起长 6～7nm，由糖蛋白组成，为血凝素。核酸为单股的 RNA。狂犬病病毒中还有一些直径为 60～80nm 的不完全病毒，具有正常的病毒结构，无感染能力，但可特异性地抑制狂犬病病毒。病毒在幼仓鼠肾传代细胞增殖，可以产生血凝作用，在低温（0～4℃）、pH 值为 6.2 时能凝集鹅（或 1 日龄雏鸡）的红细胞，血凝病毒与狂犬病病毒引起蚀斑能力呈平行关系，血凝现象可被蛋白水解酶所破坏。目前根据抗原结构可将狂犬病病毒分为四个血清型。

狂犬病病毒能在鸡胚、小白鼠、仓鼠、兔、犬及人的原代或传代细胞上生长，病毒在 pH 值为 7～9 范围内比较稳定，在低温下保存时间较长，在 4℃ 可存活几周，于 50％甘油盐水在 4℃ 以下可保存几个月。真空冷冻干燥放置 4℃ 可保存 35 年，室温保持数天，56℃ 30min、100℃ 2min 可使病毒灭活。紫外线照射、蛋白水解酶、酸性溶液中、胆盐、0.1％重碳酸盐、2％乙醚及热等环境中都能迅速降低其传染性，0.1％升汞、1％福尔马林、1％来苏尔、0.25％高锰酸钾均能灭活病毒。

二、致病性

各种哺乳动物（包括蝙蝠）对狂犬病病毒都有易感性，常因被病犬、健康带毒犬或其他狂犬病患畜咬伤而发病。病毒通过伤口侵入机体，在伤口附近的肌细胞内复制，而后通过感觉或运动神经末梢及神经轴索上行至中枢神经系统，在脑的边缘系统大量复制，神经细胞受刺激后，首先引起兴奋症状，如狂躁不安、攻击人畜和反射性增高，后期神经细胞变性，逐渐引起麻痹，当呼吸中枢麻痹后即可造成死亡。病毒存在于神经系统和唾液腺中，经咬伤而传染。本病的病死率几乎是 100％。

实验动物中，家兔、小鼠、大鼠均可用人工接种而感染。人也有易感性。鸽及鹅对狂犬病有天然免疫性。

三、微生物学诊断

大多数国家仅限于获得认可的实验室及具有确认资格的人员才能作出狂犬病的实验室诊断。常用方法如下。

(1) 包含体检查　取脑组织（海马角、小脑和延脑等）做触片或组织切片，用吉姆萨染色，包含体为红色。约有 90％的病变可检出胞浆包含体，牛、羊等草食兽及猪的病例中，包含体的检出率较低。

(2) 动物接种　将脑组织磨碎，用生理盐水制成 10％乳剂，低速离心 15～30min。取上清液（如已污染，按每毫升加入青霉素 1000IU、链霉素 1000IU 处理 1h），给 4～6 只小鼠脑内注射，剂量为 0.01ml。一般在注射后第 9～11 天死亡。为了及早诊断，可于接种后第 5 天起，每天或隔天杀死一只小鼠，检查其脑内的包含体。

(3) 荧光抗体检查　采取病死动物的脑组织做成触片或切片，进行荧光抗体染色检查。

(4) 血清学诊断　OIE（2003 年）推荐的首选血清学诊断方法是用小鼠或细胞培养物做病毒中和试验和补体结合试验。

四、防治

由于狂犬病的病死率高，人和动物又日渐亲近，所以对狂犬病的控制是保护人类健康的重要任务。目前各国采取的控制措施大致为以下几个方面：扑杀狂犬病患畜并将尸体焚化或深埋、对家养犬猫定期免疫接种、检疫控制输入犬、捕杀流浪犬，这些措施大大降低了人和动物狂犬病的发病率。狂犬病的疫苗接种分为两种：对犬等动物，主要是做预防性接种；对人，则是在被病犬或其他可疑动物咬伤后做紧急接种。对经常接触犬、猫等动物的兽医或其他人员，也应考虑进行预防性接种。注意监测带毒的野生动物。发达国家对狐狸和狼投放含狂犬病弱毒疫苗的食饵，对臭鼬等野生动物使用基因工程重组疫苗。

第三节　伪狂犬病病毒

伪狂犬病病毒（pseudorabies virus，PRV）又名猪疱疹病毒 1 型，是伪狂犬病的病原体，属疱疹病毒甲亚科。猪为该病毒的原始宿主，并作为贮主。现本病毒可以感染其他动物如马、牛、绵羊、山羊、犬、猫及多种野生动物，但不感染人。其主要临床症状为发热、奇痒（猪除外）和脑脊髓炎，症状类似狂犬病，故称为伪狂犬病。猪感染后体温升高，仔猪主要表现为神经症状，还可侵害消化系统，导致厌食、呕吐、腹泻。成年猪常为隐性感染。妊娠母猪表现为流产、死胎、弱胎、木乃伊胎。

一、生物学特性

PRV 粒子呈椭圆形或圆形，完整病毒粒子为圆形，有囊膜，囊膜上有纤突。本病毒为线形双股 DNA。病毒粒子直径为 150～180nm，核衣壳直径为 105～110nm，呈二十面体立体对称。在病毒的囊膜上含有 11 种糖蛋白，由它们形成了病毒的纤突。

伪狂犬病病毒只有一个血清型，其主要抗原是病毒的糖蛋白，gB、gC、gD、gE 是诱导机体产生保护性抗体的主要抗原。但不同的毒株在毒力和生物学方面存在差异。伪狂犬病病毒能在多种组织细胞内增殖，其中以兔肾和猪肾细胞（包括原代细胞和传代细胞）最为敏感，感染后细胞变圆，形成合胞体。而且病毒还可以在鸡胚上生长，可通过绒毛尿囊膜、卵黄囊和尿囊腔途径接种鸡胚培养 PRV。绒毛尿囊膜接种鸡胚，培养 4 天后，绒毛尿囊膜上产生灰白色痘样病变。如严重时可侵入鸡胚神经系统，引起鸡胚死亡。

病毒对外界环境抵抗力强，耐热，37℃半衰期为 7h，8℃可存活 46 天，60℃ 30～50min 才能使病毒失活，80℃ 3min 灭活。在畜舍内干草上的病毒，夏季可存活 30 天，冬季可达 46 天。病毒在 pH 值为 4～9 时稳定存在。在腐败条件下，病料中的病毒 11 天后就可失去感染力。PRV 对一般的消毒剂如乙醚、氯仿、福尔马林和紫外线照射等敏感。0.5%～1%NaOH 可在短时间使病毒失活。PRV 在低温条件下稳定，－70℃是病毒培养物的最适保存温度，在这个温度下能保存数年。

二、致病性

猪、牛、羊、犬、猫、兔、鼠等多种动物均可自然感染 PRV。马属动物对 PRV 有较强的抵抗力。人偶尔也可感染发病。病猪、带毒猪及带毒鼠类是 PRV 重要的传染源。成年猪多为隐性感染，怀孕母猪 50%可发生流产、死胎或木乃伊胎。仔猪表现为发热及神经症状，无母源抗体的新生仔猪死亡率可达 100%，育肥猪死亡率一般不超过 2%。其他动物感染有很高致死率。特征性症状为体躯某部位奇痒，但猪不发生奇痒。舔咬、气雾均为可能的传播途径，但最主要的途径则是食入污染病毒的饲料。大鼠在猪群之间传递病毒，病鼠或死鼠可能是犬、猫的感染源。

三、微生物学诊断

1. 病毒的分离

PRV 主要存在于发病动物的脑脊髓组织中，因此，常采取各种脑组织进行检验。由于病毒也常存在于血液和乳汁中，故也可采取血液和乳汁。病毒也经常存在于实质脏器、肌肉和皮肤内，可采取肝、肾、肺、脑等脏器。

（1）细胞培养　将病料悬液的上清液接种于 PK-15 单层细胞，细胞接毒后观察。多数在接毒后 48h 左右出现细胞病变。通常有两种类型：一种是感染细胞的细胞质中很快出现颗粒，细胞变圆膨大，形成折光性强的细胞病灶；另一种是感染细胞相互融合，形成轮廓不清的合胞体，融合迅速扩大，进一步形成大的合胞体出现细胞病变。将细胞病变培养物用苏木素-伊红染色，可见典型的嗜酸性核内包含体。

（2）鸡胚接种　该病毒接种 9～11 日龄的鸡胚 4 天后，在绒毛尿囊膜上可见白色痘斑性病变，并迅速侵袭整个神经系统，导致整个胚胎头盖骨突起。

2. 动物接种

将病料悬液上清接种于家兔的肋部或腹侧皮下。每只 0.5ml，如含有病毒，家兔在接种后 48～72h 后开始发病，体温升高达 41℃，食欲废绝，狂躁不安，出现惊恐、呼吸困难、转圈运动等症状，注射部位表现特殊的奇痒，频频回头撕咬接种部位，使皮肤脱毛、溃烂、出血，数小时后四肢麻痹，卧地不起，最后角弓反张、抽搐死亡。

3. 血清学检查

伪狂犬病检测方法主要有乳胶凝集试验（LA）、血凝抑制（HI）试验、中和试验（SN）、酶联免疫吸附试验（ELISA）、琼脂扩散试验（AGP）等。其中乳胶凝集试验和血凝抑制试验因方法简便而在生产中较为常用。

四、防治

搞好以灭鼠为主的兽医卫生措施，因此引进种猪时要严格隔离检疫，防止引进带毒猪。应做好猪场和猪舍的经常性的卫生消毒，粪尿做发酵处理。坚持疫苗免疫接种，提高猪群的免疫接种密度。目前用于猪伪狂犬病的疫苗有两种，一种是全病毒灭活疫苗，另一种是基因缺失疫苗（包括自然缺失和人工缺失）。坚持疫苗免疫接种，提高猪群的免疫接种密度。猪群发生本病时应扑杀病猪、彻底消毒猪舍及环境，对其他猪群应用疫苗进行紧急接种。目前多趋向发展弱毒苗，少数国家推荐基因工程苗。

第四节　猪　瘟　病　毒

猪瘟病毒（classical swine fever virus，CSFV）是猪瘟的病原体，CSFV 感染在临床上可表现为死亡率很高的急性型，或死亡率变化不定的亚急性型、慢性型及持续感染型。该病流行广泛，发病率高，危害极大。对养猪业造成极为严重的危害，是世界范围内最重要的猪病毒之一。

一、生物学特性

猪瘟病毒是单股 RNA 病毒，属于黄病毒科、瘟病毒属。病毒呈球形，直径约 38～44nm，核衣壳为二十面体，有囊膜，在胞浆内繁殖，以出芽方式释放。猪瘟病毒没有型的区别，只有毒力强弱之分。目前仍然认为本病毒为单一的血清型，但毒力具有很大的差异，在强毒株和弱毒株或几乎无毒力的毒株之间，有各种逐渐过渡的毒株，近年来分离出许多致病力低的毒株，经鉴定为猪瘟病毒变种。近年来已经证实猪瘟病毒与牛病毒性腹泻病病毒群有共同抗原性，既有血清学交叉，又有交叉保护作用。

本病毒常在猪胚或乳猪脾、肾、骨髓、淋巴结、白细胞或肺组织进行细胞培养，均产生细胞病变。用人工方法可使病毒适应于兔，因而可获得弱毒疫苗，即猪瘟兔化弱毒疫苗。

猪瘟病毒对理化因素的抵抗力较强。血液中的病毒 56℃ 60min 或 60℃ 10min 才能被灭活、室温能存活 2～5 个月，1%～2%烧碱或 10%～20%石灰水 15～60min 才能杀灭病毒，对紫外线和 0.5%石炭酸溶液抵抗力较强。

二、致病性

猪瘟病毒只能感染猪，各种年龄、性别及品种的猪均可感染。野猪也有易感性。人工接种后，除马、猫、鸽等动物表现感染及临床症状外，其他动物均不表现感染。

三、微生物学诊断

应在国家认可的实验室进行。病料可取胰、淋巴结、扁桃体、脾及血液。

1. 兔体交叉免疫试验

将病猪的淋巴结和脾脏处理后接种 3 只健康家兔，另设 3 只不接种病料的对照兔，间隔 5 天对所有家兔静脉注射猪瘟兔化弱毒疫菌，24h 后，每隔 6h 测体温一次，连续测 96h，如对照组出现体温升高而试验组无症状即可确诊。

2. 健康猪接种试验

此试验是经典的生物学试验，一种是将被检材料做成 1∶10 倍的乳剂（经过滤除菌或加入青霉素、链霉素各 1000IU/ml）接种于非疫区健康猪，接种后观察是否出现猪瘟的临床症状；另一种是选用 4 头健康小猪，用猪瘟兔化弱毒疫苗接种其中的 2 头，经 12～14 天后，4 头小猪全部接种被检材料，观察 14 天，如果免疫猪不发病，未免疫的猪发病死亡，就可确定被检材料中有猪瘟病毒。

3. 荧光抗体检查

取病猪扁桃体、淋巴结或脾做触片或冰冻切片，本法简易快速能直接检出感染细胞中的病毒抗原。

4. 琼扩试验

以病猪脾脏、淋巴结等制备待检抗原，在 1% 琼脂板上与已知抗猪瘟病毒阳性血清做双向双扩散。诊断猪瘟的血清学方法还有间接血凝试验、中和试验、凝集试验、对流免疫电泳等。此外，单克隆抗体技术、核酸探针技术、PCR 技术等也用于本病毒检测。

四、防治

目前，世界主要养猪国家防制猪瘟的办法主要有两种，即采取扑杀和免疫为主的控制措施。我国研制的猪瘟兔化弱毒疫苗是国际公认的有效疫苗，得到广泛应用。猪瘟兔化弱毒苗有许多优点：对强毒有干扰作用，接种后不久，即有保护力；接种后 4～6 天产生较强的免疫力，维持时间可达 18 个月，免疫力为 100%，但乳猪产生的免疫力较弱，可维持 6 个月；接种后无不良反应，妊娠母猪接种后没有发现胎儿异常的现象；制法简单，效力可靠。

发达国家控制猪瘟的有效措施是"检测加屠宰"：通过有效的疫苗接种，将淘汰的猪降到最低数量，以减少经济损失；用适当的诊断技术对猪群进行检测；将检出阳性的猪全群扑杀。同时，尽可能地消除持续感染猪不断排毒的危险性。猪瘟的消灭需要政府部门及各级人员高度负责。

第五节　猪繁殖障碍与呼吸道综合征病毒

猪繁殖障碍与呼吸道综合征病毒（porcine reproductive and respiratory syndrome virus, PRRSV）可引起猪繁殖障碍与呼吸道综合征。该病是一种主要侵害繁殖系统以发热、厌食、流产、木乃伊胎、弱仔等以及仔猪的呼吸道症状、免疫机能障碍及高死亡率的新的高度传染性为特征的综合征。猪繁殖障碍呼吸道综合征是养猪业的主要疫病之一。

PRRSV 引起的猪繁殖障碍呼吸道综合征于 1987 年在美国首次报道，随后许多国家均报道了该病。1992 年欧盟将该病毒统一命名为"猪生殖与呼吸道综合征病毒（PRRSV）"，目前已被世界各国所接受。我国 1995 年首次发生，1996 年分离并鉴定病原为 PRRSV。

一、生物学特性

PRRSV 属于动脉炎病毒科动脉炎病毒属，基因组为单股正链 RNA。有的有囊膜，病毒直径为 60～80nm，有的无囊膜，病毒直径为 40～50nm，核衣壳呈二十面体立体对称。PRRSV 不凝集牛、绵羊、山羊、马、猪、蒙古沙鼠、鹅、鸡、豚鼠、猪、绵羊及人的 O 型红细胞，但可特异性凝集小鼠的红细胞，此血凝活性可被特异性抗血清抑制。

PRRSV 有许多不同的毒株，不同的毒株间的抗原性和致病性有差异。本病毒分为两个亚群——A 群和 B 群，A 群为欧洲原型，B 群为美国原型。我国分离的所有 PRRSV 毒株均属于美国型，到目前为止仍没有发现欧洲型毒株。

PRRSV 具有严格的宿主细胞特异性，可在猪肺原巨噬细胞、猪睾丸细胞、猪上皮细胞、单核细胞、神经胶质细胞等细胞中增殖并形成 CPE，而且病毒对 6～8 周龄仔猪的猪肺原巨噬细胞最为敏感。其中，欧洲分离株对猪肺原巨噬细胞最为敏感，并能很快出现 CPE，对传代细胞敏感性差，而美国分离株可适应多种细胞。然而强毒 VR2385 不能在猪睾丸细胞中增殖。另外，某些毒株难以在特定的细胞系中增殖，说明 PRRSV 存在病毒突变体。不同毒株在同一细胞系或不同毒株在相同细胞系上的感染滴度也不相同。

该病毒对热敏感，25℃ 72h 后 93% 的病毒被灭活，37℃ 48h 或 56℃ 45min 即可杀死该病毒。低温下保存的 PRRSV 具有较好的稳定性，pH 值低于 5 或高于 7 的环境下很快被灭活。

二、致病性

PRRSV 的唯一宿主是猪和野猪，所有年龄猪均易感。禽类可感染本病毒，呈亚临床症状，能向外散毒。病毒感染猪群后其特点是引起群体繁殖障碍。感染猪临床表现为拒食，母猪流产，仔猪出生后呼吸困难，死胎率和哺乳仔猪的死亡率均极高，繁殖猪群可出现各种症状。急性发病期常见厌食、发热、无乳、昏睡，有时出现皮肤变蓝、呼吸困难、咳嗽。母猪和仔猪皮肤损伤包括耳部、外阴变蓝，区域形、菱形块状皮肤变蓝，皮肤红疹斑。母猪发病时出现流产、早产和产期延迟，死胎、木乃伊胎儿、弱仔。母猪还可出现延迟发情，持续性不发情。公猪还可出现性欲降低，暂时性精子数量和活力降低。仔猪断乳前后发病率和死亡率升高，大多数猪在生后 1 周内死亡，仔猪呼吸困难、结膜炎、眼窝水肿，新生仔猪表现出血素质。病毒在猪群中传播极快，2～3 个月一个猪群 95% 以上的猪均变为血清学阳性。许多国家的猪群均检出高滴度的抗体。低温有利于病毒存活，因此在冬季易于流行传播。病毒可经接触、气雾及精液传递。外观健康猪持续感染成为传染源，超过 5 个月还能从其咽喉部分离到病毒。

三、微生物学诊断

1. 病原的分离与鉴定

采集病猪、疑似病猪、新鲜死胎或活产胎儿组织的病料，哺乳仔猪的肺、脾、脑、扁桃体、支气管淋巴结、血清和胸腔液等用于病原的分离鉴定。将含阳性 PRRSV 的病料进行处理，用制备的上清液接种于猪肺原巨噬细胞，培养 5 天后，用免疫过氧化物酶法染色，检查肺泡巨噬细胞中 PRRSV 抗原。也可并用间接荧光抗体染色法或中和试验法进行病毒鉴定。将病料接种 CL-2621 或 MarC-145 细胞培养，37℃培养 7 天观察细胞病变，也可并用间接荧光抗体染色法或中和试验法进行病毒鉴定。

2. 血清学诊断

常用的血清学试验有间接免疫荧光抗体试验、酶联免疫吸附试验、免疫过氧化物酶细胞单层试验及中和试验等。血清学诊断只能用于群体诊断，对个体诊断意义不大。

四、防治

本病目前尚无有效药物进行治疗，主要采取免疫接种、加强管理、彻底消毒、严格检疫、切断传播途径、控制继发感染等综合性措施。

免疫接种是预防 PRRSV 的一种有效手段，弱毒疫苗用于 3～18 周龄和妊娠母猪。灭活疫苗对后备母猪和育成猪在配种前 1 个月免疫注射，对经产母猪空怀期接种一次，3 周后加强 1 次，虽然灭活疫苗副作用小、较安全，但免疫效果较差，有人利用地方株制备灭活苗，在当地使用取得了相对较好的免疫效果。

第六节　猪圆环病毒

猪圆环病毒（porcine circoviru，PCV）是一类由环状的单股 DNA 链组成的、大小为 20nm 左右的二十面体的病毒。是引起仔猪多系统衰竭综合征的病原。本病毒主要侵害 6～12 周龄仔猪，引起淋巴系统疾病、渐进性消瘦呼吸道症状及黄疸，造成患猪免疫机能下降、生产性能下降，给养猪业带来很大的经济损失。近年来，不断发现圆环病毒不仅引起畜禽感染及死亡，而且使感染动物的免疫组织细胞受损，导致机体免疫抑制，容易并发或继发其他病原，使病情加重，造成更大的经济损失。

一、生物学特性

PCV 属圆环病毒科圆环病毒属，呈球形或六角形，无囊膜，大小为 14～25nm，单股环状 DNA，呈二十面体立体对称，是已知的最小动物病毒之一。PCV 不具有血凝活性，不能凝集牛、羊、猪、鸡等多种动物和人的红细胞。

根据 PCV 的致病性、抗原性及核苷酸序列，将其分为 PCV1 和 PCV2 两个血清型，其中 PCV2 具有致病性，在临床上主要引发断奶仔猪多系统衰竭综合征（PMWS）、猪皮肤炎和肾病综合征、猪呼吸系统衰弱综合征、仔猪传染性先天性震颤。PCV1 较早研究认为对猪无致病性，但近年来从死亡的仔猪分离到该病毒，表明可能并非如此。

PCV 在原代猪肾细胞、恒河猴肾细胞、BHK-21 细胞上不生长，可在猪睾丸细胞及猪传代细胞系 PK-15 细胞中生长，病毒 DNA 利用宿主细胞的酶可自动复制，但不引起细胞病变，且需将 PCV 盲传多代才能使病毒有效增殖。在接种 PCV 的 PK-15 细胞培养物中加入 D-氨基葡萄糖，可促进 PCV 复制，使感染 PCV 的细胞数量提高 30%。

PCV 对外界环境的抵抗力很强。在酸性环境中及氯仿中可存活很长时间，在高温环境（72℃）也能存活 15min，70℃可存活 1h，56℃不能将其杀死。PCV 对普通的消毒剂具有很强的抵抗力，如用 50%氯仿处理 15h、50%乙醚处理 13h、在酸性（pH 3.0）条件下处理 3h，PCV 均具有感染力。对苯酚、季铵类化合物、氢氧化钠和氧化剂等较敏感。

二、致病性

PCV 可经口腔、呼吸道途径感染不同年龄的猪，其特征为体质下降、消瘦、腹泻、呼吸困难。PCV 主要感染断奶仔猪，哺乳猪很少发病，如采取早期断奶的猪场，10～14 日龄断奶猪也可发病。一般而言，PCV 感染主要集中于 2～3 周龄和 5～8 周龄的仔猪。少数怀孕母猪感染 PCV 后，可经胎盘垂直感染仔猪。流行猪群中的 PCV 主要是 PCV1 型。PCV2 常与猪细小病毒（PPV）、猪繁殖障碍与呼吸道综合征病毒（PRRSV）、伪狂犬病病毒（PRV）、猪瘟病毒（HCV）等混合感染。同时可能有 PCV1 与 PCV2 共存于感染猪体内，猪感染 PCV 后，可于 5～12 周龄时发生 PMWS。PMWS 最常见于 6～8 周龄猪群，猪群患病率达 80%～100%，呈进行性消瘦、皮肤苍白或黄染、呼吸综合征、皮肤炎、肾炎、脾大面积坏死、仔猪先天性震颤，断奶猪发育不良，咳喘，黄疸。

三、微生物学诊断

1. 病毒分离鉴定

PCV 主要采集肺、淋巴结、脾等制备的组织上清液接种 PK-15 细胞，可用间接免疫荧光法、电镜观察或 PCR 鉴定病毒。PCR 还可用于 PCV1 和 PCV2 的鉴别诊断。间接免疫荧光法或 PCR 可用作猪圆环病毒的鉴定。

2. 血清学试验

（1）间接免疫荧光法（IFA）　用于猪圆环病毒病的诊断，既可检查抗原又可检测抗体。

（2）免疫组织化学技术　免疫组织化学技术是在抗原抗体特异反应存在的前提条件下，借助于酶细胞化学的手段诊断猪圆环病毒病，可检测组织细胞中存在的病毒抗原。

四、防治

本病的疫苗正处于试验阶段，目前还没有商品疫苗用于 PCV2 的免疫接种，但据报道，灭活苗有一定的保护力，效果不太理想，要控制该病只能加强饲养管理和兽医防疫卫生措施。实行严格的全进全出制，保护良好的卫生及通风状况，减少环境应激因子，有效控制带毒动物，确保饲料品质和使用抗生素控制继发感染，以及对发病猪只进行及时的淘汰，扑杀处理等。

五、研究进展

1. 与 PCV2 感染相关的疾病

PCV2 感染的临床学和病理学范围从 1991 年已经扩大。主要与 PMVS、PDNS、PNP、CT 等疾病相关。

2. 国内外流行情况

1991 年首次报道于加拿大，但回顾性检测证明至少从 1969 年已存在于猪群中。分布于全世界，欧洲报道几乎 100% 的猪群呈血清学阳性，这表明 PCV2 不是一种新病毒，PMVS 也不是一种新病毒病。1994 年广泛流行，法国（1995 年、美国 1996 年、日本 1997 年）等国家不断有发生。我国从 2000 年起，北京、河北、山西等多个大规模猪场发生，目前已分离出多个毒株。发病率越来越高。

3. PCV2 分离株因地源不同发生变异

加拿大、美国、欧洲、亚洲 PCV2 有较高同源性，欧洲、中国内地和中国台湾的毒株可组成一个分支。

4. 预防

世界各国以及我国广州、河南、北京等多个研究单位都在研究基因重组疫苗，如猪圆环病毒重组腺病毒基因疫苗（由安阳工学院主持，属河南省科技攻关项目）都在试验中。

第七节　小鹅瘟病毒

小鹅瘟病毒（gosling plague virus，GPV）又名鹅细小病毒（goose parvovirus）。主要引起 8～30 日龄雏鹅发病，表现为局灶性或弥散性肝炎、心肌、平滑肌急性变性，本病传播快，病程短，发病率和病死率可高达 90%～100%。1956 年，方定一教授首先发现了鹅的细小病毒病，取名为小鹅瘟。

一、生物学特性

该病毒属于细小病毒科细小病毒属的鹅细小病毒，病毒外观呈圆形或六角形，无囊膜，直径 20～25nm，具有本属病毒共同的形态特征。核酸内单股 DNA 组成。对 GPV 进行初代分离时，只能应用鹅胚和番鸭胚（也可以用它们制得的原代细胞培养），因为其他禽胚或细胞培养物均不能使病毒增殖。初次分离虽可在鹅胚成纤维细胞上增殖，但不产生细胞病变。在鹅胚成纤维细胞上适应的病毒，能在单层上形成分散的颗粒性细胞病变和发生细胞脱落，并形成合胞体。染色镜检可见核内嗜酸性合胞体。初次分离病毒只能在 12～14 日龄的鹅胚中增殖，接种途径为绒毛尿囊腔，接种后 5～6 天死亡，死亡的胚体有广泛出血，尤以绒毛囊的出血最为明显。肝脏有变形和坏死，绒毛尿膜有轻度水肿。

目前，GPV 只有一个血清型，从世界各地分离的病毒都相同，或仅有微小差异。与本属其他病毒不呈现交叉血清学反应。

GPV 对外界因素具有很强的抵抗力，56℃加热 1h，仍能使鹅胚死亡，不过死亡时间较不处理的延长 96～120h；病毒同样对乙醚、氯仿、胰酶有抵抗力；经过上述处理的病毒接种鹅胚后，对鹅胚仍有致病力。

二、致病性

各种鹅包括雏鹅、灰鹅、狮头鹅和雁鹅，经口饲或注射病毒，均能引起发病。自然发病的均限于 1 月龄以内雏鹅。病鹅的内脏、脑、血液及肠管均含有病毒，据国内实验资料，成鹅感染后的带毒期一般不超过 10 天。初孵雏鹅感染病毒后，经 4～5 天的潜伏期，多发生急性败血症死亡。最早发病的雏鹅一般在 3～5 日龄开始，数天内波及全群，死亡率可达 70%～95%。这种急性病例，以渗出性肠炎和肝、肾、心等各实质脏器的变性为主；在病程较长（2～3 天）的病死雏鹅，小肠后段常出现整条的脱落上皮渗出物混合凝固而成的长条状或香肠状物，死亡率较前者为低，并随雏鹅日龄、母源抗体滴度以及病毒的毒力等而有所差异。

三、微生物学诊断

根据本病的流行特点和症状，可作出初步诊断，尤其在本病流行区。确诊要靠病毒的分离和鉴定。

1. 动物接种

采取处于急性期雏鹅的肝、脾、肾等实质脏器或心血，制成约 1：10 乳剂，尿囊腔接种鹅胚分离病毒。初次死亡时间多在 4～7 天，鹅胚病变一致且明显：绒毛尿囊膜增厚，常见有灰白色针尖状小点；胚体全身充血，死亡鹅的尿囊液能连续在鹅胚内传代，并产生相同的病变，且鹅胚的死亡时间逐渐缩短（恒定在 3 天左右）。随后可取死亡鹅胚尿囊液（病毒）与由成年鹅制备的标准毒株的免疫血清进行病毒中和试验。试验组按血清和含毒尿囊液 4：1 混合，另外以无菌生理盐水代替血清作为对照组，均置 37℃温箱 30min，各分别接种 4～6 只 12 日龄鹅胚（尿囊腔）。试验组鹅胚应全部存活，而对照组鹅胚经 3～5 天基本全部死亡，且呈现上述典型病理变化，据此可作出明确诊断。

2. 血清保护试验

该试验也是鉴定病毒的特异性方法。取 3～5 只雏鹅作为试验组先皮下注射标准毒株的免疫血清 1.5ml，然后皮下注射含毒尿囊液 0.1ml；对照组以生理盐水代替血清，其余同试验组。结果，试验组雏鹅应全部保护，对照组于 2～5 天内全部死亡。可用免疫荧光和 ELISA 检测病料中的病毒抗原。

四、防治

患病或隐性感染而痊愈的鹅，能产生坚强的保护力，用病愈或人工免疫鹅的特异性抗体，以 0.3ml 注射给初出壳的雏鹅，可以预防本病的发生。

该病流行的地区，利用弱毒苗甚至强毒苗免疫母鹅是预防本病最经济有效的方法。但在未发病的受威胁的地区不要用强毒免疫，以免散毒。免疫母鹅所产后代全部能抵抗自然及人工感染，其效果能维持整个产蛋期。如种鹅未进行免疫，而雏鹅又受到威胁时，也可用雏鹅弱毒苗或抗血清进行紧急接种。

第八节　细小病毒

细小病毒（parvovirus）是单股 DNA 病毒，属于细小病毒科中的细小病毒属。为等轴对称的病毒粒子，直径为 18～26nm，呈二十面体对称，在细胞核内复制，无囊膜，对乙醚和酸有抵抗力，耐热。细小病毒中对家畜有重要性的病原体为猪细小病毒、犬细小病毒、猫泛白细胞减少症病毒和貂阿留申病病毒等。

一、猪细小病毒

猪细小病毒（porcine parvovirus，PPV）是猪细小病毒感染的病原体，此病能引起猪的繁殖障碍，以胚胎和胎儿感染及死亡为特征，通常母猪本身无明显症状。Mary 和 Mahnel 于 1966 年进行猪瘟病毒组织培养时发现的，随后被鉴定为 DNA 型病毒。Cartwright 等 1967 首次证实了它的致病性。自 20 世纪 60 年代中期以来，相继从欧洲、美洲、亚洲等很多国家分离到该病毒或检测出其抗体。我国也分离到了多株 PPV，血清学调查的阳性率为 80%。该病分布广泛，在大多数猪场呈地方性流行，严重阻碍养猪业的发展。

1. 生物学特性

PPV 属细小病毒科细小病毒属，病毒外观呈六角形或圆形，无囊膜，直径 20~23nm，二十面体立体对称，衣壳由 32 个壳粒组成，核心含单股负链 DNA。PPV 能凝集鼠、脉鼠、恒河猴、鸡、鹅和人的 O 型红细胞，其中以凝集豚鼠红细胞最好，在凝集鸡红细胞时存在个体差异，不能凝集牛、绵羊、仓鼠、猪的红细胞。

PPV 只有一个血清型。PPV 有结构蛋白 VP1、VP2 和 VP3，而 VP1、VP2 和 VP3 均有免疫原性．其中 VP2 的免疫原性最好，VP1 最差。NS1 为 PPV 的非结构蛋白，它也具有免疫原性，利用其建立特异性诊断方法，可以区分疫苗免疫猪和野毒感染猪。

PPV 只能在来源于猪的细胞中培养增殖，其中以原代猪肾细胞较为常用。新生猪原代肾细胞最适宜 PPV 增殖。病毒在细胞内复制引起的细胞病变为细胞聚集、圆缩和溶解，许多细胞碎片附着在其他细胞上。感染 PPV 的猪肾细胞，最早可于接种后 18h 在细胞核内观察到 A 型包含体（HE 染色）。

PPV 具有较强的热抵抗力，56℃ 30min 加热处理对病毒的传染性和红细胞凝聚能力无影响；70℃ 2h 感染力下降但不丧失，80℃ 5min 可被灭活。病毒在 pH 值为 3~9 时较稳定，对乙醚、氯仿等脂溶剂有一定的抵抗力。胰酶对病毒悬液的短时间处理，不但对其感染力无影响，而且能提高其感染效价。

2. 致病性

仔猪和母猪急性感染 PPV 时常表现为亚临诊病例，但在其体内很多组织器官（尤其是淋巴组织）中均能发现病毒的存在。母猪在不同孕期感染，可分别造成死胎、木乃伊胎、流产等不同症状。在怀孕 30~50 天内感染时，主要产木乃伊胎；怀孕 50~60 天感染时多产死胎；怀孕 70 天感染的母猪常出现流产症状；在怀孕中后期感染时也可经胎盘感染胎儿。但此时胎儿具有了一定的免疫力，常能在子宫内存活而无明显的临诊症状。研究结果表明，PPV 不仅与母猪繁殖障碍有关，还与猪的消瘦综合征、猪的非化脓性心肌炎的发生有关。本病毒可通过病猪口鼻分泌物、粪便等排出体外，污染猪舍，成为主要的传染源。感染公猪的精液也含有病毒，可通过配种传染给母猪。本病呈地方性或散发性流行，发病猪如不进行免疫预防，能持续多年甚至十几年不断地发生。

3. 微生物学诊断

（1）病毒分离鉴定　取新鲜病料制成 5~10 倍乳剂，离心取上清液，加双抗处理后接种原代猪胚肾细胞培养。病毒培养 16~36h 后，细胞形成核内包含体；培养 24~72h 出现细胞病变，细胞变圆、脱落、裂解，一般在细胞脱落时收获病毒，再盲传几代，用分离的病毒与特异血清进行中和试验和血凝抑制试验以鉴定。

（2）PPV 抗体检测　可靠的和敏感的诊断方法是用荧光抗体检查病毒。此外常用血凝抑制试验检测体液抗体，一般在受感染后第 5 天即可测出，并持续数年。有时也可用中和试验、免疫扩散试验等检测体液中抗体。

实验室诊断 PPV 的方法中以病原的分离与鉴定最为准确，可以用于 PPV 的最后确诊，而 HA 和 HI 是检测 PPV 快速且简捷的方法，是实验室诊断 PPV 的常用方法。另外，PCR 技术也正被广泛地应用于 PPV 的诊断。

4. 防治

（1）疫苗接种　母猪在配种前 2 个月左右用灭活油乳剂进行注射，可以预防本病的发生。仔猪母源抗体的持续期为 14～24 周，其抗体效价大于 1：80 时可抵抗猪细小病毒的感染。

（2）控制带毒猪进入猪场　在引进种猪时需加强检疫，严防病猪引进猪场。引进猪时需隔离观察 2 周，再进行一次血凝抑制试验，证实为阴性者，方可与本猪场混养。

二、犬细小病毒

犬细小病毒是犬细小病毒性肠炎的病原体。本病以剧烈呕吐、腹泻和白细胞显著减少为特征，是 1978 年首次从患肠炎的犬中发现的一种病毒。

1. 生物学特性

该病毒具有与细小病毒科其他病毒相类似的形态和理化特性。能在犬肾细胞和猫胎肾细胞上生长，同猫泛白细胞减少症病毒的抗原性相似，并都能在猫肾细胞上繁殖，表明犬细小病毒同猫泛白细胞减少症病毒的亲缘相近。于 37℃培养 4～5 天，可出现细胞病变，用苏木精染色，可见细胞中有核内包含体。

病毒的抵抗力很强，康复犬的粪便可能长期带毒，同时还存在无症状的带毒犬，因此一旦发生本病，环境被污染后很难彻底根除。

CPV 有 CPV1 和 CPV2 两种血清型，CPV1 又称为犬微小病毒，无明显的致病性；CPV2 有明显的致病性，常引起犬的细小病毒病。CPV2 出现了抗原性漂移，目前有 a、b 两个亚型，二者致病性无差异。

2. 致病性

CPV 对所有犬科动物均易感，并有很高的发病率与死亡率。偶尔也见于貂、狐等其他犬科动物。临床表现为出血性肠炎和心肌炎，各种年龄和品种的犬均易感，纯种犬易感性较高，2～4 月龄幼犬易感性最强，病死率也最高，发病率为 50％～100％，死亡率为 10％～50％。犬细小病毒是对犬危害最大的疫病之一。

3. 微生物学诊断

本病诊断很困难，在做好类症鉴别的基础上仍怀疑该病时，可采取病犬的新鲜粪便，用普通的负染色技术做电镜检查便能作出快速诊断。对死亡病例可用免疫荧光抗体技术检查肠系膜淋巴结、回肠或脾组织中病毒抗原。也可以用细胞培养物分离病毒或进行血清中和试验、血凝抑制试验来检测抗体。可用中和试验检测血清中的抗体；酶联免疫吸附试验，采用双抗夹心法，以检测病料中的病毒抗原，敏感性较高。

4. 防治

本病尚无特效治疗法，一般采用对症治疗法和支持疗法。现我国已有疫苗投入使用。

三、猫泛白细胞减少症病毒

猫泛白细胞减少症又称为猫瘟热，是由猫泛白细胞减少症病毒（feline panleukopenia virus，FPV）引起的猫及猫科动物的一种急性高度接触性传染病。临床表现为发热、呕吐、腹泻、脱水及白细胞严重减少和肠炎。

1. 生物学特性

本病毒具有细小病毒属的主要特征，这种病毒的 DNA 可能是双股的，直径 20～25nm，血清中和试验证明病毒仅有单一抗原血清。病毒可用猫肾细胞培养。病毒对正在分裂的细胞有选择性的亲和力，在植入细胞 2～3h 后接种病毒可获得最好效果，在 37℃培养 4～5 天后可见明显的细胞致病作用，经染色后可见有核内包含体。

对乙醚、氯仿、酸、酚和胰酶等有抵抗力，56℃ 30min 仍有活性，能被 0.2％福尔马林所灭活，在低温下或在 50％甘油生理盐水中病毒可长期保有传染性。

2. 致病性

本病毒除感染家猫外，还能感染其他猫科动物（如虎、豹）和鼬科动物（貂）及熊科的浣熊。各种年龄的猫均可感染。多数情况下，1 岁以下的猫易感，感染率可达 70%，死亡率为50%～60%，5 月龄以下的幼猫死亡率最高可达 80%～90%。在小动物门诊中以去势手术的猫最易感染，一般于手术后 7 天左右出现症状，手术中一般要求注射疫苗。

未经免疫接种的猫，可通过直接接触和间接接触传染。发病猫可从粪、尿、呕吐物及各种分泌物中排出大量病毒。康复猫长期排毒可达 1 年以上。感染期的猫也可通过跳蚤、虱、蜱等吸血昆虫传播。该病一年四季均可发生，尤以冬春季多发。此病随年龄的增长发病率逐渐降低，群养的猫可全群爆发或全窝发病。

3. 微生物学诊断

根据临床表现和白细胞减少的现象可作出初步诊断，确诊应根据病例剖检、病毒分离和免疫荧光检查。直接免疫荧光试验可用于检出在细胞培养或组织中的病毒。血清中和试验常用于测定抗体，以不同稀释度的血清和等量病毒混合，混合物置室温下 1h，每一混合液各取 0.2ml接种于次代猫肾细胞中，在 37℃培养 4 天，染色镜检，看有无核内包含体。该病毒具有凝集猪红细胞的特性，可采用血凝抑制试验进行血清学诊断。

4. 防治

本病目前尚无特效药物用于治疗。在病发初期注射大剂量抗病毒血清可获得一定效果，同时为了预防脱水和继发感染，可以大量补液，并加广谱的抗生素以进行对症治疗。本病预防的最主要措施是注射疫苗，目前常用的疫苗有弱毒疫苗和灭活疫苗。

四、貂阿留申病病毒

貂阿留申病（Aleutian disease of mink，AD）是由阿留申病病毒（Aleutian disease virus，ADV）引起的一种传染病。该病毒属细小病毒科，在水貂中主要引发两种不同类型的疾病。成年水貂感染 ADV 后，表现出典型的水貂阿留申病，以体内产生高水平的 γ-球蛋白，浆细胞增多，持续性病毒血症及由免疫复合物（immunee complex，IC）沉积引发的严重肾小球肾炎等为主要症状。而新生幼貂感染该病后，病毒在病貂体内肺泡 Ⅱ 型细胞中迅速大量繁殖，表现出一种急性致死性的间质性肺炎。

1. 生物学特性

本病毒属于细小病毒，其形态、理化特性与细小病毒属其他成员相似。病毒粒子的大小在23～25nm 范围内。对化学药品和酶的灭活作用有高度抵抗力，但易被煮沸、强酸、强碱与碘等灭活，有效的消毒剂为 10%福尔马林或 1%氢氧化钠。病毒能在水貂肾和睾丸细胞或猫肾细胞上培养繁殖。病毒的细胞培养须在 31.8℃，一般认为本病的发作缓慢，但本病毒在水貂体内的复制却很迅速，健貂在接种后约 10 天左右，病毒在脾、肝和淋巴结中的滴度即达最高，并能在水貂体内检测到抗体，用病兽的丙种球蛋白增多的血清注射健貂可复制本病，但此种血清如除去丙种球蛋白则失去感染性，血清中的病毒是和丙种球蛋白结合在一起的。

2. 致病性

本病主要感染水貂，对其他动物的感染情况尚不清楚。有报道雪貂中有类似疾病存在，而且人工感染时雪貂也能发病。水貂易感性无年龄和性别的差异，但水貂的遗传类型与对本病的易感性有密切关系，蓝色和黄色彩貂发病率较高，而黑色和其他颜色较深的水貂的易感性则低得多。这两类水貂不但发病率高低不同，而且育成率和成年后的不妊娠率也有很大差别。本病有明显的季节性，秋冬季节发病率和死亡率均大大增加。

本病的主要传染源是病兽和带毒兽。病毒长期存在于患貂体内，并从尿、粪和唾液中排出而污染外界环境，经过消化道和呼吸道传染健康水貂。另外，考虑到本病有长时间的持续性病毒血症存在，通过节肢动物媒介传播也是可能的。有人报道治疗和预防接种时针头污染可引起本病流行。此外，还可发生垂直传播，即感染母兽可将病传染给仔兽。

本病传入貂群开始多呈隐性流行，随着时间延长和病兽的累积，表现出地方流行性，造成严重损失。

3. 微生物学诊断

根据临床表现、慢性病程，结合剖检所见肾、脾、淋巴结和肝脏肿大等肉眼病变可作出初步诊断，但确诊仍需要进行实验室检查。最简单的实验室检验是非特异性的碘凝集试验。方法是：在貂的后肢趾枕区采血分离血清，取 1 滴血清置载玻片上，加 1 滴新配制的兽戈氏碘液混合，在 1～2min 后观察反应。如为阿留申病，则因血清中白蛋白和球蛋白的比例发生改变而出现暗褐色的大块絮状凝聚物。本试验虽不是特异反应，但方法简单，效果确实可靠，仍不失为一种好的诊断方法。免疫荧光、补体结合和对流免疫电泳，对阿留申病病毒的诊断都是可靠且特异的，其中对流免疫电泳试验已被广泛应用于本病的诊断，具有特异性强、检出率高等特点。

4. 防治

目前尚无有效的疫苗和治疗办法。主要是加强检疫，逐步净群，严格选留种貂。引进种貂要严格检疫。对污染貂群，以对流免疫电泳方法，通常每年 11 月选留种时和 2 月配种前进行 2 次检疫。淘汰阳性貂，选留阴性貂作种用。如此连续检疫处理 3 年，就有可能培育成无阿留申病貂的健康群。

第九节　新城疫病毒

新城疫病毒（newcastle disease virus，NDV）是引起新城疫的病原体，又称亚洲鸡瘟或伪鸡瘟。该病是一种急性、败血性、高度传染性疾病，死亡率在 90% 以上，对养鸡业危害极大。特征为呼吸困难、浆膜的广泛出血。NDV 最早（1926 年）发现于印度尼西亚的巴塔维亚，同年出现于英国新城，故被命名为新城疫病毒。

一、生物学特性

鸡新城疫病毒是单股、负链、不分节段的 RNA 病毒，属于副黏病毒科副黏病毒属，螺旋对称，病毒呈圆形，直径 140～170nm，有囊膜，囊膜上有纤突，能刺激宿主产生抑制病毒凝集红细胞的抗体和病毒中和抗体。

NDV 在胞浆中增殖。能凝集鸡、鸭、鸽、火鸡、人、豚鼠、小白鼠及蛙的红细胞，这种凝集现象，能为特异性血清所抑制。

多用鸡胚或鸡胚细胞培养来分离病毒。NDV 能在多种细胞培养上生长，可引起细胞病变，在单层细胞培养上能形成蚀斑，弱毒株必须在培养液中加胰酶，才能显示出蚀斑。NDV 在细胞培养中，可通过中和试验、蚀斑减数试验、血吸附抑制试验来鉴定病毒。新城疫病毒可在 9～11 日龄的鸡胚绒毛尿囊膜上或尿囊腔中生长，通常在接种后 24～36h 病毒的滴度可高达 10^{10} EID_{50}/ml。常于 24～72h 内致死鸡胚，死胚呈现出血性病变和脑炎。被感染的鸡胚尿囊液能凝集鸡红细胞。

NDV 对乙醚、氯仿敏感，对消毒剂、日光及高温的抵抗力不强，病毒在鸡舍内存活 7 周，鸡粪内于 50℃存活 5 个半月，鸡肉尸内 15℃可存活 98 天，在 -70℃可保存数年。70% 乙醇、3% 石炭酸等可在 3min 内杀死病毒，100℃1min 可灭活病毒。2% NaOH 溶液常用于消毒。

新城疫病毒只有一个血清型，但不同毒株的毒力有较大差异，根据毒力的差异可将 NDV 分为 3 个类型，强毒型、中毒型和弱毒型。区分的依据为如下致病指数，即病毒对 1 日龄雏鸡脑内接种的致病指数（ICPI）、42 日龄鸡静脉接种的致病指数（IVPI）、最小致死量致死鸡胚的平均死亡时间（MDT）。一般认为 MDT 在 68h 以上、ICPI 小于或等于 0.25 者为弱毒株；MDT 在 44～70h 之间，ICPI 在 0.6～1.8 之间为中毒株；MDT 在 40～70h 之间、ICPI 大于 2.0 为强毒株。IVPI 作为参考，强毒株 IVPI 常大于 2.0。

二、致病性

新城疫病毒对鸡有很强的致病力，使之发生新城疫，来航鸡及其他杂种鸡比本地鸡的易感性高，死亡率也高。各种年龄鸡的易感性有差异，2 年以上的老鸡易感性较低，雏鸡易感性最高。而对水禽、野禽的致病力较差，一般不自然感染。强毒株可引起火鸡感染但症状轻。哺乳动物中牛及猫也有可能感染死亡的病例。绵羊、猪、猴、小鼠及地鼠可用人工方法感染。人也可感染，引起结膜炎、流感样症状及耳下腺炎等。病毒主要通过饲料、饮水传播，也可由呼吸道或皮肤外伤而使鸡感染。

三、微生物学诊断

1. 病毒分离培养

对感染后 3～5 天的病禽，可采集呼吸道分泌物或肺组织。对全身症状比较严重的病例，则采集脾脏、血浆和扁桃体。脑组织的病毒分离率较低。另外，对曾接种过疫苗的病例，采集病料的时间应推迟至接种后 2 周左右。采集的病料经研磨、稀释和抑菌后，做鸡胚接种或细胞培养。

（1）鸡胚接种　接种用的鸡胚来自健康的鸡群，胚龄为 9～11 日龄。将病料悬浮液做鸡胚绒毛尿囊腔接种后，置于 37℃温箱中培养。强毒和中等毒力的毒株常使鸡胚于接种后 36～96h 内死亡。死胚全身各部出血，尿囊液澄清并有较高的血凝价。弱毒株不一定能致鸡胚死亡，但胚液能凝集红细胞。可疑病料如果不能使鸡胚死亡，应取鸡胚和胚液混合研磨成悬液，再用鸡胚盲传 3 代才做判定。

（2）细胞培养　把病料悬浮液接种到鸡胚成纤维细胞或鸡胚肾细胞上，观察细胞融合等病变情况。不过有些毒株是不引起细胞病变的。

2. 病毒鉴定

常用的方法主要是 HA 和 HI 试验，其他方法还包括病毒中和试验、酶联免疫吸附试验、免疫双向扩散试验以及免疫组化技术等。

目前，OIE 确诊 ND 有两种方法：一是分离鉴定 NDV 并进行生物学试验，测定分离 NDV 的鸡胚平均死亡时间（MDT）、1 日龄鸡脑内接种致病指数（ICPI）和 6 周龄鸡静脉接种致病指数（IVPI）以确定其毒力；二是采用基于 RT-PCR 的分子生物学方法，确定病原为 NDV 并确定其毒力。

四、防治

新城疫是 OIE 规定的 A 类疫病，许多国家都有相应的立法。防治须采取综合性措施，包括卫生、消毒、检疫和免疫等。由于 NDV 只有一个血清型，所以疫苗免疫效果良好。通常采用由天然弱毒株筛选制备的活疫苗及强毒株制备的油乳剂灭活苗。

目前我国常用的生产弱毒疫苗的毒株有 Muktes-war 系（又称印度系）、B1 系、F 系以及 Lasota 系 4 种，制备的疫苗分别称为 Ⅰ 系、Ⅱ 系、Ⅲ 系、Ⅳ 系疫苗。其中 Ⅰ 系苗为中毒型，适用于已经新城疫弱毒苗（如 Ⅱ 系、Ⅲ 系、Ⅳ 系）免疫过的 2 月龄以上的鸡，不得用于雏鸡。常用方法是皮下刺种和肌内注射。新城疫 Ⅱ 系、Ⅲ 系、Ⅳ 系疫苗毒力较弱，适用于所有年龄的鸡，可做滴鼻、点眼、饮水、气雾免疫等。免疫接种时，必须根据疫病的流行情况、鸡蛋品种、日龄、疫苗的种类等制订好免疫程序，并按程序进行免疫。由于鸡在免疫接种后 15 天仍能排出疫苗毒，因此有些国家规定鸡在免疫接种 21 天后才可调运。

ND 的免疫接种除使用弱毒疫苗外，近 10 年新城疫油佐剂灭活苗的应用也很广泛，灭活苗对于各种日龄鸡的免疫均可使用，免疫方法为皮下或肌内注射。

第十节　马立克病毒

马立克病毒（Marek's disease virus，MDV）是引起鸡马立克病的病原体，此病主要特征是病鸡外周神经、性腺、肌肉、各种脏器和皮肤的单核细胞浸润或形成肿瘤。常使病鸡发生急性死亡、消瘦或肢体麻痹。本病隐性传染的带毒鸡是最危险的传染来源，在鸡群中，无论是直接或间接接触，都可传播病毒，传染性强，危害性大，已成为鸡的主要传染病之一。

一、生物学特性

MDV 是双股 DNA 病毒，属于疱疹病毒科疱疹病毒甲亚科的成员，又称禽疱疹病毒 2 型，病毒近似球形，为二十面体对称。在机体组织内病毒有两种存在形式：一种是病毒颗粒外面无囊膜的裸体病毒，存在于肿瘤组织中，是一种严格的细胞结合型病毒；另一种为有囊膜的完整病毒，存在于羽毛囊上皮细胞中，属非细胞结合型。裸体病毒直径约为 $80\sim170$nm；完整病毒直径约为 $275\sim400$nm。在细胞内常可看到核内包含体。

MDV 是一种细胞结合性病毒，本病毒可分为 3 个血清型。一般所说的马立克病病毒是指血清 1 型，为致瘤性 MDV（含强毒及致弱的变异毒株），血清 2 型为非致瘤性 MDV，血清 3 型为火鸡疱疹病毒及其变异株（HVT），对火鸡可致产卵下降，对鸡无致病性。

本病毒可在新生雏鸡、组织培养、鸡胚和 MD 淋巴瘤成淋巴细胞样细胞系中增殖。鸡肾细胞和鸭胚成纤维细胞培养，适合于 NDV 的增殖，形成局灶性细胞病变，损害的细胞上常看到 A 型核内包含体。鸡胚经卵黄囊接种 MDV 后，经过 $12\sim14$ 天在绒毛尿囊膜上发生病毒痘斑。

有囊膜的病毒有较大的抵抗力，在垫草中经 $44\sim112$ 天，在鸡粪中经 16 周仍有活力。在无细胞滤液中，经 -65°C 冻结后，210 天后其滴度未见下降。病毒于 4°C 两周，$22\sim25^\circ$C 4 天，37°C 18h，56°C 30min，60°C 10min 即被灭活。对热的抵抗力不强，对福尔马林敏感，每立方米用 2g 福尔马林可做环境消毒，常用化学剂 10min 内可使病毒失活。

二、致病性

MDV 主要侵害雏鸡和火鸡，1 日龄雏鸡敏感性比 14 日龄鸡高 1000 多倍。野鸡、鹌鹑和鹧鸪也可感染。发病后不仅引起大量死亡，耐过的鸡生长不良，是一种免疫抑制性疾病，对养鸡业危害很大。病情复杂，可分为 4 种类型：内脏型（急性型）、神经型（古典型）、眼型和皮肤型。致病的严重程度与病毒毒株的毒力、鸡蛋日龄和品种、免疫状况、性别等有很大关系。隐性感染鸡可终生带毒并排毒，其羽毛囊角化层的上皮细胞含有病毒，易感鸡通过吸入此种毛屑感染。病毒不经卵传递。一般认为哺乳动物对本病毒无易感性。鸡一旦感染可长期带毒排毒。

三、微生物学诊断

1. 病毒的分离

把患病鸡的组织做适当处理后接种于 7 日龄 SPF 雏鸡的腹腔，每只 $0.3\sim0.5$ml，接种 $4\sim6$ 只，接种后严格隔离，并用已知的特异性免疫血清处理病料做对照鸡试验，接种后 $2\sim10$ 周观察接种鸡和对照鸡的病理变化，若有典型病变和组织学病变，而对照鸡没有出现，则证明雏鸡发生了 MDV 感染。

2. 琼脂扩散试验

诊断该病的简易方法是琼脂扩散试验，中间孔加阳性血清，周围插入被检鸡羽毛囊，出现沉淀线为阳性。免疫荧光试验等血清方法可检出病毒。病毒分离可接种 4 日龄鸡胚卵黄囊或绒毛尿囊膜，再做荧光抗体染色或电镜检查作出诊断。禽白血病病毒往往与本病毒同时存在，要注意鉴别。

四、防治

由于雏鸡对 MDV 的易感性高，尤其是 1 日龄雏鸡易感性最高，所以防治本病的关键在于搞好育雏室的卫生消毒工作，防止早期感染，同时做好 1 日龄雏鸡的免疫接种工作，加强免疫，发现病鸡立即淘汰。

目前免疫接种常用疫苗有 4 类，即强毒致弱 MDV 疫苗（如荷兰 CVI988 疫苗）、天然无致病力 MDV 疫苗（如 SB-1、Z4 苗）、火鸡疱疹病毒疫苗（HVT 苗）和双价（血清 I 型＋Ⅲ型、血清Ⅱ型＋Ⅲ型）及三价苗（血清 I 型＋Ⅱ型＋Ⅲ型）。疫苗的使用方法是 1 日龄雏鸡颈部皮下注射。

生产中应用的 MDV 疫苗除 HVT 苗以外均为细胞结合性疫苗，尚不能冻干，必须液氮保存，故运输、保存和使用均应注意。

第十一节　鸡传染性法氏囊病毒

鸡传染性法氏囊病毒（infection bursal disease virus，IBDV）是引起鸡传染性法氏囊病的病原体，是一种免疫抑制性疾病。本病是一种高度接触性传染病，以法氏囊淋巴组织坏死为主要特征。但其更严重的后果是病毒侵害腔上囊，使 B 淋巴细胞的发育受到抑制，导致体液免疫应答能力的下降或缺乏，鸡的抵抗力降低，免疫接种效果下降或无效，易诱发其他疾病。据报道，鸡早期感染传染性法氏囊病，降低鸡新城疫疫苗免疫效果 40％以上，降低鸡马立克病免疫效果 20％以上，故对鸡群危害严重。该病 1957 年首发于美国甘保罗地区，故又称甘保罗病。

一、生物学特性

IBDV 属双股 RNA 病毒科、双 RNA 病毒属。病毒粒子呈球形，直径 55～60nm，由 32 个壳粒组成，正六角形二十面体对称，无囊膜，单层核衣壳。

该病毒有两个血清型，二者有较低的交叉保护，仅 1 型对鸡有致病性，火鸡和鸭为亚临床感染。2 型未发现有致病性。毒株的毒力有变强的趋势。

鸡胚接种是培养 IBDV 的首选方法，应采用 SPF 或无母源抗体的鸡胚，9～11 日龄鸡胚做绒毛尿囊膜接种。病毒可在多种细胞上生长，如鸡胚法氏囊细胞、鸡胚成纤维细胞、鸡胚肾细胞等，出现 CPE 及大量蚀斑。

病毒对理化因素的抵抗力较强，耐热，56℃ 5～6h，60℃ 30～90min 仍有活力。但 70℃加热 30min 即被灭活。病毒在－20℃贮存 3 年后对鸡仍有传染性，在－58℃保存 18 个月后对鸡的感染滴度不下降。能耐反复冻融和超声波处理。在 pH2.0 环境中 60min 不灭活。对乙醚、氯仿、吐温和胰蛋白酶有一定抵抗力。在 3％来苏尔、3％石炭酸和 0.1％升汞液中经 30min 可以灭活。但对紫外线有较强的抵抗力。

二、致病性

IBDV 的天然宿主只限于鸡。2～15 周龄鸡较易感，尤其是 3～5 周龄鸡最易感，各品种鸡均易感，来航鸡更易感。在法氏囊已退化的成年鸡中呈现隐性感染。肉用雏鸡的饲养期一般不超过10 周，故最为常见，受害也最严重，一般发病鸡和反应鸡数达 80％～90％，病鸡死亡率一般在30％左右，严重的达 50％～70％。鸭、鹅和鸽不易感。鹌鹑和麻雀偶尔感染发病。火鸡只发生亚临床感染。

IBDV 使鸡发生传染性法氏囊病，不仅能导致一部分鸡死亡，造成直接的经济损失，而且还可导致免疫抑制，从而诱发其他病原体的潜在感染或导致其他疫苗的免疫失败，目前认为该病毒可以降低鸡新城疫、鸡传染性鼻炎、鸡传染性支气管炎、鸡马立克病和鸡传染性喉气管炎等各种疫苗的免疫效果，使鸡对这些病的敏感性增加。

三、微生物学诊断

1. 病毒的分离

分离病毒常用鸡胚接种或雏鸡接种。9～11 日龄 SPF 鸡胚绒毛尿囊膜接种，常于接种后 3～

5 天死亡，病变表现为体表出血、肝脏肿大、坏死肾脏充血、有坏死灶，肺脏极度充血，脾脏呈灰白色，有时有坏死灶。雏鸡接种通常用3～7周龄鸡经口接种，4 天后扑杀，可见法氏囊肿大、水肿出血。

2. 琼脂扩散试验

应用8％ NaCl 的 pH 值为 7.4 的 PBS 液配制 1％琼脂，在培养皿中制备琼脂平板，IBDV 阳性、阴性抗原和相应阳性、阴性血清对照，检测病鸡料悬液 [（1∶10）～（1∶5）] 中的抗原。37℃ 24h 孵育后，若在待检病料与标准阳性血清孔之间出现清晰沉淀线，并与标准阳性抗原和血清之间形成的沉淀线吻合为被检阳性。常用的方法还有中和试验、免疫荧光技术、酶联免疫吸附试验等。

四、防治

平时加强对鸡群的饲养管理和卫生消毒工作，消灭传染源，切断传播途径，合理使用疫苗和抗体，定期进行疫苗免疫接种，是控制本病的有效措施。高免卵黄抗体的使用在本病毒早期治疗中有较好的效果。

目前常用的疫苗有活毒疫苗和灭活疫苗两大类。活毒疫苗有两种类型：一是弱毒疫苗，接种后对法氏囊无损伤，但抗体产生较迟，效价较低，在遇到较强毒力的 IBDV 侵害时，保护率较低；二是中等毒力疫苗，用后对雏鸡法氏囊有轻度损伤作用，但对较强毒力的 IBDV 侵害的保护率较好。两种活毒疫苗的接种途径为点眼、滴鼻、肌内注射或饮水免疫。灭活疫苗有鸡胚细胞毒、鸡胚毒或病变法氏囊组织制备的灭活疫苗，此类疫苗的免疫效果好，但必须经皮下或肌内注射。

第十二节　犬瘟热病毒

犬瘟热病毒（canine distemper virus，CDV）是引起犬瘟热的病原体。本病是犬、水貂及其他皮毛动物的高度接触性急性传染病。以双相热型、鼻炎、支气管炎、卡他性肺炎以及严重的胃肠炎和神经症状为特征。犬瘟热分布广泛，是犬的最重要的病毒病。

一、生物学特性

本病毒为单股 RNA 病毒，属副黏病毒亚科麻疹病毒属，病毒粒子多数呈球形，有时为不规则形态。直径为 70～160nm，核衣壳呈螺旋对称排列。也有人认为病毒颗粒直径为150～300nm。有囊膜，囊膜上有纤突，只有一个血清型。

CDV 能适应多种细胞培养物，在犬肾细胞上，CDV 产生的细胞病变包括细胞颗粒变性和空泡形成，形成巨细胞和合胞体，并在细胞中（偶尔在核内）产生包含体。

瘟热病毒对理化因素抵抗力较强。病犬脾脏组织内的病毒于－70℃可存活 1 年以上，病毒冻干可以长期保存，而在 4℃只能存活 7～8 天，在 55℃可存活 30min，在 100℃ 1min 灭活。2％氢氧化钠 30min 失去活性，在 3％氢氧化钠中立即死亡；在 1％来苏尔溶液中数小时不灭活；在 3％甲醛和 5％石炭酸溶液中均能死亡。最适 pH 值为 7～8，在 pH4.4～10.4 条件下可存活 24h。

二、致病性

本病主要侵害幼犬，不同年龄、性别和品种的犬均可感染，以 1 岁以内幼犬最易感。纯种犬和警犬比土犬的易感性高，且病情严重，死亡率高。但狼、狐、豺、鼬鼠、熊猫、浣熊、山狗、野狗、狸和水貂等动物也易感。貂人工感染也可发病。雪貂对犬瘟热病毒特别易感，自然发病的死亡率高达 100％，因此，常用雪貂作为本病毒实验动物。人、小鼠、豚鼠、鸡、仔猪和家兔等对本病无易感性。

三、微生物学诊断

1. 病毒分离

从自然感染病例分离病毒比较困难。通常用易感的犬或雪貂分离病毒，也可以用犬肾原代细胞、鸡胚成纤维细胞及犬肺巨噬细胞进行分离。

2. 包含体检查

包含体主要存在于病犬的膀胱、胆管、胆囊、肾盂的上皮细胞内。有人认为在病犬的舌和眼结膜上皮细胞内也有包含体，并建议用涂片法诊断犬瘟热。取玻片，滴加生理盐水，用解剖刀在膀胱刮取黏膜，轻轻将细胞在生理盐水中洗涤，并做涂片。在空气中自然干燥，放于甲醛溶液中固定 3min，晾干后，吉姆萨染色镜检。结果细胞核染成淡蓝色，细胞质染成淡玫瑰红色，包含体染成红色。通常包含体在细胞质内，呈圆形或椭圆形（1~2mm），一个细胞内可发现 1~10 个包含体。

3. 血清学检查

免疫组化技术可用于检测临死前动物外周血淋巴细胞或剖检动物肺、胃、肠及膀胱组织中的病毒抗原。

四、防治

加强检疫、卫生及免疫是控制本病的关键措施，因此，防治本病的合理措施是免疫接种。我国目前用于预防该病的疫苗有单价苗、三联苗、五联苗以及麻疹苗等多种疫苗。耐过犬瘟热的动物可以获得坚强的甚至终生的免疫力。幼犬免疫接种的日龄取决于母源抗体的滴度。亦可在 6 周龄时用弱毒疫苗免疫，每隔 2~4 周再次接种，直至 16 周龄。治疗可用高免血清或纯化的免疫球蛋白。

第十三节　流行性感冒病毒

流行性感冒病毒，简称流感病毒，是一种造成人类及动物患流行性感冒的 RNA 病毒，在分类学上，流感病毒属于正黏液病毒科。

一、流感病毒的分类和特征

1. 分类

正黏液病毒科有四个属：甲型流感病毒属（influenza A）、乙型流感病毒属（influenza B）、丙型流感病毒属（influenza C）及托高土病毒属。甲型流感病毒是马、鸟类、猪、人、鸡等其他动物的病原，乙型流感病毒仅感染人，丙型流感病毒感染人和猪。托高土病毒感染家畜和人类。

在核蛋白抗原性的基础上，流感病毒还根据血凝素和神经氨酸酶的抗原性分为不同的亚型。根据世界卫生组织 1980 年通过的流感病毒毒株命名法修正案，流感毒株的命名包含 6 个要素：型别、宿主、分离地区、毒株序号（HnNm）、分离年份，其中对于人类流感病毒，省略宿主信息，对于乙型和丙型流感病毒省略亚型信息。例 A/swine/Lowa/15/30（H1N1）表示的是核蛋白为 A 型的。

2. 主要特性

流感病毒呈球形，新分离的毒株则多呈丝状，其直径在 80~120nm 之间，丝状流感病毒的长度可达 400nm。流感病毒结构自外而内可分为包膜、基质蛋白以及核心三部分。

病毒的核心包含了存贮病毒信息的遗传物质以及复制这些信息必须的酶。流感病毒的遗传物质是单股负链 RNA，简写为 ss-RNA。甲型和乙型流感病毒的 RNA 由 8 个节段组成，丙型流感病毒则比它们少一个节段。

基质蛋白构成了病毒的外壳骨架。基质蛋白与病毒最外层的包膜紧密结合起到保护病毒核心和维系病毒空间结构的作用。包膜是包裹在基质蛋白之外的一层磷脂双分子层膜，这层膜来源于宿主的细胞膜，成熟的流感病毒从宿主细胞出芽，将宿主的细胞膜包裹在自己身上之后脱离细胞，去感染下一个目标。包膜中除了磷脂分子外，还有两种非常重要的糖蛋白——血凝素和神经氨酸酶。这两类蛋白突出病毒体外，被称做刺突。在甲型流感病毒中血凝素和神经氨酸酶的抗原性会发生变化，这是区分病毒毒株亚型的依据。

在感染人类的三种流感病毒中，甲型流感病毒有着极强的变异性，乙型次之，而丙型流感病毒的抗原性非常稳定。甲型流感病毒是变异最为频繁的一个类型，每隔十几年就会发生一个抗原性大变异，产生一个新的毒株，这种变化称做抗原转变亦称抗原的质变；在甲型流感亚型内还会发生抗原的小变异，其表现形式主要是抗原氨基酸序列的点突变，称做抗原漂移亦称抗原的量变。抗原转变可能是血凝素抗原和神经氨酸酶抗原同时转变，称做大族变异；也可能仅是血凝素抗原变异，而神经氨酸酶抗原不发生变化或仅发生小变异，称做亚型变异。

对于甲型流感病毒的变异性，学术界尚无统一认识，一些学者认为，是由于人群中传播的甲型流感病毒面临较大的免疫压力，促使病毒核酸不断发生突变。另一些学者认为，是由于人流感病毒和禽流感病毒同时感染猪后发生基因重组导致病毒的变异。后一派学者的观点得到一些事实的支持，实验室工作显示，1957 年流行的亚洲流感病毒（H2N2）基因的八个节段中有三个来自鸭流感病毒，其余五个节段则来自 H1N1 人流感病毒。2009 年流行的北美流感病毒八个节段分别来自人、猪和禽流感病毒。

二、猪流感病毒

猪流感主要由 H1N1 和 H3N2 猪流感病毒（swine infiuenza virus，SIV）引起，这两种亚型的病毒稳定存在于猪群中。根据病原学基因组特征，H1N1 病毒又分为经典 H1N1 和类禽 H1N1。我国猪群中 A 型流感病毒复杂，除 H1N1 和 H3N2 猪流感病毒外，还发现有 H1N2 亚型猪流感病毒、禽 H9N2 及 H5N1 的存在。

猪流感是引起猪呼吸系统疾病的主要病因之一，发病猪表现为发热、咳嗽、呼吸困难、嗜睡、食欲下降、鼻腔有分泌物等。单纯猪流感病毒感染的死亡率很低，病猪一般很快康复；而混合或继发感染，如和细菌等病原混合感染则可导致严重的发病与死亡。

本病最大的危害是导致病猪停止生长或生长缓慢、延长出栏时间，对养猪业造成很大的经济损失。该病的发生呈季节性，常发生于天气骤变的晚秋、早春及寒冷的冬季；在世界范围内广泛存在。

1. 流感病毒从猪到人的传播

1976～1997 年美国发生了 10 余起经典猪流感感染人的事件，导致多人死亡。

1991 年，我国发生首例人感染经典 H1N1 亚型 SIV 事件，患者为一名 16 岁中学生（与家猫等动物有密切接触史），临床上表现为发烧、肺部感染，有呼吸衰竭发生，白细胞增多。

除了 1976 年新泽西迪克斯堡事件，还没有关于猪流感病毒在人与人之间传播的证据。也没有直接的证据证明大流行毒株是在猪体内产生的，包括 2009 年发生在墨西哥和美国的新型流感。

2. 致病机理

感染模式与一般呼吸道感染相似，病毒经气雾进入体内，而后在数小时之内迅即感染鼻腔、气管及支气管上皮细胞产生肺局部炎症。由于上皮表层完全脱落，坏死细胞的残屑可堵塞小支气管，从而导致肺泡膨胀不全、慢性纤维性肺炎及肺气肿。

近年来的研究发现，病毒全年存在于猪体，某些猪作为带毒者，只有在气候变冷时才发病。

3. 诊断

分离病毒应采取病程早期的鼻拭子或尸体的肺，接种 10 日龄的鸡胚尿囊腔，35～37℃孵育 3～4 天，收获羊水和尿囊液，做 HA-HI 试验；也可用鸡胚成纤维细胞分离病毒；还可以直接检测核酸。

4. 预防与控制

在已研制的猪流感疫苗中，技术最成熟并用于生产的主要是 H1N1 型和 H3N2 亚型单价或双价猪流感全病毒灭活疫苗。其形式多为油佐剂疫苗，灭活剂一般采用甲醛或 BEI。据报道，猪流感灭活疫苗能有效保护断奶仔猪和种猪抵抗 SI，使发病率降低 30%～70%，使死亡率降低 60%～87%。

三、禽流感病毒

早在 1901 年即分离到禽流感病毒（avian influenza virus，AIV），但直到 1955 年才明确它与人及哺乳动物流感的关系，20 世纪 70 年代开始注意在水禽中广泛存在的禽流感病毒是流感病毒的"基因库"，并对家禽业构成潜在威胁。禽流感病毒能使家禽发生禽流感，又称欧洲鸡瘟或真性鸡瘟，典型病例产生各种综合征，从无症状感染到呼吸道疾病和产蛋下降，到死亡率接近100%的严重的全身性疾病不等。现名高致病性禽流感（HPAI）已经被 OIE 定为 A 类传染病，并被列入国际生物武器公约动物传染病名单。我国把高致病性禽流感列为一类动物疫病。该病在世界各地曾发生多次流行，造成了巨大的损失，同时也给人们的生命健康带来严重威胁。

1. 生物学特性

禽流感病毒（AIV）属于正黏病毒科、甲型流感病毒属。典型病毒粒子呈球形，也有呈杆状或丝状的，直径80～120nm。含单股 RNA，核衣壳呈螺旋对称。外有囊膜，囊膜表面有许多放射状排列的纤突。纤突有两类：一类是血凝素（H）纤突，现已发现 15 种，分别以 H1～H15 命名；另一类是神经氨酸酶（N）纤突，已发现有 9 种，分别以 N1～N9 命名。H 和 N 是流感病毒两个最为重要的分类指标，二者又以不同的组合，产生多种不同亚型的毒株，不同的 H 抗原或 N 抗原之间无交互免疫力。H5N1、H5N2、H7N1、H7N7 及 H9N2 是引起鸡禽流感的主要亚型。不同亚型的毒力相差很大，高致病力的毒株主要是 H5 和 H7 的某些亚型毒株。

禽流感病毒能凝集鸡、牛、马、猪和猴的红细胞。禽流感病毒抗原性变异频率较高，主要以两种方式进行：漂移和转变。抗原漂移可引起 HA 和 NA 的次要抗原变化，而抗原转变可引起 HA 和 NA 的主要抗原变化。

AIV 能在鸡胚、鸡胚成纤维细胞中增殖，病毒通过尿囊腔接种鸡胚后，经 32～72h，病毒量可达最高峰，导致鸡胚死亡，并使胚体的皮肤、肌肉充血和出血。高致病力的毒株 20h 即可致死鸡胚。大多数毒株能在鸡胚成纤维细胞培养形成蚀斑。

禽流感病毒对外界环境的抵抗力不强，对高温、紫外线、各种消毒剂敏感。在直射日光下40～48h，65℃数分钟可全部失活。但存在于粪便、鼻液、泪水、尸体中的病毒不易被消毒剂灭活。病毒在低温和潮湿的条件下可存活很长时间，如粪便中和鼻腔分泌物中的病毒，其传染性在4℃可存活 30～35 天。20℃可存活 7 天。一般消毒剂和消毒方法，如 0.1%新洁尔灭、1%氢氧化钠、2%甲醛溶液、0.5%过氧化酸等浸泡以及阳光直射、堆积发酵等均可将其杀灭。

2. 致病性

AIV 除感染鸡和火鸡外，也可感染鸭、鸽、鹅和鹌鹑、麻雀等，接种脑内小鼠可使其发病，并可形成包含体。禽流感发病急，致死率高达 40%～100%。血及组织液中病毒滴度高，直接接触或间接接触均可传染。哺乳动物的流感病毒仅在呼吸道与肠道增殖，但禽流感病毒的大多数强毒株感染鸡或火鸡，可出现病毒血症，导致胰腺炎、心肌炎、脑炎，鸡头和面部水肿，冠和肉垂肿大发绀，脚鳞出血。鸭、鹅等水禽有明显神经和腹泻症状，角膜炎症，甚至失明等。在发病后 3～7 天可检出中和抗体，在第 2 周时达到高峰，可持续 18 个月以上。

大量病毒可通过粪便排出，在环境中长期存活，尤其是在低温的水中。病毒通过野禽传播，特别是野鸭。尚不清楚病毒如何能在野禽群体中长年存在，有可能以低的水平维持，即使在迁徙及越冬时也是如此。加拿大 20% 年青野鸭在由南迁飞之前已轻度感染病毒。除候鸟水禽外，笼养鸟也可带毒造成鸡群禽流感的流行。高致病力的 AIV 可引起禽类的大批死亡进而造成极大的经济损失，历史上造成高致病性禽流感大暴发的毒株都属于 H5 或 H7 亚型毒株。

低致病性禽流感临床症状较复杂，其表现随感染毒株的毒力，家禽的种类、品种、年龄、性状、饲养管理状况，发病季节和禽群健康状况等情况的不同而有很大的差异，可表现为不同程度的呼吸道症状、消化道症状、产蛋量下降或隐性感染等。病程长短不定，不继发其他病原体感染时，病死率较低。

3. 微生物学诊断

禽流感病毒的分离和鉴定应在指定的实验室进行。病毒的分离、鉴定和毒力测定至关重要。

（1）分离病毒　可用棉拭子从病禽（或尸体）气管及泄殖腔采取分泌物，接种于 8～10 日龄 SPF 鸡胚尿囊腔，0.1ml/只，采取尿囊液，做 HA-HI 或 ELISA 等试验，对该病毒进行诊断检测。

（2）毒力分析　可将分离株接种鸡，或用分离毒株做空斑试验，检测其毒力，有毒力毒株能产生空斑，无毒力毒株则无。高致病力 OIE 规定的标准为：将含病毒的鸡胚尿囊液原液用灭菌生理盐水做 1：10 稀释，静脉内接种 4～8 周龄 SPF 鸡 8 只，每只 0.2ml 时，隔离饲养观察 10 天，死亡≥6 只者判定为高致病性禽流感病毒。

目前用于禽流感检测的方法有琼脂扩散试验（AGP）、血凝抑制（HI）试验、神经氨酸酶抑制（NI）试验、酶联免疫吸附试验（ELISA）、病毒中和试验（SN）、反转录聚合酶链反应（RT-PCR）、免疫荧光技术（IF）及核酸探针技术。其中，NI 试验和 SN 试验受禽流感亚型众多的限制，必须有全套的标准血清，需在专门的实验室进行。

4. 防治

预防措施应包括在国际、国内及局部养禽场 3 个不同水平。高致病性禽流感被 OIE 列为 A 类疫病，一旦发生应立即上报。国内措施主要为防止病毒传入及蔓延。养禽场还应侧重防止病毒由野禽传给家禽，要有隔离设施阻挡野禽。一旦发生高致病性禽流感，应采取果断措施防止扩散，采取隔离、消毒、封锁、扑杀销毁等综合性措施。灭活疫苗可用作预防之用，但接种疫苗能否防止带毒禽经粪便排毒，能否防止病毒的抗原性变异，均有待研究。

相关链接

甲型 H1N1 流感病毒

在发病的初期，人们发现引发流行的病毒基因与猪流感病毒同源性较高，从而将该病称为"猪流感"。2009 年 4 月 30 日世界卫生组织宣布，不再使用"猪流感"一词指代此疫情，而开始使用"A/H1N1 流感"一词。随之，我国也不再称之为"人感染猪流感"而改为"甲型 H1N1 流感"，并将该病纳入《中华人民共和国传染病防治法》规定的乙类传染病，并采取甲类传染病的预防、控制措施。

2009 年 3 月初，墨西哥出现了非同寻常的高数量呼吸道疾病病人入院治疗的情况，但当局并没有着手调查，部分原因是当时也出现了季节性流感。而且，这种疾病不太伤害小孩和老年人，这两组人群实际上最容易受到流感的侵袭。4 月 17 日，美国疾病控制和预防中心的实验室确认出这次流感是来自一种全新的流感病毒 H1N1。

该病毒在人际间的传播模式仍然未知。虽然该病毒被怀疑通过人类打喷嚏传染，但因为许多患者出现腹泻，所以存在病毒通过粪便传播的可能性。

由世界卫生组织、英国和墨西哥联合对墨西哥 H1N1 流感爆发分析显示，H1N1 病毒的危险性相当于杀死 200 万人的 1957 年流感，但其致死性远没有 1918 西班牙流感高。

从系统进化树分析来看，该病毒不是在猪中的简单杂合，每个病毒基因片段都经过了大的变异，很可能有其他过渡形式存在，或经过了其他动物，而产生新的病毒。

【本章小结】

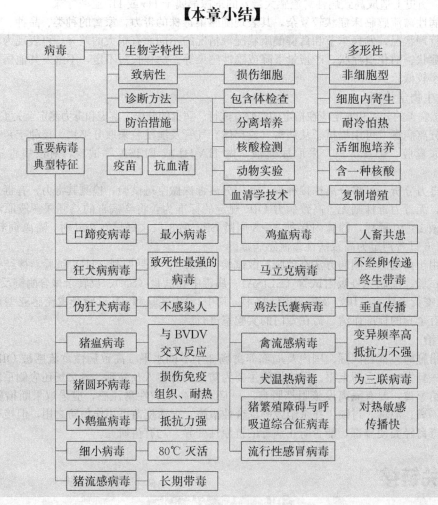

【复习题】

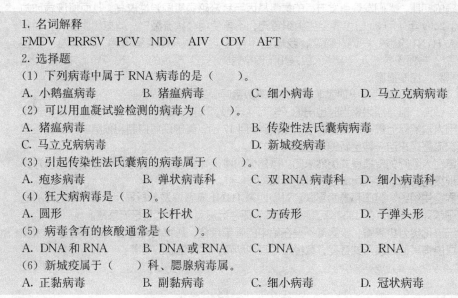

1. 名词解释

FMDV　PRRSV　PCV　NDV　AIV　CDV　AFT

2. 选择题

(1) 下列病毒中属于 RNA 病毒的是（　　）。

A. 小鹅瘟病毒　　　　B. 猪瘟病毒　　　　C. 细小病毒　　　　D. 马立克病病毒

(2) 可以用血凝试验检测的病毒为（　　）。

A. 猪瘟病毒　　　　　　　　　　　B. 传染性法氏囊病病毒

C. 马立克病病毒　　　　　　　　　D. 新城疫病毒

(3) 引起传染性法氏囊病的病毒属于（　　）。

A. 疱疹病毒　　　　B. 弹状病毒科　　　C. 双 RNA 病毒科　D. 细小病毒科

(4) 狂犬病病毒是（　　）。

A. 圆形　　　　　　B. 长杆状　　　　　C. 方砖形　　　　　D. 子弹头形

(5) 病毒含有的核酸通常是（　　）。

A. DNA 和 RNA　　B. DNA 或 RNA　　C. DNA　　　　　　D. RNA

(6) 新城疫属于（　　）科、腮腺病毒属。

A. 正黏病毒　　　　B. 副黏病毒　　　　C. 细小病毒　　　　D. 冠状病毒

(7) 病毒显著区别于其他生物的特征是（　　）。

A. 具有感染性　　B. 独特的繁殖方式　　C. 体积微小　　D. 细胞内寄生

(8) 构成机体病毒感染的因素包括（　　）。

A. 感染途径和传播媒介　　　　　　　B. 病毒、机体和环境条件

C. 致病性和毒力　　　　　　　　　　D. 病毒的宿主范围

3. 问答题

(1) 简述猪瘟病毒的传播特点及检测手段。

(2) 简述口蹄疫病毒的流行、致病特点及对策。

(3) 简述猪繁殖障碍与呼吸道综合征病毒的致病特点。

(4) 简述猪圆环病毒的主要特征。

(5) 如何控制及检测禽流感病毒？

(6) 以新城疫和猪气喘病为例论述不同传染病的防治措施。

(7) 当动物发生病毒性疾病时，用微生物学知识结合实验做出诊断，请详细写出过程。

(8) 如何预防猪流感与流感病毒 H1N1 的发生？

第十三章　其他病原微生物

【学习目标】
- 了解主要病原微生物的生物学特性
- 掌握不同病原微生物的病原性及诊断方法
- 熟练掌握黄曲霉毒素的实验室检查方法

【技能目标】
- 培养学习对不同病原微生物进行分离、鉴别、检验的能力

第一节　曲　霉　菌

曲霉菌主要存在于稻草、秸秆、谷壳、木屑及发霉的饲料中，菌丝及孢子以空气为媒介污染笼舍、墙壁、地面及用具。致病性曲霉菌有多种，常见的有烟曲霉和黄曲霉（常见曲霉菌鉴别见表13-1）。

表 13-1　常见曲霉菌鉴别

菌种	菌落形态	镜检特征			
		分生孢子柄	顶囊	小梗	分生孢子
烟曲霉	生长快,初为白色,可为棉花状,后颜色加深变为深绿色,粉末状	壁光滑,近顶端粗大,绿色	烧瓶状,直径20~30µm	单层,较长,分布顶囊,排列多呈木栅状	球形,有小棘
土曲霉	菌落小,圆形,淡褐色	壁光滑,无色	半球形,直径10~16µm	双层,第一层短,分布顶囊表面2/3,放射状排列	小而光滑,链状
黄曲霉	生长快,黄色,表面呈粉末状	壁粗糙,无色,微弯曲	近球形,直径50µm	双层,第一层长球形或梨形	链状排列
黑曲霉	生长快,黑色,表面呈粉末状	壁光滑,无色	近球形,直径20~50µm	双层,第一层长球形	有小棘,褐黑色
构巢曲霉	暗绿色,中央粉末状,边缘绒毛状	壁光滑,棕色,短	半球形,直径8~19µm	双层,第一层短,分布顶囊1/2	球形,绿色,链状排列

一、烟曲霉

烟曲霉（*Aspergillus fumigatus*）可产生对动物有毒的物质，是家禽尤其是幼禽和鸟类发生霉菌病和霉菌性肺炎的病原体。禽类在呼吸或采食被孢子污染的饲料过程中，吸入含有孢子的空气，孢子便在肺部及呼吸道黏膜上发芽和生长，引起深部真菌感染而发生霉菌性肺炎。烟曲霉也可造成浅表感染，使家禽发生霉菌性眼炎。其中尤以幼禽更为敏感，其死亡率可达50%以上，是一种病原性最强的真菌。马、牛、羊、猪以及人也可感染，但为数甚少。

1. 生物学特性

烟曲霉的菌丝是有隔菌丝，菌丝无色透明或微绿，分生孢子梗常带绿色，长约300µm，偶尔可达500µm，宽5~8µm。分生孢子梗末端是膨大成烧瓶状的顶囊，直径为20~30µm，在顶囊的上半部，直立长出长6~8µm、宽2~3µm的单层小梗。小梗的末端形成球形或近球形墨绿色的分生孢子，分生孢子头呈圆柱状，直径2.5~3µm，表面有细刺。见图13-1、图13-2。

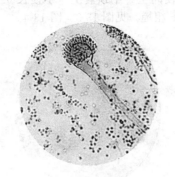

图 13-1 烟曲霉纯培养形态

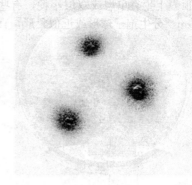

图 13-2 烟曲霉在 PDA 上的菌落特征

烟曲霉为需氧真菌，室温下能正常生长，最适温度 37～40℃。在马铃薯培养基、糖类培养基和血琼脂培养基上都能生长。分离培养常用的培养基有马铃薯葡萄糖琼脂、萨布罗琼脂和察贝克琼脂。烟曲霉生长能力很强，接种后 20～30h 便可形成孢子。在琼脂培养基上形成绒毛状菌落，最初为白色，随着孢子的产生，菌落的颜色变为蓝绿色、深绿色和灰绿色。老龄菌落甚至呈暗灰绿色。菌落背面一般无色，但有的菌株可呈现黄色、绿色或红棕色。

烟曲霉对理化因素的抵抗力很强。孢子在 100℃中干热 1h 或在 100℃ 3％石炭酸作用 1h 和 3％苛性钠作用 3h，仅能使孢子致弱而不能将其杀死。

2. 致病性

烟曲霉的孢子广泛存在于空气、水和土壤中，极易在潮湿垫草和饲料中繁殖，同时产生毒素。烟曲霉孢子导致家畜发病较少。孢子和菌丝进入家禽腔性器官并增殖，常造成器官机械性堵塞，加之毒素的作用，常表现为曲霉菌性肺炎，尤其是幼禽敏感性极高。潮湿环境下，曲霉孢子穿过蛋壳进入蛋内，不仅引起蛋品变质，而且在孵化期间造成死胚，或者雏鸡发生急性曲霉菌性肺炎。

3. 微生物学诊断

烟曲霉的检查主要根据菌丝及孢子形态来确定。对烟曲霉的诊断比较简易，只需从病禽的肺和气囊等处刮取黄色或灰黄色的结节，置载玻片上压碎，加 10％～20％氢氧化钾溶液 1～2 滴，加盖玻片后于光学显微镜下观察。如发现特征性的分生孢子梗、烧瓶状的顶囊和竖直的小梗，以及绿色球状的分生孢子，据此可做出初步诊断。但须经过病原分离才能确诊。分离培养时，取肝脏、肺脏、禽类气囊等组织，接种于马铃薯培养基上，37℃下培养 3 天，观察菌落表现及形态结构特征，具鉴别意义的主要特征为顶囊由分生孢子柄逐渐膨大而形成，状如烧瓶；小梗着生于顶囊的上半部；小梗单层，小梗和分生孢子链按与分生孢子柄轴平行的方向升起；菌落颜色为暗绿色至黑褐色。

4. 防治

主要措施是加强饲养管理，保持禽舍通风干燥，不让垫草发霉，不用发霉的饲料和垫料。环境及用具保持清洁，发病时可使用制霉菌素。

二、黄曲霉

黄曲霉（*Aspergillus flavus*）是曲霉属中的一个种群。它多在粮、豆、花生、饲料、玉米和油饼中寄生，能产生黄曲霉毒素（aflaloxin，AFT），使人和畜禽发生急性或慢性中毒。急性中毒可引起腹泻、结膜黄染和肝细胞变性、坏死，而慢性中毒的危害性更大，常能诱发肝癌或其他部位的癌肿。黄曲霉毒素是一种具有很强致癌作用的毒素。

1. 生物学特性

黄曲霉的菌丝是有隔菌丝，分生孢子梗多直接从基质中生出，梗壁极粗糙，梗的长度一般小于 $1\mu m$，但也有长达 $2～2.5\mu m$、宽 $10～20\mu m$ 者。顶囊为烧瓶状或近球形，直径一般为 25～

$45\mu m$。顶囊上生有单层或双层小梗，有些单层和双层小梗同生一个顶囊上，小梗长 $6\sim10\mu m$、宽 $3\sim5\mu m$。分生孢子球形或近似梨形，直径 $3.6\mu m$，表面粗糙。见图 13-3、图 13-4。

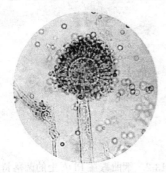

图 13-3　黄曲霉纯培养形态

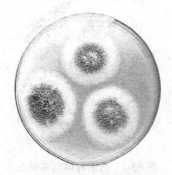

图 13-4　黄曲霉在 PDA 上的菌落特征

黄曲霉的生长最适温度为 $29\sim30℃$。常用马铃薯葡萄糖琼脂和察贝克琼脂等培养基做分离培养。当环境中的相对湿度低于 80%，甚至干燥，温度在 10℃ 以下，氧浓度低于 20% 或二氧化碳浓度高于 50% 时，便可抑制黄曲霉的生长。黄曲霉的菌落生长较快，培养 $10\sim14$ 天，其直径便可达 $3\sim4cm$ 或 $6\sim7cm$。在培养基上的菌落，初为灰黄色、扁平，以后出现放射状沟纹，菌落颜色转为黄至暗绿色，菌落背面无色至淡红。本菌的主要特点是菌落呈黄至暗绿色；顶囊大，球状；小梗一层或两层，布满整个顶囊表面。

2. 致病性

黄曲霉的致病性主要在于其产生的黄曲霉毒素。黄曲霉菌和寄生曲霉菌均产生黄曲霉毒素，该毒素常见于霉变的花生、玉米等谷物及棉籽饼等，在鱼粉、肉制品、咸鱼、奶和肝脏中也可发现。黄曲霉菌中 $30\%\sim60\%$ 的菌株产生毒素，而寄生曲霉几乎都能产生黄曲霉毒素。

黄曲霉毒素有 10 多种，如黄曲霉毒素 B_1、B_2、G_1、G_2、M_1、M_2、P_1 等。毒性最强的是 B_1，其次为 G_1、B_2 和 M_1，其余毒素的毒力均较弱。故一般所指的黄曲霉毒素是对 B_1 而言，检测毒素的含量也是以 B_1 为指标。黄曲霉毒素较难溶于水，易溶于油和某些有机溶剂，如氯仿和甲醇等，但不溶于乙醚、石油醚和乙烷。黄曲霉毒素耐热，一般烹调加工的温度不能将它们破坏，毒素的裂解温度为 $280℃$。在 $pH9\sim10$ 的强碱溶液中，毒素能迅速分解。低浓度的黄曲霉毒素可被紫外线破坏。黄曲霉的各种毒素成分都是双呋喃香豆素的衍生物，其中呋喃基是基本毒素，香豆素与致癌作用有关。

黄曲霉毒素对多种动物呈现强烈的毒性作用，比氰化钾的毒性大 100 倍，仅次于肉毒毒素。不同动物的敏感性不同，敏感性较高的动物有鸭、兔、猫、猪、犬，而山羊、绵羊、大鼠及小鼠等的敏感性则相对较低。黄曲霉毒素的毒性作用主要表现为 3 个方面：急性或亚急性中毒、慢性中毒、致癌性。雏鸭急性中毒时，主要病变在肝脏，表现为肝细胞变性、坏死、出血。还可见肾脏充血、坏死，肺出血，胃肠出血以及腹水等。人或动物持续地摄入一定量的黄曲霉毒素，可引起肝脏的慢性损伤，引起慢性中毒。若长期摄入较低水平的黄曲霉毒素，或在短期内摄入一定数量的黄曲霉毒素，经过较长时间后发生肝癌。此外，现已明确黄曲霉毒素有致癌性，已在鸭、猪、鸡、家兔、脉鼠及大白鼠等实验性地引起肝肿瘤，其中以雏鸭较为敏感，但尚无引起人类肿瘤的直接证明。实验证明，黄曲霉毒素是目前已知最强烈的致癌物质之一，除诱发肝癌外，还能诱发胃癌、肾癌、直肠癌等。

3. 微生物学诊断

毒素检验从可疑饲料提取毒素，进行生物学鉴定。

（1）1 日龄鸭试验　着重检查肝脏病变，可见坏死、出血以及胆管上皮细胞增生等。

（2）真菌分离鉴定　从可疑饲料分得真菌后，从形态学及培养特点作出鉴定，并进行产毒性试验。

4. 防治

预防措施与烟曲霉的预防相同，一旦中毒发生，治疗意义不大。

第二节　牛放线菌

牛放线菌是牛、猪放线菌病的主要病菌，主要侵害牛的骨骼和猪的乳房。

一、生物学特性

牛放线菌（*Actinomyces bovis*）形态随所处环境不同而异。在培养物中，呈短杆状或棒状，老龄培养物常呈分支丝状或杆状，革兰阳性。在病灶脓液中可形成硫磺状颗粒。将硫磺状颗粒在载玻片上压平镜检时呈菊花状，菌丝末端膨大，向周围呈放射状排列，颗粒中央部分菌丝为革兰染色阳性，外围菌丝为革兰染色阴性。

牛放线菌为厌氧或微需氧，培养比较困难，最适 pH7.2～7.4，最适温度 37℃，在 1％甘油、1％葡萄糖、1％血清的培养基中生长良好。在甘油琼脂上培养 3～4 天后形成露滴状小菌落，初呈灰白色，很快变为暗灰白色，菌落隆起，表面粗糙干燥，紧贴培养基。

本菌无运动性，无荚膜和芽孢。能发酵麦芽糖、葡萄糖、果糖、半乳糖、木糖、蔗糖、甘露糖和糊精，多数菌株发酵乳糖产酸不产气。美蓝还原试验阳性。产生硫化氢，MR 试验阴性，吲哚试验阳性，尿素酶试验阳性。

二、致病性

本菌主要侵害牛和猪，奶牛发病率较高。牛感染放线菌后主要侵害颅骨、唇、舌、咽、齿龈、头颈皮肤及肺，尤以额骨缓慢肿大为多见。猪感染后病变多局限于乳房。

三、微生物学诊断

放线菌病的临床症状和病变比较特征，不难诊断。必要时，取病料（如脓汁）少许，用蒸馏水稀释，找到其中的硫磺状颗粒，在水中洗净，置于载玻片上加一滴 15％氢氧化钾溶液，覆以盖玻片用力按压，置显微镜下观察，可见菊花形或玫瑰花形菌块，周围有屈光性较强的放射状棒状体。如果将压片加热固定后革兰染色，可发现放射状排列的菌丝，结合临床特征即可作出诊断。必要时可做病原的分离，可用革兰染色后检查判定，牛放线菌中心呈紫色，周围辐射状菌丝呈红色。

四、防治

应避免在灌木丛和低湿地放牧，防止皮肤和黏膜发生损伤。治疗可采取局部和全身性疗法，手术和用药相结合。

（1）防止皮肤黏膜损伤　将饲草饲料浸软，避免口腔黏膜损伤，及时处理皮肤创伤，以防止放线菌菌丝和孢子的侵入。

（2）手术治疗　手术切除放线菌硬结及瘘管，碘酊纱布填充新创腔，连续内服碘化钾 2～4 周。结合青霉素、红霉素、林可霉素等抗生素的使用可提高本病治愈率。

第三节　螺　旋　体

螺旋体是一类介于细菌和原虫之间的、菌体弯曲成螺旋状的单细胞原核型微生物，在分类上属于细菌门下的螺旋体目螺旋体科，它具有与细菌相似的基本结构，如细胞壁中有脂多糖和壁酸，胞浆内含核质，二分裂繁殖；与原虫相似之处在于细胞壁与外膜之间有轴丝，由于轴丝的屈曲与收缩使螺旋体能自由活泼运动。螺旋体有 5 个属，其中与兽医临床关系密切的有密螺旋体属、疏螺旋体属、蛇形螺旋体属和钩端螺旋体属。其中对人有致病性的有三个属，即疏螺旋体属、密螺旋体属、钩端螺旋体属。

一、猪痢疾蛇形螺旋体

1. 生物学特性

猪痢疾蛇形螺旋体（*Serpulina hyodysenteriae*）曾称为猪痢疾密螺旋体，菌体长 $6\sim10\mu m$，宽约 $0.4\mu m$，多有 $4\sim6$ 个螺旋，两端尖细。在水中能运动，电镜下可见细胞壁与细胞膜间有 $7\sim9$ 根轴丝。吉姆萨染色微红色，苯胺染料着色良好。

猪痢疾蛇形螺旋体严格厌氧，最适温度 $37\sim42℃$，常用胰酶消化酪蛋白大豆胨血液培养基。培养时厌氧罐内需通入 80% H_2 和 20% CO_2，并以钯为催化剂。在血琼脂上生长良好，呈 β 型溶血，溶血区内无菌落生长。本菌生化反应不活泼，仅能分解少数糖类。

猪痢疾蛇形螺旋体抵抗力较弱，不耐热。在粪便中 $5℃$ 存活 61 天，$25℃$ 存活 7 天；纯培养物在 $4\sim10℃$ 厌氧环境存活 102 天以上，$-80℃$ 存活 10 年以上。本菌对一般消毒剂和高温、氧、干燥等敏感。

2. 致病性

猪痢疾蛇形螺旋体主要引起断奶小猪发病，传播迅速，临床表现为黏液性出血性下痢，体重减轻。病变局限于大肠黏膜，为卡他性、出血性和坏死性炎症。

3. 微生物学诊断

（1）镜检　采取感染猪血液、淋巴结、胸腹腔积液、新鲜稀粪、病变结肠或其内容物，制成压滴标本或涂片镜检，或用组织切片镜检，以检查螺旋体的存在，检查需采用暗视野显微镜，染色后镜检更易于发现病原。

（2）分离培养及鉴定　采取病料，利用鲜血琼脂培养基进行厌氧培养，根据 β 溶血和螺旋体的形态来确定。血清凝集试验，尤其是 ELISA 可用于猪群的检疫。

4. 防治

对猪痢疾目前尚无可靠或实用的免疫制剂供预防之用。现普遍采用抗生素和化学药物控制此病。培育 SPF 猪、净化猪群是防治本病的主要手段。

二、钩端螺旋体

1. 生物学特性

对人畜致病的钩端螺旋体（*Leptospirosis*）长 $16\sim20\mu m$、宽 $0.1\sim0.2\mu m$，螺旋细密而有规则，菌体的一端或两端弯曲呈钩状。整个菌体常呈 C、S、问号等形状，故称似问号钩端螺旋体。在暗视野显微镜下，螺旋体细密而不易看清，常呈细小的串珠样形态，用吉姆萨染色效果好，镀银法染色呈棕色。

钩端螺旋体为需氧菌，对营养要求不高。在柯氏液培养基（含 10% 兔血清、磷酸盐缓冲液、蛋白胨、pH7.4）中生长良好。一般接种 $3\sim4$ 天，开始生长，$1\sim2$ 周大量增殖，培养液呈半透明云雾状浑浊，实验动物以幼龄豚鼠和仓鼠最敏感。

本菌对热、干燥、阳光等都很敏感，加热 $55℃$ 10min 即可致死，但低温、湿润的环境有利于它的生存。钩端螺旋体对一般消毒剂、链霉素、金霉素、青霉素、四环素都较敏感。

钩端螺旋体有两种抗原结构，即表面抗原（P 抗原）和内部抗原（S 抗原）。前者具有型特异性，存在于菌体的表面；后者具有群特异性，位于菌体内部。按内部抗原将钩端螺旋体分为若干血清群，各群又根据其表面抗原分为若干血清型。目前已发现有 19 个血清群，共 172 个血清型。

2. 致病性

钩端螺旋体常以水作为传播媒介，主要通过损伤的皮肤、眼和鼻黏膜及消化道侵入机体，最后定位于肾脏，并可从尿中排出，被感染的人畜能长期带菌，是重要的传染源。鼠类是其天然寄主，是危险的传染源。

致病性钩端螺旋体可引起人和动物发生钩端螺旋体病。家畜中猪、牛、犬、羊、马、骆驼、家兔、猫，家禽中鸭、鹅、鸡、鸽及野禽、野兽均可感染。其中，猪、水牛、牛和鸭易感性较高。发病后呈现发热、黄疸、血红蛋白尿等多种症状，是一种重点防治的人畜共患传染病。

3. 微生物学诊断

采取高热期动物血液或脏器，或恢复期肾脏或尿液，进行暗视野镜检或荧光抗体检查，可发现钩端螺旋体。血清学试验可应用凝集溶解试验和 ELISA。应用 ELISA 检查钩端螺旋体时特异性高，可以检出早期感染动物，因而具有早期诊断意义。

4. 防治

用钩端螺旋体多价苗预防接种，可以预防本病。在本病流行期间紧急接种，一般能在 2 周内控制流行。治疗可选用链霉素、土霉素、金霉素、强力霉素等抗菌药物。

第四节 支 原 体

支原体又称霉形体，是一类介于细菌与病毒之间、无细胞壁、能独立生活的最小的单细胞原核型微生物，因缺乏细胞壁而具有多形性和可塑性，能通过细菌滤器。许多种类是人和动物的致病菌（如牛胸膜肺炎症等），有些腐生种类生活在污水、土壤或堆肥中，少数种类可污染实验室的组织培养物和生物制品。

一、生物学特性

支原体具有高度多形性，常呈球形、丝状等，球形菌体大小不一，最小直径为 125～250nm，最大直径可达 2～10μm；丝状菌体短的为数微米，长的可达 150μm，细胞质内无线粒体等膜状细胞器，但有核糖体，无鞭毛，能通过细菌滤器。革兰染色阴性，但着色较难，常用吉姆萨染色，呈淡紫色。

支原体主要以二分裂为主，也有出芽、分支等方式繁殖。可在特定的人工培养基上生长，但营养要求较一般细菌高。

支原体对外界环境的抵抗力不强。45℃ 15～30min、55℃ 5～15min 可将其杀死。常用消毒剂、常用浓度可将其杀死。但对醋酸铊、结晶紫、亚硝酸盐等有较强的抵抗力。

二、致病性

大多数支原体为寄生性，寄生于多种动物的呼吸道、泌尿生殖道、消化道黏膜以及乳腺和关节等处，单独感染时常常症状轻微或无临床表现，当细菌或病毒感染或受外界不利因素作用时可导致人和畜禽发病。疾病特点是潜伏期长，呈慢性经过，地方性流行，多具有种特性。支原体的抗原由细胞膜上的蛋白质和类脂组成。各种支原体的抗原结构不同，交叉很少，有鉴定意义。

临床上由支原体引起的传染病有：猪肺炎支原体引发的猪地方性流行性肺炎，即猪的气喘病；禽败血支原体引起的鸡的慢性呼吸道病；此外还有牛传染性胸膜肺炎、山羊传染性胸膜肺炎等。

三、微生物学诊断

1. 分离培养

分离的支原体经形态、生化反应做初步鉴定，进一步经生长抑制试验与代谢抑制试验确定。

2. 生理生化鉴定

先做毛地黄苷敏感性测定，用以区别需要胆固醇与不需要胆固醇的支原体。再做葡萄糖、精氨酸分解试验，将其分为发酵葡萄糖和水解精氨酸两类，以缩小选用抗血清的范围，进一步做血清学鉴定。

3. 血清学鉴定

生长抑制试验（血清置于培养基中，如同型可见抑菌圈），代谢抑制试验（血清加入含葡萄糖的液体培养基中，如同型可抑制糖的代谢），免疫荧光法（荧光抗体直接染于琼脂块，在入射式荧光的照射下，如同型可发出特异的荧光）。

4. 防治

青霉素、各种先锋霉素对其无效。对放线菌素 D、丝裂菌素 C 最敏感。对四环素、多西环素（强力霉素）等影响蛋白质合成的抗生素也敏感，这些因素可抑制或影响支原体蛋白质的合成，因此有杀灭支原体的作用。

支原体感染后，机体可通过产生 IgM、IgG 和 IgA 引起体液免疫应答。支原体的疫苗已有部分应用于临床。

【本章小结】

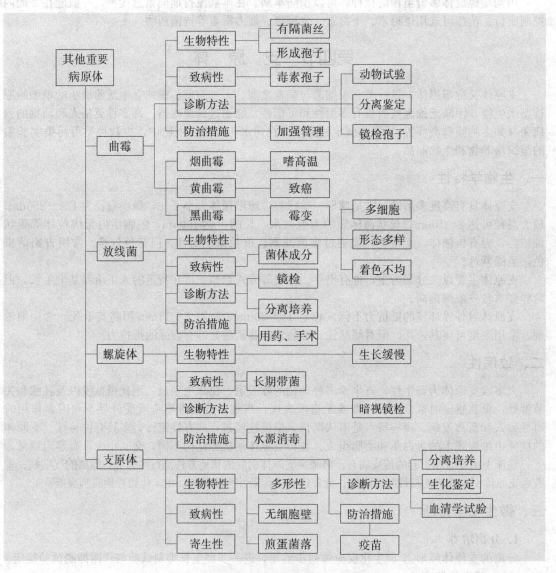

【复习题】

1. 如何检测烟曲霉、黄曲霉？
2. 简述放线菌的致病作用及其微生物学鉴定。
3. 烟曲霉、黄曲霉的致病有哪些特点？
4. 试述螺旋体生物学特性。
5. 支原体与其他微生物比较有何特点？

【本篇小结】

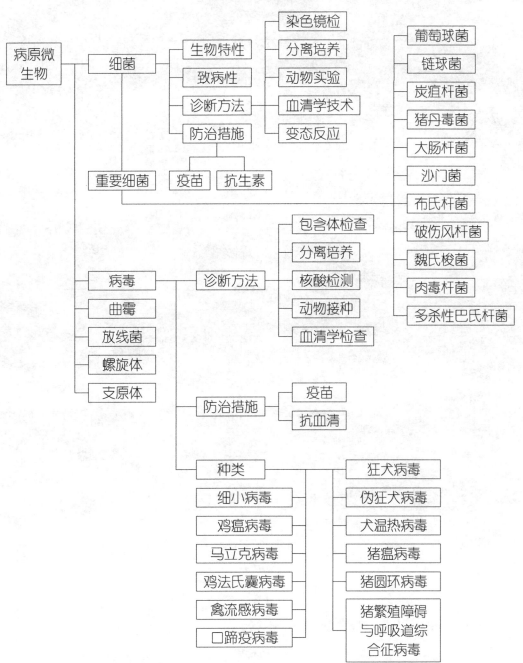

第四篇

微生物的应用

第十四章 生物制品及其应用

【学习目标】
- 了解生物制品的分类和命名方法
- 掌握临床常用生物制品的制备及检验程序
- 熟练掌握诊断液、疫苗使用的注意事项

【技能目标】
- 正确利用各类生物制品进行免疫诊断或免疫防治

生物制品是利用微生物、寄生虫及其组织成分或代谢产物，及动物或人的血液与组织液等生物材料，通过生物学、生物化学及生物工程学的方法加工制成，作为预防、诊断和治疗传染病或其他有关疾病的生物制剂。

第一节 生物制品的分类及命名

一、生物制品的分类

狭义的生物制品主要包括疫苗、免疫血清和诊断液三大类。是指利用微生物及其代谢产物或免疫动物而制成，用于传染病的预防、诊断和治疗的各种抗原或抗体制剂。而广义的生物制品还包括各种血液制剂，肿瘤免疫、移植免疫及自身免疫病等非传染性疾病的免疫诊断、治疗及预防制剂，以及提高动物机体非特异性免疫力的免疫增强剂等。这里主要介绍狭义的生物制品。

1. 疫苗

利用病原微生物、寄生虫及其组织成分或代谢产物所制成的，用于人工主动免疫的生物制品称为疫苗。动物通过接种疫苗，能产生相应的免疫应答，从而达到预防疫病的目的。已有的疫苗概括起来可分为活疫苗、灭活疫苗、代谢产物疫苗和亚单位疫苗及生物技术疫苗等。

（1）活疫苗 又称活苗，分为强毒疫苗、弱毒疫苗和异源疫苗三种。

① 强毒疫苗。是应用最早的疫苗，在我国古代民间用以预防天花所用的痂皮粉中就含有强毒。在目前生产中禁止应用强毒进行免疫，用强毒进行免疫的过程实际上就是一个散毒的过程，有很大的危险性。

② 弱毒疫苗。在一定条件下，利用人工诱变使病原微生物的毒力减弱，但仍保持良好的免疫原性，或筛选天然弱毒株或失去毒力的无毒株制成的疫苗为弱毒疫苗；是目前使用最广的疫苗。弱毒疫苗具有免疫剂量小、免疫维持时间长、应用成本较低的优点。由于它能在动物体内进行一定程度的增殖，存在散毒的可能性或有一定的组织反应，制成联苗有一定的难度，运输和保存条件要求较高，需要在低温条件下进行，目前大多制成冻干疫苗使用。

③ 异源疫苗。是用具有共同保护性抗原的不同种病毒制成的疫苗。只占活疫苗的极小部分，如用火鸡疱疹病毒疫苗预防鸡的马立克病。

（2）灭活疫苗 即通常所说的死疫苗或死苗。是选择免疫原性强的病原微生物，经人工大量培养后，用理化方法灭活制成的疫苗。灭活苗具有使用安全、保存运输方便、容易制成联苗或多价苗的优点，但其免疫剂量较大，免疫维持时间短，免疫效果通常不及活疫苗，在生产中常加入免疫佐剂以提高其免疫效果，经多次注射免疫效果会更好。由于不能在动物体内增殖，所以不存在散毒的可能性。

（3）代谢产物疫苗　利用细菌的代谢产物如毒素、酶等制成的疫苗。可作为主动免疫制剂，如破伤风毒素、肉毒毒素经甲醛灭活后制成的类毒素都具有良好的免疫原性。

类毒素　将细菌的外毒素用浓度为 $0.3\%\sim0.5\%$ 的甲醛溶液于 $37℃$ 处理一定时间后，使其脱毒而制成的生物制品，称为类毒素。类毒素尽管失去毒性，但仍保留抗原性，而且比外毒素本身更加稳定。经加入适量的氢氧化铝胶吸附后成为吸附精制类毒素，注入动物体后，可延缓在机体内的吸收，使免疫效果更持久。

（4）亚单位疫苗　指病原体经物理或化学方法处理，除去其无效的毒性物质，提取其有效抗原部分制备的一类疫苗。病原体的免疫原性结构成分包含多数细菌的荚膜和鞭毛、多数病毒的囊膜和衣壳蛋白，及有些寄生虫虫体的分泌物和代谢产物，经提取纯化，或根据这些有效免疫成分分子组成，通过化学合成，制成不同的亚单位疫苗。此类疫苗不含遗传性的物质，具有明确的生物化学特性、免疫活性，而且纯度高、使用安全。不足之处是制备成本较高。如流感血凝素疫苗、牛和犬的巴贝斯虫病疫苗、大肠杆菌的菌毛疫苗及大肠杆菌荚膜多糖亚单位疫苗等。

（5）生物技术疫苗　生物技术疫苗是利用生物技术制备的分子水平的疫苗，包括基因工程亚单位疫苗、基因工程活载体疫苗、基因缺失苗、抗独特型疫苗、合成肽疫苗等。

基因工程亚单位疫苗免疫原性差，生产成本高。基因工程活载体疫苗在一个载体病毒中可同时插入多个外源基因，表达多种病原微生物的抗原，可以起到预防多种传染病的效果。其中，以痘病毒作为载体，是目前研究最多最深入的一种，又称重组活病毒疫苗。基因缺失疫苗比较稳定，无毒力返祖现象，是效果良好而且安全的新型疫苗。合成肽疫苗安全、稳定，且不需低温保存，可制成多价苗，但工艺复杂，免疫原性较差，故尚未推广。

（6）寄生虫疫苗　因寄生虫多有复杂的生活史，抗原成分复杂多变，尽管寄生虫病对动物危害很大，但理想的寄生虫疫苗不多。目前，国际上推出并收到良好免疫效果的有胎生网尾线虫疫苗、丝状网尾线虫疫苗和犬钩虫疫苗；中国市场上的球虫卵囊疫苗、鸡球虫病四价活疫苗，免疫效果较好。

（7）联苗和多价苗　联苗是指两种或两种以上的微生物或其代谢产物制成的疫苗。如鸡新城疫-传染性支气管炎二联苗、猪瘟-猪丹毒-猪肺疫三联活疫苗等。

多价苗是指用同种微生物的不同血清型混合所制成的疫苗。如大肠杆菌多价苗、巴氏杆菌多价苗及口蹄疫 O 型、A 型双价活疫苗等。

此外，疫苗还可根据培养方式分为动物培养苗、鸡胚培养苗和细胞培养苗；根据免疫途径又可分为注射用疫苗、口服苗、气雾苗和皮肤划痕苗等。

2. 免疫血清

动物经反复多次注射同一种抗原物质后，机体体液中尤其是在血液中产生大量抗体，由此分离所得的血清称为免疫血清，也称高免血清或抗血清。

根据制备免疫血清所用抗原物质的不同，免疫血清可分为抗菌血清、抗病毒血清和抗毒素（抗毒素血清）。

根据制备免疫血清所用动物的不同，免疫血清还可分为同种血清和异种血清两种类型。用同种动物制备的血清称为同种血清；用不同种动物制备的血清称为异种血清。抗病毒血清常用同种动物制备，如用猪制备猪瘟血清，用鸡制备鸡新城疫血清等。抗细菌血清和抗毒素常用大家畜制备，如用马制备破伤风抗毒素，用牛制备猪丹毒血清等。

用类似方法免疫产蛋鸡群，则其卵黄中亦含有高浓度的特异性抗体，收集卵黄，经处理后即为高免卵黄抗体。

3. 诊断液

利用微生物、寄生虫或其代谢产物及含有其特异性抗体的血清所制成的，专供诊断传染病、寄生虫病或其他疾病诊断，以及检测机体免疫状态的生物制品，称为诊断液。包括诊断抗原和诊断抗体（血清）。

诊断抗原包括变态反应性抗原和血清学反应抗原，变态反应性抗原有结核菌素、布氏杆菌素等。血清学反应抗原包括各种凝集反应抗原、沉淀反应抗原、补体结合反应抗原等。

诊断抗体包括诊断血清和诊断用特殊性抗体。诊断血清是用抗原免疫动物制成的，如鸡白痢血清、炭疽沉淀素血清等。诊断用特殊性抗体有单克隆抗体、荧光抗体、酶标抗体等及不断研制出的各种诊断试剂盒。

二、生物制品的命名

生物制品的命名有严格的规定。中华人民共和国《兽用新生物制品管理办法》中规定，生物制品的命名必须遵循以下 10 个原则。

① 生物制品的命名以明确、简练、科学为基本原则。

② 生物制品名称不采用商品名或代号。

③ 生物制品名称一般采用"动物种名＋病名＋制品种类"的形式。诊断制剂则在制品种类前加诊断方法名称。例如：牛巴氏杆菌病灭活疫苗、马传染性贫血活疫苗、猪支原体肺炎微量间接血凝抗原。特殊的制品命名可参照此方法。病名应为国际公认的、普遍的称呼，译音汉字采用国内公认的习惯写法。

④ 共患病一般可不列动物种名。例如：气肿疽灭活疫苗、狂犬病灭活疫苗。

⑤ 由特定细菌、病毒、立克次体、螺旋体、支原体等微生物以及寄生虫制成的主动免疫制品，一律称为疫苗。例如：仔猪副伤寒活疫苗、牛瘟活疫苗、牛环形泰勒氏黎浆虫疫苗。

⑥ 凡将特定细菌、病毒等微生物及寄生虫毒力致弱或采用异源毒制成的疫苗，称"活疫苗"；用物理或化学方法将其灭活后制成的疫苗，称"灭活疫苗"。

⑦ 同一种类而不同毒（菌、虫）株（系）制成的疫苗，可在全称后加括号注明毒（菌、虫）株（系）。例如：猪丹毒活疫苗（GC_{42} 株）、猪丹毒活疫苗（G_1T_{10} 株）。

⑧ 由两种以上的病原体制成的一种疫苗，命名采用"动物种名＋若干病名＋×联疫苗"的形式。例如：羊黑疫、快疫二联灭活疫苗，猪瘟、猪丹毒、猪肺疫三联活疫苗。

⑨ 由两种以上血清型制成的一种疫苗，命名采用"动物种名＋病名＋若干型名＋×价疫苗"的形式。例如：口蹄疫 O 型、A 型双价活疫苗。

⑩ 制品的制造方法、剂型、灭活剂、佐剂一般不标明。但为区别已有的制品，可以标明。

第二节　临床常用生物制品及其应用

兽医临床上常用于传染病预防、诊断和治疗的生物制品主要有疫苗、免疫血清和诊断液三大类。

一、疫苗

1. 活疫苗

是目前应用最广的疫苗种类。包括弱毒苗和一些中等毒力的活疫苗，常用的有鸡新城疫Ⅱ系、鸡新城疫Ⅳ系弱毒活苗，鸡新城疫Ⅰ系活苗，鸡传染性法氏囊病毒活疫苗、鸡支气管炎活疫苗、鸡传染性喉气管炎活疫苗、防治鸡马立克病的火鸡疱疹病毒疫苗、鸭瘟弱毒疫苗、鸭肝炎弱毒疫苗、番鸭细小病毒苗、猪肺疫活疫苗、猪丹毒活疫苗、猪细小病毒病活苗、口蹄疫 A 型弱毒苗、口蹄疫 O 型弱毒苗等。

2. 灭活疫苗

常用的有鸡大肠杆菌灭活苗、猪大肠杆菌多价灭活苗、猪肺疫铝胶灭活苗、禽霍乱灭活苗、禽流感灭活油苗、鸡新城疫灭活油苗、产蛋下降综合征灭活苗、鸡传染性鼻炎灭活苗、鸡支气管炎灭活疫苗、鸭疫李默氏杆菌灭活苗、猪链球菌铝胶灭活苗、猪细小病毒病灭活苗、猪流行性腹泻灭活苗、猪繁殖障碍与呼吸道综合征灭活苗等。

此外还有自家灭活苗、脏器灭活苗（组织灭活苗），对一些用疫苗防治效果不明显或在没有特效疫苗的情况下，作为一种应急措施时所采用的疫苗，如葡萄球菌感染症、大肠杆菌病、鸭疫李默氏杆菌病的自家灭活苗和组织灭活苗等。

（1）自家灭活苗　从患病动物自身病灶中分离出来的病原体，经培养、灭活后制成的疫苗再用于动物本身，称为自家疫苗。对治疗慢性的、反复发作、用抗生素治疗无效的细菌或病毒性感染效果良好。

（2）脏器灭活苗（组织灭活苗）　用病、死动物的含病原微生物的脏器制成乳剂，灭活脱毒制成。如兔病毒性出血症的组织灭活苗是用含病毒量高的肝脏制成。组织灭活苗制法简单，成本低廉，在没有特效疫苗的情况下，作为一种应急措施，在疫病流行区控制疫病的发展可起到很好的作用。

3. 多价苗和联苗

常用的有禽流感、新城疫重组二联活疫苗，新城疫-传染性支气管炎二联苗，犬瘟热犬传染性肝炎联苗，大肠杆菌多价苗，口蹄疫 O 型、A 型双价活疫苗，猪传染性胃肠炎-猪流行性腹泻二联细胞灭活苗，鸡新城疫-产蛋下降综合征二联灭活苗，鸡新城疫-产蛋下降综合征-支气管炎三联灭活苗等。

联苗和多价苗的应用可简化接种程序，减少接种动物应激反应的次数，从经济上来说可以节省人力、物力。但应注意制备和使用的原则，即不能加重动物接种后的不良反应，各制剂间不发生干扰现象，能提高各个制剂或其中之一的免疫效果。

二、免疫血清及卵黄抗体

1. 免疫血清

免疫血清注入机体后，免疫产生速度快，但免疫维持时间短，常用于传染病的治疗和紧急预防，属于人工被动免疫。临床上常用的有抗炭疽血清、抗猪瘟血清、抗小鹅瘟血清、抗鸭病毒性肝炎血清、破伤风抗毒素等。

免疫血清一般要保存于 2～8℃ 的冷暗处，冻干制品需在 -15℃ 以下保存。使用时还应注意以下几点。

（1）尽早使用　因为抗体只能中和未结合细胞的毒素和病毒，而对已侵入细胞的毒素和病毒无效，故越早使用，效果越好。

（2）足量多次　抗体在机体内会逐渐衰减，免疫力维持时间较短，因此足量多次使用才能保证效果。

（3）血清用量和使用途径　要根据动物的体重、年龄和使用目的来确定。一般大动物预防用量为 10～20ml，中等动物为 5～10ml，家禽预防用量为 0.5～1ml。

静脉注射吸收快，但易引起过敏反应，也可选择肌内注射或皮下注射。静脉注射时应预先加热到 30℃ 左右，皮下注射和肌内注射量较大时应多点注射。

（4）防止过敏反应的发生　异种动物制备的免疫血清使用时可能会引起过敏反应，应备好抢救措施。

2. 卵黄抗体

除应用免疫血清防治疾病外，在临床上还常用卵黄抗体防治动物的某些传染病。如鸡的法氏囊高免卵黄抗体、鸡新城疫高免卵黄抗体、鸭肝炎卵黄抗体等。通常用于动物传染病早期和中期感染的治疗和紧急预防。要注意卵黄抗体注射后的免疫保护期较短，在治愈后要及时补种疫苗进行主动免疫。

三、诊断液

常用的诊断抗原包括变态反应性抗原和血清学反应抗原，常用的变态反应性抗原主要有结核菌素、布氏杆菌素等。对于已感染的机体，此类诊断抗原能刺激机体发生迟发型变态反应，从而判断机体的感染情况。

血清学反应抗原中各种凝集反应抗原主要有鸡白痢全血平板凝集抗原、鸡支原体病全血平板凝集抗原、布氏杆菌病试管凝集及平板凝集抗原等；沉淀反应抗原，有炭疽环状沉淀反应抗原、马传染性贫血琼脂扩散抗原等；补体结合反应抗原有鼻疽补体结合反应抗原、马传染性贫血补体结合反应抗原等。应注意的是，在各种类型的血清学试验中，用同一种微生物制备的诊断抗原会因试验类型的不同而有差异，因此，在临床使用时，应根据试验类型选取适当的诊断抗原。

诊断抗体主要有鸡白痢血清、炭疽沉淀素血清、魏氏梭菌定型血清、大肠杆菌和沙门菌的因子血清等。另外，各种单克隆抗体、荧光抗体、酶标抗体等也已作为诊断制剂而得到广泛的应用。

第三节　临床常用生物制品的制备及检验

生物制品作为一类特殊的药品，其生产环节和质量检验必须按照严格的法规、程序和标准进行。兽用生物制品的制备及检验应按照我国《兽医生物制品制造及检验规程》中的规定来进行。只有这样，才能保证其对动物疾病防治和诊断的可靠性和准确性，以及对人畜和环境的安全性。生物制品种类繁多，下面主要介绍疫苗和免疫血清及卵黄抗体的制备和检验。

一、疫苗的制备及检验

1. 菌种、毒种的一般要求

菌种、毒种是国家的重要生物资源，也是决定生物制品质量的关键因素之一。制备的疫苗必须安全有效，用于疫苗生产的菌种和毒种应该符合要求。世界各国都为此设置了专业性保藏机构，如中国兽药监察所就是具有保藏菌种、毒种功能的机构。

（1）背景资料完整　我国《兽医生物制品制造及检验规程》（以下简称《规程》）规定，经研究单位大量研究选出并用于生产的现有菌种、毒种，均由中国兽药监察所或中国兽药监察所委托分管单位负责供应，而且其分离地、分离纯化时间等背景资料必须记录完整。除此之外，其他任何单位和个人不经批准，不得分发和转发生产用的菌（毒）种。任何来历不明或传代历史不清的菌、毒种，不能用于疫苗生产。

（2）生物学特性典型　指形态、生化、培养、免疫学及血清学特性以及对动物的致病性和引起细胞病变等特征均应符合标准。同时，用于制苗的菌种和毒种的血清型必须清楚。特别强调疫苗菌、毒种的抗原性和安全性。还应注意其血清型应与当地流行的型别相符。

（3）遗传性状稳定　菌种、毒种在保存、传代和使用过程中，因受各种因素影响容易变异，因此，菌种和毒种遗传性状必须稳定。为了保证种的纯一性和相对稳定性，生产用的菌、毒种要定期传代、筛选、检定。

2. 菌种、毒种的鉴定与保存

（1）菌种、毒种的鉴定　在进行疫苗生产之前，要鉴定所用菌（毒）种的毒力、免疫原性及稳定性，确定强菌（毒）种对本动物、实验动物或鸡胚的致死量，弱毒株的致死和不致死动物范围及接种的安全程度；通过强毒攻击免疫动物后，确定制造疫苗所用菌（毒）种的免疫原性；对制造弱毒活菌（毒）苗需反复传代和接种易感动物，以检查其毒力是否异常增强。

（2）菌种、毒种的保存　为了保证菌（毒）种的稳定性，最好采用冷冻真空干燥法保存，冻干的细菌、病毒分别保存于4℃和−20℃以下，有条件的放在液氮中保存效果更好。

3. 灭活、灭活剂与佐剂

（1）灭活与灭活剂

① 灭活。是指破坏微生物的生物学活性、繁殖能力及致病性，但尽可能保持其原有免疫原性的过程。被灭活的微生物主要用于生产灭活疫苗。

灭活的方法包括物理方法和化学方法。物理方法如加热、射线照射等，化学方法是用灭活剂进行的，目前疫苗生产上主要采用化学灭活方法。

② 灭活剂。用来进行灭活微生物的化学试剂或药物，称为灭活剂。如甲醛、苯酚、结晶紫、烷化剂等。

其中应用最广泛的是甲醛，其灭活原理是甲醛的醛基能破坏微生物蛋白质和核酸的基本结构，导致其发生死亡，但不明显影响其免疫原性。甲醛用来灭活的浓度随微生物种类不同而异，一般需氧菌用的浓度为 0.1%～0.2%，厌氧菌用的浓度为 0.4%～0.5%，病毒所用浓度为 0.05%～0.4%，实际中常用浓度为 0.1%～0.3%，处理条件为 37～39℃ 24h 以上。灭活类毒素常用 0.3%～0.5%。

苯酚，又称石炭酸。可使微生物的蛋白质变性和抑制特异酶系统，从而使其失去活性，常用浓度为 0.3%～0.5%。

结晶紫是一种碱性染料，通过结合微生物蛋白质，干扰其代谢活动而起到灭活作用，如猪瘟结晶紫灭活苗、鸡白痢染色抗原等。

灭活剂的灭活效果与灭活剂本身的性质特点、灭活剂的浓度、微生物的种类、灭活的温度和时间、酸碱度等因素有关。无论何种灭活剂，用于何种微生物，灭活剂的浓度和处理时间均需通过实验的结果来确定，通常以用量小、处理时间短且有效为原则。

(2) 佐剂

① 佐剂。单独使用时一般没有免疫原性，与抗原物质合并使用时，能增强抗原物质的免疫原性和机体免疫应答，或者改变机体免疫应答类型的物质，称为佐剂。

选择佐剂的同时应考虑其免疫增强作用和安全性。佐剂除了有效辅助引发免疫反应外，还必须是安全、无毒、无致癌性，通过肌内、皮下、静脉、腹腔、滴鼻、口服等各种途径进入动物体后无明显的副作用，易吸收、吸附力强、有较高的纯度，佐剂性质应稳定，佐剂疫苗保存 1～2 年不分解、不变质和不产生不良反应，效力无明显改变。

② 佐剂的分类。可分为贮存型佐剂和非贮存型佐剂。贮存型佐剂如氢氧化铝胶、弗氏佐剂、白油佐剂等，常与抗原混合成悬浊状态，可延长抗原在注射部位的存留时间，从而持续不断地刺激机体免疫系统，以产生较强的免疫应答；非贮存型佐剂，如结核菌和卡介苗等生物佐剂、蜂胶和左旋咪唑、吐温-80 等非生物型佐剂，使用时既可与抗原混合，也可在机体不同的部位分别注射，均有免疫增强效果。

③ 常用的佐剂。氢氧化铝胶和白油佐剂。氢氧化铝胶，又称铝胶，基本无毒，成本低、使用方便，并具有良好的吸附性能，在人医和兽医生物制品中都是常用的佐剂。我国目前生产的猪瘟-猪丹毒-猪肺疫三联苗及单价猪肺疫疫苗，用铝胶稀释后的免疫效果比用生理盐水稀释明显要好。但铝胶佐剂有易使注射部位产生肉芽肿、无菌性脓肿，并有可能影响人和动物的神经系统等副作用，冷冻后易变性，不引起明显的细胞免疫等缺点。

白油佐剂是目前兽用疫苗中的主要佐剂，该佐剂是以矿物油（白油）作油相，司盘-80 及吐温-80 作为乳化剂。将白油与司盘-80 按 94：6 比例混合，再加总量质量分数为 2% 的硬脂酸铝溶化混匀后，116℃高压灭菌 30min 即为油相；将抗原液和吐温-80 以 96：4 的比例混合作为水相，油水两相之比为 (1～3)：1，充分乳化后即为油佐剂灭活苗。此外，蜂胶佐剂也是兽用疫苗中使用的另一种佐剂。蜂胶是蜜蜂的分泌物和蜜蜂采集的天然有机物、无机物以及蜂蜡、花粉等混合形成的，是一种天然的免疫增强剂，既能引起特异性免疫应答的增强，也能调动非特异性防御机制。但由于蜂种不同、产地不同，天然蜂胶的质量和成分有较大的差异，用于免疫佐剂需进行纯化。

4. 疫苗的制备

(1) 细菌性灭活疫苗的制备

① 菌种和种子培养。菌种应由中监所提供，选用 1～3 个品系、毒力强、免疫原性优良的菌株，按规定定期复壮，并经过形态、培养特性、菌型、抗原性等的鉴定，合格后作为疫苗生产用菌种。符合标准的菌种用规定的培养基增殖培养，并进行纯粹性检验、活菌计数，达标后为种子液，于 2～8℃保存备用，在效期内使用完毕。

② 菌液培养。菌苗生产需要大量的细菌抗原，可选择的细菌培养的方法有固体表面培养法、液体静置培养法、液体深层通气培养法、透析培养法及连续培养法等。其中固体培养法多为手工

式，生产量小，易获得高浓度的细菌悬液，主要用于诊断液的生产；而大量生产疫苗时，常选择液体培养法。

③ 灭活。根据细菌的特性加入最有效的灭活剂，在适宜的条件下进行灭活。如制造猪丹毒氢氧化铝苗时，在菌液中加入浓度为 0.2%～0.5% 的甲醛，37℃灭活 18～24h。

④ 浓缩。为提高某些菌苗的免疫力，需要菌液浓度提高，可在灭活后对菌液进行浓缩。常用的有离心沉淀、氢氧化铝吸附沉淀等浓缩方法，可使菌液浓缩 1 倍以上。

⑤ 配苗。即按比例加入佐剂并充分混匀。根据佐剂的类型，可在灭活的同时或之后加入适当比例的佐剂，充分混匀。油佐剂苗常用的配苗程序是于灭菌的油乳剂中，边搅拌边加入适当比例的灭活菌液。

⑥ 分装。充分混匀的菌液应及时分装、加塞、贴标签或印字。

（2）细菌性活疫苗的制备　在细菌性弱毒活苗的制备中，菌种来源、种子液培养、菌液培养、浓缩等环节类似于灭活苗的制备程序，经上述培养检验合格的菌液，按规定比例加入保护剂配苗。充分混匀后随即准确分装，冻干，加塞，抽真空，封口，于冷库保存，并送质检部门抽样检验。

① 种子液和菌液培养。选择合格的弱毒菌种用规定的培养基增殖培养，得到种子液，于 0～4℃保存，按 1%～3% 的比例接种于培养基，按不同菌苗的要求制备菌液。如猪丹毒疫苗在深层通气培养中加入适量植物油作为消泡剂，并通入过滤除菌的热空气。培养结束后，菌液于 0～4℃保存，经抽样做无菌检验、活菌计数合格后使用。

② 浓缩、配苗。利用吸附剂吸附沉淀和离心沉降等方法对菌液进行浓缩，提高单位活菌数，增强疫苗的免疫效果。对浓缩菌液应进行抽样无菌检验和活菌计数。

③ 冻干、保存。检验合格后的菌液按比例加入冻干保护剂配苗，混合均匀后马上分装，并迅速置于冻干预冻柜和真空干燥，加塞、抽真空、封口，移入冷库后，由质检部门抽样检验。

兽医生物制品常用的冻干保护剂有 5% 蔗糖（乳糖）脱脂乳、40% 蔗糖明胶、脱脂牛奶等。

（3）病毒性动物组织苗的制备　病毒在易感动物体内各器官组织中的增殖、分布量有很大差异。一般应选择含毒量高的动物组织，经加工后制成组织苗。

① 毒种、动物及接种。用抗原性优良、致死力强的自然毒株的组织毒或病毒增殖培养物，也可用弱毒株组织毒种，经纯粹性检验和免疫原性检测后进行接种。接种的动物应选择清洁级（二级）以上等级的易感实验动物，根据情况选用不同的接种途径，接种后每天观察和检查规定的各项指标，如精神、食欲和体温等。

② 收获与制苗。选用符合要求的发病动物，按规定方法剖杀后，收获含毒量高的组织器官，经无菌检验及毒价测定后，按规定加入平衡液和灭活剂制成匀浆，再进行灭活或脱毒。如兔病毒性出血症组织苗选用发病兔的肝脏，匀浆过滤后加入甲醛灭活，经检验合格后制成组织灭活苗。0～4℃保存。

（4）病毒性禽胚疫苗的制备　禽胚作为疫苗生产的原材料，其来源方便、质量较易控制，制造程序简单，设备要求较低，生产的疫苗质量可靠。迄今为止，痘病毒、鸡新城疫病毒、禽流感病毒等疫苗仍用禽胚（主要是鸡胚）来制备。

① 种毒与鸡胚。种毒多为冻干的弱毒株。在鸡胚上继代、复壮 3 代以上，经无菌检验、毒价测定等检验合格后，才能作为生产用。生产用的鸡胚应来自 SPF 鸡群或未用抗生素的非免疫鸡群的受精卵，按常规无菌孵化至所需日龄用于接种。一般 5～8 日龄适用于卵黄囊接种，9～11 日龄适用于尿囊腔接种，11～13 日龄适用于绒毛尿囊膜接种，10～12 日龄适用于羊膜腔接种法。

② 接毒与培养。根据病毒的种类和疫苗的生产程序选择最佳的接种途径和最佳接种剂量。鸡胚接种的途径有尿囊腔接种、绒毛尿囊膜接种、卵黄囊接种和羊膜腔接种等，如新城疫Ⅰ系弱毒疫苗采用尿囊腔接种，接种剂量为 100 倍稀释的标准毒种 0.1ml。接种后应定时观察鸡胚的活

力，并记录鸡胚死亡时间，及时将死胚置于2～8℃条件下4～24h。

③ 收获与配苗。收获在规定时间内死亡的鸡胚，如鸡新城疫Ⅰ系属中等毒力株，只收获24～48h内死亡的鸡胚，24h前和48h后的死胚弃去。其他可选择48～120h的死亡鸡胚。根据接种途径、病毒种类来收获不同的组织，如鸡胚尿囊液、羊水及胎儿、绒毛尿囊膜等，经纯度检验、无菌检验合格后即可配苗。

a. 湿活苗。通常于鸡胚液内加入500～1000IU/ml的青霉素、链霉素，置0～10℃冷暗处处理后分装。

b. 冻干活苗。经无菌检验合格的胚液、绒毛尿囊膜等乳剂，按比例加入冻干保护剂，充分混合后，于病毒液中加入每毫升含500～1000IU的青霉素、链霉素，混匀后分装冻干。

c. 灭活苗（佐剂苗）。收获的病毒液经检验合格后，加入适当浓度的灭活剂，灭活结束后，加入佐剂，充分混匀后分装。

（5）病毒性细胞苗的制造

① 种毒、细胞和培养液。用于制造疫苗的种毒多为冻干品，按规定在细胞中继代培养后用作毒种。制苗用的细胞有原代细胞、二倍体细胞和传代细胞系，常用的有鸡胚成纤维细胞、地鼠肾细胞、猪肾细胞、猪睾丸细胞及非洲绿猴肾细胞等。根据病毒的种类、疫苗性质、工艺流程等选择不同的细胞。按要求先将细胞培养成细胞单层，备用。培养液包括细胞培养液和病毒增殖维持液，两者不同之处在于含血清的量不一样而已，前者血清含量为5%～10%，后者血清含量为2%～5%。

② 接毒与收获。病毒接种方法有两种，分别是同步接种和异步接种。同步接种是病毒与细胞接种同步（同时或细胞接种不久后接种病毒），使细胞和病毒同时增殖。异步接种是在细胞形成单层后再接种病毒，待病毒吸附后加入维持液继续培养，待出现70%～80%以上细胞病变时即可收获，选用反复冻融或加EDTA-胰酶液消化分散细胞等方法收获细胞病毒液，经无菌检验、毒价测定合格后供配苗用。

③ 配苗

a. 灭活疫苗于细胞毒液内按规定加入适当的灭活剂，然后加入阻断剂终止灭活。有的疫苗必须加入佐剂，充分混合、分装。

b. 冻干苗于细胞毒液中按比例加入保护剂或稳定剂，充分混匀、分装，进行冻干。

5. 成品的检验程序

这是保证疫苗品质的重要环节，也是最后一道程序，由监察部门承担。产品检验人员按每种产品规定的比例随机抽样，其中部分用于成品检验，部分用作留样保存。抽样的数量，我国要求是：灭活疫苗及血清批量在50万毫升以下者每批抽样5瓶，50万～100万毫升者抽样10瓶，100万毫升以上者抽样15瓶。同批冻干制品分柜冻干者，每柜抽样5瓶。

（1）无菌检验 即纯度检验。疫苗在培养后的半成品和制造完成后的成品均应进行无菌检验。选择最适宜于各种易污染杂菌生长而对活菌制品细菌不适宜的培养基，有时选择特殊的培养基以检查污染的某些细菌。

不同的产品选择不同的检验方法。如弱毒活菌苗的检验，将样品接种马丁肉汤、厌气肉肝汤、血液琼脂斜面、马丁肉汤琼脂斜面和改良沙氏培养基斜面，每支接种0.2ml。除沙氏培养基于28℃培养外，其他于37℃培养，观察5～10天，应无杂菌生长。

加有抗生素的组织苗、活细胞培养疫苗，应先做10倍稀释后进行检验。接种改良沙氏斜面，20～30℃培养；马丁肉汤、厌气肉肝汤各一小瓶，37℃培养3天；自马丁肉汤培养物移植于血液琼脂斜面、马丁肉汤各一支，厌气肉肝汤培养物移植血液琼脂斜面和厌气肉肝汤各一支，37℃培养4～6天，应均无细菌生长。

灭活疫苗应接种马丁肉汤琼脂、血液琼脂、厌气肉肝汤、改良沙氏培养基，培养后，再自马丁肉汤移于血液琼脂和厌气肉肝汤，继续培养7～10天后，应均无细菌生长。在无菌检验证明有杂菌时，应马上进行病原性鉴定和杂菌计数。对某些疫苗，如猪瘟兔化弱毒乳兔组织疫苗、鸡新城疫鸡胚疫苗等，允许存在一定数量的非病原菌。

（2）活菌计数 弱毒活菌苗须进行活菌计数，以计算头份数和保证免疫效果。应选用最适合疫苗菌生长的培养基，每批冻干品抽样 3 瓶，每瓶稀释恢复至原量的疫苗，取 0.1ml 接种含血清的马丁琼脂平板 3 个，于 37℃培养 24～48h 计数，以三瓶中最低菌数确定本批疫苗的实际菌数，从而确定疫苗的使用剂量。

（3）安全检验 检验的内容包括外源性细菌污染的检验、灭活效果检验、残余毒力及毒性物质的检验和对胚胎的致畸及致死性检验等，主要选用敏感性高、符合规定的等级动物进行。除禽类疫苗可选用本种动物外，大多数疫苗选用小实验动物进行安全检验，如猪丹毒苗常选用鸽和小白鼠。接种的剂量通常为免疫剂量的 5～10 倍以上。检验结果应符合《规程》规定的各种制品的安全检验标准。

（4）效力检验 包括疫苗的免疫原性检验、免疫产生期与持续期检验。常通过动物保护力、活菌计数、病毒量滴定或血清学试验等方法来进行。按规定选用动物，攻毒数量不能随意增减，攻毒用菌（毒）种应先测定其最小致死量。如先用小动物检验不合格的，不能再用小动物，可用同种动物重检一次。攻毒后，如对照组动物不死亡或死亡数达不到《规程》要求时，用同种动物再次检验。

（5）物理性状检验 液体疫苗有规定的物理性状，如装量不足、封口不严、外观不洁和或标签不符者，以及有异物、凝块、霉团、变色变质者应一律剔除。冻干苗为海绵状疏松物，微白、微黄或微红色，无异物和干缩现象，瓶无裂缝及碳化物。加稀释液或水后在常温下 5 min 内即溶解成均匀一致的混悬液。血清制品为微带乳光的橙黄色或茶色液体，无絮状、异物或浑浊，如有少量沉淀时，稍加摇动可变为均匀的浑浊状。

（6）真空度检验及残余水分测定 此项是针对冻干产品而言的。在入库时和出库前 2 个月时都应进行真空度检查，剔除无真空的产品，不符合标准的不得重抽真空后出厂；冻干品残余水分不得超过 4%，否则会严重影响疫苗的保存期和质量。每批产品随机抽样 4 瓶，进行残余水分测定。

二、免疫血清及卵黄抗体的制备及检验

1. 免疫血清的制备

（1）动物的选择和管理 一般制备抗菌血清和抗毒素多用异种动物，而抗病毒血清多用同种动物。制备免疫血清常用的动物为马，其血清析出多，外观较好。

由于动物存在个体免疫应答能力的差异，所以选定的动物要有一定的数量，不能只用一只。用于制备免疫血清的动物必须健康，来自非疫区，使用前应经必要的检疫。如有可能，最好为自繁自养动物或购 SPF 动物及其他级别的动物，以体形较大、性情温驯、体质强健的青壮年动物为宜。

作为免疫用的动物应由专人负责管理和喂养，饲料要营养丰富多汁，动物要适当运动，并保持清洁，随时观察动物状态，如有异常，及时治疗处理。

（2）免疫原 免疫原的免疫原性与制备血清的质量和数量密切相关。要根据病原微生物的培养特性，采用不同的方法制备。

制备抗菌血清时，可用弱毒活苗、灭活苗及强毒菌株，用最适宜的培养基按常规方法进行培养，在生长菌数高峰期（多为 16～18h 的培养物）收获菌液，经纯菌检验合格后即可作为免疫原。抗病毒血清制备时，可用弱毒疫苗、血毒或脏器毒乳剂等强毒作为免疫原。抗毒素血清的免疫原可用类毒素、毒素或全培养物，但一般用类毒素作免疫原。

（3）免疫程序 分为基础免疫和高度免疫两个阶段。

① 基础免疫。用弱毒活苗、灭活苗按预防剂量做第一次免疫，7 天或 2～3 周后，用较大剂量疫苗或特制灭活抗原再免疫 1～3 次，即完成基础免疫。基础免疫抗原无需过多，毒力也不必过强。

② 高度免疫。基础免疫 2 周至一个月左右进行高度免疫。采用强毒抗原（一般毒力越强，抗原性越强），免疫剂量逐渐增加，间隔 5～7 天，次数视血清抗体水平而定，1～10 次不等。免疫途径一般采用皮下或肌内注射。应采用多部位注射，每一注射点的抗原量不宜过多，油佐剂抗原更应注意。

(4) 血液的采集与血清的提取　按照免疫程序完成免疫的动物，经检验血清抗体效价达到合格标准时，即可采血；不合格者，再度免疫；多次免疫仍不合格者淘汰。一般血清抗体的效价高峰出现在最后一次免疫后的 7～10 天。采血可用全放血或部分采血，采用全放血法时，放血前应禁食 24h；但应饮水，以防血脂过高。采血必须无菌操作。

少量血清制取时，可将全血注入灭菌容器内，室温下自然凝固，然后先于 37℃静置 2h，之后置 4℃冰箱，次日离心收集血清；如采集血量较大时，可将动物血直接收集于事先用灭菌生理盐水或 PBS 液湿润的玻璃筒内，置室温自然凝固，约 2～4h 后，当有血清析出时，每采血筒内加入灭菌不锈钢压砣，经 24h 后，用虹吸法将血清吸入灭菌瓶中，加入防腐剂。放置数日做无菌检验，合格后分装，保存于 2～15℃半成品库，经抽样检验合格后交成品库保存出厂。

2. 卵黄抗体的制备

尽管不同病原的卵黄抗体的制备过程有所不同，但其制备原理和程序基本相同。以鸡传染性法氏囊炎为例进行说明。

首先选择健康的产蛋鸡群，以免疫原性良好的油佐剂灭活苗对开产前或已开产的蛋鸡，每只肌内注射 2ml，7～10 天后重复注射一次；过 7～10 天后再做第三次注射，油苗剂量适度递增。第三次免疫后，定期检测卵黄抗体水平，待琼脂扩散试验效价达到 1：128 时开始收集高免蛋，4℃保存备用，效价降到 1：64 时停止收蛋。将高免蛋用 0.5%新洁尔灭浸泡或清洗消毒，再用酒精擦拭蛋壳，打开鸡蛋分离蛋黄。根据测得的卵黄抗体效价加入灭菌生理盐水进行适当稀释，同时加入青霉素 1000IU/ml、链霉素 1000IU/ml，和 0.01%硫柳汞，充分搅拌后纱布过滤，分装，于 4℃贮存。每批均需进行效价测定、无菌检验及安全性检验。

第四节　疫苗使用注意事项

一、疫苗的运输与保存

疫苗运输中要防止高温、暴晒和冻融。活苗运输可用带冰块的保温瓶或泡沫塑料箱运送，在北方地区还要防止因气温过低而造成的冻结及温度高低不定引起的冻融。灭活苗一般保存于 2～15℃，不能低于 0℃；冻干活疫苗多要求在 -15℃保存，温度越低，保存时间越长；而活湿苗，只能现制现用，在 0～8℃下仅可短期保存。

二、病原体型别与疫苗质量

对具有多血清型且又没有交叉免疫的病原微生物，如口蹄疫病毒、禽流感、鸡传染性支气管炎、大肠杆菌病的免疫，特别需要注意相对应血清型的疫苗或采用多价苗进行免疫，才能起到有效的预防效果，活菌苗和活病毒苗不能随意混合使用。

此外还要使用质量合格的疫苗。首先，疫苗应购自正规生物制品厂家，在使用前应检查疫苗是否过期，并剔除破损、封口不严及物理性状（色泽、外观、透明度、有无异物等）与说明不符的疫苗。

三、动物的体质与疫病

接种疫苗时要注意免疫动物的体质、年龄及是否特殊的生理时期，如产蛋高峰期及怀孕等情况。年幼动物应选用毒力弱的疫苗，如小鸡的新城疫免疫用 Ⅱ 系或 Ⅳ 系，而不能用 Ⅰ 系，鸡传染性支气管炎首次免疫用 H120，而不用 H52；对体质弱或正患病的动物应暂缓接种；对怀孕动物用弱毒的活疫苗，可能导致胎儿的发育障碍，故应暂缓免疫，以防引起流产等不良后果。如果不是受到传染病的威胁，一般抵抗力较差的动物可暂时不接种疫苗，尤其是那些可带来危险的活疫苗。在接种疫苗后，还要注意观察动物状态，某些疫苗在接种后会出现短时间的轻微反应，如发热、局部淋巴结肿大等，属正常反应。如出现剧烈或长时间的不良反应，应及时治疗。

四、接种的时机与密度

制订合理的免疫程序应根据实际情况，如当地疫病流行情况、动物种类和用途、疫苗特点等，保证每种疫苗在适当的时机进行接种，达到最好的免疫效果。一般在疫病流行高峰前必须完成免疫。

五、疫苗的稀释与及时应用

冻干苗应用规定的稀释液进行稀释，稀释液及稀释用具不应含有抑菌和杀菌物质。不得用热的稀释液稀释疫苗，稀释时根据实际动物数量计算好用量，并充分摇匀。稀释后的疫苗要及时用完，一般疫苗稀释后应在 2～4h 内用完，过期应弃去。有的疫苗，如马立克病液氮苗必须在 1～1.5h 内用完。

接种疫苗使用的注射器、针头等要清洗灭菌后方可使用。注射器和针头尽量做到每只动物换一个，绝不能一个针头连续注射。接种完毕，所有的用具及剩余疫苗应灭菌处理。

六、免疫剂量、次数与途径

在一定限度内，疫苗用量与免疫效果成正相关。剂量过低对机体刺激强度不够，不能产生足够强烈的免疫反应；而剂量增加到一定程度之后，免疫效果不增加，反而受到抑制，称为免疫麻痹。因此，疫苗的剂量应按照规定使用，不得任意增减。

使用灭活苗时，在初次应答之后，间隔一定时间重复免疫，可刺激机体产生较高水平的抗体和持久免疫力，间隔时间视疫苗种类而定，有的疫苗产生免疫力快，间隔 7～10 天；类毒素产生较慢，间隔不得少于 4 周。选择免疫途径时要考虑病原体侵入机体的门户和定殖部位、疫苗的种类和特点。自然感染途径不仅可调动全身的体液免疫和细胞免疫，而且可诱发局部黏膜免疫，尽早发挥免疫防御作用。

疫苗常用的接种途径有皮下注射、肌内注射、饮水、点眼、滴鼻、气雾、刺种等，不同的疫苗应根据需要选择适当的途径。一般皮下注射和肌内注射，吸收快，但需逐只注射，工作量大，而且动物的应激反应比较大；如鸡群饮水免疫，疫苗用量大，但可大大减少工作量和对鸡群的应激，应注意进行免疫前要适当停水和加大疫苗用量，只有活疫苗才适于饮水免疫；点眼滴鼻效果较好，疫苗抗原刺激眼部的哈德氏腺和呼吸道、消化道的黏膜免疫系统，呈现的局部免疫作用受血清抗体影响较小，而且能在感染初期起到免疫保护作用；气雾免疫是用气雾发生器使疫苗雾化，通过口、鼻、眼吸收疫苗，免疫效果与雾滴大小有关。如鸡群气雾免疫可减少工作量和抓鸡的应激，但雾滴对呼吸道的应激作用常常诱发潜在的霉形体病，其刺激作用与雾滴大小成反相关，故可通过预防用药和调节雾滴大小来减少霉形体病的发生。

七、母源抗体与抗菌药物的干扰

通过胎盘、初乳或从母体获得的抗体称为母源抗体。母源抗体的存在使幼小动物具有抵抗某些疾病的能力，同时又干扰了疫苗接种前后机体免疫应答的产生，因此，在制订合理的疫苗免疫程序时必须考虑到母源抗体及其持续有效时间。

使用活菌苗前后 10 天不能使用抗生素及其他抗菌药。以免因抗菌药物的干扰导致免疫失败。

中华人民共和国农业部 2002 年《兽药管理生产质量管理规范》附录五　生物制品

1. 从事生物制品制造的全体人员（包括清洁人员、维修人员）均应根据其生产的制品和所从事的生产操作进行卫生学、微生物学等专业和安全防护培训。

2. 生产和质量管理负责人应具有兽医、药学等相关专业知识，并有丰富的实践经验以确保在其生产、质量管理中履行其职责。

3. 生物制品生产环境的空气洁净度级别要求

（1）10000 级背景下的局部 100 级：细胞的制备、半成品制备中的接种、收获及灌装前不经除菌过滤制品的合并、配制、灌封、冻干、加塞、添加稳定剂、佐剂、灭活剂等。

（2）10000 级：半成品制备中的培养过程，包括细胞的培养、接种后鸡胚的孵化、细菌培养及灌装前需经除菌过滤制品、配制、精制、添加稳定剂、佐剂、灭活剂、除菌过滤、超滤等；体外免疫诊断试剂的阳性血清的分装、抗原-抗体分装。

（3）100000 级：鸡胚的孵化、溶液或稳定剂的配制与灭菌、血清等的提取、合并、非低温提取、分装前的巴氏消毒、轧盖及制品最终容器的精洗、消毒等；发酵培养密闭系统与环境（暴露部分须无菌操作）；酶联免疫吸附试剂的包装、配液、分装、干燥。

4. 各类制品生产过程中涉及高危致病因子的操作，其空气净化系统等设施还应符合特殊要求。

5. 生产过程中使用某些特定活生物体阶段，要求设备专用，并在隔离或封闭系统内进行。

6. 操作烈性传染病病原、人畜共患病病原、芽孢菌应在专门的厂房内的隔离或密闭系统内进行，其生产设备须专用，并有符合相应规定的防护措施和消毒灭菌、防散毒设施。对生产操作结束后的污染物品应在原位消毒、灭菌后，方可移出生产区。

7. 如设备专用于生产孢子形成体，当加工处理一种制品时应集中生产。在某一设施或一套设施中分期轮换生产芽孢菌制品时，在规定时间内只能生产一种制品。

8. 生物制品的生产应避免厂房与设施对原材料、中间体和成品的潜在污染。

9. 聚合酶链反应试剂（PCR）的生产和检定必须在各自独立的环境进行，防止扩增时形成的气溶胶造成交叉污染。

10. 生产用菌毒种子批和细胞库，应在规定储存条件下，专库存放，并只允许指定的人员进入。

11. 以动物血、血清或脏器、组织为原料生产的制品必须使用专用设备，并与其他生物制品的生产严格分开。

12. 使用密闭系统生物发酵罐生产的制品可以在同一区域同时生产，如单克隆抗体和重组 DNA 产品等。

13. 各种灭活疫苗（包括重组 DNA 产品）、类毒素及细胞提取物的半成品的生产可以交替使用同一生产区，在其灭活或消毒后可以交替使用同一灌装间和灌装、冻干设施，但必须在一种制品生产、分装或冻干后进行有效的清洁和消毒，清洁消毒效果应定期验证。

14. 用弱毒（菌）种生产各种活疫苗，可以交替使用同一生产区、同一灌装间或灌装、冻干设施，但必须在一种制品生产、分装或冻干完成后进行有效的清洁和消毒，清洁和消毒的效果应定期验证。

15. 操作有致病作用的微生物应在专门的区域内进行，并保持相对负压。

16. 有菌（毒）操作区与无菌（毒）操作区应有各自独立的空气净化系统。来自病原体操作区的空气不得再循环或仅在同一区内再循环，来自危险度为二类以上病原体的空气应通过除菌过滤器排放，对外来病原微生物操作区的空气排放应经高效过滤，滤器的性能应定期检查。

17. 使用二类以上病原体强污染性材料进行制品生产时，对其排出污物应有有效的消毒设施。

18. 用于加工处理活生物体的生产操作区和设备应便于清洁和去除污染，能耐受熏蒸消毒。

19. 用于生物制品生产、检验的动物室应分别设置。检验动物应设置安全检验、免疫接种和强毒攻击动物室。动物饲养管理的要求，应符合实验动物管理规定。

20. 生物制品生产、检验过程中产生的污水、废弃物、动物粪便、垫草、带毒尸体等应具有相应设施，进行无害化处理。

21. 生产用注射用水应在制备后 6 小时内使用；制备后 4 小时内、灭菌 72 小时内使用，或者在 80℃以上保温、65℃以上保温循环或 4℃以下存放。

22. 管道系统、阀门和通气过滤器应便于清洁和灭菌，封闭性容器（如发酵罐）应用蒸汽灭菌。

23. 生产过程中污染病原体的物品和设备均要与未用过的灭菌物品和设备分开，并有明显标志。

24. 生物制品生产用的主要原辅料（包括血液制品的原料血浆）必须符合质量标准，并由质量保证部门检验合格签证发放。

25. 生物制品生产用物料须向合法和有质量保证的供方采购，应对供应商进行评估并与之签订较固定的供需合同，以确保其物料的质量和稳定性。

26. 动物源性的原材料使用时要详细记录，内容至少包括动物来源、动物繁殖和饲养条件、动物的健康情况。用于疫苗生产、检验的动物应符合《兽用生物制品规程》规定的"生产、检验用动物暂行标准"。

27. 需建立生产用菌毒种的原始种子批、基础种子批和生产种子批系统。种子批系统应有菌毒种原始来源、菌毒种特征鉴定、传代谱系、菌毒种是否为单一纯微生物、生产和培育特征、最适保存条件等完整资料。

28. 生产用细胞需建立原始细胞库、基础细胞库和生产细胞库系统，细胞库系统应包括：细胞原始来源（核型分析，致瘤性）、群体倍增数、传代谱系、细胞是否为单一纯化细胞系、制备方法、最适保存条件控制代次等。

29. 从事人畜共患病生物制品生产、维修、检验和动物饲养的操作人员、管理人员，应接种相应疫苗并定期进行体检。

30. 生产生物制品的洁净区和需要消毒的区域，应选择使用一种以上的消毒方式，定期轮换使用，并进行检测，以防止产生耐药菌株。

31. 在生产日内，没有经过明确规定的去污染措施，生产人员不得由操作活微生物或动物的区域进入到操作其他制品或微生物的区域。与生产过程无关的人员不应进入生产控制区，必须进入时，要穿着无菌防护服。

32. 从事生产操作的人员应与动物饲养人员分开。

33. 生物制品应严格按照《兽用生物制品规程》或农业部批准的《试行规程》规定的工艺方法组织生产。

34. 对生物制品原辅材料、半成品及成品应严格按照《兽用生物制品规程》或《兽用生物制品质量标准》的规定进行检验。

35. 生物制品生产应按照《兽用生物制品规程》中的"制品组批与分装规定"进行分批和编写批号。

36. 生物制品的国家标准品应由中国兽医药品监察所统一制备、标定和分发。生产企业可根据国家标准品制备其工作标准品。

37. 生物制品生产企业设立的监察室应直属企业负责人领导，负责对物料、设备质量检验、销售及不良反应的监督与管理，并执行《生物制品企业监察室组织办法》的有关规定。

【本章小结】

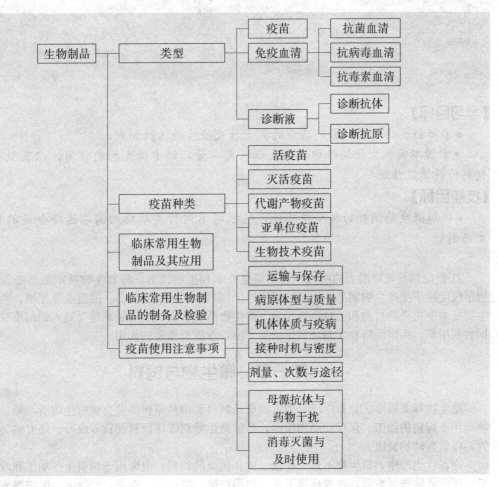

【复习题】

1. 名词解释

生物制品　疫苗　弱毒苗　灭活苗　多价苗　联苗　免疫血清　灭活　灭活剂　佐剂　母源抗体
免疫麻痹

2. 问答题

（1）疫苗的种类有哪些？各有哪些优缺点？

（2）什么是诊断液？常用的有哪些种类？

（3）试述细菌性灭活疫苗的基本过程与检验程序。

（4）概述病毒性禽胚疫苗的制备程序。

（5）概述病毒性细胞苗的基本制备程序和内容

（6）制备高免血清的基本过程是什么？

（7）在生产中使用疫苗时，应注意哪些事项，以保证疫苗的免疫效果？

第十五章 微生物的其他应用

【学习目标】
- 了解微生物饲料，畜产品中的微生物及微生物活性制剂
- 掌握不同微生物饲料中的微生物，肉（蛋）奶中微生物的作用，以及微生物活性制剂的种类及作用

【技能目标】
- 熟知微生物饲料的种类与功能，能根据不同种类动物的需求选择合适的饲料及微生态制剂

21世纪最具发展潜力的两大产业是信息技术和生物技术。随着生物技术的迅速发展，微生物不仅应用于生产生物制品，而且广泛应用于饲料生产、发酵食品、酿造业等领域，微生物成为生物技术中重要的材料和工具。近年来，微生物活性制剂的应用越来越受到人们的重视，在提高饲料利用率、疾病预防和生态环境保护等方面，发挥着重要的作用。

第一节 微生物与饲料

微生物种类繁多、分布广泛，加工的成品饲料和饲料原料经常会被微生物所污染。有的微生物可用于饲料的加工、保存和动物保健；有的微生物则破坏饲料的营养成分；还有的为病原微生物，可危害动物健康。

在畜牧生产中，微生物不仅用作畜、禽和鱼类的饲料，也可用于饲料生产加工和改善饲料质量，还可清除粪尿恶臭，改善环境卫生。利用细菌、酵母菌、霉菌、放线菌、单细胞藻类等微生物可生产和加工出多种微生物饲料，微生物在饲料中的作用主要有：①将各种原料转化为菌体蛋白进而制成单细胞蛋白饲料，如酵母饲料和藻体饲料；②改变原料的理化性状，提高其营养价值和适口性，如青贮饲料和发酵饲料；③分解原料中的有害成分，如饼粕类发酵脱毒饲料。微生物饲料是原料经微生物的大量繁殖及其代谢产物转化而成的新型饲料，是动物的"绿色食品"，是开辟蛋白质饲料资源的一条重要途径。常见的微生物饲料有：单细胞蛋白饲料、发酵饲料和青贮饲料等。

一、单细胞蛋白饲料

单细胞蛋白（single cell protein）是指通过大量培养酵母菌、白地霉、藻类及部分细菌、放线菌等微生物而获得的菌体蛋白。由单细胞微生物或藻类生产的高蛋白饲料称为单细胞蛋白饲料。其蛋白质含量一般占菌体干物质的40%~60%，还含有多种维生素等其他营养成分，营养价值很高。单细胞蛋白不仅用于饲料生产，而且对开发人类新型食品有重要意义。因此，利用非食用资源和废弃资源（如农副产品下脚料和工业木材水解液、废糖蜜、亚硫酸纸浆液和农副产品加工业的下脚料或废水等）生产单细胞蛋白饲料，是解决饲料蛋白资源严重不足的一条重要途径。

单细胞蛋白饲料不仅营养价值高，而且生产条件要求不高，易于进行工厂化生产。它通常被用作精饲料或一般饲料的添加剂，从而增加畜、禽和鱼类的蛋白质营养。单细胞蛋白饲料包括酵

母饲料、白地霉饲料、石油蛋白饲料和藻体饲料等。

1. 酵母饲料

酵母饲料是利用工业废水废渣等为原料，接种酵母菌，经发酵干燥而成的单细胞蛋白饲料。酵母菌营养齐全，蛋白质含量高（干制后约含有50％蛋白质）、脂肪低，纤维和灰分含量取决于酵母来源；氨基酸中，赖氨酸含量高、蛋氨酸低。酵母粉（主要成分为酵母菌，称为饲料酵母）中B族维生素含量丰富，矿物质中钙低，而磷钾含量高。与鱼粉和豆饼相当，饲料酵母常作为畜禽蛋白质及维生素的补充材料。

常用于生产酵母饲料的酵母菌有产朊假丝酵母、热带假丝酵母、啤酒酵母等。它们对营养要求不高，除利用己糖外，也利用植物组织中的戊糖作为碳源，并且均能利用铵盐作氮源。因此，生产酵母饲料的原料广泛，木材水解液、废糖蜜、亚硫酸纸浆液和食品加工业的下脚料或废水，也被利用来培养饲料酵母（如产朊假丝酵母、热带假丝酵母），供作饲料蛋白，其中以利用亚硫酸盐纸浆废液最为经济。如用农作物秸秆、玉米芯、糠壳、棉籽壳、锯末、畜禽粪便也可用于酵母饲料的生产，但须预先水解为糖。

酵母饲料的制作方法是在原料中加入适量的无机含氮物，液体原料需要通入足够的空气，使酵母菌在pH4.5～5.8及适宜的温度下迅速繁殖，便可得到酵母饲料。还可将其中的酵母菌分离出来，经干燥、磨碎，就能得到纯酵母粉。

酵母饲料的应用效果受畜禽种类、日粮类型和酵母种类的影响。酵母在日粮中的应用比例不宜过高，否则影响日粮适口性，破坏日粮氨基酸平衡，增加成本，降低动物生产性能。目前，市场上流通的"饲料酵母"是以玉米蛋白粉等植物蛋白饲料作培养基，经接种酵母菌发酵而成的，这种产品中真正的酵母菌体蛋白含量低，大多数蛋白仍然以植物蛋白的形式存在，其蛋白品质较差，使用时应与饲料酵母加以区别。

2. 白地霉饲料

白地霉饲料是将白地霉培养在工农业副产品中形成的单细胞蛋白饲料。

白地霉又称乳卵孢霉，是一种类酵母状真菌。菌丝为分支状，宽3～7μm，为有隔菌丝。节孢子呈筒状、方形或椭圆形。白地霉为需氧菌，适合在28～30℃及pH5.5～6.0的条件下生长。在麦芽汁中生长可形成菌膜，在麦芽汁琼脂上生长能形成菌落。菌膜和菌落都为白色绒毛状或粉状。白地霉能利用蛋白胨、氨基酸、尿素、硫酸铵等作为氮源，利用多种糖作为碳源。白地霉精制成干粉，含水分为18.6％，干物质81.4％。干物质中粗蛋白占50.7％，粗脂肪3.6％，粗纤维4.7％，无氮浸出物27.1％，粗灰分13.9％。

生产时多采用液体培养法。即利用白地霉在开放式浅池或深层培养中生产大量菌体，进而加工成猪、鱼类等的高蛋白饲料。

3. 石油蛋白饲料

石油蛋白饲料是指酵母菌（如某些假丝酵母、球拟酵母、克勒克酵母）、细菌、放线菌和霉菌以石油或天然气为碳源生产出的单细胞蛋白饲料，又称为石油蛋白饲料或烃蛋白饲料。以石油或石蜡为原料时主要接种解脂假丝酵母、热带假丝酵母等酵母菌；以天然气为原料时接种嗜甲基微生物。

（1）用石油作为原料生产石油蛋白饲料　以石油为原料，接种的酵母菌能利用其中的石蜡组分（十一碳以上的烷烃），加入无机氮及无机盐，pH5和30℃左右的条件下通气培养，就能得到石油蛋白。将其从油中分离出来并干燥，就得到了石油蛋白饲料。

（2）用石蜡作为原料生产石油蛋白饲料　以石蜡为原料，生产条件基本相同，但原料几乎全部能被酵母菌所分解。形成的石油蛋白也不混杂油类，只需要经过水洗、干燥，就能得到高纯度石油蛋白。石蜡是原油提炼过程中的产物，我国石油比较丰富，特别是目前正值我国西部大开发，把新疆的石油资源利用起来代替粮食和鱼粉，不但行之有效，而且意义重大。

（3）用天然气作为原料生产石油蛋白饲料　以天然气为原料，接种的嗜甲基微生物能利用甲烷、甲醇及其氧化物（如甲醛、甲酸）和两个以上甲基但不含C—C键的物质（如三甲基胺），在适宜条件下，嗜甲基微生物经过通气培养，就能将这些物质和含氮物转化成菌体蛋白。

这类酵母细胞蛋白质须慎重加工处理，确证其对畜、禽无毒时，方能用作饲料。

4. 藻体饲料

藻体饲料是指小球藻、栅藻、螺旋藻等在浅水中，用人工培养液于阳光下开放培养，繁殖藻体，经适当加工后制成的优质饲料。水池养殖藻类既充分利用了淡水资源，又能美化环境。生产藻体饲料的藻类主要是体积较大的螺旋藻。

藻类泛指生活在水域或湿地的一类光能自养型低等生物，藻类细胞中蛋白质占干重的50%～70%，脂肪含量达干重的11%。

培养螺旋藻与培养微生物不同，一般在阳光及二氧化碳充足的露天水池中进行，温度30℃左右，pH 8～10，通入二氧化碳则产量更高。人工培养的螺旋藻经过滤、洗涤、干燥和粉碎，即可成为藻体饲料。

二、微生物与发酵饲料

人工接种微生物将粗饲料及少量精饲料在一定温湿度和通气条件下发酵制成的饲料称为发酵饲料。粗饲料富含纤维素、半纤维素、果胶物质、木质素等粗纤维和蛋白质，但难以被动物直接消化吸收。把细菌、霉菌、酵母等微生物接种于粗饲料中，这些微生物产生的有机酸、酶、维生素和菌体蛋白，使饲料变得软熟香甜，略带酒味，还可分解其中部分难以消化的物质，从而提高了粗饲料的适口性和利用效率。

选择各种粗饲料如农作物秸秆、蔓叶和各种无毒的树叶、野草、野菜，粉碎后作为原料，原料不能发霉腐烂，以豆科作物作原料时，必须同禾本科植物混合，否则质量差，味道不正。取粗饲料50kg，加发酵剂适量，加水50kg左右，拌匀后，以手紧握，指缝有水珠而不滴落为宜。将添加了发酵剂和敷料的秸秆装入容器或入池或堆放于平地（厚度为20cm）进行发酵，待堆温上升到40℃时即可喂饲。

发酵饲料包括米曲霉发酵饲料、纤维素酶解饲料、瘤胃液发酵饲料、担子菌发酵饲料等。

1. 米曲霉发酵饲料

粗饲料经米曲霉发酵处理而制成的饲料称米曲霉发酵饲料。

米曲霉属于需氧性霉菌，在30～32℃和pH 6～6.5时繁殖速度快，能利用无机氮和蔗糖、淀粉、玉米粉等碳源，具有很高的淀粉酶活性，能将其中难以消化的动物蛋白（如鲜血、血粉、羽毛等）降解为可消化的氨基酸，合成自身蛋白。米曲霉在畜禽新鲜血液、米糠、麦麸、玉米芯等混合物中繁殖后，制成的发酵饲料含粗蛋白达干重的30%以上。目前，玉米、高粱等秸秆粉发酵饲料已广泛应用于牛羊等草食动物的日粮中，并取得了显著的经济效益。另外，人们还利用米曲霉发酵玉米芯、豆饼粉、麸皮等价格低廉的农产品的下脚料，生产出 β-葡萄糖苷酶，制备出价值很高的异黄酮苷元降压药。

2005年中华人民共和国农业部公告第580号（批准注册国外14种新饲料）批准美国帝斯曼营养产品有限公司等13家公司的14种饲料和饲料添加剂产品在我国注册或重新注册，并发给进口登记证。其中有美国BioZyme公司生产的饲料添加剂——艾美福（为米曲霉发酵产物），已广泛用于发酵饲料的生产。

2. 纤维素酶解饲料

将富含纤维素的原料在微生物纤维素酶的催化下制成的饲料称纤维素酶解饲料。

细菌、霉菌和担子菌是生产纤维素酶解饲料的主要微生物。秸秆粉或富含纤维素的工业废渣，如玉米芯粉、蔗渣、麸皮、红薯藤、稻草、鸡粪等，都可作为生产的原料，节粮效果显著。

3. 瘤胃液发酵饲料

粗饲料中加入瘤胃液发酵制成的一种适用于猪、鸡等动物的饲料称瘤胃液发酵饲料。

依照牛、羊的瘤胃消化作用，安装发酵设备，充以秸秆粉，加入适量水、无机盐和氮素（硫酸铵），再接种瘤胃液，在密闭缸内保温发酵就可加工成瘤胃液发酵饲料。在无氧、适温条件下，瘤胃液中含有的细菌和纤毛虫，能分泌纤维素酶，将纤维素降解，变纤维素和半纤维素等为有效性糖类，从而提高粗饲料的营养价值。

4. 担子菌发酵饲料

把富含纤维素、木质素的原料，经接种担子菌（如侧耳属、鬼伞属的一些种）以及黑曲霉、木霉进行纤维素分解而制成的饲料称担子菌发酵饲料，它包含利用栽培食用菌的培养料经加工而成的饲料。

将担子菌接种于由粗饲料粉、水、铵盐组成的混合物中，担子菌就能使其中的木质素分解，形成粗蛋白含量较高的担子菌发酵饲料，以提高饲料的利用率。如中国福建、浙江等省已经用种过蘑菇仍含大量蘑菇菌丝体的培养料，作为牛和鱼类的饲料。

要提高生物性发酵饲料的饲喂效益，先要对发酵饲料合理定位。发酵饲料现在还不能代替精料，所以还必须与精料合理搭配，才能提高粗料发酵饲料的饲喂效果。发酵饲料配精料后饲喂架子猪，在断奶仔猪饲料中添加熟苕皮、胡萝卜、柑橘皮、制糖食品下脚料等含糖物质，这样猪不仅喜吃，还可提高仔猪日平均增重。

三、微生物与青贮饲料

青贮是指青饲料在密闭青贮容器（窖、塔、壕、堆和袋）中，经乳酸细菌类微生物发酵，或采用化学制剂调制，或降低水分，以抑制细胞呼吸及其附着微生物的发酵损失，而使青饲料养分得以保存。青饲料经青贮调制而成的柔软多汁、气味芳香、营养丰富、易于贮藏、可供家畜冬春季饲喂的饲料称青贮饲料。其颜色黄绿、气味酸香、柔软多汁、适口性好，是一种易加工、耐贮藏、营养价值高的饲料。青贮饲料能保持青饲料的营养特性，养分损失较少，是解决青饲料的贮藏和家畜青饲料常年均衡供应的重要措施。

1. 青贮饲料中的微生物及其作用

青饲料表面附着腐败菌、乳酸菌、酵母菌、酪酸菌等多种微生物，它们在青贮原料中相互制约，巧妙配合，在密闭的条件下才能调制成青贮饲料。

(1) 腐败菌　凡能强烈分解蛋白质的细菌统称为腐败菌，包括枯草杆菌、腐败梭菌、变形杆菌等。大多数能强烈地分解蛋白质和碳水化合物，使青贮饲料的营养价值降低，并产生异味。青贮原料中含有大量腐败菌，一般为 $8.0 \times 10^9 \sim 4.2 \times 10^{10}$ 个/g，是导致饲料败坏的主要原因。

腐败菌在青贮原料中存在数量最多，危害性最大。但它不耐酸，当乳酸菌大量繁殖、pH 下降到 4.4 时，氧气耗尽的情况下，腐败菌的生长繁殖受到抑制。所以青贮过程中严禁漏气。若水分过大，酸度不够，腐败菌就会乘机繁殖，使青贮饲料品质变坏。

(2) 乳酸菌　是青贮过程中最重要的细菌，在青贮原料中含量一般为 $8.0 \times 10^6 \sim 1.7 \times 10^7$ 个/g，主要包括乳酸链球菌、胚芽乳酸杆菌、棒状乳酸杆菌等。它们能分解青贮原料而产生乳酸，使 pH 值下降，从而抑制其他微生物的生长繁殖，有利于饲料的保存。乳酸菌不含蛋白水解酶，但能利用饲料中的氨基酸。

乳酸菌都是革兰阳性菌，无芽孢，大多数无运动性，厌氧或微需氧。乳酸链球菌是兼性厌氧菌，要求 pH8.6～4.2；乳酸杆菌为专性厌氧菌，要求 pH 8.6～3，产酸能力较强。

(3) 酵母菌　也是青贮过程中的重要细菌之一，在青贮原料中含量一般为 $5.0 \times 10^6 \sim 5.07 \times 10^8$ 个/g。青贮初期原料中的 pH 值较高，在有氧或无氧环境中，酵母菌都能迅速繁殖，分解糖类产生乙醇，与乳酸一起形成青贮饲料独特的酸香气味。随着乳酸的增多，pH 值逐渐降低，其生长繁殖受到抑制，酵母菌的活动很快停止。

(4) 酪酸菌　又称梭状芽孢杆菌、丁酸菌，是一类革兰阳性、严格厌氧的梭状芽孢杆菌，有游动性。在厌氧条件下，它们分解糖类而产生丁酸和气体；将蛋白质分解成胺类及有臭味的物质；还破坏叶绿素，使青贮饲料带上黄斑，严重影响其营养价值和适口性。

在青贮原料中酪酸菌的含量一般为 1.0×10^6 个/g。在青贮过程中避免大量土壤污染，酪酸菌数量就会减少，而且它严格厌氧，耐酸性差（在 pH4.7 以下时则不能活动），只要在青贮初期保证严格的厌氧条件，乳酸菌有足量积累，pH 值迅速下降，酪酸菌就不能大量繁殖，青贮饲料的质量就可以有保障。

(5) 其他微生物　肠道杆菌是一类革兰阴性无芽孢的兼性厌氧菌，以大肠杆菌和产气杆菌为主。肠道杆菌可分解糖类产生乳酸的同时也产生大量气体，还能使蛋白质腐败分解，从而降低了青贮饲料的营养价值。

青贮原料密封不严时，霉菌、放线菌、纤维素分解菌等可以生长而使饲料发霉变质，甚至产生毒素。

2. 青贮过程中微生物的活动

青贮饲料在整个发酵过程中，由封存到启用，各种微生物的演替变化是复杂的，一般微生物的活动经过三个时期。

(1) 好气性微生物活动期　是从原料装填密封后到酸性、厌氧环境形成为止，约维持 2 天左右。新鲜的青贮原料装入青贮容器后，青贮原料被压紧后，其间仍然会有少许空气，腐败菌、酵母菌、霉菌等好气性（或兼性厌氧）菌迅速繁殖起来，由于活的植物细胞连续的呼吸以及各种酶的活动和微生物的发酵作用，使得青贮原料中遗留下的少量氧气很快耗尽，形成了厌氧环境。与此同时，微生物的活动产生了大量的二氧化碳、氢气和一些有机酸（如醋酸、琥珀酸和乳酸），使饲料变成酸性环境。酸性厌氧环境不利于腐败菌、酵母菌、酪酸菌、肠道细菌和霉菌等生长，乳酸菌繁殖占优势。当有机酸积累到 $0.65\%\sim1.3\%$、pH 下降到 5 以下时，绝大多数微生物的活动都被抑制，霉菌也因厌氧而不再活动。

(2) 乳酸菌发酵期　正常青贮时，乳酸菌发酵期为 2~3 周。厌氧条件形成后，先是乳酸链球菌占优势，随着酸度的增加，乳酸杆菌逐渐占据优势。随着乳酸菌迅速生长繁殖，饲料中所含的简单碳水化合物，逐渐被乳酸菌发酵，产生大量乳酸和醋酸，使 pH 值逐渐下降，其他微生物进一步受到抑制而死亡。当 pH 下降到 4.2 以下时，乳酸菌本身的生长繁殖也受到抑制，其活动渐渐减慢，乳酸的积累使饲料酸化成熟，这时的青贮饲料发酵趋于成熟。

(3) 成品保存期　当乳酸菌产生的乳酸积累量达 $1.5\%\sim2.0\%$、青贮饲料的 pH 值降至 3.8~4.2 时，乳酸菌的活动也被自身生产的乳酸所抑制，并开始逐渐死亡，青贮饲料也已制作完成。以后，只要厌氧和酸性条件不破坏，青贮饲料可长期保存。

3. 青贮饲料调制加工的流程和方法

(1) 青贮饲料调制加工的流程如下

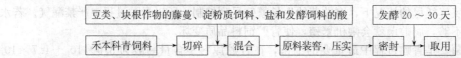

(2) 青贮饲料调制加工的方法　通常将矮象草、桂牧 1 号、玉米等青饲料切碎，加一定量的豆类、块根作物的藤蔓、淀粉质饲料、盐和发酵饲料的酸液（即乳酸细菌类的接种剂）混拌后，装进青贮塔或窖中，压实，密封发酵 20~30 天，即加工成青贮饲料。

4. 影响饲料青贮质量的因素

(1) 原料含糖量　青贮原料的含糖量应不低于 $1\%\sim2\%$。如原料含糖量低，乳酸菌活动受营养所限，产生的乳酸量不足，可在原料中适当添加糖渣、酒糟等含糖丰富的饲料。桂牧 1 号、玉米、高粱、甘薯等禾本科比豆科作物含糖量高，易于青贮。

(2) 原料含水量　原料的适宜含水量应在 $65\%\sim75\%$ 之间为宜。水分过多，会过早形成厌氧环境，引起丁酸菌活动过强，降低了饲料品质。水分不足，则原料不易压实，饲料间的剩余空气较多，嗜氧菌大量繁殖，容易使青贮饲料腐烂。

(3) 厌氧环境　将原料切碎、压实、密封，给乳酸菌提供一个厌氧环境，是青贮成功的关键。发酵初期漏水漏气，都会降低乳酸含量和总酸度。

(4) 青贮窖的温度　青贮时窖温偏高，可导致酪酸菌发酵，使饲料品质下降，严重时能使青贮失败。

（5）添加剂的使用 添加0.5%尿素等非蛋白含氮物，能提高青贮饲料的产酸量和蛋白质含量。添加纤维素酶、淀粉酶等饲用酶制剂，可促进乳酸发酵。添加0.2%～0.3%甲酸、甲酸钙、焦硫酸钠等，可防止二次发酵。

5. 青贮饲料的使用技术

（1）取用 青贮饲料一般调制后30天左右即可开窖饲用。一旦开窖，就得天天取用。每次取用后，及时用农膜将其表面覆盖，防雨淋或冻结。取用时应逐层或逐段按顺序进行，从上往下分层利用。每天按畜禽实际采食量取出，切勿全面打开或掏洞取用，尽量减少与空气的接触，以防霉烂变质。已发霉的青贮饲料不能饲用。

（2）喂法 青贮饲料适口心性好，动物喜爱采食，注意控制用量。青贮饲料为多汁饲料，而且有轻泻作用，应与干草、秸秆和精料等搭配使用。往饲料中添加青贮饲料时，必须有一个适应期，饲喂量应由少到多逐渐增加。

（3）喂量 不同动物每天每头青贮饲料饲喂量不同（见表15-1）。

表 15-1　不同动物每天每头青贮饲料饲喂量/kg

动物类型	青贮饲料饲喂量	动物类型	青贮饲料饲喂量
妊娠成年母牛	50	成年绵羊	5
产奶成年母牛	25	成年马	10
断奶犊牛	5～10	成年妊娠母主	3
种公牛	15	成年兔	0.2

第二节　微生物与畜产品

一、微生物与乳

乳品主要包括：生乳、消毒乳、酸乳、乳粉、炼乳、奶油、干酪和稀奶油等。在某些情况下，还有由无水黄油和脱脂奶粉配制成的再制乳（又名还原乳）。

乳品中含有丰富的蛋白质、乳糖、脂肪、无机盐、维生素等，是微生物的天然培养基。鲜奶中接种有益微生物可以加工成丰富多彩的乳制品，但有害微生物则可导致鲜乳或乳品变质，甚至给人们带来疾病。

1. 鲜乳中的微生物

（1）鲜乳中微生物的来源

① 来自乳房内部的微生物。从乳牛的乳房挤出的鲜乳并不是无菌的。一般在健康乳牛的乳头管及其分支处，总是有一些细菌存在，但仅限于极少数几种细菌，最为常见的有小球菌属和链球菌属，其他如棒状杆菌属和乳杆菌属等细菌也可出现。乳头前端因容易被外界细菌侵入，细菌在乳管中常能形成菌块栓塞，所以在最先挤出的少量乳液中，会含有较多的细菌，挤乳时要求弃去最先挤出的少数乳液。

② 挤乳过程中的微生物污染。奶牛场卫生条件较差时，动物体表、空气、水源、挤奶用具及牧场人员所带的微生物，都会直接或间接地进入鲜乳，甚至使鲜乳带上病原微生物。

a. 牛体的污染。乳牛腹部、乳房、尾部的皮肤和被毛不清洁，微生物随着的尘埃和粪便等掉入鲜乳中，污染乳汁，如1g干牛粪中细菌总数可达几亿到100亿。

b. 空气的污染。牛舍内不通风或卫生条件较差的牛舍，空气中的浮游尘埃微粒增多，微粒上附着有大量细菌，也是较为严重的污染源之一。现代化的挤乳站，采用挤奶器挤乳，管道封闭运输，可减少来自于空气的污染。

c. 苍蝇的污染。每一只苍蝇身上附着的细菌数平均可达100万，高者可达600万以上，而且苍蝇的繁殖极快，极易传播细菌。

d. 挤乳用具的污染。如果平时对挤奶桶或挤奶器的洗涤消毒杀菌不严格或水源的卫生质量差，对鲜乳的污染也会很严重。

e. 挤奶员的污染。由于挤奶员的手和衣服不清洁、挤奶员咳嗽、随地吐痰等，都会直接污染鲜乳。

③ 挤奶后的细菌污染。挤奶后污染细菌的机会仍然很多，例如过滤器、冷却器、鲜奶桶、贮奶槽、奶槽车等都与牛乳直接接触，对这些设备和管路的清洗消毒杀菌是非常重要的。此外，车间内外的卫生条件，如空气、蝇、人员的卫生状况，都对牛乳污染程度有密切关系。

(2) 鲜乳中微生物的种类　鲜乳中最常见的微生物是细菌、酵母菌和少数霉菌，其中以细菌在鲜乳贮藏与加工中的意义最为重要。

① 乳酸菌。是一种能分解糖类产生乳酸的细菌，主要包括乳酸球菌科和乳酸杆菌科两大类，属厌氧型或兼性厌氧型细菌。在一定条件下，乳酸菌大量繁殖，所产生的乳酸既能使乳中的蛋白质均匀凝固，又能抑制腐败菌的生长，有的还能产生挥发性酸或气体。因此，乳酸菌被广泛用于乳品加工。

② 丙酸菌。是一种可将乳酸及其他碳水化合物分解为丙酸、醋酸与 CO_2 的革兰阳性短杆菌，主要有费氏丙酸杆菌和薛氏丙酸杆菌。用丙酸菌生产干酪时，形成气孔和特有的风味。

③ 肠道菌群。是一种寄生于肠道中的革兰阴性短杆菌，为兼性厌氧性细菌。肠道菌群主要有大肠菌群、沙门菌和其他病原菌。大肠菌群可将碳水化合物发酵，产生酸及二氧化碳、氢等气体。因大肠菌群来自于粪便，所以被规定为鲜乳污染的指标菌。

④ 芽孢杆菌。是一种能形成孢子的革兰阳性杆菌，可分为好氧性芽孢杆菌属与厌氧性梭状芽孢杆菌属。该菌耐热能力极强，杀菌处理后仍然残留于鲜乳中。

⑤ 球菌属。是一种在有氧条件下能产生色素的革兰阳性球菌。在牛乳中常出现的有小球菌属与葡萄球菌属。葡萄球菌多为乳房炎乳或食物中毒的原因菌。

⑥ 低温菌。是指适合 20℃ 以下生长繁殖的细菌，以革兰阴性杆菌为主，它们适合在低于20℃处生长。

⑦ 高温菌和耐热菌。高温菌是指 40℃ 以上能正常发育的菌群。耐热菌是指在低温杀毒（63℃，30min）的条件下能生存的细菌。乳中的嗜热菌包括多种需氧和兼性厌氧菌，它们能耐过巴氏消毒，甚至 80~90℃ 10min 也不死亡。

⑧ 蛋白分解菌。又称为胨化细菌，是指能产生蛋白酶，使已经凝固的蛋白质溶解液化的细菌。主要有枯草杆菌、蜡状芽孢杆菌、假单胞菌等。

⑨ 脂肪分解菌。是指能使甘油分解生成脂肪酸的菌群。该类菌能产生解脂酶，使鲜奶产生脂肪分解味。此类菌群中，除一部分在干酪方面有用外，一般都是使鲜乳和乳制品变质的细菌，尤其对稀奶油和奶油危害更大。

⑩ 其他微生物。酵母菌、霉菌和放线菌可使鲜乳变稠或凝固，有的酵母菌还能使鲜乳变色，降低了乳的品质，有的酵母菌可用于乳品加工。

(3) 鲜乳存放期间微生物的变化

① 牛乳在室温储藏时微生物的变化。从乳畜乳房挤出的鲜乳，未经杀菌前都有一定数量不同种类的微生物存在，如果放置在室温下，乳汁会因微生物的活动而逐渐变质。可分为以下几个阶段。

a. 抑制期。鲜乳中含有一种名为"乳烃素"的细菌抑制物，具有抗菌作用，鲜乳放置在室温环境中，一定时间内不会发生变质现象。其杀菌或抑菌作用在室温下通常可持续 18~36h，在此期间，乳汁中细菌数不会增加，若温度升高，则抗菌物质的作用增强，但持续时间会缩短。

b. 乳酸链球菌期。鲜乳中的抗菌物质减少或消失后，乳中的乳酸链球菌、乳酸杆菌、大肠杆菌和一些蛋白分解菌等迅速繁殖，其中以乳酸链球菌生长繁殖特别旺盛。乳酸链球菌使乳糖分解，产生乳酸，因而乳汁的 pH 值不断下降。大肠杆菌大量繁殖时，有产气现象。随着乳汁的pH 值不断下降，其他腐败菌的生长逐渐被抑制，当 pH 值不断下降到 4.5 时，乳酸链球菌本身的生长也受到抑制，并逐渐减少，这时有乳凝块出现。

c. 乳酸杆菌期。pH值下降至6左右时，乳酸杆菌开始活动。当pH值继续下降至4.5以下时，由于乳酸杆菌耐酸力较强，能继续繁殖并产酸，此时，乳汁中可出现大量乳凝块，并有大量乳清析出。

d. 真菌期。当pH值降至3.8~3时，绝大多数微生物被抑制甚至死亡，仅酵母和霉菌还能适应高酸性的环境，并能利用乳酸及其他一些有机酸。由于酸被利用，乳液的pH值不断上升并接近中性。此期约数天到几周。

e. 胨化菌期。当乳汁中的乳糖大量被消耗后，乳汁由酸性被中和至微碱性，能分解蛋白质和脂肪的腐败菌开始生长繁殖，常见的有芽孢杆菌属、假单胞菌属以及变形杆菌属等腐败菌，此时，乳凝块被液化，乳汁的pH值不断升高，有腐败的臭味产生，最后使乳汁变成澄清而有毒性的液体。

② 牛乳在冷藏中微生物的变化。在冷藏条件下，鲜乳中适合于室温下繁殖的微生物生长被抑制；而假单胞杆菌属、产碱杆菌属、黄杆菌属、克雷伯杆菌属、小球菌属、少量酵母菌和霉菌等嗜冷菌却能生长，但生长速度非常缓慢。

冷藏鲜乳中的蛋白质和脂肪被微生物分解而导致鲜乳的变质。多数假单胞杆菌属中的细菌均具有产生脂肪酶的特性，脂肪酶在低温下的活性非常强。冷藏鲜乳中可经常见到低温细菌能促使牛乳中蛋白分解的现象，特别是产碱杆菌属和假单胞菌属中的许多细菌，它们可使牛乳胨化。

(4) 鲜乳的卫生标准 为了保证鲜乳的卫生质量，鲜乳挤出后应该立即消毒和冷藏，并进行微生物检验。鲜乳的微生物指标见表15-2。

表15-2 鲜乳的微生物指标（GB 19301—2003）

项 目		指 标
菌落总数/(cfu/g)	≤	5×10^5
致病菌(金黄色葡萄球菌、沙门菌、志贺菌)		不得检出

2. 微生物与乳制品

许多国家很早就发现了乳类发酵的现象。中国北魏时期的著作《齐民要术》中已有关于鲜乳经发酵成酪的记载。乳制品种类繁多，风味各异，但其加工大都离不开乳品微生物。参与发酵乳类生产乳制品以及引起乳和乳品腐败变质的微生物称为乳品微生物。乳制品的变质也往往是微生物活动的结果。

(1) 乳品微生物的种类 乳品微生物分为两类：一类是能单独参与乳品加工的乳酸菌，如酸奶、乳酸饮料等加工只需要乳酸菌，乳酸菌中的链球菌、明串珠菌和乳杆菌3个属与乳品发酵关系密切；另一类是必须和乳酸菌等共同参与乳品加工的其他微生物（如丙酸菌、酵母菌、青霉菌），如乳酒加工过程中必须有乳酸菌和酵母菌的共同参与。

(2) 乳制品中微生物的变化 乳制品在微生物的作用下，乳或乳制品的化学成分发生变化。首先使乳糖发酵生成各种比较简单的产物，继而在腐败微生物的作用下引起腐败过程。

① 乳酸发酵。乳酸发酵是乳糖在细菌产生的乳糖酶的作用下，将其分解为二分子的单糖，再进一步分解为乳酸的过程。其过程是：

$$C_{12}H_{22}O_{11} + H_2O \longrightarrow 2C_6H_{12}O_6$$
$$C_6H_{12}O_6 \longrightarrow 2C_3H_6O_3$$

参与乳酸发酵过程的有两类乳酸菌：一类是在乳温35~45℃时发育最好的保加利亚杆菌和嗜酸性乳酸杆菌，发酵时形成大量的乳酸，使乳的酸度升高；另一类是在乳温22~30℃时发育最好的乳酸链球菌。乳酸发酵使乳的酸度增高，乳就发生凝固，在乳品工业中很多产品都应用这种特性，如酸奶、酸奶酒、马奶酒、嗜酸菌乳、酸凝酪、酸乳酪（又称酸性奶油）、干酪等制品的生产。但当鲜乳用作生产鲜乳、乳粉、炼乳等的原料时，则抑制乳酸发酵过程。

② 酒精发酵。酒精发酵是乳中酵母菌和乳酸菌同时发酵将乳糖分解产生酒精及CO_2的过

程。广泛应用于酸奶酒和马奶酒的制造中。其反应式如下：

$$C_{12}H_{22}O_{11}+H_2O \longrightarrow 2C_6H_{12}O_6$$

$$2C_6H_{12}O_6 \longrightarrow 4C_2H_5OH+4CO_2$$

③ 丙酸发酵。丙酸发酵是在乳酸菌作用于乳糖产生乳酸后，丙酸菌的酶分解乳糖产生丙酸的过程。在各种干酪的成熟中几乎都有丙酸发酵的作用，使干酪产生气孔，并产生良好滋味和芳香味。其反应式如下：

$$3C_{12}H_{22}O_{11}+3H_2O \longrightarrow 6C_6H_{12}O_6$$

$$6C_6H_{12}O_6 \longrightarrow 8C_3H_6O_2+4C_2H_4O_2+4CO_2+4H_2O$$

④ 酪酸发酵。酪酸发酵是乳糖在酪酸菌的作用下，产生酪酸、CO_2 和 H_2 的过程。能使乳制品中产生大量的气体，出现辛辣的酪酸味，产品带有不适口的微甜味。其反应式如下：

$$C_{12}H_{22}O_{11}+3H_2O \longrightarrow 2C_6H_{12}O_6$$

$$2C_6H_{12}O_6 \longrightarrow CH_3CH_2CH_2COOH+2CO_2+2H_2$$

⑤ 腐败过程。乳制品的腐败过程由腐败微生物引起。乳制品腐败时具有苦味和各种异常的气味。在乳制品腐败过程中，蛋白质发生分解，同时产生硫化氢、氨等不良气味，并形成能引起人、畜中毒的毒素。

a. 奶油变质。霉菌能导致奶油发霉；鱼杆菌和乳卵孢霉能分解奶油中的卵磷脂而产生带鱼腥味的三甲胺；还有一些酵母、假单胞菌、灵杆菌等能产生脂肪酶，能分解奶油中的脂肪产生酪酸、己酸，使之散发酸臭味。

b. 炼乳变质。炼乳有霉菌生长时会在其表面形成褐色和淡棕色"纽扣"状菌落。液态的甜炼乳含蔗糖 40%～50%，为高渗环境，一般微生物在其中难以生长，但耐高渗的酵母菌及丁酸菌繁殖后产气，造成膨罐。耐高渗的芽孢杆菌、球菌及乳酸菌能产生凝乳酶和有机酸等，使炼乳变稠，不易倒出。

c. 干酪变质。酵母菌、细菌和霉菌还可使干酪表面变色、发霉或带上苦味。干酪的酸度和盐分不足时，乳酸菌、胨化细菌及厌氧的丁酸梭菌等使干酪表面湿润、液化，并产生腐败气味。

d. 其他乳制品的变质。嗜热性链球菌等可能污染奶粉。芽孢杆菌、球菌、霉菌、大肠菌群等微生物常污染冰淇淋。

二、微生物与肉

1. 鲜肉中的微生物

(1) 鲜肉中微生物的来源　鲜肉中微生物的来源大体可分为内源性来源和外源性来源两大类。内源性来源主要指动物屠宰后，体内或体表的微生物进入肌肉，与动物生前的饲养管理条件和机体健康状况关系密切。外源性来源是动物在屠宰、加工、运输等过程中，微生物从水、用具、人员等外界环境进入肌肉，与环境条件和操作程序等关系密切，为主要污染来源。

① 宰前微生物的污染

a. 健康动物本身存在的微生物。健康动物的体表及一些与外界相通的腔道，某些部位的淋巴结内都不同程度地存在着微生物，尤其在消化道内的微生物类群更多。通常情况下，这些微生物不侵入肌肉等机体组织中，在动物机体抵抗力下降的情况下，某些病原性或条件致病性微生物，如沙门菌，可进入淋巴液、血液，并侵入到肌肉组织或实质脏器。

b. 经体表的伤口侵入。有些微生物也可经体表的创伤、感染而侵入深层组织。

c. 患传染病或处于潜伏期或带菌（毒）者。相应的病原微生物可能在生前即蔓延于肌肉和内脏器官，如炭疽杆菌、猪丹毒杆菌、多杀性巴氏杆菌、耶尔森菌等。

d. 动物在运输、宰前等过程中微生物的传染。由于过度疲劳、拥挤、饥渴等不良因素的影响，可通过个别病畜或带菌动物传播病原微生物，造成宰前对肉品的污染。

② 屠宰过程中微生物的污染

a. 健康动物的皮肤和被毛上的微生物。其种类和数量与动物生前所处的环境有关。宰前对动物进行淋浴或水浴，可减少皮毛上的微生物对鲜肉的污染。

b. 胃肠道内的微生物就有可能沿组织间隙侵入邻近的组织和脏器。

c. 呼吸道和泌尿生殖道中的微生物。

d. 屠宰加工场所的卫生状况

Ⅰ. 水是不容忽视的微生物污染来源；水必须符合中华人民共和国卫生部颁布的《生活饮用水卫生标准》，尽量减少因冲洗而造成的污染。

Ⅱ. 屠宰加工车间的设备如放血、剥皮所用刀具常有污染，则微生物可随之进入血液，经由大静脉管而侵入胴体深部。挂钩、电锯等多种用具也会造成鲜肉的污染。

e. 坚持正确操作及注意个人卫生

③ 运输过程中微生物的污染。鲜肉在分割、包装、运输、销售等各个环节，都可能被微生物污染。

（2）鲜肉中常见的微生物类群　鲜肉中的微生物来源广泛，种类繁多，包括真菌、细菌、病毒等，可分为腐败性微生物、致病性微生物和食物中毒性微生物三大类群。

① 腐败性微生物。在自然界里广泛存在的一类寄生于死亡动植物体，能产生蛋白分解酶，使动植物组织发生腐败分解的微生物称为腐败性微生物。包括细菌和真菌等，可引起肉品腐败变质。

a. 细菌。是造成鲜肉腐败的主要微生物，常见的致腐性细菌主要如下。

Ⅰ. 产芽孢需氧菌。为革兰阳性菌，如蜡样芽孢杆菌、小芽孢杆菌、枯草杆菌等。

Ⅱ. 无芽孢细菌。为革兰阴性菌，如阴沟产气杆菌、大肠杆菌、奇异变形杆菌、普通变形杆菌、铜绿假单胞菌、荧光假单胞菌、腐败假单胞菌等。

Ⅲ. 球菌。均为革兰阳性菌，如金黄色葡萄球菌、粪链球菌、嗜冷微球菌、金黄八联球菌等。

Ⅳ. 厌氧性细菌。如溶组织梭状芽孢杆菌、产芽孢梭状芽孢杆菌、双酶梭状芽孢杆菌、腐败梭状芽孢杆菌等。

b. 真菌。真菌在鲜肉中的数量较少，分解蛋白质的能力比细菌弱，生长较慢，在鲜肉变质中能发挥一定作用。鲜肉中常见的真菌有青霉、枝孢霉、毛霉等，且以毛霉及青霉为最多。

② 致病性微生物。主要见于细菌和病毒等。

a. 人畜共患病的病原微生物。常见的病毒有禽流感病毒、口蹄疫病毒、狂犬病病毒、水泡性口炎病毒等。常见的细菌有炭疽杆菌、链球菌、结核分枝杆菌、猪丹毒杆菌、布氏杆菌、李氏杆菌、鼻疽杆菌、土拉杆菌等。

b. 只感染畜禽的病原微生物。此类病原微生物种类繁多，常见的有猪瘟病毒、鸡新城疫病毒、鸡传染性支气管炎病毒、鸡传染性法氏囊病毒、鸡马立克病毒、鸭瘟病毒、兔病毒性出血症病毒、多杀性巴氏杆菌、坏死杆菌等。

③ 中毒性微生物。有些致病性微生物（如致病性大肠杆菌、沙门菌、志贺菌、魏氏梭菌等）和条件致病性微生物（如变形杆菌、肉毒梭菌、蜡样芽孢杆菌等），可通过污染食品或细菌污染后产生大量毒素，从而引起以急性过程为主要特征的食物中毒。还有一些真菌在肉中繁殖后产生毒素，可引起各种毒素中毒，常见的真菌有麦角菌、赤霉、黄曲霉、黄绿青霉、毛青霉、冰岛青霉等。

（3）鲜肉在贮藏过程中的变化　肉在保存过程中，由于组织酶和外界微生物的作用，一般要经过热肉—僵直—成熟—自溶—腐败等一系列变化。

① 热肉。动物在屠宰后初期，尚未失去体温时，称为热肉。热肉呈中性或略偏碱性，pH7.0～7.2，富有弹性，鲜味较差，也不易消化。屠宰后的动物，随着正常代谢的中断，体内自体分解酶活性作用占优势，肌糖原在糖原分解酶的作用下，逐渐发生酵解，产生乳酸，使pH值降低。一般宰后1h，pH值下降至6.2～6.3，经24h可降至5.6～6.0。

② 肉的僵直。当肉的pH值降至6.7以下时，肌肉失去弹性，变得僵硬，这种状态叫做肉的僵直。肌肉僵直出现的早晚和持续时间与动物种类、年龄、环境温度、生前状态及屠宰方法有

关。处于僵直期的肉，肌纤维粗糙、强韧、保水性低，缺乏风味，食用价值及滋味都差。

③ 肉的成熟。肉僵直后，肌肉开始出现酸性反应，组织变得柔软嫩化，具有弹性，切面富有水分，且有愉快的香气和滋味，易于煮烂和咀嚼，肉的食用性改善的过程称为肉的成熟。肉在成熟过程中，主要是糖酵解酶类及无机磷酸化酶的作用，肌肉中的糖原分解，乳酸增高，ATP转化为磷酸，使肌肉由弱碱性变为酸性，抑制了肉中腐败菌和病原微生物的生长繁殖；蛋白质初步降解，肌肉、筋腱等变松软，并形成明显的气味和味道，这些变化有利于改善肉的口味和可消化性。成熟对提高肉的风味是完全必要的，成熟的速度与肉中肌糖原含量、贮藏温度等有密切关系。在 $10\sim15℃$ 下，$2\sim3$ 天即可完成肉的成熟，在 $3\sim5℃$ 下需 7 天左右，$0\sim2℃$ 则需 $2\sim3$ 周才能完成。成熟好的肉表面形成一层干膜，能阻止肉表面的微生物向深层组织蔓延，并能阻止微生物在肉表面生长繁殖。

④ 肉的自溶。由于肉的保藏不当，则肉中的蛋白质在组织蛋白酶的催化作用下发生分解，这种现象叫做肉的自溶。自溶过程将部分蛋白质分解为可溶性氮及氨基酸。

⑤ 肉的腐败。由于成熟和自溶阶段的分解产物，为腐败微生物的生长繁殖提供了良好的营养物质，肉中污染的细菌、酵母菌、霉菌等开始大量繁殖，引起蛋白质、脂肪、糖类等分解，使肉腐败变质。腐败分解的生成物有腐胺、硫化氢、吲哚等，使肉带有强烈的臭味，其营养价值显著降低。胺类有很强的生理活性，这些都可影响消费者的健康。

肉的腐败，通常由外界环境中的需氧菌污染肉表面开始，然后沿着结缔组织向深层扩散，因此肉品腐败的发展取决于微生物的种类、外界条件（温度、湿度）以及侵入部位。在 $1\sim3℃$ 时，主要生长的为嗜冷菌如无色杆菌、气杆菌、产碱杆菌、色杆菌等，随着进入深度发生菌相的改变，仅嗜氧菌能在肉表面发育，到较深层时，厌氧菌处于优势。

（4）鲜肉中病原微生物的危害

① 导致传染病的流行。带有活的病原微生物的肉类被人畜食用，或者在运输、加工过程中感染了健康人畜，都会引起传染病的流行。

② 导致细菌性食物中毒。食品中的病原细菌及其细菌毒素可引起人和动物细菌性食物中毒。少数真菌污染鲜肉后也能引起人和动物食物中毒。

重视动物宰前检疫，加强屠宰场所及肉品市场的卫生控制和监督，及时对鲜肉进行冷藏，强调屠宰检疫和肉品卫生检验等，是保证鲜肉卫生质量的有效措施。

（5）鲜肉的卫生要求 我国现行的食品卫生标准中没有制定鲜肉细菌指标，对细菌总数一般要求为：新鲜肉为小于或等于 1×10^3 个/g；次新鲜肉为 $1\times10^3\sim1\times10^5$ 个/g；变质肉为等于或大于 1×10^5 个/g。北京市制定了生食肉类产品卫生标准，要求生食肉类产品的微生物指标应符合表 15-3 的规定。

表 15-3 生食肉类产品的微生物指标

项　　目	指　标	项　　目	指　标
菌落总数/(cfu/g)	$\leqslant8\times10^4$	致泻大肠杆菌	不得检出
大肠菌群/(MPN/100g)	$\leqslant30$	肠出血性大肠杆菌 O157：H7	不得检出
沙门菌	不得检出	单核细胞增生李斯特菌	不得检出
志贺菌	不得检出	霍乱弧菌	不得检出
金黄色葡萄球菌	不得检出	副溶血性弧菌	不得检出

2. 冷藏肉中的微生物

（1）冷藏肉分类 冷藏肉包括冷却肉、冷冻肉、解冻肉三类。

① 冷却肉。是指在 $-4℃$ 下贮藏，肉温不超过 3℃ 的肉类。冷却肉质地柔软，气味芳香，肉表面常形成一层干膜，可阻止微生物的生长繁殖，但由于温度较高，不耐贮藏。

② 冷冻肉。俗称冻肉，是指屠宰后经过预冷，并进一步在 $(-20\pm2)℃$ 的低温下急冻，使深层肉温达到 $-6℃$ 以下的肉类。冷冻肉质地硬固，断面可见细致均匀的冰晶体。

③ 解冻肉。是指冻肉在受到外界较高温度的作用下缓慢解冻，并使深层温度高至 0℃ 左右，又称冷冻融化肉。通常情况下，经过缓慢解冻，溶解的组织液大都可被细胞重新吸收，仍可基本恢复到新鲜肉的原状和风味。当外界温度过高时，因解冻速度过快，溶解的组织液难以完全被细胞吸收，营养损失较大。

（2）冷藏肉中微生物的来源及类群

① 冷藏肉中微生物的来源。屠宰、加工、贮藏及销售过程中易被微生物污染，肉类在低温下贮存，能抑制或减弱大部分微生物的生长繁殖。嗜冷性细菌，尤其是霉菌常可引起冷藏肉的污染与变质。能耐低温的微生物还有沙门菌、炭疽杆菌和猪瘟病毒等病原菌。

② 冷藏肉中微生物的类群。冷藏肉中莫拉氏菌、假单胞杆菌、乳杆菌、不动杆菌及肠杆菌科的某些菌属等嗜冷细菌较常见，其中假单胞菌最为常见。常见的真菌有隐球酵母、红酵母、假丝酵母、毛霉、根霉、枝霉、枝孢霉、青霉等。

（3）冷藏肉中的微生物变化　在冷藏温度下，高湿度有利于假单胞菌、产碱类菌的生长，较低的湿度适合微球菌和酵母的生长，如果湿度更低，霉菌则易生长于肉的表面，这些微生物不仅会导致肉颜色的改变，还能在肉表面形成黏液样物质，手触有滑感，甚至起黏丝，同时发出一种陈腐味，甚至恶臭。

3. 肉制品中的微生物

（1）腌腊制品中的微生物　肉的腌制是肉类的一种加工方法，也是一种防腐的方法，可分为干腌法和湿腌法两类，常见的有咸肉、腊肉、板鸭、风鸡等。腌腊制品的防腐原理是一定浓度的盐水形成高渗环境，细胞中的水分被脱出，使微生物处于生理干燥状态，不能生长繁殖。盐水和盐卤中的微生物大都具有较强的耐盐或嗜盐性，如假单胞菌属、不动杆菌属、盐杆菌属、嗜盐球菌属、黄杆菌属、无色杆菌属、叠球菌属及微球菌属的某些细菌及某些真菌。许多人类致病菌，如金黄色葡萄球菌、魏氏梭菌和肉毒梭菌可通过盐渍食品引起食物中毒。

（2）灌肠制品中的微生物　灌肠类肉制品系指以鲜（冻）畜肉腌制、切碎、加入辅料，灌入肠衣后经风（焙）干而成的生肠类肉制品，或煮熟而成的熟肠类肉制品。如香肠、肉肠、粉肠、红肠、雪肠、火腿肠及香肚等。

此类肉制品原料较多，由于各种原料的产地、贮藏条件及产品质量不同，以及加工工艺的差别，对成品中微生物的污染程度都会产生一定影响。与生肠类变质有关的微生物有酵母菌、微杆菌及一些革兰阴性杆菌。熟肠类如果加热适当可杀死其中细菌的繁殖体，但芽孢可能存活，加热后及时进行冷藏，一般不会危害产品质量。

（3）熟肉制品中的微生物　熟肉制品包括酱卤肉、烧烤肉、肉松、肉干等。肉经加热处理后，一般不含有细菌的繁殖体，但可能含少量细菌的芽孢。引起熟肉变质的微生物主要是根霉、青霉及酵母菌等真菌，肉品加工厂环境中的孢子，很容易污染熟肉表面并导致变质，所以，加工好的熟肉制品应在冷藏条件下运送、贮存和销售。

三、微生物与鲜蛋

1. 鲜蛋中微生物的种类

鲜蛋内的微生物主要有细菌和真菌两大类，其中大部分是腐生菌，小部分为致病菌。如枯草杆菌、变形杆菌、假单胞菌、沙门杆菌、大肠杆菌、链球菌及霉菌等。

2. 鲜蛋中微生物的来源

正常情况下，鲜蛋内部是无菌的。蛋清内的溶菌酶、抗体等有杀菌作用，壳膜、蛋壳及壳外黏液层能阻止微生物侵入蛋内。当家禽卵巢和子宫感染了微生物时；或者禽蛋产出后在运输、贮藏及加工过程中壳外黏液层被破坏；或者禽蛋的贮藏时间过长时，微生物则经蛋壳上的气孔侵入蛋内，污染禽蛋引起变质。

3. 鲜蛋的腐败变质

（1）细菌性腐败　细菌侵入蛋壳内后，立即开始生长繁殖，使蛋白高度下降，蛋黄仅贴蛋壳不动，照蛋时蛋白完全透光，一面呈暗红色，一面呈白色，贴皮处呈深黄色，称为贴皮蛋。随着细菌的继续繁殖，蛋黄膜破裂，蛋黄与蛋白液化、混合并黏附于蛋壳上，照蛋时呈灰黄色，称泻蛋黄。细菌进一步活动而产生氨、酰胺、硫化氢等毒性代谢物质，使外壳呈暗灰色，并散发臭气，照蛋时呈黑色，称腐败蛋。腐败蛋不能食用，破裂后溢出灰绿色恶臭的污秽液体。

（2）霉菌性腐败　当鲜蛋受潮或破裂后，蛋壳表面易被霉菌孢子污染，霉菌孢子萌发出菌丝，通过气孔或裂纹进入蛋壳内侧，在蛋体周围形成黑色斑点。接着，菌丝大量繁殖，使深部的蛋白及蛋黄液化、混合，内容物有明显的霉变味，称霉变蛋。霉变蛋不能食用没有加工价值，照蛋时可见褐色或黑色斑块，蛋壳外表面有丝状霉斑。

4. 鲜蛋的贮藏保鲜

鲜蛋的贮藏保鲜的方法很多，常用的有：

① 注意贮藏室的环境卫生，防止微生物污染蛋的表面；

② 严格消毒鲜蛋，使蛋壳及蛋内已存在的微生物停止发育；

③ 增加蛋内 CO_2 含量，减缓鲜蛋内酶的活性；

④ 提供一个良好的贮藏环境，如将禽蛋放在干燥环境中，采用低温或冷冻保藏，对蛋壳进行化学处理或对鲜蛋进行加工等。

第三节　微生物活性制剂

随着细胞工程、发酵工程和酶工程等科学技术的发展，微生物不仅用于生产生物制品，而且广泛应用于饲料生产、发酵食品、酿造业等领域，成为生物技术中重要的材料和工具。近年来，微生物活性制剂的应用也越来越受到重视。此外，有效控制微生物的活动，还有利于肉品、禽蛋、毛皮等畜禽产品的保鲜和保障食品卫生。

一、饲用酶制剂

1. 饲用酶制剂的概念

动物消化器官分泌的消化酶有胃蛋白酶、胰蛋白酶、糜蛋白酶、胶原蛋白酶、羟基肽酶 α 和 β、α-淀粉酶、脂肪酶、二肽酶、氨基态酶和双糖酶等。由于动物体内存在消化饲料中某些碳水化合物的酶，故饲料中的淀粉和糖原以及蔗糖和乳糖可被相应的酶分解成单糖而被吸收，而纤维素、β-葡聚糖、阿拉伯木聚糖、甘露聚糖等非淀粉多糖和果胶，则没有相应的消化酶类，尽管其中某些能被肠道微生物酶所分解，但其作用程度相当局限，尤其是对食糜在肠道停留时间短且肠道微生物作用小的动物（如鸡和猪等）而言，非淀粉多糖的利用率更低。由于某些非淀粉多糖使得消化道内食物黏度增大而影响饲料的消化与吸收，表现出抗营养作用，其消除措施是在饲料中添加相应的外源酶（即饲用酶制剂）。

饲用酶制剂是指从动、植物和微生物中提取制备的具有酶专属性的高效生物活性物质，通常为与少量载体混合制成的粉剂。目前应用生物技术生产的酶很多，有蛋白酶、纤维素酶、脂肪酶、乳糖酶、植酸酶、非淀粉多糖酶、果胶酶等。其中，用于饲料中的酶有 20 多种，主要有纤维素酶、C_1 酶、C_x 酶、β-葡萄糖苷酶、β-葡聚糖酶、果胶酶、淀粉酶、蛋白酶、植酸酶等。

饲用酶制剂作为生化反应必需的催化剂，国际上 20 世纪 70 年代便将它引入饲料工业、养殖业，国内在这方面的研究始于 80 年代，经过了大量的实际工作，发现了其独特的优越性，已普遍为畜牧界所接受。

2. 饲用酶制剂的来源

饲用酶制剂主要来源于微生物菌体（大多数酶来自真菌类），目前常用的菌种有木菌、青菌、酵母等真菌和杆菌属的细菌菌株等，经过基因工程技术对其加以改造，然后采用发酵工艺来生产饲用酶制剂。生产过程要求这些菌株的性质稳定，使产品对动物不产生毒害作用。发酵过程可以是工业化液体发酵，也可以用固体培养基进行发酵。

最近的基因编码已将不同的酶如 β 葡聚糖酶、木聚糖酶和植酸酶进行克隆。

3. 饲用酶制剂的作用及作用原理

（1）提高饲料中消化养分的比例，提高饲料的利用效率　动物饲料组分多为谷物类及粕类，植物细胞壁的存在影响了养分的消化吸收。植物细胞壁是由纤维素和果胶等物质组成，其结构相当复杂，纤维素和果胶在这里构成了有规律的结构，猪、禽等自然分泌的酶无法分解这类聚合物，细胞壁结构中含有 β-葡聚糖，其抗营养性显著，降低了饲料的利用率；另外，饲料中的 $\beta-1$，4 和 $\beta-1,3$-糖苷键的存在，也影响了动物对营养物质的消化，因为在单胃动物中，几乎不存在水解这些键的酶，添加纤维素分解酶类，能提高动物对饲料的消化率。如玉米、大麦等谷类以及麦麸、饼粕等农副产品经添加纤维素酶类、半纤维素酶、果胶酶、β-葡聚糖酶，在几组酶的协同作用下才能破坏植物的细胞壁，使其变得松软，促使其在动物胃肠中被消化吸收，提高了饲料的利用率。

（2）消除饲料中的某些抗营养因子　饲料中抗营养因子广泛存在于各种饲料原料中，它们直接或间接地影响营养物质的消化吸收和代谢作用，而酶制剂可部分或全部消除这些抗营养因子的不良影响。

纤维素是一种纤维二糖的高分子聚合体，这种大分子物质不仅较难溶解，并对动物的消化产生阻碍，半纤维素和果胶溶于水后会产生黏性溶液，增加了消化道的黏稠度，因而使营养物质和内源酶难以扩散，缩短了饲料通过肠道的时间，降低了营养物质的同化作用，影响了动物的消化吸收。在复合酶的协同作用下，可将纤维素、果胶以及糖蛋白降解为单糖和寡糖，降低了肠道内容物的黏稠度，减少了对此类物质消化利用的障碍，增加了养分的消化吸收；还能补充内源酶的不足，激活内源酶的分泌，从而提高饲料的消化利用率。

（3）提高植酸磷的利用率　由于植物中含有相当多的植酸，而植酸易与磷结合，结合态磷是不能被动物吸收的，降低了磷的利用率。大多数植物饲料及谷中 $60\%\sim80\%$ 的磷以植酸磷的形式存在，由于多数动物消化系统缺乏内源性植酸酶，无法利用饲料中植酸结合态磷，致使无效磷排入水体引起污染，而植酸酶的使用，可将植酸结合态磷转化为有效磷供动物机体使用，从而提高饲料中磷的利用率，减少有机磷对水环境的污染。而植酸酶能将植酸磷水解，生成游离态的磷，游离态的磷才能被吸收。有关资料报道，饲料中添加的微生物植酸酶，能使植物原料中磷的利用率提高至 60%，粪中排出磷量减少 50%，这样既提高了植物磷的利用率，还可减少磷对水源的污染。

（4）补充内源酶的不足，激活内源酶的分泌　幼年动物或处于病态或处于应激状态的动物分泌酶的能力较弱，饲料中适当地添加蛋白酶、淀粉酶和脂肪酶，可补充内源酶的不足，提高饲料利用率，此外还可促进内源酶的分泌。

此外，动物在维持正常的新陈代谢过程时，一般体内自身合成的酶类能满足机体需要，但对快速生长的未成年动物、病态动物、应激状态下的动物而言，消化酶的分泌量会明显不足，所以在未成年畜禽的饲料中添加消化酶类显得更为重要。

4. 饲用酶制剂的种类

动物生产中所使用的饲用酶制剂主要为水解酶。应用价值较高的饲用酶制剂有以下几种。

（1）聚糖酶　聚糖酶包括纤维素酶、木聚糖酶、β-葡聚糖酶、甘露聚糖酶、β-半乳糖苷酶、果胶酶等。

聚糖酶能摧毁植物细胞的细胞壁，有利于细胞内淀粉、蛋白质和脂肪的释放，促进消化吸收。聚糖酶能分解可溶性非淀粉多糖，降低食糜的黏性，提高肠道微环境对食糜的消化分解及吸收利用效率；甘露聚糖酶能和某些致病细菌结合，减少畜禽腹泻等传染病。聚糖酶分解非淀粉多糖，不仅减少畜禽饮水量和粪便含水量，而且减少粪便中及肠道后段的不良分解产物，使环境中氨气和硫化氢浓度降低，有利于净化环境。

（2）植酸酶　所有植物性饲料都含有 $1\%\sim5\%$ 的植酸磷，它们约占饲料总磷量的 $60\%\sim$

80％。植酸盐非常稳定，但单胃动物不分泌植酸酶，难以直接利用饲料中的植酸盐。植酸酶能催化饲料中植酸盐的水解反应，一方面使其中的磷以无机磷的形式释放出来，被单胃动物所吸收；另一方面使得与植酸盐结合的锌、铜、铁等微量元素及蛋白质释放，因而提高动物对植物性饲料的利用率。植酸酶还能降低粪便含磷量约30％，减少磷对环境的污染。

（3）淀粉酶和蛋白酶　幼小动物消化机能尚不健全，淀粉酶（包括α-淀粉酶、支链淀粉酶）和蛋白酶分泌量不足，支链淀粉酶可降解饲料加工中形成的结晶化淀粉。枯草杆菌蛋白酶能促进豆科饲料中蛋白质的消化吸收。

（4）酯酶和环氧酶　霉菌毒素如玉米赤霉烯酮，细菌毒素如单孢菌素，是饲料在潮湿环境下易产生的微生物毒素。酯酶能破坏玉米赤霉烯酮，环氧酶能分解单孢菌素，生成无毒降解产物。

5. 饲用酶制剂的应用

（1）作为饲料添加剂　单胃动物不分泌聚糖酶；幼龄动物产生的消化酶不足；植物性饲料中有的成分不能被动物消化吸收。多种动物饲喂实践表明：饲料中加入饲用酶制剂能弥补动物消化酶的不足，促进动物对饲料的充分消化和利用，明显提高动物的生产性能。淀粉酶、蛋白酶适用于肉食动物、仔猪、肉鸡等，纤维素酶主要用于肥育猪；植酸酶常用于多种草食动物，但反刍类瘤胃中能产生植酸酶，可以不用。

（2）微生物饲料的辅助原料　用含糖量低的豆科植物制作青贮饲料时，加入淀粉酶或纤维素酶制剂，能将部分多糖分解为单糖，促进乳酸菌的活动，同时降低果胶含量，提高青贮饲料的质量。

（3）用于饲料脱毒　应用酶法可以除去棉籽饼中的毒素；酯酶和环氧酶制剂还能分解饲料中的霉菌毒素和单孢菌素。

（4）防病保健，保护环境　纤维素酶对反刍类前胃迟缓和马属动物消化不良等症具有一定防治效果。酶制剂改善了动物肠道微环境，减少了有害物质的吸收和排泄，降低了空气中氨、硫化氢等有害物质的浓度，有利于保护人和动物的生存环境，增进健康。

二、微生态制剂

很多饲料企业，尤其是小型企业，长期使用抗生素作为饲料添加剂来预防动物疾病和促进生长，滥用抗生素不仅使动物产生耐药性，而且会间接影响人类身体健康。为此欧洲、日本、美国等国家相继颁发了一系列法律，在饲料中禁用或限制使用抗生素。抗生素正在逐渐失去昔日的辉煌，逐步退出历史舞台，取而代之的将是一种无残留、无污染、多功能的新型绿色饲料添加剂——微生态制剂。

1. 微生态制剂的概念

微生态制剂由通过高科技培养与组合的活性微生物种群及其代谢物构成，以芽孢杆菌属菌类为主导菌，成品为粉状，细胞呈芽孢处于休眠状态，能够耐受饲料制粒过程的温度与压力，进入动物的消化道后即萌发，发挥平衡肠道微生态、分泌酵素、抑制病菌等作用，是一种理想的增加营养、帮助消化、促进生长、提高抗病能力的功能性添加剂。

微生态制剂有益生素和益生元两种类型。益生素是指应用于动物饲养的微生物活菌制剂，又称益生菌、利生菌，如乳酸杆菌、双歧杆菌等。益生元是指不被动物吸收，但能选择性地促进宿主消化道内的有益微生物，或促进益生素的生长和活性，从而对宿主有益的饲料或食品中的一些功能制剂，如寡果糖等。

2. 微生态制剂的作用机理

（1）保持动物肠道的微生态平衡　畜禽肠道中大约有10亿亿个微生物，属于400多个不同的细菌种群。在这些细菌中，有些是病原菌，如沙门菌、大肠杆菌和梭状芽孢杆菌等；有些则是有益菌，如乳酸杆菌和双歧杆菌。现代医学将胃肠道这个庞大的微生物群体视为动物体的组成部分，因为它参与了动物体的生长、发育、消化、吸收、营养和免疫等多种功能的全过程，被称之为动物的第十大系统。这个系统是动物在长期进化过程中形成的，并长期保持相对的平衡稳定状态。

畜禽与环境是个统一体，环境随时随刻都对它产生影响，如病原微生物、抗生素、疫苗、应激等因素，都可能打破动物肠道的微生态平衡。动物微生态系统的平衡一旦被破坏，动物的正常新陈代谢（消化、吸收、呼吸和生长）功能随即受阻或失调，动物便会出现生产性能的下降和疾病的发生。而微生态制剂可以弥补肠道正常菌群的数量，抑制病原菌的生长，把这个庞大的微生态系统调整到对动物"有益"的方向，从而恢复肠道的微生态平衡。

（2）生物拮抗　微生态制剂的微生物菌群直接参与肠道微生物的防御屏障结构，阻止致病菌的定植和繁殖。

（3）提高动物的免疫功能　微生态制剂是动物非特异性免疫的调节因子，可激活和提高巨噬细胞的吞噬作用，从而提高动物的细胞免疫和体液免疫功能。

（4）产生多种消化酶　微生态制剂在肠道的生长繁殖过程中，能产生多种消化酶，如液化型淀粉酶、糖化型淀粉酶、脂肪酶、蛋白酶和纤维素酶等，从而提高饲料的消化利用率。

（5）合成微生物　微生态制剂在肠道的生长繁殖过程中，能产生多种 B 族维生素，从而加强动物的营养代谢。

（6）防止毒性胺和氨的形成　微生态制剂加强了动物肠道有益微生物的种群优势，使大肠杆菌的活动受到抑制，防止了蛋白质转化为胺或氨的倾向，从而使大便和血液中氨的浓度下降，具有除臭的功能。

（7）微生物夺氧　动物胃肠道的微生物种群分为两大类，一类为有益菌群，另一类为有害菌群。有益菌群则以厌氧菌为主，而有害菌群则以好氧菌或兼性好氧菌（即在有氧条件下生长繁殖形成大量菌体，在无氧条件下进行无氧发酵，产生有害物质）为主。微生态制剂的微生物都是有益微生物菌群，而且大部分是好氧或兼性好氧菌，当这些有益菌种以孢子状态进入动物消化道后，即利用动物消化道的有利环境条件进行大量的生长繁殖，迅速消耗动物消化道的氧，使动物消化道迅速形成"厌氧"环境，抑制有害微生物的生长繁殖，使有益菌群迅速形成优势，达到防病治病的目的。

（8）以菌治虫　微生态制剂菌群中的有些种群可分泌裂解寄生虫细胞的酶，对防治动物肠道寄生虫有重要意义。

（9）产生乳酸　活性微生物，尤其是芽孢杆菌进入动物肠道后，使肠道内容物的 pH 值下降，乳酸、乙酸和丙酸上升，可以有效地杀灭或抑制病原菌的生长繁殖。

（10）产生过氧化氢　有益微生物在肠道的一些特殊基质中可产生过氧化氢，对肠道的病原微生物也有强大的杀灭作用。

3. 微生态制剂的种类

国内外常用的微生态制剂菌种很多，可以归纳为乳酸菌制剂、芽孢杆菌制剂、酵母类制剂和光合细菌制剂四大类。最常见的有：乳酸杆菌、双歧杆菌、链球菌、大肠杆菌、芽孢杆菌、放线菌、光合菌、酵母菌等。

（1）乳酸菌制剂　乳酸菌是能够分解碳水化合物并产生乳酸为主要代谢产物的无芽孢的革兰阳性菌，厌氧或兼性厌氧生长，目前主要应用的有嗜酸乳杆菌、双歧乳杆菌和粪链球菌。

（2）芽孢杆菌制剂　芽孢杆菌属于需氧芽孢杆菌中的非致病菌，是以内孢子的形式零星存在于动物肠道的微生物群落。目前主要应用的有地衣杆菌、枯草杆菌、蜡样芽孢杆菌等，在使用时多制成该菌休眠状态的活菌制剂，或与乳酸菌混合使用。

（3）酵母类制剂　此类制剂的微生物属于囊菌纲。目前常用的制品有两种，米曲霉及酿酒酵母培养物，它们是包括真菌及其培养物的制剂，多用在反刍动物中。其主要特点：

① 是需氧菌，喜生长在多糖偏酸环境中；

② 体内富含蛋白蛋和多种 B 族维生素；

③ 不耐热，在 60~70℃环境中 1h 即死亡。

（4）光合细菌制剂　光合细菌制剂（photosynthetic bacteria，PSB）是一类有光合作用能力的异养微生物，主要利用小分子有机物而非二氧化碳合成自身生长繁殖所需要的各种养分。富含蛋白质、B族维生素、辅酶Q、抗活性病毒因子等多种生物活性物质及类胡萝卜素、番茄红素等天然色素。EM（effective microorganism）是一种由光合细菌、放线菌、乳酸菌及发酵型丝状真菌等多种微生物培养而成的复合微生物制剂，具有除粪臭、促生长、抗病、改善畜禽产品品质等作用。

4. 微生态制剂的应用

（1）微生态制剂的应用效果　微生态制剂在断奶仔猪上使用普遍能明显降低腹泻率，提高日增重（4％～10％），降低料肉比（2％～5％），且猪皮肤红润，毛色发亮，精神状态好。在奶牛中使用可以增加产奶量（7％～9％），减少消化道疾病发病率。在肉仔鸡阶段可以显著降低死亡率，提高日增重（5％～10％）。在水产动物中可以降低死亡率及发病率，提高日增重，降低料肉比（5％～12％），氨、硫化氢、亚硝酸盐等有害物质明显降低。

（2）微生态制剂的适宜添加量　微生态制剂的添加剂量并不是越多越好，其使用量依菌种生产工艺及使用对象不同而异。芽孢杆菌类在猪饲料中以每头每天能采食到菌数 $2 \times 10^8 \sim 6 \times 10^8$ 个为宜；牛、羊类每头每天采食 $1 \times 10^8 \sim 5 \times 10^8$ 个为宜；鸡、鸭类每只每天采食 $1 \times 10^8 \sim 4 \times 10^8$ 个为宜。酵母菌类在猪饲料中每头每天采食量以 $5 \times 10^9 \sim 8 \times 10^8$ 个为宜；鸡、鸭类为 $3 \times 10^8 \sim 8 \times 10^8$ 个。考虑到饲料加工过程中的损失，可以按此标准添加剂量上浮 50％～100％。

【本章小结】

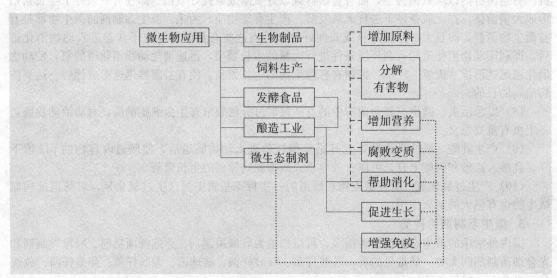

【复习题】

1. 名词解释

单细胞蛋白　青贮饲料　益生素　益生元　饲用酶制剂

2. 简答题

（1）如果青贮时，青贮原料压的不实或容器加盖不密封，会有什么后果？

（2）结合微生物制剂的作用机理，分析饲料中添加多少量的微生物制剂比较适宜？

（3）饲用酶制剂在犊牛饲料中的添加效果比在成年牛饲料中的添加效果好，这是为什么？

（4）微生物活性制剂能成为抗生素的代替品吗？为什么？

微生物学实验室安全须知

在进行微生物学实验操作时，经常接触到病原微生物，因此要求实验人员必须有严谨的工作作风和严格的科学态度，树立无菌概念，以防感染，防止事故，确保安全。为此，实验中必须遵守以下规程。

一、防止病原微生物扩散

1. 实验人员应穿戴工作衣帽，勤剪指甲，不留长发；工作服帽应消毒。
2. 接种针、接种环用前用后必须放酒精灯火焰上灼烧灭菌。液体培养试管不可平放桌面，以防培养物流出，污染桌面。
3. 沾染病原微生物的各种器皿及废弃的培养物应放于指定的地点；实验动物尸体等应严格消毒后掩埋。
4. 实验过程中如果发生意外，如吸入细菌、划破皮肤、细菌或病料污染桌面等，应立即报告老师，及时处理。
5. 实验室中禁止进食、吸烟、用嘴湿润铅笔和标签等物。室内菌种、毒种等，不得带出实验室。
6. 实验完毕，应用消毒水洗手，经指导老师同意后方可离开。

二、爱护仪器、设备

1. 实验所有仪器、试剂按要求领取。
2. 使用的药品试剂等各种生物制品，应节约。
3. 实验仪器要按照操作规程使用，注意保养，不随便乱动，以免损坏；如有损坏，立即报告指导老师。
4. 所用各种试剂、染料等都必须做明显标记，以防用错，影响实验结果；用水、用电、用气都应节约。

三、记录

每次进行实验，应注意观察、做好记录，认真填写实验报告。

四、安全清洁与秩序

1. 一切易燃品应远离火源；电炉、酒精灯等用完后立即关闭。实验室应备有灭火器等消防器材。
2. 实验室的各种仪器、设备使用后必须放还原处；精密仪器按要求做好登记。
3. 实验完毕应做好清洁卫生工作，检查水、电及窗户是否关好；确保万无一失，方可离开。

微生物实验室常用仪器的使用与保养

掌握微生物实验室常用仪器的使用十分重要，特别是有些仪器价格昂贵，一旦不按规定操作，机器损坏会造成很大的损失，直接影响到教学和科研的进展，甚至造成人员伤亡。因此，有必要对某些常用仪器的使用方法和注意事项予以介绍。

1. 恒温培养箱

电热恒温培养箱主要用于细菌的培养。

（1）使用方法

① 先检查电源电压，与培养箱所需电压一致时可直接插上电源，如不一致，可使用变压器变压。

② 接上电源插头，开启电源开关，绿色指示灯明亮，表明电源接通。然后调节温度旋钮，选择需要的温度，红色指示灯亮，表示电热丝已在发热，箱内升温。

③ 当温度升至所需温度时，红、绿灯交替明亮即为所需恒温。将培养物放入箱内，关好箱门。

④ 至设定培养时间后，取出培养物观察。

（2）注意事项

① 温箱必须放置在干燥平稳处。

② 使用时，随时注意显示温度是否与所需温度相同。

③ 除了取放培养物开启箱门外，尽量减少开启次数，以免影响恒温。

④ 工作室内隔板放置试验材料不宜过重，底板为散热板，切勿放置其他物品。

2. 电热干燥箱

电热干燥箱主要用于玻璃器皿和金属制品等的干热灭菌。

（1）使用方法

① 先检查电源电压，再接上电源。

② 将待灭菌物品放入箱内，关好箱门。

③ 将温度调节器调至所需温度后，打开电源开关，当门边的保温指示灯亮时，表明箱内温度达到了所需温度，维持一定时间后（通常为160℃、2h）关闭电源。当箱内温度降至60℃以下时，方可开箱取出灭菌物品。

④ 若仅需达到干烤目的，可一直开启活塞通气孔，温度只需60℃左右即可。

（2）注意事项

① 箱内灭菌物品不宜堆放过挤，应留有一定间隙，以利于热空气流动，各部分受热均匀，灭菌彻底。

② 加热升温时应将鼓风机打开，以使各部分温度均匀。

③ 橡胶物品不能用干热灭菌法灭菌。

④ 灭菌完毕后不能立即打开箱门，以免箱内物品着火或玻璃器皿炸裂，必须待箱内温度降至60℃以下后，才能开箱取出物品。

⑤ 灭菌过程中如遇箱内物品着火冒烟，应立即切断电源，关闭排气小孔，用湿毛巾堵塞箱门四周，杜绝空气进入，火则熄灭，待温度降至60℃以下时，方可开箱取出物品。

3. 高压蒸汽灭菌器

高压蒸汽灭菌器亦称高压灭菌器，主要用于不怕潮湿的物品，常用的有手提式高压灭菌器。见实图1-1和实图1-2。

（1）使用方法

① 在外桶内加入适量的水，将待灭菌物品放入灭菌桶内，再将灭菌桶放入外桶内，盖好金属盖后，接上电源，关好安全阀。打开放气阀，待水蒸气均匀冒出时，表示锅内冷空气已排完。然后关闭放气阀继续加热，待灭菌器内压力升至约 $1 \times 10^5 Pa$（121.3℃），经 20～30min，即可达到灭菌的目的。

② 灭菌时间到达后，停止加热，待压力降至零时，打开金属厚盖，取出灭菌物品。

（2）注意事项

① 无自动控温设备的灭菌器，应用开关电源的方法来控制温度和压力。

实图 1-1　高压蒸汽灭菌器

实图 1-2　手提式高压蒸汽灭菌器

② 灭菌桶内的灭菌物品不宜堆放过挤，以免受热不均，影响灭菌效果。

③ 盖上的排气金属软管应插入灭菌桶内壁的排气槽内，以便放气时将桶内冷空气排放彻底。

④ 盖盖时应对称地拧紧固定螺旋，否则会使盖偏向一侧，造成密封不严，达不到所需的温度和压力。

⑤ 灭菌完毕后，不宜一次性将气排尽，而应缓慢多次放气，否则桶内灭菌液体沸腾，会冲开塞子或引起炸裂。

4. 普通冰箱

(1) 使用方法

① 电冰箱应放置在干燥通风处，避免日光照射，远离热源，离墙 10cm 以上，以保证对流，利于散热。

② 电冰箱电源的电压一般为 220V，如不符合，须另装稳压器稳压。

③ 通电检查箱内照明灯是否明亮，机器是否运转。

④ 将冰箱内温度调节器调至所需的温度，一般冷藏室的温度应为 4℃，冷冻室的温度为 0℃以下。将需保存物品放入冰箱内适当位置，关好箱门即可。

(2) 注意事项

① 冰箱应置于阴凉通风处，与墙壁之间应留有一定的距离，以利散热。

② 温度过高的物品不宜立即放入冰箱，以免增加冰箱的工作时间，降低使用寿命。

③ 冰箱内冷冻物品不宜反复冻融，以免影响其活力或品质，短时间停电时不宜打开冰箱取出物品。

④ 有霜或微霜冰箱应定期除霜，经常保持冰箱内清洁干燥，有污染或霉变时应及时清理，清理时应将电源关闭，待冰融化后进行。

⑤ 箱内存放物品不宜过挤，以利冷空气对流，使箱内温度均匀。

⑥ 箱内保持清洁干燥，如有霉菌生长，断电后取出物品，经福尔马林熏蒸消毒后，方可使用。

5. 低温冰箱

其使用方法基本同普通冰箱，调节箱内温度时应将两个白色指针分别调至所需温度的上限和下限，这样，箱内温度达到下限时，冰箱自动停止工作；而当箱内温度达到上限时，冰箱又自动开始工作。

低温冰箱的使用注意事项与普通冰箱相似。

6. 离心机

离心机一般分为常速离心机和超速离心机两种。实验室常用离心机沉淀细菌、病毒、血细胞、虫卵和分离血清等。

（1）使用方法

① 先将盛有材料的两个离心管及套管放天平上平衡，然后对称放入离心机中，若分离材料为一管，则对侧离心管放入等量的其他液体。

② 将盖盖好，接通电路，慢慢旋转速度调节器到所需刻度，保持一定的速度，达到所需的时间（一般转速 2000r/min，维持 15～20min）后，将调节器慢慢旋回"0"处，停止转动方可打开盖子取出离心管。

③ 离心时如有杂音或离心机震动，立即停止使用，进行检查。

（2）注意事项

① 离心管和套管必须严格称量平衡后才能放入离心机内，且必须对称放置。

② 使用调速器调速时，必须逐档升降，待每档速度达到稳定时才能调档，不能连续调档或直接调至所需转速，以免损伤机器或降低其使用寿命。

③ 离心机没有完全停下时不能打开盖子，以免机内物品被甩出。

7. 恒温水浴箱

恒温水浴箱，主要用于蒸馏、干燥、浓缩及温渍化学药品或血清学试验用。

使用时必须先加水于箱内，通电后电源指示灯亮，再顺时针方向旋转温度调节器，使加热指示灯亮即接通内部电热丝，使之加温。如水温达到所需温度，再逆时针方向微微调节温度调节器，使水温恒定不变即达到定温。使用时，不可加水过多或过少，以浸过加热容器为宜。使用完毕，待水冷却后，必须放水擦干。

8. 电子振荡器

（1）使用方法　将微量反应板或其他待振荡物固定于振荡器上，将振幅调节旋钮调至最低（逆时针方向旋到底），接上电源，打开电源开关，电源指示灯亮，顺时针方向缓慢旋转振幅调节旋钮，以检查其工作状况。工作正常后仍将振幅调至最低，关闭电源开关，取下振荡物。

（2）注意事项

① 开机前，应将振幅调节旋钮调至最低。

② 调节振幅时应缓慢旋转振幅调节旋钮。

③ 关机前也应将振幅调节旋钮调至最低。

9. 实验室仪器使用注意事项

在教学和生产中，每购买一种新的仪器，一定要认真阅读仪器说明书，以便正确使用。

项目一　显微镜油镜的使用及细菌形态的观察

一、目的要求

① 了解普通光学显微镜油镜原理。

② 掌握显微镜、油镜的操作步骤及保养与维护。

③ 掌握细菌形态的观察和描绘。

二、实验器材

① 大肠杆菌、金黄色葡萄球菌的染色标本。

② 显微镜、香柏油、二甲苯、擦镜纸、细菌染色标本。

三、实验内容

1. 显微镜油镜的使用

（1）油镜的基本原理　油镜头的镜片很小，进入镜中的光线亦少，光线通过载玻片时，由于空气介质和玻璃介质的折射率不一样，光线因折射，使视野更暗。若在油镜与载玻片之间加入和玻璃折射率（$n=1.52$）相近的香柏油（$n=1.515$），则使进入透镜的光线增多，视野明亮，便于观察。见实图 1-3 所示。

（2）显微镜油镜的操作步骤

① 镜检准备。右手紧握镜臂，左手托住镜座，将显微镜置于实验台上放置平稳，填写显微镜使用记录。

② 调节光源。打开光圈；调节聚光器与标本距离；电光源显微镜可通过调节电流旋钮来调节光照强弱；利用灯光或自然光光源的显微镜可通过反光镜来调节光的强弱升降，视野的亮度要达到均匀、明亮。

③ 低倍镜观察。将标本片放在载物台上，用标本夹夹住，移动推动器，使被观察的标本处在物镜正下方，转动粗调旋钮，使物镜调至接近标本处，用目镜观察并同时用粗调旋钮慢慢下降载物台，直至物像出现，再用细调旋钮调节使物象清晰为止，找到合适的目的像并将它移到视野的中央。

实图 1-3　油镜的使用原理
1—光线 C、D、C′、D′通过载玻片经香柏油折射，使进入物镜中的光线量较多；
2—光线 A、B、A′、B′通过载玻片经空气折射，使进入物镜中的光线量减少

④ 油镜观察。先用低倍镜采好光后，再用粗调节旋钮将（物镜下降于载物台，并将油镜转正；在标本片的欲检部位滴一滴香柏油后，）从侧面注视，用粗调旋钮将载物台缓缓上升，使油镜头浸入香柏油中，使镜头几乎与标本接触；从接目镜内观察并调节好光源使光线充分照明；用粗调旋钮将载物台缓缓上升，有物像出现时，改用细调旋钮调至出现完全清晰的物像为止。

⑤ 镜检后的工作。观察完毕，移开物镜镜头，取下标本片；清节油镜，应先用擦镜纸擦去油镜上的油，再用擦镜纸蘸少许二甲苯擦掉残留的香柏油，最后再用干净的擦镜纸擦干残留的二甲苯；擦净显微镜，将显微镜的载物台降至最低点，将物镜转成"八"字形；用绸布盖好后装入镜箱，置于阴凉干燥处。

2. 细菌形态的观察

观察细菌细胞的基本形态和排列状况，细菌的特殊结构；细菌的大小可用显微镜测微尺或显微照相后进行测算；细菌经革兰染色可染成蓝紫色和红色，美蓝染色为蓝色。

3. 显微镜使用注意事项

① 持镜时必须是右手握臂、左手托座的姿势，不可单手提取，以免零件脱落或碰撞到其他地方。

② 当油镜头与标本片几乎接触时，不可再用粗调螺旋向上移动载物台或下降油镜头，以免损坏玻片甚至压碎镜头。

③ 香柏油的用量以 1~2 滴、能浸到油镜头的中间部分为宜，用量太多或太少则视野变暗不便观察。

④ 使用二甲苯擦镜头时，用量不能过多，防止溶解固定镜头的树脂。

⑤ 镜头的擦拭必须用擦镜纸，切勿用手或普通布、纸等，以免损坏镜头。

四、复习题与作业

1. 使用油镜的基本原理是什么？
2. 油镜使用的操作步骤及注意事项有哪些？

项目二　细菌标本片的制备及染色

一、目的要求

① 了解其他的染色方法和操作步骤。

② 掌握细菌抹片的制备及革兰染色方法。

二、实验材料

① 显微镜、载玻片、接种环、酒精灯、染色液等。
② 菌种。葡萄球菌、大肠杆菌的斜面培养物和液体培养物等。

三、实验内容

1. 细菌抹片的制备

（1）载玻片的准备　取洁净的载玻片，如有油迹或污垢，用少量的酒精擦拭。通过火焰 2～3 次，以便除去残余油迹，如上述方法未能除去油渍，可再滴加 1～2 滴冰醋酸。

（2）抹片的制备　根据所用材料的不同，抹片的方法也有所不同。

① 固体培养物或浓汁、粪便等，用经火焰灼烧灭菌的接种环，蘸取一小滴生理盐水或蒸馏水于玻片上，再用灭菌的接种环取细菌的固体培养物少许与玻片上的液滴混匀，涂抹成直径 1～1.5cm 的均匀涂片。

② 液体培养物或血液、渗出液、乳汁、尿液等，直接用灭菌接种环取一环或数环待检物置于玻片上制成涂片。

③ 组织脏器材料，取一块脏器，以其新鲜切面在玻片上制成压印片或抹片或用接种环从组织深处取材制成涂片。

（3）干燥固定　抹片自然干燥后，将涂面朝上，以其背面在酒精灯火焰上通过几次，略微加热（以杀死细菌，又不能太热，以不烫手背为好）进行固定。血液、组织脏器等抹片常用甲醇固定，可将已干燥的抹片浸入含有甲醇的染色缸内，取出晾干，或在抹片上滴加数滴甲醇使其作用 3～5min 后，自然干燥。

2. 细菌染色

（1）单染色　单染色是只用一种染料进行染色的方法。一般只能显示出细菌的形态、大小及排列。

美蓝染色法是将碱性美蓝染液滴加于已干燥好的涂片、抹片上，使其覆盖整个涂抹面，染色 2～3min，水洗，干燥后镜检。

结果：细菌呈蓝色。

（2）复染色　复染色法是指用两种或两种以上的染料进行染色的方法。包括革兰染色法、瑞氏染色法、抗酸染色法等。革兰染色法可将所有细菌区分为革兰阳性菌和革兰阴性菌两大类，是细菌学最常用的鉴别性染色法。革兰阳性菌呈现蓝紫色，革兰阴性菌呈现红色。

染色步骤：①初染。在固定的抹片上，滴加草酸铵结晶紫染色液染色 2～3min，水洗。②媒染。加革兰碘液于抹片上作用 1～2min，水洗。③脱色。滴加 95％乙醇于抹片上，脱色时间根据膜片的厚度灵活掌握，一般为 30s，水洗。④复染。用沙皇染液或石炭酸复红液染色 2～3min，水洗。⑤吸干或自然干燥，镜检。

3. 注意事项

① 做细菌涂片时，不宜涂得过厚，以免影响制片效果。

② 在染色过程中，掌握乙醇的脱色时间极为重要，如脱色时间过长，则部分阳性菌被脱色而误染成阴性；反之，如脱色不足，则原为阴性的细菌可被误染成阳性。

③ 正确的染色结果还与细菌培养物的老幼有关系。如培养过久的老龄革兰阳性菌，或已死亡的革兰阳性菌常被染成革兰阴性。

四、复习题与作业

1. 细菌涂片前为什么要固定？
2. 简述革兰染色的步骤。
3. 绘出自己所观察到的细菌形态。

项目三 常用培养基的制备

一、目的要求

① 了解培养基的制备原理。

② 掌握基础培养基 pH 的测定方法。

③ 掌握常用培养基的制备的一般过程。

二、实验材料

① 器材。烧杯、试管、平皿、天平、高压蒸汽灭菌器、过滤装置、漏斗、纱布、电炉、玻璃棒、搪瓷缸、pH 试纸等。

② 试剂。牛肉膏、蛋白胨、磷酸氢二钾、氯化钠、琼脂粉（条）、蒸馏水、1mol/L 氢氧化钠溶液、1mol/L 盐酸溶液、脱纤血液或抗凝血液、蒸馏水、各种糖和 1.6% 溴甲酚紫酒精溶液。

③ 流程。称药品→溶解→调 pH 值→融化琼脂→过滤分装→包扎标记→灭菌→摆斜面或倒平板。

三、实验步骤

1. 培养基制备的一般程序

① 根据所要制作的培养基的数量和种类，称取培养基的成分。

② 先将蒸馏水加入到玻璃烧杯或搪瓷缸，取其量应为全量的三分之二。再按顺序称取其他成分加入到烧杯加热溶解，待完全溶后再将剩余量的水补够，煮沸后测 pH 值。

③ 若 pH 值不符合要求（pH7.2～7.6），应用 1moL/L 氢氧化钠溶液或 1moL/L 盐酸溶液调节培养基的 pH 值，使其接近 pH 值要求，此时应继续加热数分钟，补足蒸发损失的水分。

④ 用滤纸或纱布过滤，按需要分装至试管或三角瓶内，塞棉塞，用纸包扎，灭菌。

⑤ 高压蒸汽灭菌，一般培养基 121.3℃灭菌 15～20min，含糖培养基不宜灭菌，应先将糖溶液无菌过滤后加入已灭菌的培养基内，若要灭菌时，应严格控制灭菌温度（不要超过 100℃）和时间（10～15min）。

2. 几种常用培养基的制备

（1）普通肉汤的制备

牛肉浸膏	3～5g	磷酸氢二钾	0.5g
蛋白胨	10g	蒸馏水	1000ml
氯化钠	5g		

① 称量和熔化。根据以上各种成分配比，计算待制作的培养基所需量，准确称取。取蒸馏水加热，然后加入牛肉浸膏、蛋白胨、氯化钠、磷酸氢二钾，边加热边搅拌，快沸时注意不要溢出，加热约 10～15min。

② 调节 pH 值。用 pH 试纸或 pH 测定仪，pH 值应为 pH7.2～7.6。调好 pH 值后继续加热煮沸 10～15min，补足水量。

③ 过滤包扎。用普通滤纸或纱布过滤，分装于试管或三角瓶中，塞上棉塞，在棉塞外用牛皮纸或报纸包扎好，标明培养基名称和日期。

④ 灭菌和无菌检验。高压 121.3℃灭菌 15～20min。将灭菌好的培养基放入 37℃培养 24～48h，做无菌检验。

（2）普通琼脂的制备

| 普通肉汤 | 1000ml | 琼脂 | 10g |

① 将称量好的琼脂加到普通肉汤内，加热煮沸，待琼脂完全溶化后，调节 pH 值，再加热煮沸 10～15min，注意补充蒸发的水分，琼脂溶化过程中需要不断搅拌，并控制火力。

② 用垫有薄层脱脂棉的双层纱布过滤，边过滤边分装试管或三角瓶，每管分装试管容量的 1/5～1/3（三指高），完毕后塞上棉塞，包扎灭菌。

③ 高压蒸汽灭菌后，趁热将试管口一端垫高，使之有一定的坡度，凝固后即为普通琼脂斜面。

④ 待三角瓶中的琼脂凉至 50～60℃时，倾倒平皿，每只灭菌平皿倒入 10～15ml（厚度为 2～3mm），将皿盖盖上，并将培养皿在桌面轻轻转动，使培养基平铺于皿底，即成普通琼脂平板。

（3）鲜血琼脂培养基的制备 将灭菌的普通琼脂加热融化后，冷却至 50℃时加入无菌脱纤绵羊血 5%～10%，摇匀后趁热分装于试管中制成斜面，或分装于平皿中制成平面。若为鲜血琼脂斜面，也可将灭菌后的普通琼脂加热熔化待降至 50℃左右时，向每一融化管滴加 1～2 滴血液，混匀，摆成斜面即可，注意一定不要产生气泡。若温度过高时加入鲜血，则血液变为暗褐色，称为巧克力琼脂。

脱纤血：系以无菌手术采取健康动物（通常是绵羊或家兔）血液，加到有玻璃珠的无菌容器内振摇数分钟，除去纤维蛋白原，即成脱纤血，冷藏保存。

无菌鲜血：系以无菌（通常是绵羊或家兔）血液，加到盛有无菌 5%柠檬酸钠溶液的容器中（血与 5%柠檬酸钠的比例约为 9：1），混匀，冷藏保存。

（4）血清琼脂培养基 方法见附录二。

四、复习题与作业

1. 以普通肉汤和普通琼脂培养基为例，简述培养基制作的一般步骤？
2. 制备培养基时为什么要进行 pH 值调节？

项目四 细菌的分离培养、纯化、移植及培养性状的观察

一、目的要求

① 了解细菌在培养基上的生长特性。
② 掌握细菌的分离培养、纯化及无菌操作技能。

二、实验材料

恒温培养箱、接种环、酒精灯、显微镜、放大镜、病料或细菌培养物（固体培养物和液体培养物）、氢氧化钠或氢氧化钾、焦性没食子酸、凡士林及生理盐水等。

三、实验内容及方法

1. 细菌的分离培养

其目的是将被检查的材料做适当的稀释，以便能得到单个细菌，有利于菌落性状的观察和对可疑菌作出初步鉴定。其操作方法如下。

① 右手持接种棒，使用前需酒精灯火焰灭菌，灭菌时先将接种棒直立灭菌待烧红后，再横向持棒烧金属柄部，通过火焰 3～4 次。

② 用接种环无菌取样（培养物或其他材料）。接种培养平板时以左手持皿，无名指和小指托底，拇指、食指和中指将皿盖揭开成 20°左右的角度（角度越小越好，以防空气中的细菌进入平皿将培养基污染），右手持接种环，将材料涂在培养基边缘，将接种环上多余的材料在火焰上烧掉，待接种环冷却后再与所涂细菌轻轻接触开始划线，划线时使接种环与平板成 30°～40°角，轻触平板，用腕力将接种环在平板表面行轻快的滑移动作来回划线，划线间距适当，不能重叠，接种环也不能嵌入培养基内划破琼脂表面，并注意无菌操作，避免空气中的细菌污染。其方法如实

图 4-1 和实图 4-2 所示。

③ 接种完毕后，盖皿盖，将接种环火焰灭菌后放回，用记号笔在皿底玻璃上注明，接种者、姓名、日期等，将培养皿倒置（皿底面朝上，以避免培养过程中凝结水珠自皿盖滴下），放进温箱。

2. 纯培养菌的获得与移植

从划线分离培养（37℃ 24h）的平板中，挑取单个菌落，染色镜检，证明不含杂菌后，用接种环挑取单个菌落，移植于琼脂斜面培养，所得到的培养物，即为纯培养物。具体操作方法如下。

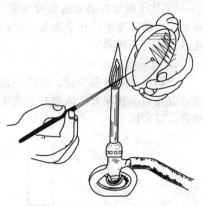

实图 4-1 琼脂平板划线操作

① 两试管斜面移植时，左手握持菌种管与待接种培养管的下端，使斜面部向上，两管口平齐，松动两管棉塞，以便接种时容易拔出。右手持接种棒，在火焰上灭菌后，用右手小指与无名指分别拔取并夹持两管棉塞，并将两管管口迅速通过火焰灭菌，使其靠近火焰。将接种环伸入菌种管内，先在无菌生长的琼脂上接触使其冷却，然后再挑取少量细菌拉出接种环后立即深入待接种管内的斜面培养基上，勿碰到管壁及斜面，直达试管底部，从斜面底部开始划曲线，向上至斜面顶端为止，管口通过火焰灭菌，将棉塞塞好。最后在斜面管壁上注明菌名、日期，置37℃培养。如实图 4-3 所示。

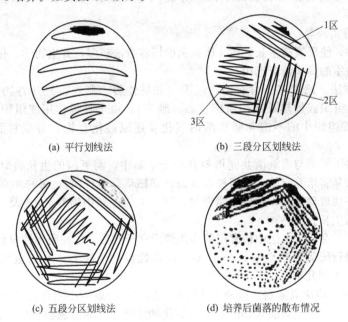

(a) 平行划线法   (b) 三段分区划线法

(c) 五段分区划线法   (d) 培养后菌落的散布情况

实图 4-2 琼脂平板划线分离法

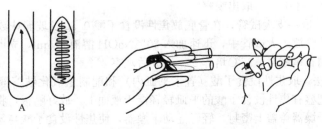

实图 4-3 斜面接种法

② 从平板培养基上选取可疑菌落移植到琼脂斜面上做纯培养时，用右手持接种棒，将接种环火焰灭菌。左手打开平皿盖，挑取可疑菌落，然后左手立即盖上平皿取出斜面试管，按上述方法进行接种、培养。

3. 肉汤增菌培养

当病料中的细菌少时，在用平板培养基做分离培养的同时，可做增菌培养，提高检出的概率，以及观察其在液体培养基上的生长表现，这也是鉴别细菌的依据之一。其操作方法同斜面纯培养，见实图 4-4。

 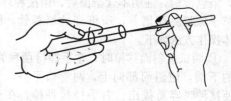

实图 4-4　液体培养基接种　　　　　　　实图 4-5　半固体培养基穿刺接种法

4. 穿刺培养

半固体培养基用穿刺接种，方法基本上与纯培养接种相同，不同的是用接种针挑取菌落，垂直刺入培养基内。要从培养基表面的中部一直刺入管底然后按原方向垂直退出。如实图 4-5 所示。

5. 厌氧菌的分离培养

创造无氧条件，使厌氧菌生长繁殖。厌氧菌的培养方法较多，有生物学、化学和物理学等方法，可根据各实验室的具体情况选用。

（1）生物学方法　培养基中含有植物组织（如马铃薯、燕麦、发芽谷物等）或动物组织（新鲜无菌的小片组织或加热杀菌的肌肉、心、脑等），由于呼吸作用或组织中的可氧化物氧化而消耗氧气（如组织中的不饱和脂肪酸的氧化及还原性化合物如谷胱甘肽使氧化-还原电势下降）。

另外，还可将厌氧菌与需氧菌共同培养在一个平皿中，需氧菌的生长将氧消耗后使厌氧菌生长。其具体方法是将培养皿的一半接种需氧菌（如枯草芽孢杆菌），另一半接种厌氧菌，接种后将平皿倒扣在一块玻璃板上，并用石蜡密封，置 37℃ 恒温箱中培养 2～3 天，即可观察到需氧菌和厌氧菌均先后生长。

（2）化学方法　在化学方法中最常用的为焦性没食子酸法，是利用焦性没食子酸在碱液内能大量吸氧的原理进行厌氧培养。每 100cm³ 空间用焦性没食子酸 1g，10％氢氧化钠或氢氧化钾10ml。具体方法有下列几种。

① 平板培养法。将厌氧菌划线接种于适宜的琼脂平板，取一小团直径约 2cm 的脱脂棉，置于平皿盖的内面中央，其上滴加 0.5ml 10％氢氧化钠溶液；在靠近脱脂棉的一侧放置 0.5g 焦性没食子酸，暂勿使两者接触。立即将已接种的平板覆盖于平皿盖上，迅速用融化的石蜡密封平皿四周。封毕，轻轻摇动平皿，使被氢氧化钠溶液浸湿的脱脂棉与焦性没食子酸接触，然后置37℃恒温箱中培养 24～48h 后，取出观察。

② 试管培养法。取一支大试管，在管底放焦性没食子酸 0.5g 及玻璃珠数个或放一螺旋状铅丝。将已接种的培养管放入大试管中，迅速加入 20％NaOH 溶液 2.5ml，立即将试管口用橡皮塞塞紧，必要时周围用石蜡密封。37℃培养 24～48h 后观察。

③ 干燥器厌氧法。取焦性没食子酸（置于平皿内）和配制氢氧化钠溶液。将氢氧化钠溶液倒入干燥器底部，把盛有焦性没食子酸的平皿轻轻浮于液面上。放好隔板，将接种好的平板或试管置于隔板上，把干燥器盖盖上密封。轻轻摇动干燥器，使焦性没食子酸与氢氧化钠反应。置于37℃培养。

（3）物理方法　利用加热、密封、抽气等物理方法，使其培养基形成厌氧状态，利于厌氧菌的生长发育。

①高层琼脂法。加热融化高层琼脂，冷却至45℃左右后接种厌氧菌，迅速混合均匀。冷凝后37℃培养，厌氧菌在近试管底部生长。

②真空干燥器法。欲将培养的平皿或试管放入真空干燥器中，开动抽气机，抽至高度真空后，将整个干燥器放进培养箱培养。

6. 细菌生长特性的观察

各种细菌的菌落均有不同的生长表现，观察菌落可用肉眼，也可用放大镜，必要时也可用低倍显微镜进行检查。观察的主要内容有实图4-6和实图4-7。

实图 4-6　菌落的隆起度

1—扁平状；2—低隆起；3—隆起；4—平升状；5—纽扣状；6—脐状（凹陷状）；7—乳头状；8—褶皱凸面

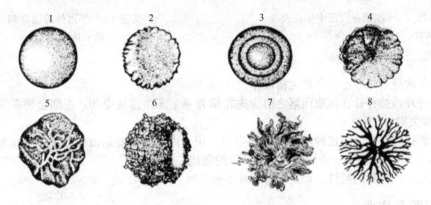

实图 4-7　菌落的形状、边缘和表面构造

1—圆形、边缘整齐、表面光滑；2—圆形、叶状边缘、表面有放射状皱褶；
3—圆形、边缘整齐、表面有同心圆；4—圆形、锯齿状边缘、表面较不光滑；
5—不规则形、波浪状边缘、表面有不规则皱纹；6—圆形、边缘残缺不全、表面呈颗粒状；
7—不规则状、表面粗糙、边缘呈卷发状；8—根状

（1）在固体培养基上的生长表现

①大小。以毫米（mm）表示菌落直径的大小。微小菌落，菌落直径小于0.5mm，如支原体的菌落；小菌落，直径在0.5～1mm之间，如布氏杆菌等的菌落；中等大小的菌落，直径在1～3mm之间，如大肠杆菌等的菌落；大的菌落，直径大于3mm，如炭疽杆菌的菌落。

②形状。圆形、不规则形（根足状、树叶状）等。

③边缘。整齐、不整齐（锯齿状、卷发状、虫蚀状）。

④表面。光滑、湿润、粗糙、颗粒状、油煎蛋状、漩涡状等。

⑤隆起度。隆起、轻度隆起、中央隆起、扁平、凹陷状等。

⑥颜色。无色、灰白色、白色、金黄色、红色、粉红色等。

⑦透明度。透明、半透明、不透明。

⑧溶血性。完全溶血、不完全溶血和不溶血。

（2）在液体培养基中的生长表现

① 浑浊度。轻度浑浊、中度浑浊、浑浊、不浑浊、清亮。

② 沉淀物。有沉淀物，呈颗粒状、絮状、黏稠丝状；无沉淀。

③ 液体表面。形成菌环、菌膜、无变化。

④ 产生气体和气味。有些细菌在生长繁殖的过程中产生气体，可观察是否产生气泡或收集产生的气体来判断；有些细菌在发酵有机物时产生特殊气味。

⑤ 色泽。细菌在生长繁殖的过程中能使培养基变色。

（3）在半固体培养基上的生长表现

有运动性的细菌会沿穿刺线向周围扩散生长，形成侧松树状、试管刷状；无运动性的细菌则只沿穿刺线呈线状生长。如实图 4-9 所示。

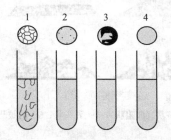

实图 4-8　细菌在肉汤中生长表现
1—絮状；2—环状；3—厚膜状；4—薄膜状

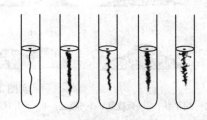

实图 4-9　半固体琼脂穿刺
培养的菌落

7. 注意事项

① 细菌的分离培养必须严格无菌操作。

② 接种环或接种针在挑取菌落之前应先在培养基上无菌落处冷却，否则会将所挑的菌落烫死而使培养失败。

③ 划线接种时应先将接种环的环部稍弯曲，用力适度，不要划破培养基，不重复划线，分区接种时，每区开始的第一条线应通过上一区的划线。

④ 根据不同菌种的特性，确定培养、观察的时间。

四、复习题与作业

1. 请你列举分离细菌无菌操作的实验环节及注意事项。

2. 纯培养物移植的目的是什么？

3. 描述你所见到的细菌菌落形态？

项目五　细菌的生物化学试验

一、目的要求

① 了解细菌生化试验在细菌鉴定中的重要意义。

② 掌握细菌鉴定中常用生化试验的方法。

二、实验材料

蛋白胨水、糖发酵、葡萄糖蛋白胨水、醋酸铅蛋白胨水、柠檬酸盐琼脂斜面等培养基；甲基红（MR）试剂、维-培（VP）试剂、靛基质试剂等；大肠杆菌、产气杆菌、沙门菌的 24h 纯培养物等。

三、实验内容

1. 糖（醇、苷）类发酵试验

（1）原理　不同种类细菌含有发酵不同糖（醇、苷）类的酶，其分解糖类的产物也不同，可用以鉴定细菌种类。

（2）培养基　可用市售各种糖或醇类的微量发酵管（或自制）。

① 基础培养基。邓亨氏蛋白胨水溶液：蛋白胨 1g，氯化钠 0.5g，蒸馏水 100ml。将各成分加热溶解，调节 pH 值至 7.4～7.6，121℃高压灭菌 15min。

② 糖发酵培养基

a. 邓亨氏蛋白胨水溶液 100ml，1.6％溴甲酚紫酒精溶液 0.1ml，糖 0.5～1g。将各成分混合，分装于试管（每支试管内先加一枚倒立的小发酵管），113℃高压灭菌 10min（若在培养基中加入 0.5％～0.7％琼脂成为半固体，可省去倒立的小发酵管）。适用于需氧菌的培养。

b. 在上述培养基中加入硫乙醇酸钠 0.1g，琼脂 0.1g，用于厌氧菌的培养。

（3）方法　在基础培养基中加入所需要的糖（常用葡萄糖、乳糖、麦芽糖、甘露醇、蔗糖）。将待鉴定的纯培养细菌接种入试验培养基中，置 37℃培养箱 24h 后，观察结果。

（4）结果判定

① 培养基由蓝紫色变为黄色，在小试管中产生气泡，半固体培养基内出现气泡证明此菌分解糖产酸产气，用符号"⊕"表示。②培养基由蓝紫色变为黄色，不出现气泡，证明此菌分解糖产酸不产气，用符号"＋"表示。③培养基无变化证明此菌不分解糖，用符号"－"表示。

2. 甲基红（MR）试验

（1）原理　某些细菌分解葡萄糖产酸，待培养基 pH 下降至 4.5 以下时，加入甲基红指示剂呈红色。如细菌分解葡萄糖产酸量少，或转化为其他物质，培养基 pH 在 5.4 以上，加入甲基红指示剂呈橘黄色。

（2）培养基　葡萄糖、磷酸氢二钾、蛋白胨各 5g，完全溶解于 1000ml 蒸馏水中，高压蒸汽灭菌（0.035MPa，10min）备用。

试剂：甲基红 0.1g，溶解于 300ml 95％酒精中，加蒸馏水至 500ml。

（3）方法　将待检菌接种于葡萄糖磷酸盐蛋白胨水中，35℃孵育 24～48h 后，于 5ml 培养基中滴加 5～6 滴甲基红指示剂，摇匀观察结果。

（4）结果判定　呈现红色者为阳性（＋）反应，黄色为阴性（－）反应。

3. VP（Voges-Proskuer）试验

（1）原理　测定细菌产生乙酰甲基甲醇的能力。某些细菌分解葡萄糖形成乙酰甲基甲醇。在碱性条件下，乙酰甲基甲醇被氧化成二乙酰，与培养基中含胍基的物质结合，形成红色化合物。

（2）培养基　同甲基红试验。

试剂　甲液：6％ α-萘酚酒精溶液

乙液：40％氢氧化钾

（3）方法　将待检菌接种于葡萄糖磷酸盐蛋白胨水中，37℃孵育 24～48h，按每毫升培养基加入 0.5ml 6％ α-萘酚酒精溶液，再加入 0.2ml 40％氢氧化钾，轻轻振摇试管，然后静置 30min 观察结果。

（4）结果判定　培养液变为红色者为阳性（＋），隔夜后培养液仍不变色者为阴性（－）。

4. 靛基质试验（吲哚试验）

（1）原理　有些细菌（如大肠杆菌）能分解蛋白质中的色氨酸产生吲哚，吲哚与对二氨基苯甲醛作用，形成玫瑰吲哚而成红色。

（2）培养基　邓亨氏蛋白胨水溶液（参照糖类发酵试验）。

（3）试剂（欧立希氏试剂）

对二甲基氨基苯甲醛　　　1g

无水酒精　　　　　　　　95ml

浓盐酸　　　　　　　　　　20ml

先将对二甲基氨基苯甲醛溶解于酒精中，再加入浓盐酸，避光保存。

（4）方法　将待鉴定的细菌接种于1%蛋白胨水培养基，37℃培养48～72h（必要时可培养4～5天），沿管壁加入靛基质试剂2ml，观察结果。

（5）结果判定　试剂与培养基液面相叠处，出现红色为阳性（＋），不变色者为阴性（－）。

5. 硫化氢试验

（1）原理　细菌能分解含硫氨基酸，产生 H_2S，与培养基中的醋酸铅或 $FeSO_4$ 发生反应，形成黑色的硫化铅或硫化亚铁。

（2）培养基　灭菌的普通琼脂培养基　　　　　　　　100ml

灭菌的新配10%硫代硫酸钠溶液　　2.5ml

灭菌的10%醋酸铅溶液　　　　　　3ml

（3）方法

① 在融化的琼脂培养基中加入硫代硫酸钠溶液，自然冷却至60℃时再加入醋酸铅溶液，混合均匀，无菌分装，立即置冷水中冷却使培养基凝固。用接种针蘸取细菌的纯培养物，沿管壁穿刺接种，37℃培养1～2天。

② 也可将细菌接种于普通肉汤、肉肝汤琼脂或血清葡萄糖琼脂斜面，在试管塞下吊一干燥的饱和醋酸铅试纸条，37℃培养观察7天，观察结果。

（4）结果判定　穿刺线周围变黑色者为阳性（＋），不变色者为阴性（－）；试纸条变黑色者为阳性，不变色者为阴性。

四、复习题与作业

1. 写出实验报告。

2. 试述生化试验在细菌鉴定中的作用与意义。

项目六　细菌的药物敏感性试验（纸片扩散法）

抗菌药物敏感性试验（antimicrobial susceptibility test，AST），简称药敏试验，是指对敏感性不能预测的分离菌株进行试验，测试抗菌药在体外对病原微生物有无抑制作用，以指导选择最有效的治疗药物和了解区域内常见病原菌耐药性变迁，对控制细菌性疾病非常重要。

一、目的要求

① 了解最低抑菌浓度试验的原理和方法。

② 了解药敏试验在实际生产中的重要意义。

③ 掌握药敏试验-纸片法的操作方法和结果判定。

二、实验材料

① 菌种。大肠杆菌、金黄色葡萄球菌，肉汤培养物各1管。

② 药敏试纸。含各种抗生素的药敏纸片。

③ 培养基。普通琼脂平板。

④ 95%酒精灯、小镊子、无菌棉拭子等。

三、实验内容

（1）原理　将含有定量抗菌药物的纸片贴在已接种测试菌的琼脂平板上，纸片中所含的药物吸收琼脂中水分溶解后不断向纸片周围扩散，形成递减的梯度浓度，在纸片周围抑菌浓度范围内测试菌的生长被抑制，从而形成无菌生长的透明圈即为抑菌圈。抑菌圈的大小反映测试菌对测定药物的敏感程度，并与该药对测试菌的最低抑菌浓度（MIC）呈负相关系。

（2）方法

① 用无菌棉拭子取待检菌液，在琼脂表面均匀涂片，用无菌镊子将药纸片紧贴于琼脂表面，一次放好，不得移动，每板 4~6 个，相互间距为 15 mm。

② 置 37℃ 孵育 18h 后，观察结果。

（3）结果判断和报告　用精确度为 1mm 的游标卡尺量取抑菌圈直径，判断该菌对各种药物的敏感程度，参阅实表 6-1。

实表 6-1　抗生素敏感度的标准

抗菌药物	纸片含药量 /μg	抑菌环直径/mm			
		耐药	中度敏感	敏感	不敏感
丁胺卡那霉素	30	≤4	15~16	≥17	无抑菌圈
庆大霉素	10	≤12	13~14	≥15	无抑菌圈
氯霉素	30	≤12	12~17	≥18	无抑菌圈
红霉素	15	≤13	13~15	≥16	无抑菌圈
头孢唑啉	30	≤14	15~17	≥18	无抑菌圈
头孢噻吩	30	≤14	15~17	≥18	无抑菌圈

四、复习题与作业

1. 写实验报告。

2. 药敏试验操作时应注意哪些事项？

3. 试述药敏试验的意义。

项目七　水的细菌学检查

水中细菌总数的检验方法，常用稀释平板计数法，计算平板上形成的菌落数，它反映的是检样中活菌的数量。

水中大肠菌群的检验方法，常用多管发酵法，多管发酵法可运用于各种水样的检验，但操作繁琐，需要时间长。

一、目的要求

① 了解水中细菌总数和大肠菌群的测定意义。

② 掌握用稀释平板计数法测定水中细菌总数的方法。

③ 掌握水中大肠菌群的检测方法。

二、实验器材

1. 菌落总数的测定

（1）培养基　牛肉膏蛋白胨琼脂培养基，无菌生理盐水。

（2）器材　灭菌三角瓶，灭菌的具塞三角瓶，灭菌平皿，灭菌吸管，灭菌试管等。

2. 大肠菌群的测定

（1）培养基

① 乳糖胆盐蛋白胨培养基。成分：蛋白胨 20g，猪（或牛、羊）胆盐 5g，乳糖 10g，0.04％溴甲酚紫水溶液 25ml，水 1000ml，pH7.4。

制法：将蛋白胨、胆盐、乳糖溶于水中，校正 pH，加入指示剂，分装，每瓶 50ml 或每管 5ml 并倒置放入一个杜氏小管，115℃灭菌 15min（双倍或三倍乳糖胆盐蛋白胨培养基，除水以外，其余成分加倍或取三倍用量）。

② 伊红美蓝琼脂培养基。成分：蛋白胨 10g，乳糖 10g，K_2HPO_4 2g，2‰伊红水溶液 20ml，0.65‰美蓝水溶液 10ml，琼脂 17g，水 1000ml，pH7.1。

制法：将蛋白胨、磷酸盐和琼脂溶于水中，校正 pH 后分装，121℃灭菌 15min 备用。临用时加入乳糖并熔化琼脂，冷至 50～55℃，加入伊红和美蓝溶液，摇匀，倾注平板。

③ 乳糖发酵管。除不加胆盐外，其余同乳糖胆盐蛋白胨培养基。

（2）器材　灭菌三角瓶，灭菌的具塞三角瓶，灭菌平皿，灭菌吸管，灭菌试管等。

三、实验方法

1. 水样的采集

（1）自来水　先将自来水龙头用酒精灯火焰灼烧灭菌，再开放水龙头使水流 5min，以灭菌三角瓶接取水样以备分析。

（2）池水、河水、湖水等地面水源水　在距岸边 5m 处，取距水面 10～15cm 的深层水样，先将灭菌的具塞三角瓶，瓶口向下浸入水中，然后翻转过来，除去玻璃塞，水即流入瓶中，盛满后，将瓶塞盖好，再从水中取出。如果不能在 2h 内检测的，需放入冰箱中保存。

2. 细菌总数的测定

（1）水样稀释及培养

① 按无菌操作法，将水样做 10 倍系列稀释。

② 根据对水样污染情况的估计，选择 2～3 个适宜稀释度（饮用水如自来水、深井水等，一般选择 1∶1、1∶10 两种浓度；水源水如河水等，比较清洁的可选择 1∶10、1∶100、1∶1000 三种稀释度；污染水一般选择 1∶100、1∶1000、1∶10000 三种稀释度），吸取 1ml 稀释液于灭菌平皿内，每个稀释度做 2 个平皿。

③ 将熔化后保温 45℃的牛肉膏蛋白胨琼脂培养基倒入平皿，每皿约 15ml，立即转动平皿使水样与培养基混合均匀。

④ 待琼脂凝固后，将平皿倒置于 37℃培养 24h 后取出，计算平皿内菌落数目，乘以稀释倍数，即得 1ml 水样中所含的细菌菌落总数。

（2）计算方法　做平板计数时，可用肉眼观察，必要时用放大镜检查，以防遗漏。在记下各平板的菌落数后，求出同稀释度的各平板平均菌落数。

（3）计数的报告

① 平板菌落数的选择。选取菌落数在 30～300 之间的平板作为菌落总数测定标准。一个稀释度使用两个重复时，应选取两个平板的平均数。如果一个平板有较大片状菌落生长时，则不宜采用，而应以无片状菌落生长的平板计数作为该稀释度的菌数。若片状菌落不到平板的一半，而其余一半中菌落分布又很均匀，可计算半个平板后乘 2 以代表整个平板的菌落数。

② 稀释度的选择

a. 应选择平均菌落数在 30～300 之间的稀释度，乘以该稀释倍数报告之（实表 7-1 例 1）。

b. 若有两个稀释度，其生长的菌落数均在 30～300 之间，则视二者之比如何来决定。若其比值小于 2，应报告其平均数；若比值大于 2，则报告其中较小的数字（实表 7-1 例 2、例 3）。

c. 若所有稀释度的平均菌落均大于 300，则应按稀释倍数最低的平均菌落数乘以稀释倍数报告之（实表 7-1 例 4）。

d. 若所有稀释度的平均菌落数均小于 30，则应按稀释倍数最低的平均菌落数乘以稀释倍数报告之（实表 7-1 例 5）。

e. 若所有稀释度均无菌落生长，则以小于 1 乘以最低稀释倍数报告之（实表 7-1 例 6）。

f. 若所有稀释度的平均菌落数均不在 30～300 之间，则以最接近 30 或 300 的平均菌落数乘以该稀释倍数报告之（实表 7-1 例 7）。

③ 细菌总数的报告。细菌的菌落数在 100 以内时，按其实有数报告；大于 100 时，用二位有效数字，在二位有效数字后面的数字，以四舍五入方法修约。为了缩短数字后面的 0 的个数，

可用 10 的指数来表示，如实表 7-1 "报告方式" 一栏所示。

实表 7-1 稀释度的选择及细菌数报告方式

序号	稀释度及菌落数			两稀释度之比	菌落总数/(cfu/g 或 cfu/ml)	报告方式(菌落总数)/(cfu/ml 或 cfu/g)
	10^{-1}	10^{-2}	10^{-3}			
1	多不可计	164	20	—	16400	16000 或 1.6×10^4
2	多不可计	295	46	1.6	37750	38000 或 3.8×10^4
3	多不可计	271	60	2.2	27100	27000 或 2.7×10^4
4	多不可计	多不可计	313		313000	310000 或 3.1×10^5
5	27	11	5	—	270	270 或
6	0	0	0		<10	<10
7	多不可计	305	12		30500	31000 或 3.1×10^4

3. 大肠菌群的测定（多管发酵法）

（1）生活饮用水或食品生产用水的检验

① 初步发酵试验。在 2 个各装有 50ml 的 3 倍浓缩乳糖胆盐蛋白胨培养液（可称为三倍乳糖胆盐）的三角瓶中（内有倒置杜氏小管），以无菌操作各加水样 100ml。在 10 支装有 5ml 三倍乳糖胆盐的发酵试管中（内有倒置小管），以无菌操作各加入水样 10ml。如果饮用水的大肠菌群数变异不大，也可以接种 3 份 100ml 水样。摇匀后，37℃培养 24h。

② 平板分离。经 24h 培养后，将产酸产气及只产酸的发酵管（瓶），分别划线接种于伊红美蓝琼脂平板（EMB 培养基）上，37℃培养 18～24h。大肠菌群在 EMB 平板上，菌落呈紫黑色，具有或略带有或不带有金属光泽，或者呈淡紫红色，仅中心颜色较深；挑取符合上述特征的菌落进行涂片，革兰染色，镜检。

③ 复发酵试验。将革兰阴性无芽孢杆菌菌落的剩余部分接于单倍乳糖发酵管中，为防止遗漏，每管可接种来自同一初发酵管的平板上同类型菌落 1～3 个，37℃培养 24h，如果产酸又产气者，即证实有大肠菌群存在。

④ 报告。根据证实有大肠菌群存在的复发酵管的阳性管数，查实表 7-2（或实表 7-3），报告每升水样中的大肠菌群数（MPN）。

实表 7-2 大肠菌群检索表（饮用水）/MPN

100ml 水量的阳性管数 ＼ 10ml 水量的阳性管数	0	1	2	备注
	每升水样中大肠菌群数			
0	<3	4	11	接种水样总量 300ml（100ml 2 份，10ml 10 份）
1	3	8	18	
2	7	13	27	
3	11	18	38	
4	14	24	52	
5	18	30	70	
6	22	36	92	
7	27	43	120	
8	31	51	161	
9	36	60	230	
10	40	69	>230	

实表 7-3 大肠菌群数变异不大的饮用水/MPN

阳性管数	0	1	2	3	接种水样总量 300ml（3 份 100ml）
每升水样中大肠菌群数	<3	4	11	>18	

（2）水源水的检验　用于检验的水样量，应根据预计水源水的污染程度选用下列各量。

① 严重污染水。1ml，0.1ml，0.01ml，0.001ml 各 1 份。

② 中度污染水。10ml，1ml，0.1ml，0.01ml 各 1 份。

③ 轻度污染水。100ml，10ml，1ml，0.1ml 各 1 份。

④ 大肠菌群变异不大的水源水。10ml 10 份。

操作步骤同生活用水或食品生产用水的检验。同时应注意，接种量 1ml 及 1ml 以内用单倍乳糖胆盐发酵管；接种量在 1ml 以上者，应保证接种后发酵管（瓶）中的总液体量为单倍培养液量。然后根据证实有大肠菌群存在的阳性管（瓶）数，查实表 7-4～实表 7-6 或实表 7-7，报告每升水样中的大肠菌群数（MPN）。

实表 7-4　大肠菌群检索表（严重污染水）/MPN

接种水样量/ml				每升水样中大肠菌群数	备注
1	0.1	0.01	0.001		
−	−	−	−	<900	
−	−	−	+	900	
−	−	+	−	900	
−	+	−	−	950	
−	−	+	+	1800	
−	+	−	+	1900	
−	+	+	−	2200	
+	−	−	−	2300	接种水样总量为 1.111ml（1ml，0.1ml，0.01ml，0.001ml 各一份）
−	+	+	+	2800	
+	−	−	+	9200	
+	−	+	−	9400	
+	−	+	+	18000	
+	+	−	−	23000	
+	+	−	+	96000	
+	+	+	−	238000	
+	+	+	+	>238000	

实表 7-5　大肠菌群检索表（中度污染水）/MPN

接种水样量/ml				每升水样中大肠菌群数	备注
10	1	0.1	0.01		
−	−	−	−	<90	
−	−	−	+	90	
−	−	+	−	90	
−	+	−	−	95	
−	−	+	+	180	
−	+	−	+	190	
−	+	+	−	220	
+	−	−	−	230	接种水样总量为 11.11ml（10ml，1ml，0.1ml，0.01ml 各一份）
−	+	+	+	280	
+	−	−	+	920	
+	−	+	−	940	
+	−	+	+	1800	
+	+	−	−	2300	
+	+	−	+	9600	
+	+	+	−	23800	
+	+	+	+	>23800	

实表 7-6　大肠菌群检索表（轻度污染水）/MPN

接种水样量/ml				每升水样中大肠菌群数	备注
100	10	1	0.1		
—	—	—	—	<9	
—	—	—	+	9	
—	—	+	—	9	
—	+	—	—	9.5	
—	—	+	+	18	
—	+	—	+	19	
—	+	+	—	22	
+	—	—	—	23	
+	—	—	+	28	接种水样总量为
+	—	+	—	92	111.1ml(100ml,10ml,
+	—	+	+	94	1ml,0.1ml 各一份)
+	+	—	+	180	
+	+	+	—	230	
+	+	—	+	960	
+	+	+	—	2380	
+	+	+	+	>2380	

实表 7-7　大肠菌群变异不大的水源水/MPN

阳性管数	0	1	2	3	4	5	6	7	8	9	10
每升水样中大肠菌群数	<10	11	22	36	51	69	92	120	160	230	>230
备注					接种水样总量 100ml(10ml 10 份)						

四、复习题与作业

1. 计算水中总细菌数量。
2. 计算自来水中总大肠菌群数。
3. 检查饮用水中的大肠菌群有何意义？

项目八　饲料中微生物的检查

一、目的要求

① 掌握饲料中细菌总数的计数方法。
② 掌握青贮饲料中乳酸菌和腐败菌的计数方法。
③ 认识青贮饲料中乳酸菌的形态。

二、实验材料

1. 待检青贮饲料样品

以无菌操作法，在青贮窖的不同层次中取代表性的青贮料共 20g 以上。混匀后，选留 20g，用无菌剪刀剪碎，分成 2 份，每份 5g。一份用于测定含水量，另一份用于做细菌检测。

2. 培养基及试剂

白菜浸汁琼脂，4% 明胶琼脂，普通营养琼脂，明胶液化试剂。

3. 其他

无菌生理盐水，灭菌吸管、试管、三角瓶、恒温箱等。

三、方法步骤

1. 青贮饲料中细菌总数的检测

（1）细菌悬液的制备　将 5g 用于细菌检测的待检样品置于盛有 50ml 无菌生理盐水的三角瓶中，充分振荡 15min，制成 1∶10 的细菌悬液。取 5 支盛有 9ml 无菌生理盐水的试管，从 1∶10 的细菌悬液中取 1ml 移至第一支盐水管中，制成 10^{-2} 的稀释菌悬液，混匀后，吸出 1ml 移至第二支盐水管中，如此重复，逐步稀释成 10^{-3}、10^{-4}、10^{-5}、10^{-6} 的菌悬液。

（2）菌落计数　选 10^{-4}、10^{-5}、10^{-6} 稀释度的菌悬液，用 1ml 灭菌吸管分别吸取 1ml 菌悬液注入灭菌平板中，每个稀释度用 3 个平板，共 9 个平板；取融化后冷却至 45℃ 的普通法营养琼脂，分别倾注于上述 9 个平板内，每个平板约 15～20ml，混匀后静置凝固；凝固后的平板置于恒温箱（37℃）内，孵育 24h，取出观察。根据每个平板中倾注 1ml 菌悬液所生成的菌落与稀释度的比例关系，可算出青贮饲料中的含菌量（请参见项目七中细菌总数测定方法）。

2. 乳酸菌的计数

选 10^{-4}、10^{-5}、10^{-6} 稀释度的菌悬液，按上述菌落计数相同的方法做培养基的倾注和菌落计数。不同之处是，用白菜浸汁琼脂；孵育温度是 30℃ 左右；孵育时间为数天。

因乳酸菌产生乳酸，能使附近的碳酸钙溶解，菌落周围形成一较大的透明圆。但大肠杆菌菌落周围也有较小的透明圈，故乳酸菌菌落计数时，应选择清晰、大的透明圈计数。

3. 腐败菌的计数

操作方法与上述菌落计数方法相同，但所用培养基为 0.4% 明胶琼脂培养基。接种菌悬液的平板置 37℃ 恒温箱中培养，待细菌生长后，倾注明胶液化试剂于平板上，以恰好能覆盖平板为止，若明胶液化，则菌落周围形成一透明圈，证明此菌能产生蛋白酶，可分解青贮饲料中的蛋白质，具有腐败作用；若菌落周围没有透明圈而呈现乳白色，则证明此菌产生蛋白酶。由菌落周围透明圈的大小，可判断细菌液化明胶和分解蛋白能力的强弱。若要精确测定厌氧性和好氧性腐败菌，则应在明胶琼脂平板上，均匀涂布定量的待检样品稀释液（即 10^{-4}、10^{-5}、10^{-6} 的菌悬液），分别进行厌氧和需氧培养后再倾注明胶液化试剂，观察菌落周围透明圈的有无，并计数。

本试验的原理是试剂中含有升汞及浓盐酸，而这些皆可使蛋白质发生沉淀（明胶是一种动物性蛋白质）。若细菌能分解明胶，则加入试剂后在菌落周围不出现白色沉淀，而形成一透明圆。

4. 青贮饲料中乳酸菌形态的观察

从白菜浸汁琼脂平板上勾取典型乳酸菌落抹片，革兰染色后在油镜下观察其菌体形状和排列方式。

乳酸菌种类繁多，形态不一，呈球状或杆状，散在、成对或成链状，但都是革兰阳性、无芽孢、大多数无运动性、厌氧或微需氧菌。

附

（1）白菜浸汁琼脂培养基　新鲜白菜 100g　　琼脂 4g　　葡萄糖或蔗糖 4g　　自来水 150ml　　碳酸钙 20g

将新鲜的白菜切碎并加以挤压，加水 150ml 煮沸 20min，用棉花纱布过滤去菜渣，滤液加水（或弃去多于水分）调至 200ml，按量加入葡萄糖、碳酸钙和琼脂，最后以 121℃ 高压灭菌 20min 备用。

（2）明胶液化试剂　升汞 15g　　蒸馏水 100ml　　浓盐酸 20ml

将升汞溶于水中，然后加入浓盐酸混合即成。

四、复习题与作业

简述饲料中细菌种类、数量检测的意义。

项目九 实验动物的接种和剖检技术

一、目的要求

① 了解动物实验的意义。
② 掌握实验动物的注射方法和剖检技术。
③ 掌握微生物学诊断用病料的采取方法及包装寄送。

二、实验材料

实验动物、手术剪、注射器、针头、酒精、碘酊、注射药物等。

三、实验内容及方法

1. 实验动物接种操作技术

(1) 实验动物的选择和接种后的管理 根据实验目的的要求，选择适宜的实验动物（健康、适龄、体重和性别适宜）和接种途径。接种完毕后，实验动物隔离饲养，做好记录。

(2) 实验动物的接种（感染）方法

① 皮下接种。以家兔为例，由助手把家兔伏卧保定，于背侧剪毛消毒，术者右手持注射器，左手用镊子夹起皮肤，于其底部进针。感到针头可随意拨动或推入注射物时感到畅通即表示刺入皮下，拔出注射针头时用消毒棉球按住针孔。

② 皮内注射。家兔、豚鼠及小鼠皮内接种时，均需要助手保定动物，其保定方法同皮下注射。术者以左手拇指及食指夹起皮肤，右手持注射器，注射器（细针头）几乎平行于皮肤，刺入皮内，针头插入不宜过深，注入时感到有阻力且注射完后局部有水泡即为注入皮内。皮内接种要慢，以防使皮肤胀裂或自针孔流出注射物而散播传染。

③ 腹腔接种。家兔、豚鼠、小鼠做腹腔注射时，采用仰卧保定，接种时稍抬高后躯，使其内脏向前腔，在股后侧面插入针头，先刺入皮下，然后进入腹腔，注射时应无阻力，皮肤也无泡隆起。

④ 静脉注射。家兔静脉注射时，由助手把握住家兔的前、后躯，特别注意头部的保定，然后选一侧耳缘静脉，先用 70％酒精涂搽兔耳或以手指轻弹耳朵，使静脉扩张。注射时，用左手拇指和食指拉紧兔耳，右手持注射器，使针头与静脉平行，向心脏方向刺入静脉内，轻轻回抽注射器活塞，如果有回流血且注射时无阻力，则表明注入了血管。缓慢推移注射器活塞直到注射完毕后用消毒棉球紧压针孔，以免流血和注射物溢出。

⑤ 肌内注射。肌内注射部位在禽类为胸肌，其他动物为后肢股部肌肉丰满部位，术部消毒后，将针头刺入肌肉内。

⑥ 脑内接种。通常多用小鼠，特别是 1～3 日龄的小鼠，注射部位是耳根连接线中点略偏左（或右）处。接种时用乙醚使小鼠轻度麻醉，术部用碘酒、酒精棉球消毒。在注射部位用最小号针头经皮肤和颅骨稍向后下刺入脑内进行注射，完后用棉球压住针孔片刻。接种乳鼠时一般不麻醉，用碘酒消毒。

家兔和豚鼠脑内接种方法基本同小鼠，由于其颅骨较硬，因此需要事先用短锥钻孔，然后再注射，深度宜浅，以免伤及脑组织。

注射量：家兔 0.2ml，豚鼠 0.15ml，小鼠 0.03ml。凡做脑内注射后 1h 内出现神经症状的动物作废，认为是接种创伤引起的。

2. 实验动物的剖检、病料采取要求

实验动物接种后死亡或予以扑杀后，对其尸体进行解剖，以观察其病变情况，并取材料保存或进一步检查。一般剖检程序如下。

① 肉眼观察动物体表的情况。

② 将动物尸体仰卧固定于解剖板上，充分暴露胸腹部。

③ 用3%来苏尔或其他消毒液浸擦尸体颈、胸、腹部的皮毛。

④ 用无菌剪刀自其颈部至耻骨部切开皮肤，并将四肢腋窝处皮肤剪开，剥离胸腹部皮肤使其尽量翻向外侧，注意皮下组织有无出血、水肿等病变，观察腋下、腹股沟淋巴结有无病变。

⑤ 用毛细管或注射器穿过腹壁吸取腹腔渗出液供直接培养或涂片检查。

⑥ 另换一套灭菌剪刀剪开腹膜，观察肝、脾及肠系膜等有无变化，采取肝、脾、肾等实质脏器各一小块放在灭菌平皿内，以备培养及直接涂片检查。然后剪开胸腔，观察心、肺有无病变，可用无菌注射器或吸管吸取心脏血液进行直接培养或涂片。

⑦ 必要时破颅取脑组织做检查。

⑧ 如欲做组织切片检查，将各种组织小块置于10%甲醛中固定。

⑨ 剖检完毕后应妥善处理动物尸体，以免病原散播。最好焚化或高压灭菌。若是小鼠尸体可浸泡于3%来苏尔液中消毒，而后倒入深坑中，令其自然腐败。解剖器械也须煮沸消毒或高压灭菌，用具用3%来苏尔液浸泡消毒，然后洗刷。

⑩ 认真做好详细解剖记录。

3. 实验动物采血法

动物采血方式根据动物种类、采血量及采血要求的不同而异。临床及实验室常用的采血方式为心脏采血和静脉采血。

(1) 家兔的心脏采血　将动物仰面固定，局部用酒精消毒，触到心跳最明显部位（胸部左侧约3、4肋间），刺入心脏后血液当即涌出（分离血清最好选择早晨饲喂前的动物）。

(2) 家兔静脉采血　找出家兔耳内侧静脉，局部消毒，由外侧向心脏方向注射针头，针头与皮肤平行，抽取静脉血。

(3) 鸡的心脏采血　胸侧面采血，使鸡横卧，找到胸骨走向肩胛部的大动脉，离胸骨三分之一处（手感心跳最明显处）。碘酒和酒精消毒后将针头刺入心脏，血液顺利流入注射器。

(4) 鸡翅静脉采血　固定鸡后，展开翅膀，在翅膀下选一条粗大静脉，用碘酒和酒精消毒，手指压迫静脉，使静脉怒张，然后将针头刺入血管，可抽取血液；也可用内径2mm的塑料管，当针头刺破静脉血流时，用塑料管接取血液，静置使血液凝固，然后在酒精灯火焰上烧熔塑料管一端，用镊子压紧密封，分离血清。

四、复习题与作业

1. 动物试验的目的是什么？
2. 如果给动物注射传染性材料，应注意哪些环节？
3. 实验动物尸体剖检后可进行哪些检验工作？

项目十　病毒的鸡胚接种技术

一、目的要求

① 了解动物病毒鸡胚培养的意义及用途。
② 初步掌握病毒鸡胚培养的基本方法和收毒方法。

二、实验材料

① 病毒。新城疫Ⅰ系和Ⅱ系弱毒苗。

② 仪器或其他用具。孵化箱、照蛋器、钢针（或锥子）、2.5％碘酒、70％乙醇、镊子、剪刀、固体石蜡、盖玻片、1ml 注射器、蛋架等。

③ 白壳受精卵（自产出后不超过 10 天，以 5 天以内的卵为最好）。

三、实验前的准备

1. 鸡胚的结构

（1）壳膜　紧贴在卵壳里面，两层，卵的大头处两层分开形成一个气室，见实图 10-1。

（2）绒毛尿囊膜　紧贴在壳膜里面，在 10 日龄鸡胚此膜已扩展合拢，覆盖卵的大部。内胚层上皮包围整个尿囊，含有尿囊液，在 6～7 日龄时约为 1ml，12～13 日龄前尿囊液呈碱性，以后渐趋酸性，出壳前量极少，pH 值约为 6。

（3）羊膜　它包围在鸡胚外面，与尿囊膜粘连在一起，内含羊水。在 13 日龄时羊水量可达 4～5ml，羊水开始清朗，蛋白含量低，到 12～14 日龄卵白进入羊膜腔，使羊水变成淡黄色，稠度增加，蛋白含量高。

（4）卵黄囊　由内胚层细胞组成，6 日龄后已包围整个卵囊，它由卵黄囊蒂与胚连接，使卵黄营养物通过膜上血管不断吸入鸡胚。在 12～13 日龄以后囊脆弱易破，处理时要小心。

2. 鸡胚的选择和孵化

应选健康无病鸡群或 SPF 鸡群的新鲜受精蛋。以来航鸡蛋或其他白壳蛋为好。孵化时要特别注意温度、湿度和翻蛋。相对湿度为 60％，最低温度 36℃，一般为 37.5℃。每日翻蛋最少 3 次，开始可以将鸡胚横放，在接种前 2 天立放，大头向上，注意鸡胚位置，如胚胎偏在一边易死亡。

孵化 3～4 天，可用照蛋器在暗室观察。鸡胚发育正常时，可见清晰的血管及活的鸡胚，血管及其主要分支均明显，呈鲜红色，鸡胚可以活动。鸡胚的日龄根据接种途径和接种材料而定，卵黄囊接种，用 6～8 日龄的鸡胚；绒毛尿囊腔接种，用 9～10 日龄鸡胚；绒毛尿囊膜接种，用 9～13 日龄的鸡胚；血管注射，用 12～13 日龄鸡胚；羊膜腔和脑内注射，用 10 日龄鸡胚。

3. 接种前的准备

（1）病毒接种材料的处理　细菌污染的液体材料，加抗生素（青霉素 100～500IU 和链霉素 100～500μg）置室温中 1h 或冰箱 12～24h 高速离心取上清液，或经滤器滤过除菌。如为患病动物组织，应剪碎、研磨、离心取上清液，必要时加抗生素处理或滤过。

（2）卵黄囊接种或血管注射　照蛋以铅笔画出气室，画出相应的部位、胚胎的位置（实图 10-1）。用碘酊在接种处的蛋壳上消毒，并在该处打孔。

四、胚胎接种途径

1. 绒毛尿囊膜（CAM）接种

（1）人工气室法　取 10～11 日龄鸡胚，先在照蛋灯下检查鸡胚发育状况，画出气室位置，并选择绒毛尿囊膜发育区做一"记号"。将胚蛋横卧于蛋座上，绒毛尿囊膜发育区"记号"朝上。用碘酒消毒记号处及气室中心部，在气室中心部锥小孔。然后用锥子轻锥记号处蛋壳，约 0.5mm 深，使其卵壳穿孔而壳膜不破。用洗耳球吸去气室部空气的同时，随即因上面小孔进入空气使绒毛尿囊膜陷下形成一个人工气室，天然气室消失（实图 10-2）。接种时针头与卵壳成直角。自上面小孔直刺破卵膜进入人工气室约 3～5mm，注入 0.1～0.2ml 病料，正好在绒毛尿囊膜上。接种完毕用熔化石蜡封闭两孔，人工气室向上，横卧于孵化

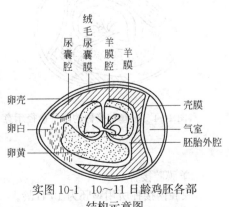

实图 10-1　10～11 日龄鸡胚各部
结构示意图

箱中，逐日观察。

（2）直接接种法　将鸡胚直立于蛋座上，气室向上，气室区中央消毒打孔，用针头刺破壳膜，先刺入卵壳约 0.5cm，将病料滴在气室内的壳膜上（0.1～0.2ml），再继续刺入约 1.0～1.5cm（实图 10-3），拔出针头病料液即慢慢渗透到气室下面的绒毛尿囊膜上，然后用石蜡封孔，放入孵化箱培养。

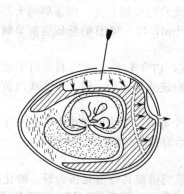

实图 10-2　鸡胚绒毛尿囊膜
人工气室接种

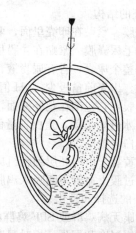

实图 10-3　鸡胚绒毛尿囊膜直接接种法
黑线针头为第一次刺入深度
虚线针头为第二次刺入深度

2. 尿囊腔接种

绒毛尿囊腔内注射　取 9～10 日龄鸡胚，尿囊液积存最多。将鸡胚在照蛋器上照视，用铅笔画出气室与胚胎位置，并在绒毛尿囊膜血管较少的地方做记号。然后将鸡胚放在蛋座木架上，使气室向上，用酒精消毒气室蛋壳，将锥子在酒精灯上火焰烧灼消毒后，在气室顶端和气室下沿无血管处各钻一小孔，针头从气室下沿小孔处插入，深 1.5cm，即已穿过了外壳膜且距胚胎有半指距离（实图 10-4），注射量约 0.1～0.2ml。注射后以石蜡封闭小孔，置孵育箱中直立孵育。

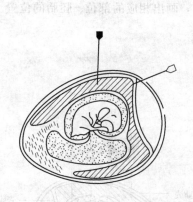

实图 10-4　尿囊腔接种的两种途径示意

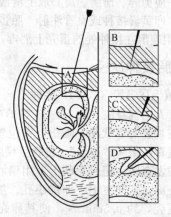

实图 10-5　羊膜腔接种示意图
A—针头刺入触及尿囊-羊膜；B—针头向左移动；
C—形成一个折皱；D—针头呈 45°刺入羊膜腔

3. 羊膜腔接种

羊膜腔内接种所用鸡胚为 10 日龄。

开窗法：从气室处去蛋壳开窗，从窗口用小镊子剥开蛋膜，一手用平头镊子夹住羊膜腔并向上提，另一手注射 0.05～0.1ml 病料液入腔内，然后封闭人工窗，使蛋直立孵化，此法可靠，但胚胎易受伤而死，而且易污染。见实图 10-5。

4. 卵黄囊内注射

取 6～8 日龄鸡胚，可从气室顶侧接种（针头插入 3～3.5cm），因胚胎及卵黄囊位置已定，也可从侧面钻孔，将针头插入卵黄囊接种。侧面接种不易伤及鸡胚，但针头拔出后部分接种液有时会外溢，需用酒精棉球擦去。其余同尿囊腔内注射（见实图 10-6）。

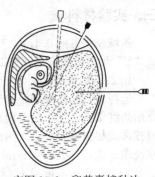

实图 10-6　卵黄囊接种法

五、观察和收获

接种后 24h 内死亡的鸡胚，系由于接种时鸡胚受损或其他原因而死亡，应该弃去，24h 后，每天照蛋 2 次，如发现鸡胚死亡立即放入冰箱，于一定时间内不能致死的鸡胚亦放入冰箱冻死。死亡的鸡胚置冰箱中 1～2h 即可取出收取材料并检查鸡胚病变。

原则上接种什么部位，收获什么部位。

（1）绒毛尿囊膜接种　用碘酒消毒人工气室上卵壳，（注意封口石蜡）。将灭菌小剪刀插入气室内，沿人工气室的界限剪去壳膜，露出绒毛尿囊膜，再用灭菌眼科镊子将膜正中夹起，用剪刀沿人工气室边缘将膜剪下，放入加有灭菌生理盐水的培养板内，观察病灶形状然后或用于传代，或用 50% 的甘油保存。

（2）绒毛尿囊腔内接种　用无菌操作去气室顶壳，开口直径为整个气室区大小，以无菌镊子撕去一部分蛋膜，撕破绒毛尿囊液而不撕破羊膜，用镊子轻轻按住胚胎，以无菌吸管或消毒注射器吸取绒毛尿囊液置于无菌试管中，多时可收获 5～8ml，将收获的材料低温保存。

收获时注意将吸管尖置于胚胎对面，管尖放在镊子两头之间。若管尖不放镊子两头之间，游离的膜便会挡住管尖吸不出液体。收集的液体应清亮，浑浊则表示有细菌污染。最后取 2 滴绒毛尿囊液滴于斜面培养基上放在温箱培养做无菌检查。无菌检查不合格，收集材料废弃。

（3）羊膜腔内接种　首先收完绒毛尿囊液，后用注射器带针头插入羊膜腔内收集，约可收到 1ml 液体，无菌检查合格保存。

（4）卵黄囊内接种　先收集绒毛尿囊液和羊膜腔液，后用吸管吸卵黄液。无菌检查同上。并将整个内容物倾入无菌平皿中，剪取卵黄膜保存，若要做卵黄囊膜涂片时，应于此时进行。

六、复习题与作业

1. 常用鸡胚接种方法有哪些？
2. 鸡胚接种时应注意哪些事项？

项目十一　病毒的微量血凝和血凝抑制试验

一、目的要求

① 掌握血凝和血凝抑制试验的基本操作技术。
② 能够准确判定病毒的血凝价和血清的血凝抑制价。

二、实验原理

某些病毒能凝集某种动物红细胞，以此来推测被检材料中有无病毒存在，是非特异性的，但病毒和相应的抗体结合，即抑制血细胞凝集，有特异性。可用已知血清来鉴定未知病毒，也可用已知病毒来检查被检血清中的相应抗体。

三、实验材料

新城疫病毒液 0.1ml，1％鸡红细胞 50ml，生理盐水 50ml，阳性血清 0.5ml，96 孔 "U" 形或 "V" 形微量反应板，50μl 微量移液枪，Tip 头。

1. 红细胞准备

选择适宜的红细胞，如流感病毒、新城疫病毒等黏病毒和副黏病毒通常用鸡红细胞，乙脑病毒用鹅红细胞，细小病毒用猪红细胞，冠状病毒用小鼠红细胞，兔出血症病毒用人红细胞。采血时按常规尽量做到洁净无菌纱布过滤至离心，2000r/min 离心 5min，弃上清，加 5～10 倍生理盐水洗涤 3 次，每次 2000r/min 离心 5min，最后一次 2000r/min 离心 10min，弃取沉积红细胞，用适宜 pH 的 PBS 液配成 1％红细胞悬液。

2. 待检血清的处理

因待检血清常常含有非特异性血凝物质和血凝抑制物质，故试验前需对待检血清做适当处理，非特异性血凝物质通常用红细胞吸收法，而非特异性血凝抑制物质一般用胰酶或者过碘酸钾处理，也可以用白陶土吸收。

（1）红细胞吸收法 取 0.1ml 被检血清加 0.4ml 2％红细胞悬液，37℃作用 30min 后，离心去除红细胞，即成 5×稀释血清。

（2）胰酶处理法 取 0.2ml 血清，加入 0.2ml 0.4％胰酶，56℃作用 30min，再加 0.8ml 生理盐水，即成 1∶5 稀释的血清。

（3）白陶土吸收法 取 0.1 待检血清加入 25％白陶土溶液 0.4ml，振荡混匀，置于 37℃作用 30min 后，离心除去白陶土即成 1∶5 稀释的血清。

（4）霍乱弧菌滤液处理 1 份血清加 4 份霍乱弧菌滤液，37℃水浴过夜，再用 56℃水浴加热 50min，经处理的血清最终稀释度为 1∶5。

四、实验内容及操作步骤

1. 红细胞凝集（HA）试验

以检查新城疫病毒为例，在 96 孔 "V" 形微量反应板中进行，操作过程如下（实表 11-1）。

实表 11-1 红细胞凝集试验（HA）术式

孔号	1	2	3	4	5	6	7	8	9	10	11	12
病毒稀释倍数	1∶2	1∶4	1∶8	1∶16	1∶32	1∶64	1∶128	1∶256	1∶512	1∶1024	1∶2048	红细胞对照
生理盐水/μl	50	50	50	50	50	50	50	50	50	50	50	50
病毒/μl	50	50	50	50	50	50	50	50	50	50	50	弃去 50μl
1％红细胞/μl	50	50	50	50	50	50	50	50	50	50	50	50

37℃ 10min

结果判定	♯	♯	♯	♯	♯	♯	♯	♯	＋＋＋	＋＋	＋	－

注：♯表示 100％凝集，＋＋＋表示 75％凝集，＋＋表示 50％凝集，＋表示 25％凝集，－表示不凝集。

① 取洁净 96 孔 "V" 形微量反应板 1 块，用微量移液器从左至右各孔加 50μl 生理盐水。

② 于左侧第 1 孔加 50μl 病毒原液或收获液，混合均匀后，吸 50μl 至第 2 孔，混合均匀后，吸 50μl 至第 3 孔，依次倍比稀释，至第 11 孔。吸弃 50μl，稀释后病毒稀释度为第 1 孔 1∶2，第 2 孔 1∶4，第 3 孔 1∶8……，最后 1 孔为对照。

③ 从左至右依次向各孔加 1％鸡红细胞 50μl 置微型混合器上振荡 1min，使血细胞与病毒充

分混合，在 37℃ 温箱中作用 15～30min 后，待对照红细胞已沉淀可观察结果。

④ 判定结果。凡红细胞均匀铺于孔底者，表明红细胞被病毒所凝集。如果孔底出现边缘整齐或边缘有小凝块的圆点状红细胞沉淀物，表明红细胞未被病毒凝集或不完全凝集。凡能使 1％ 红细胞完全凝集的病毒液的最高稀释倍数，称为该病毒的红细胞凝集效价（HA 效价），即为一个血凝单位。

从实表 11-1 可以看出，本病毒的血凝价为 1：256，则 1：256 的 0.1ml 中有 1 个凝集单位，1：128、1：64、1：32 分别为 2 个、4 个、8 个凝集单位。第 12 孔为红细胞对照，应不凝集。

2. 红细胞凝集抑制（HI）试验

① 红细胞凝集实验所用的病毒液 50μl 中必须含有 4 个凝集单位，根据 HA 试验结果，确定病毒的血凝价，配成 4 个血凝单位病毒溶液，上述 HA 实验中应将原病毒液做 $\frac{256}{4}=64$ 倍的稀释液。

② 在 96 孔 "V" 形微量板上进行，用固定病毒稀释血清法，从第 1 孔至第 10 孔各加 50μl 生理盐水，11 孔和 12 孔分别为 4 单位病毒液和抗新城疫血清对照。

③ 第 1 孔加新城疫阳性血清 50μl，混合均匀，吸 50μl 至第 2 孔，依此倍比稀释至第 10 孔，吸弃 50μl，如此稀释后血清浓度为第 1 孔 1：2，第 2 孔 1：4，第 3 孔 1：8……

④ 从第 1 孔到 11 孔各加 50μl 4 单位病毒液，第 12 孔加 50μl 血清，混合均匀，置 37℃ 温箱作用 15min。

⑤ 从第 1 孔到 12 孔各加 1％ 鸡红细胞 50μl，混合均匀后置 37℃ 温箱再作用 15～30min，待 4 单位病毒已凝集红细胞，可观察结果。

⑥ 判定结果。能将 4 单位病毒物质凝集红细胞的作用完全抑制的血清最高稀释倍数，称为该血清的血凝抑制效价（HI 效价），即血清效价，凡被已知新城疫阳性血清抑制血凝者，该病毒为新城疫病毒。

实表 11-2 红细胞凝集抑制试验（HI）术式

孔号	1	2	3	4	5	6	7	8	9	10	11	12
血清稀释倍数	1：2	1：4	1：8	1：16	1：32	1：64	1：128	1：256	1：512	1：1024	病毒对照	血清对照
生理盐水/μl	50	50	50	50	50	50	50	50	50	50		
被检血清/μl	50→	50→	50→	50→	50→	50→	50→	50→	50→	50 弃去 50		50
4 单位病毒/μl	50	50	50	50	50	50	50	50	50	50	50	
					37℃ 10min							
1％红细胞悬液/μl	50	50	50	50	50	50	50	50	50	50	50	50
					37℃ 10min							
结果判定	—	—	—	—	—	—	—	++	♯	♯	♯	—

注：♯ 表示 100％ 凝集，++ 表示 50％ 凝集，— 表示不凝集。

从实表 11-2 可以看出，该血清的 HI 效价为 1：128，通常用以 2 为底的负对数（−lg2）表示，其 HI 的效价恰与板上出现的 100％ 抑制凝集血清最大稀释孔数一致，如第 7 孔完全抑制，则其 HI 效价为 1：128，即 7（lg2）。

在生产中，对免疫鸡群进行抗体监测时，可直接用 4 单位病毒液稀释血清，其方法如下。

① 第1孔加8单位病毒50μl，第2～11孔各加50μl 4单位病毒液。

② 第1孔及第12孔各加50μl待检血清。从第1孔开始混合后吸50μl至第2孔，依此倍比稀释至第10孔吸弃50μl，混匀置37℃作用15～30min。

③ 自1～12孔各加1%鸡红细胞50μl混匀后置37℃15～30min，待对照病毒凝集后观察结果。

④ 判定结果。以100%抑制凝集的血清最大稀释度为该血清的HI滴度。

五、影响血凝和血凝抑制试验的因素

红细胞变色和污染；同批试验不同批红细胞，病毒及其血凝素反复多次冻融；血清中非特异性抑制因子。血清出现沉淀，各参与要素和器具不同一批次；判定结果的时间，试验的温度。

六、复习题与作业

1. 病毒凝集红细胞是不是一种特异的抗原抗体反应？为什么？

2. HI试验是不是特异的抗原抗体反应？为什么？

附

1. 抗原

一般以新城疫Ⅱ系或Lasota系苗作为已知抗原进行实验。目前也有用聚乙二醇使Lasota系病毒液浓缩，制成稳定浓缩抗原，HA效价达1：5000以上，4℃半年不变。

在有条件的实验室可用鸡新城疫Ⅱ系或Lasota系苗接种鸡胚制备抗原：将疫苗用灭菌生理盐水稀释10倍，以0.1ml接种于10日龄的鸡胚尿囊内，凡接种后72～120h内死亡的鸡胚，且病变显著者，分别收获鸡胚尿囊液于消毒试管内，如有血细胞应离心（2000r/min、15min），取上清液，做HA试验，其凝集价在1：640以上的鸡胚尿囊液，分装于洁净干燥的青霉素瓶中，保存于冰箱备用。

2. 1%红细胞悬液

根据病毒血凝性选用适当的红细胞。本试验可采用鸡红细胞；由鸡翅静脉或者心脏采血，放入灭菌试管（按每毫升血加入3.8%灭菌柠檬酸钠0.2ml作为抗凝剂）内，迅速混匀。如当时不用，可直接采血（不加柠檬酸钠）放入红细胞保存液内（保存液2份，血液1份）于4℃冰箱内可以保存两周。

红细胞悬液的配置：将血液注入离心管中，经3000r/min离心5～10min，用吸管吸去上清液和红细胞上层的白细胞薄膜，将沉淀的细胞加稀释液（生理盐水）洗涤，再用离心机3000r/min离心5～10min，弃去上清液，再加稀释液洗涤，如此反复洗涤三次，将最后一次离心后的红细胞泥，按1%的稀释度加入稀释液（1ml红细胞泥加入99.0ml稀释液）。

3. 备检血清

将备检鸡群编号登记，用消毒过的干燥注射器采血，注入洁净干燥试管内，在室温中静置或离心，待血清析出后使用。每只鸡应更换一个注射器，严禁交叉使用。

4. 稀释液

为灭菌的生理盐水。

5. 红细胞保存液的配制

葡萄糖2.05g，柠檬酸钠（$Na_3C_6H_5O_7 \cdot 2H_2O$）0.80g，氯化钠0.42g，蒸馏水100ml。溶解各物后，以10%柠檬酸调节pH至6.1，过滤，分装，115℃ 10min，放0～4℃冰箱保存。

项目十二　凝集试验法检测畜禽疾病

一、目的要求

① 掌握玻板凝集试验和试管凝集试验的操作方法及结果的判定标准。

② 熟悉以微量反应板进行反向间接血凝试验的操作技术。

二、实验器材

布氏杆菌试管凝集抗原、鸡白痢沙门菌玻板凝集抗原、布氏杆菌标准阳性血清、布氏杆菌标准阴性血清、鸡白痢沙门菌标准阳性血清、鸡白痢沙门菌标准阴性血清、牛布氏杆菌病待检血清、鸡白痢待检血清、猪水泡病抗体致敏红细胞、生理盐水、玻板（1cm×8cm）、试管、"U"形或 "V" 形微量反应板、微量加样器。

0.5％石炭酸生理盐水、生理盐水、接种环、微量加样器、Tip 头、酒精灯。

三、实验内容

1. 玻板凝集试验（鸡白痢沙门菌）

① 取洁净玻板一块，用蜡笔分成 4 格，并注明待检血清号码。

② 第 1 格加鸡白痢待检血清一滴、第 2 格加鸡白痢阳性血清一滴、第 3 格加鸡白痢阴性血清一滴、第 4 格加生理盐水一滴。

③ 分别在每格中加鸡白痢玻板凝集抗原一滴，用火柴棒将其混匀，置 37℃ 培养箱中加温 3～5min 内记录反应结果。

④ 结果判定。按下列标准记录反应结果。

＋＋＋＋：出现大的凝集块，液体完全透明，即完全凝集。

＋＋＋：有明显凝集块，液体几乎完全透明，即 75％ 凝集。

＋＋：有可见凝集块，液体不甚透明，即 50％ 凝集。

＋：液体浑浊，有小的颗粒状物，即 25％ 凝集。

－：液体均匀浑浊，即不凝集。

⑤ 用于传染病的快速检测

2. 试管凝集实验（牛布氏杆菌）

① 取试管 7 支，置试管架上，编号。按实表 12-1 操作。

实表 12-1　布氏杆菌试管凝集实验术式表

管号	1	2	3	4	5	6	7
最终血清稀释度	1：25	1：50	1：100　1：200		对照		
					抗原对照	阳性血清1：25	阴性血清1：25
0.5％石炭酸生理盐水/ml	2.3	0.5	0.5	0.5	0.5	—	—
被检血清/ml	0.2	0.5	0.5	0.5	—	0.5	0.5
				弃0.5			
抗原(1：20)/ml	0.5　弃1.5	0.5	0.5	0.5	0.5	0.5	0.5

② 第 1 管中加 0.5％石炭酸生理盐水 2.3ml，第 2、第 3、第 4、第 5 管中各加 0.5ml。

③ 然后以 1ml 加样器吸取待检血清 0.2ml，加入第 1 管中，充分混匀，吸出 1.5ml 弃之，再

吸出 0.5ml 移入第 2 管，混匀后吸出 0.5ml 移入第 3 管，依此类推至第 4 管，混匀后弃去 0.5ml。第 5 管中不加待检血清，第 6 管中加 1∶25 稀释的布氏杆菌阳性血清 0.5ml，第 7 管中加入 1∶25 稀释的布氏杆菌阴性血清 0.5ml。

④ 每管加入以 0.5％石炭酸生理盐水稀释 20 倍的布氏杆菌试管凝集抗原 0.5ml。

⑤ 将 7 支试管同时充分混匀，置 37℃ 培养箱中 4～10h，取出置室温或 4℃ 冰箱过夜。

⑥ 结果判定

＋＋＋＋：液体完全透明，菌体完全被凝集呈伞状沉于管底，振荡时，沉淀物呈片状、块状或颗粒状（即 100％的菌体被凝集）。

＋＋＋：液体略呈浑浊，菌体大部分被凝集沉于管底，振荡时情况如上（75％菌体被凝集）。

＋＋：液体不甚透明，管底有明显的凝集沉淀，振荡时有块状或絮状物（50％菌体被凝集）。

＋：液体透明度不明显或不透明，有不甚显著的沉淀或仅有沉淀的痕迹（25％菌体凝集）。

－：液体不透明，管底无凝集。

确定血清凝集价（滴度）时，应以出现＋＋以上凝集现象的最高稀释度为准。

判定标准　牛、马和骆驼凝集价 1∶100 以上，猪、绵羊、山羊和狗 1∶50 以上为阳性。牛、马和骆驼 1∶50，猪、羊等 1∶25 为可疑。

⑦ 用于传染病的抗体定量检测。

注　待检血清稀释度：猪、羊、狗为 1∶25，1∶50，1∶100，1∶200；牛、马和骆驼为 1∶50，1∶100，1∶200，1∶400 四个稀释度。大规模检疫可只用两个稀释度，即猪、羊、狗为 1∶25 和 1∶50；牛、马、骆驼为 1∶50 和 1∶100。

3. 反向间接血凝试验

① 加生理盐水按实表12-2所示在96孔"U"形微量反应板上进行，自左至右各孔加 50μl 生理盐水。

实表 12-2　反向间接血凝试验术式表

孔号	1	2	3	4	5	6	7	8	9	10	11	12
病毒稀释度	1∶2	1∶4	1∶8	1∶16	1∶32	1∶64	1∶128	1∶256	1∶512	1∶1024	1∶2048	血细胞对照
生理盐水/μl 病毒/μl	50 50	50	50	50	50	50	50	50	50	50	50 弃去 50	50 50
1％致敏红细胞/μl	50	50	50	50	50	50	50	50	50	50	50	50
37℃ 20min												
判定结果	♯	♯	♯	♯	♯	♯	♯	＋＋＋	＋＋	＋	－	－

注：♯表示 100％的菌体被凝集；＋＋＋表示 75％菌体被凝集；＋＋表示 50％菌体被凝集；＋表示 25％菌体凝集；－表示无凝集。

② 左侧第 1 孔加 50μl 待检水泡病水泡液或水泡皮浸出液，混匀后，吸 50μl 至第 2 孔，混匀后，吸 50μl 至第 3 孔，依次倍比稀释，至第 11 孔。吸弃 50μl，最后 1 孔为对照。

③ 加红细胞自左至右依次向各孔加 50μl 1％猪水泡病抗体致敏红细胞，置微型混合器上振荡 1min 或用手振荡反应板，使血细胞与病毒充分混匀，在 37℃ 培养箱中作用 15～20min。

④ 结果判定以 100％凝集（红细胞形成薄层凝集，布满孔底，有时边缘卷曲呈荷叶边状）的病毒最大稀释孔为该病毒的凝集价，即 1 个凝集单位，不凝集者红细胞沉于孔底呈点状。

四、复习题与作业

1. 影响细菌凝集试验的因素有哪些？凝集试验中为什么要设生理盐水对照？
2. 何为间接血凝试验和反向间接血凝试验？有何实际意义？

项目十三　沉淀试验法诊断畜禽疾病

一、目的要求

① 掌握环状沉淀反应和免疫扩散反应的操作技术和结果判断标准。
② 了解在疾病诊断中的作用。

二、实验内容及步骤

1. 环状沉淀反应（以炭疽杆菌为例）

（1）材料　炭疽沉淀素；炭疽标准抗原；待检抗原（取被检动物的皮剪成小块经高压灭菌和石炭酸生理盐水浸泡，滤纸过滤即得）；沉淀反映管；毛细吸管；生理盐水。

（2）操作方法　取沉淀反应管3支，在其底部用毛细吸管各加约0.1ml的炭疽沉淀素血清。用另一支毛细吸管将待检抗原沿管壁轻轻加入，使其重叠在炭疽沉淀素血清之上，上下两液间有一整齐界面，注意勿产生气泡。另取2支沉淀反应管，一支加炭疽标准抗原，另一支加生理盐水，方法同上，作为对照。将反应管直立静置，3～5min内判定结果。阳性者两界面交界处可见白色沉淀环。

2. 免疫扩散（琼脂扩散）试验

可溶性抗原与抗体在半固体琼脂胶内扩散相遇，当抗原与抗体相对应，且二者比例适当时，抗原抗体特异性结合出现肉眼可见的白色沉淀线。

（1）双向单扩散（辐射扩散）

① 实验材料。1.0%琼脂凝胶（生理盐水配制）；待测抗原；标准阳性血清；生理盐水、载玻片（或平皿）、微量加样器、打孔器、注射针头等。

② 操作方法。取一定量的抗血清（预热至56℃左右）与预先融化并冷却至56℃左右的1.0%琼脂混匀，倾注于玻片或平皿上。冷却凝固后打孔、封底、加样。孔径3mm，孔距1～1.5cm，于孔内准确加入10μl待测抗原，置湿盒中，室温或者37℃ 24～48h。

③ 结果判定。取出琼脂板，测定各孔沉淀环直径，待检样品根据沉淀环直径大小，从标准曲线上求得待测抗原含量，再乘以稀释倍数，以mg/ml来表示。

（2）双向双扩散

① 原理。可溶性抗原和抗体在1%琼脂板上相对应的孔中，各自向四周扩散，如抗原和抗体相对应，则在两者比例适当处形成白色沉淀线；否则不出现沉淀线。此试验可检测抗原或抗体的纯度，滴定抗体的效价以及用已知抗原（抗体）检测和分析未知抗体（抗原）。

② 材料。1%缓冲琼脂或盐水琼脂；标准抗原、阳性血清、阴性血清；打孔器、玻片或平皿、加样器、注射针头等。

③ 操作方法

a. 制板。用吸管缓慢加入热融化的缓冲琼脂（或盐水琼脂）于洁净玻片上（或将加热熔化的琼脂15ml倾入培养皿内），厚度约为2.5～3.0mm，注意不要产生气泡。

b. 打孔。冷凝后打孔，孔径和孔距依不同疾病检验规程而定，一般孔径3～4mm，孔距4～5mm，多为7孔，中央1孔、周围6孔，用针头挑出孔内琼脂，常用加热皿底封底。

c. 加样。于中央孔加入已知抗原（如实图13-1），周围1、2、3孔为待检血清，其余三孔内加入阳性血清对照。

d. 加样完毕后，将琼脂板置于湿盒中，室温或者 37℃ 24~48h 判定结果。

④ 结果判定。若待检血清于抗原孔之间出现白色沉淀线，并与阳性血清对照所产生的沉淀线吻合成一线，则表示阳性；若不出现沉淀线，则表示阴性，如实图 13-1、实图 13-2 所示。

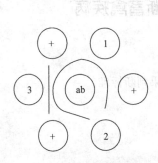

实图 13-1　双向双扩散用于检测抗体
ab—两种抗原的混合物；
+—抗 b 的标准阳性血清；
1、2、3—检样；1—抗 b 阳性；
2—阴性血清；3—抗 a 抗 b 双阳性血清

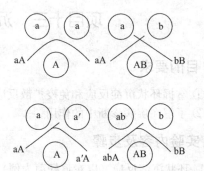

实图 13-2　双向双扩散的 4 中基本类型
a、b—单一抗原；ab—同一分子上的
两种抗原成分；
a′—与 a 部分相同的抗原；
A、B—抗 a、抗 b 抗体

三、复习题与作业

1. 简述琼脂扩散试验的操作方法及结果判定标准。
2. 琼脂扩散试验常用于对复杂抗原的分析，为什么？

项目十四　免疫荧光法检测猪瘟

一、目的要求

了解荧光抗体的染色原理及猪瘟免疫荧光检测方法。

二、实验材料

荧光显微镜、恒温培养箱、冰冻切片、载玻片、染色缸、pH7.2 0.01 mol/L PBS 液、pH9.0~9.5 碳酸盐缓冲甘油（配制：$NaHCO_3$ 3.7g，Na_2CO_3 0.6g，蒸馏水 100ml；混合后取该缓冲液 1 份与 9 份甘油即成）、丙酮、猪瘟荧光抗体、疑似猪瘟的新鲜病料（淋巴结、肾、扁桃体等）。

三、方法与步骤

1. 标本制备

（1）制片　取猪瘟病料的组织块无菌剪成适当大小，制成压印片或冰冻切片，吹干。

（2）洗涤　将吹干的标片立即放入纯丙酮中固定 15min，取出后放入 PBS 液中，漂洗 3~4 次，每次 3~4min。

2. 染色方法

（1）直接染色法　见实图 14-1。

① 荧光抗体染色。在晾干的标本片上滴加猪瘟荧光抗体，放湿盒内置 37℃染色 40min。

② 洗涤、封片。取出标本片，放入 PBS 液中，轻轻漂洗 3~4 次，每次 3~4min，再滴加

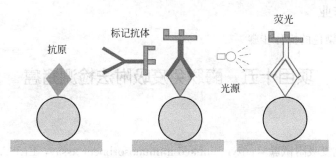

实图 14-1　直接法原理示意图

pH9.0碳酸盐缓冲甘油，封片，镜检。

③ 对照设置。将猪瘟阳性标本、阴性标本固定后，以猪瘟荧光抗体染色、封片后镜检。

自发荧光对照：以 PBS 代替荧光抗体染色。

抑制试验对照：标本上加未标记的猪瘟抗血清，放湿盒内置 37℃ 作用 30min 后，PBS 漂洗，再加标记抗体，染色同上。

④ 镜检。将染色好的标本片置激发光为蓝紫色或紫外光的荧光显微镜下观察。

⑤ 结果判定。阳性对照应呈黄绿色，而阴性对照、猪瘟自发荧光对照和抑制试验对照组应无荧光。

标本判定标准

＋＋＋＋：黄绿色闪亮荧光　　＋＋＋：黄绿色的亮荧光

＋＋：黄绿色荧光较弱　　　＋：仅有暗淡的荧光

－：无荧光

(2) 间接染色法　见实图 14-2。

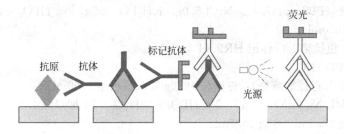

实图 14-2　间接法原理示意图

① 一抗作用。在晾干的标本片上滴加猪瘟抗体（用兔制备），置湿盒，37℃ 作用 40min 或 4℃ 过夜。洗涤，同直接法。

② 二抗染色。滴加羊抗兔荧光抗体，置湿盒，37℃ 作用 40min。

③ PBS 浸洗 3 次，最后用蒸馏水洗 1 次，缓冲甘油封片后镜检。

④ 对照设置。应设自发荧光对照、阴性兔血清对照、已知阳性对照和阴性对照。

⑤ 结果判定。观察和结果记录同直接法，除阳性对照外，所有对照应无荧光。

四、注意事项

① 可疑急性病例，取淋巴结、扁桃体效果最好；病程较长，应同时采用肾脏，效果较好。

② 所采集的病料，在无速冻保存条件时，应尽可能早做压印片或冰冻切片。

③ 注意各级抗体浓度的适用范围。

④ 荧光抗体孵育时要注意避光。

五、复习题与作业

简述荧光抗体染色的操作步骤。

项目十五   酶联免疫吸附法检测猪瘟

一、实验目的

① 了解酶联免疫吸附试验（enzyme-linked immunosorbnent assay，ELISA）的基本原理。
② 掌握检测抗体的间接 ELISA 方法。
③ 熟悉检测抗原的双抗体夹心 ELISA 方法。

二、实验器材

① 已包被猪瘟抗原的 48 孔或 96 孔聚苯乙烯塑料板（简称酶标板）。
② $50\mu l$ 及 $100\mu l$ 加样器，温箱，冰箱，酶标仪，塑料滴头，小毛巾，洗瓶等。
③ 待检猪血清、阴性血清、抗猪瘟阳性血清。
④ 辣根过氧化物酶（HRP）标记的兔抗猪 IgG 抗体。
⑤ 碳酸盐缓冲液（pH9.6）、磷酸盐缓冲液（PBS，pH7.4）、邻苯二胺液（DAB）、硫酸（2mol/L）、包被稀释液、封闭液、洗涤液、样本稀释液、酶标二抗、底物液、终止液。

　　a. 包被稀释液（$0.05mol/L$ Na_2CO_3-$NaHCO_3$ 缓冲液，pH9.6）。Na_2CO_3 1.5 g，$NaHCO_3$ 2.9g 加双蒸水至 1000ml。

　　b. 封闭液（5%小牛血清/PBS溶液）。小牛血清 50ml，PBS（pH7.4）950ml。

　　c. 洗涤液（PBST，pH7.4）。NaCl 8.0g，KH_2PO_4 0.2g，Na_2HPO_4·$12H_2O$ 2.9g，KCl 0.2g，吐温-20 0.5ml 加双蒸水至 1000ml。

　　d. 样本稀释液（PBS，pH7.4）。NaCl 8.0g，KH_2PO_4 0.2g，Na_2HPO_4·$12H_2O$ 2.9g，KCl 0.2g 加双蒸水至 1000ml。

　　e. 酶标二抗。兔抗猪 IgG 标记 HRP（1∶2000）。

　　f. 底物液（OPD-H_2O_2）

A 液（$0.1mol/L$ 柠檬酸溶液）：柠檬酸 19.2g 加双蒸水至 1000ml。

B 液（$0.2mol/L$ Na_2HPO_4 溶液）：Na_2HPO_4·$12H_2O$ 1.7g 加双蒸水 1000ml。

临用前取 A 液 24.3ml，B 液 25.7ml。

　　g. 终止液（$2mol/L$ H_2SO_4 溶液）。

双蒸水 600ml，浓硫酸 100ml（缓慢滴加并不断搅拌），加双蒸水至 900ml。

三、间接 ELISA 法测定抗体操作步骤

1. 包被酶标反应板
用 pH9.6 的碳酸盐缓冲液 1∶200 稀释抗体，用之包被 96 孔聚乙烯板，每孔加 0.1ml，4℃ 12～24h。

2. 封闭酶标反应板
弃掉包被液，用 PBS 洗涤 3 次，甩干后用 5%小牛血清/PBS 液封闭。放 37℃ 40min（或 4℃ 过夜）。封闭结束后用洗涤液洗板，并在滤纸上拍干，每孔洗 3 遍，每遍 3min。

3. 按步骤 1 加入待测样品及阳性对照（用 PBS 稀释）
将稀释好的待测血清样品加入酶标反应板中，每孔 0.1ml，阳性对照样品亦相应稀释。置于 37℃温箱 0.5～1h。弃去孔中液体，用洗涤液洗涤 3 遍，每遍 3min。

4. 加酶标二抗（用 PBS 稀释）

加入辣根过氧化物酶标记的兔抗猪 IgG 抗体，每孔 0.1ml 置于 37℃温箱 30～45min。弃去孔中液体，沥干，每孔洗涤 3 遍，每遍 3min。

5. 加入底物液

取底物液：A 液 24.3ml，B 液 25.7ml，加双蒸水 50ml 得 pH5.0 的磷酸-枸橼酸缓冲液 100ml。再加入邻苯二胺 40mg，充分溶解，最后加入 30% H_2O_2 0.15ml。每孔加入底物液 100μl。避光室温作用 5～10min。

6. 终止反应

当阳性对照出现明显颜色变化后，每孔加入终止液 50μl 终止反应。

7. 结果判定

(1) 目测　根据显色深浅，用（－）为无色，（＋）为浅色，（＋＋）为黄色，（＋＋＋）为棕黄色表示。一般呈＋＋以上者为阳性。

(2) 酶标仪测定　在 490nm 波长下测 OD 值（D490nm），先以空白对照孔调零后测各孔 OD 值，当待测样品 D490nm 值与阴性对照 D490nm 值的比值（P/N）大于 2.1 时，即可判断为阳性。以最大显色至阳性显色孔的 50% 反应孔的抗体稀释倍数为抗体效价。

四、双抗体夹心 ELISA 检测未知抗原操作步骤

(1) 包被　用 0.05mol/L pH9.0 碳酸盐包被缓冲液将抗体稀释至蛋白质含量为 1～10μg/ml。在每个聚苯乙烯板的反应孔中加 0.1ml，4℃过夜。次日，弃去孔内溶液，用洗涤缓冲液洗 3 次，每次 3min（简称洗涤，下同）。

(2) 加样　加一定稀释的待检样品 0.1ml 于上述已包被之反应孔中，置 37℃孵育 1h。然后洗涤（同时做空白孔，阴性对照孔及阳性对照孔）。

(3) 加酶标抗体　于各反应孔中，加入新鲜稀释的酶标抗体（经滴定后的稀释度）0.1ml。37℃孵育 0.5～1h，洗涤。

(4) 加底物液显色　于各反应孔中加入临时配制的 OPD 底物溶液 0.1ml，37℃ 10～30min。

(5) 终止反应　于各反应孔中加入 2mol/L 硫酸 0.05ml。

对照 OD 值的 2.1 倍，即为阳性。

五、注意事项

① 封闭时注意将封闭液加满各反应孔，并去除各孔中可能产生的贴孔壁气泡。
② 加洗涤液时，每孔加满，但不要溢出。
③ 每次洗涤液在孔中的停留时间不应少于 1min。
④ 洗涤后板要甩干，不要残留液体。

六、复习题与作业

简述可能影响 ELISA 试验结果的因素有哪些？

项目十六　鸡大肠杆菌油佐剂菌苗的制备

一、实验目的

了解油佐剂菌苗的制备过程及操作、使用注意事项。

二、实验材料

恒温水浴振荡器，恒温培养箱，离心机，乳化机，平皿，试管，接种环等。大肠杆菌菌种，普通肉汤培养基，司盘 80，96 份 10 号白油，甲醛，雏鸡。

三、操作步骤

1. 菌种增殖

将分离所得大肠杆菌菌株接种于普通肉汤试管中，置37℃培养16～18h，然后划线接种于普通琼脂平板上，经37℃培养18～24h，选取光滑圆整菌落，接种于普通琼脂斜面，37℃培养18～24h，再分别接种于普通肉汤中，置于气浴恒温振荡器37℃培养16～18h，置2～8℃贮藏备用。

2. 纯粹检验

菌液培养完成后，取样用普通琼脂做纯粹检验，每瓶样品需检验。吸取适量液体移至营养肉汤和营养琼脂斜面各1支，继续37℃培养7天，若均无杂菌生长，判定合格。

3. 活菌计数

将收获的菌液按常规方法计数，检查菌数应不少于100×10^8cfu/ml。

4. 灭活

将满足上述浓度的大肠杆菌悬液，在经-20℃冻溶3次后加入甲醛溶液，使其终浓度为0.8%，封口并混匀置37℃保温杀菌48h（中间振荡8次），然后做无菌检验。

5. 无菌检验

取灭活好的菌液，接种营养琼脂平板和血琼脂平板，同时接种厌气肉肝汤，37℃培养24～48h，未见有细菌生长则判为合格。

6. 菌苗制备

(1) 油相制备　取4份司盘80和96份10号白油混匀，高压灭菌备用。

(2) 水相制备　将配好的菌液加入4%的灭菌吐温-80并充分溶解。

(3) 乳化制苗　将油相与水相按一定比例混合，置乳化机中高速搅拌3～5min，快速乳化成油包水状，分装备检。物理性状检查菌悬液静置后下层有少许沉淀，上层为黄褐色半透明液体，摇动后沉淀能悬浮，呈均质淡黄褐色混悬液。

7. 安全检验

用1～3周龄健康易感雏鸡10只，每只颈背皮下或胸部肌内注射油佐剂菌苗2羽份，观察14天，若鸡不发病，则菌苗安全。

8. 效力试验

用1～3周龄健康、未感染、未接种相应菌苗的易感雏鸡10只，每只颈背皮下或胸部肌内注射菌苗0.5ml，免疫14天后，连同另10只未免疫对照鸡每只肌内注射A、B、C、D菌株混合强毒菌液0.2ml（含5.0×10^8cfu），继续观察10～14天后，对照组动物应按预定发病及死亡，而疫苗免疫动物应健活。

四、注意事项

① 分离细菌要严格无菌操作，避免污染。

② 细菌灭活要彻底，无菌检验很关键。

五、复习题与作业

1. 细菌纯粹检验可用什么方法？

2. 油苗中的油相由什么构成？水相是由什么构成？

项目十七　抗猪瘟血清的制备

一、实验目的

掌握抗血清的制备及适用。

二、实验材料

猪瘟疫苗，纯种新西兰兔，兔的体重以 2～3kg 为宜，小白鼠，注射器。

三、操作步骤

（1）基础免疫　猪瘟疫苗 1 头份于新西兰白兔背部皮下多点注射，每点注射 0.1ml 左右。

（2）10～12 天后，进行第二次强化注射，剂量同前。

（3）10～12 天后，从耳缘静脉取 2～3ml 血，制备血清，检测抗体效价（见后）。如未达到预期效价，需再进行加强免疫，直到满意时为止。当抗体效价达到预期水平时，即可放血制备抗血清。

（4）抗血清的采集与保存　颈动脉采血，颈动脉放血时，将兔仰卧，固定于兔台，剪去颈部的毛，切开皮肤，暴露颈动脉，插管，放血。放血过程中要严格按无菌要求进行。

收集的血液置于室温下 1h 左右，凝固后，置 4℃下，过夜（切勿冰冻）析出血清，离心，4000r/min 10min。在无菌条件，吸出血清，分装（0.05～0.2ml），贮于-40℃以下冰箱，或冻干后贮存于 4℃冰箱保存。

（5）抗血清质量的评价

① 物理性状检查。血清清亮、透明，呈草黄色或金黄色。

② 无菌检查。采血清样进行普通肉汤、琼脂斜面、肝片肉汤培养，观察 3～7 天，应无菌生长。

③ 安全检查。取血清样 0.50ml，皮下注射小白鼠，一次注射 3～5 只，观察 7 天，小白鼠应健康存活。

④ 效价。抗血清的效价，就是指血清中所含抗体的浓度或含量。

双向扩散法：利用大分子抗原和抗体在琼脂平板上扩散，两者在相交处产生沉淀线，以观察和判断抗血清中是否有抗体及其浓度。

琼脂板的制备：100ml pH7.2 的磷酸盐缓冲液加到 15g 的琼脂内，于水浴中加温，搅拌，使琼脂完全溶解，用移液管把琼脂放在干净载玻片上，约 3mm 厚，待其冷却，完全凝固后，用打孔器打孔。中央孔内加适量抗原（容量为 20μl），周围各孔内分别加入 20μl 1:2、1:4、1:8、1:16、1:32 及不稀释的抗血清，37℃下孵育 24h，观察有无沉淀线产生，以判断血清的稀释度。

四、注意事项

① 由于每个动物对免疫反应不同，产生的抗体效价有高有低，所以在制备抗血清时至少免疫两只新西兰白兔。

② 采集血清的过程应注意无菌操作。

五、复习题与作业

试述免疫血清的生产过程。

项目十八　法氏囊卵黄抗体的制备

一、实验目的

① 了解卵黄抗体。
② 掌握卵黄抗体的制备方法及应用技术。

二、实验材料

移液器、恒温培养箱、匀浆机、法氏囊弱毒疫苗、注射器、2ml 注射器、烧杯、打孔器、镊子、健康产卵鸡群、雏鸡、法氏囊标准抗原、琼脂糖、生理盐水、青霉素、链霉素、新洁尔灭等。

三、操作步骤

① 选取健康无主要传染病，特别是无鸡白痢、沙门菌病的高产鸡群。

② 将法氏囊弱毒疫苗，0.5ml/只皮下注射于健康商品蛋鸡，7天后收集鸡蛋，分离卵黄，以琼脂扩散法检测卵黄抗体效价（若基础免疫达不到效价可再强化免疫）。

③ 琼扩效价达到1：32以上，即为合格。以后每间隔30天加强免疫1次。

④ 效价合格，收获鸡蛋。

⑤ 将鸡蛋水洗后，再用0.5%新洁尔灭溶液浸泡消毒20min，取出晾干，无菌操作去蛋皮倒净蛋清，把蛋黄倒入消毒好的大烧杯内。

⑥ 蛋黄的匀浆。将蛋黄置于消毒好的匀浆机内，加入一定比例的灭菌生理盐水（根据卵黄中的效价而定）进行匀浆。

⑦ 加防腐抑菌剂。匀浆后，每毫升卵黄液中加入青霉素、链霉素各2000IU，摇匀后分装于消毒好的瓶内，冻结保存。

⑧ 安全检查。取1ml卵黄液肌内注射健康雏鸡，观察一周应健康存活。

⑨ 效力检查。对典型的法氏囊病鸡肌内或皮下注射1ml，3天内应有80%以上明显好转或痊愈。

四、复习题与作业

简述卵黄抗体控制疾病的原理。

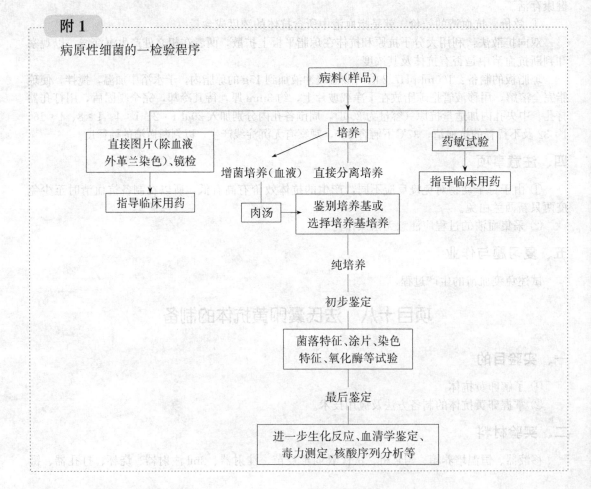

附 1

病原性细菌的一检验程序

附 2

病毒的常规分离及鉴定

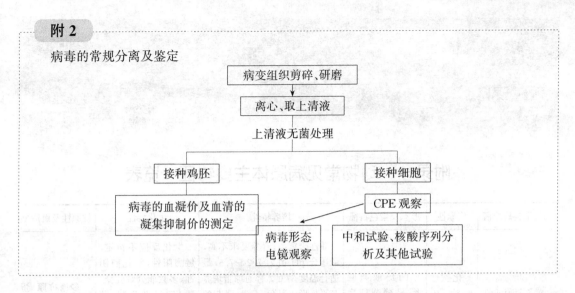

附 录

附录一 动物常见病原体主要特征一览表

动物重要病原菌	病原性	形态及染色特征	培养特性	生化特性	抗原性及血清型
金黄色葡萄球菌	化脓性疾病；中毒性疾病	圆形或卵圆形，呈葡萄糖串状，G⁺	兼性厌氧菌，营养要求不高，最适合 pH 值为 7.2～7.6，最适合温度 37℃。普通琼脂培养基平板形成湿润、光滑、隆起的圆形菌落，直径为 1～2mm，致病菌株菌落颜色呈金黄色，在血琼脂有 β 溶血	生化反应不恒定，触酶阳性，氧化酶阴性，多数能分解乳糖、葡萄糖、麦芽糖、蔗糖、产酸而不产气。致病菌株多能分解甘露醇	多糖抗原、蛋白抗原
猪链球菌	化脓性疾病、肺炎、乳腺炎、败血症等	圆形或卵圆形，成链状或成双，G⁺	兼性厌氧菌，致病菌株营养要求较高，培养基中加入血清或血液才能良好生长。最适合 pH 值为 7.2～7.6，最适合温度 37℃。在血液琼脂平板上生长成直径 0.1～1.0mm、灰白色、表面光滑、边缘整齐的小菌落	发酵葡萄糖、蔗糖，对其他糖的利用能力则因不同菌株而异	核蛋白抗原、C 抗原、表面抗原
大肠杆菌	动物腹泻、仔猪水肿病、禽大肠杆菌病	直杆菌，两端钝圆，散在或成对，大多数菌株为周身鞭毛，G⁻	兼性厌氧菌，普通培养基上生长良好，最适合温度 37℃，最适 pH 值为 7.2～7.4。普通培养基上形成圆形凸起、光滑、圆润、半透明、灰白色、边缘整齐或不大整齐、中等偏大的菌落。伊红美蓝琼脂生成紫黑色带金属光泽的菌落	发酵葡萄糖、乳糖、麦芽糖、甘露醇等，产酸产气，吲哚和甲基红试验阳性；VP 试验阴性	O 抗原 173 种，K 抗原 80 种，H 抗原 56 种
沙门菌	败血症、胃肠炎及其他组织局部炎症	直杆状，多数能运动，有普通菌毛，一般无荚膜，G⁻	培养特性与大肠杆菌相似，易发生 S-R 型变异。部分菌株 SS 琼脂上菌落中心呈黑色。血清、葡萄糖有助于本菌生长	绝大多数沙门菌发酵糖类时均产气。不发酵乳糖、蔗糖，VP 试验阴性，甲基红试验阳性	有 O、H、K 和菌毛 4 种抗原
多杀性巴氏杆菌	猪肺疫、禽霍乱、兔巴氏杆菌病等	球杆状或短杆状，单在或成双排列。病料涂片用瑞氏染色或美蓝染色呈典型的两极着色，G⁻	兼性厌氧菌，营养要求教严格。在普通培养基上生长贫瘠，在麦康凯培养基上不生长。在加有血液、血清或微量高铁血红素的培养基中生长良好。血液琼脂上形成灰白色、圆形、湿润、露珠状菌落，不溶血	发酵葡萄糖、果糖、蔗糖、甘露醇和半乳糖，产酸不产气。触酶和氧化酶均为阳性，MR、VP 试验阴性	荚膜抗原血清型有 6 个型，菌体抗原血清型有 16 个型

动物重要病原菌	病原性	形态及染色特征	培养特性	生化特性	抗原性及血清型
鸭疫李默氏杆菌	鸭传染性浆膜炎等	杆状或椭圆形。多单在,少数成双或短链排列。可形成荚膜,无芽孢,无鞭毛。瑞氏染色呈两极着色,G^-	兼性厌氧菌,营养要求较高,在巧克力、血液琼脂等培养上生长好。初次分离培养需供给 $5\%\sim10\%$ 的 CO_2。血琼脂上呈圆形、微突起、表面光滑、奶油状菌落	不发酵葡萄糖、蔗糖,可与多杀性巴氏杆菌区别。VP、硫化氢阴性;氧化酶、触酶试验为阳性	血清型复杂
布氏杆菌	流产、繁殖障碍等	球形、杆状或短杆形,G^-,吉姆萨染色呈紫色。柯氏法染色本菌呈红色,其他杂菌呈绿色	专性需氧,但许多菌株,尤其是在初代分离培养时尚需 $5\%\sim10\%$ CO_2。普通培养基中生长缓慢,加入甘油、血液等能刺激其生长。固体培养基上可长成湿润、闪光、圆形、隆起、边缘整齐的针尖大小的菌落	触酶阳性,不水解明胶,不溶解红细胞,吲哚、甲基红和 VP 试验阴性,石蕊牛乳无变化	各型菌体表面含有羊布氏杆菌抗原和牛布氏杆菌抗原
猪丹毒杆菌	猪丹毒、关节炎、人"类丹毒"	直或稍弯曲的小杆菌,两端钝圆,病料中常呈单在、堆状或短链排列,易形成长丝状。无鞭毛不运动,无荚膜,不产生芽孢,G^+	普通琼脂培养基和普通肉汤中生长不良,如加入 0.5% 吐温-80、1% 葡萄糖或 $5\%\sim10\%$ 血液、血清则生长茂盛。在血琼脂平皿上可形成湿润、光滑、透明、灰白色、露珠样的小菌落,并形成狭窄的绿色溶血环(α 溶血环)	过氧化酶、氧化酶试验、MR、VP 试验,尿素酶和吲哚试验阴性	有耐热抗原和不耐热抗原,25个血清型和 1_a、1_b 及 2_a、2_b 亚型
魏氏梭菌	坏死性肠炎、羊猝疽、羔羊痢疾、肠毒血症等	菌体粗而短、两端钝圆的直杆状,单在或成双排列,无鞭毛,有芽孢,不运动。多数菌株可形成荚膜,G^+	厌氧,本菌对厌氧程度要求不严;普通培养基上可迅速生长,若加葡萄糖、血液,则生长得更好。绵羊血琼脂平板上,可形成 $3\sim5mm$、圆形、边缘整齐、灰色至灰黄色、表面光滑、半透明、圆顶状的菌落,有溶血环	分解糖的作用极强,能分解葡萄糖、果糖、麦芽糖等,突出的生化特性,是对牛乳培养基的"爆烈发酵"	可溶性抗原有 α、β、γ、η、δ、ε、ι、θ、κ、λ、μ、ν 12 种
支原体	支气管炎、肺炎等	具有多形性、可塑性和过滤性,常呈球状、两极状、环状、杆状等。G^-,吉姆萨染色呈蓝色	多数在有氧时生长良好,在固体培养基上培养时,5% CO_2 和 95% N_2 的环境下生长佳,菌落呈典型型的"煎荷包蛋状";在液体培养基中生长数量少,生长速度缓慢	一群能发酵葡萄糖及其他多种糖类,产酸不产气;另一群不分解糖,能利用精氨酸	抗原由细胞膜上的蛋白质和类脂组成
衣原体	畜禽肺炎、流产、关节炎等	吉姆萨染色呈紫色	只能在 5~7 天鸡胚或 8~10 天鸭胚或在细胞上培养		抗原有属特异性抗原、型特异性抗原和种特异性抗原三种
螺旋体	出血性痢疾、游走性关节炎等	细胞呈螺旋状或波浪状圆柱形,吉姆萨染色呈蓝色或红色,G^-	多数厌氧培养,不能人工培养基培养,只能用易感动物来增殖培养		猪痢蛇形螺旋体有 8 个血清型

附录二　常用的培养基

一、液体培养基

1. 肉水

(1) 成分　瘦牛肉 500g（或牛肉膏 3～5g），蒸馏水 1000ml。

(2) 制法

① 取新鲜瘦牛肉除去脂肪、腱膜，切成小块，用绞肉机绞碎。

② 称量，加倍量水，混合浸泡，放置冰箱内过夜，次日取出，煮沸 20min，加水补足失去的水分。如无冰箱，可直接加热煮沸 1h。

③ 过滤，用纱布棉花过滤。

④ 分装在瓶内，于 121℃高压灭菌 20～30min，放冰箱中保存。

(3) 用途　为制备各种培养基的基础液。

2. 四硫磺酸钠煌绿增菌液（TTB）

(1) 基础培养基　多价胨或蛋白胨 5g，胆盐 1g，碳酸钙 10g，硫代硫酸钠 30g，蒸馏水 1000ml。

(2) 碘溶液　碘片 6g，碘化钾 5g，蒸馏水 20ml。

(3) 制法　将基础培养基的各成分加入蒸馏水中，加热溶解，分装每瓶 100ml，装时应随时振摇，使其中的碳酸钙混匀。121℃高压灭菌 15min 备用。先将碘化钾加于 10ml 的蒸馏水中，溶解后再加碘片，用力摇匀，使碘片完全溶解后再加蒸馏水至足量，临用时每 100ml 基础液加入碘溶液 2ml，0.1%煌绿溶液 1ml。

(4) 用途　分离肠道中的沙门菌。

3. 血清肉汤

(1) 成分　灭菌营养汤 100ml，无菌血清（马，牛或羊）10ml。

(2) 制法　取已制备好的营养肉汤，待冷却后，以无菌操作，加入无菌血清混匀后，分装试管。

(3) 用途　用于营养要求较高的细菌培养。

4. 缓冲蛋白胨水

(1) 成分　蛋白胨 10g，氯化钠 5g，磷酸氢二钠（$Na_2HPO_4 \cdot 12H_2O$）9g，磷酸二氢钾（KH_2PO_4）1.5g，蒸馏水 1000ml，pH 值为 7.0。

(2) 制法　按上述成分配好后，校正 pH 值，分装于 500ml 瓶中，每瓶 225ml，121℃高压灭菌 20min 后备用。

二、固体培养基

1. 血清琼脂

(1) 成分　灭菌普通琼脂 100ml，无菌血清（马、牛或羊）10ml。

(2) 制法　取已制备好的普通琼脂加热熔化，待冷却到 50℃，加入无菌血清，混匀，倾入灭菌的平皿或试管，试管放置成斜面，凝固后，放入温箱培养 24h，无细菌生长者即可应用。

(3) 用途　用于营养要求较高的细菌培养和菌落性状检查。

2. 马丁氏琼脂

(1) 成分　马丁氏蛋白胨液 100ml，琼脂 2g。

(2) 制法　将上述成分混合，加热溶解，校正 pH 值为 7.6，加热片刻，如有沉渣，必须沉淀好，再用纱布或棉花过滤，分装于试管或三角瓶内，121℃高压灭菌。

(3) 用途　供营养要求较高的细菌培养用。

3. 麦康凯琼脂

(1) 用市售半成品培养基直接配制。

(2) 用途　供分离肠道杆菌用。

4. 沙门菌志贺菌琼脂（简称 SS 琼脂）用市售半成品培养基直接配制。

5. 三糖铁琼脂

(1) 用市售半成品培养基直接配制。

(2) 用途　用于初步筛选肠道菌。

6. 葡萄糖血液琼脂

(1) 成分　灭菌葡萄糖琼脂 100ml，脱纤无菌鲜血 10ml。

(2) 制法　先将灭菌葡萄糖琼脂溶化并冷至 55℃，以无菌操作加入血液，混匀，制成斜面或倾入灭菌平皿内制成平板，置 37℃温箱内，培养 18～24h，无菌检查后，备用。

(3) 用途　培养厌氧菌或营养要求较高的细菌用。

7. 疱肉培养基（熟肉培养基）

(1) 成分　牛肉渣或肝块，肉块适量。肉汤或肉膏汤（pH 值为 7.4）。

(2) 制法　取肉浸液剩余的牛肉渣装入试管中，高约 3cm，如肉块、肝块 2～3g，并加入肉汤约 5ml 或比肉渣高出 1 倍，每管液面上加入液体石蜡高 0.5cm，121℃高压灭菌 30min 备用。

(3) 用途　分离厌氧菌用。

附录三　常用试剂和试液配制

一、消毒液

(1) 5％碘酊：称取碘 5g，碘化钾 10g，溶于 100ml 70％乙醇。

(2) 2％碘酊：称取碘 2g，碘化钾 1g，溶解于 100ml 95％乙醇。

二、缓冲溶液

1. pH 值 8.6 的 0.05mol/L 巴比妥缓冲液

取巴比妥钠 10.3g、巴比妥 1.84g 放入大烧杯中，先加入蒸馏水 300ml，加热（50～60℃）助溶，溶后待冷，再加入蒸馏水 700ml，充分混匀。

2. 0.1mol 磷酸盐缓冲液

甲液：0.1mol 磷酸二氢钠溶液（磷酸二氢钠 27.8g，蒸馏水 1000ml）。

乙液：0.1mol 磷酸氢二钠溶液（磷酸氢二钠 53.65g，蒸馏水 1000ml）。

使用时取甲液 x(ml)，加乙液 y(ml)，即成不同 pH 值的缓冲液（附表 3-1）。

附表 3-1　0.1mol 磷酸盐缓冲液配制比例

x	y	pH	x	y	pH
39.0	61.0	7.0	13.0	87.0	7.6
28.0	72.0	7.2	8.5	91.5	7.8
19.0	81.0	7.4	5.3	94.7	8.0

3. 1/15mol 磷酸盐缓冲液

甲液：1/15mol 磷酸氢二钠（磷酸氢二钠 9.465g，蒸馏水 1000ml）。

乙液：1/15mol 磷酸二氢钾溶液（磷酸二氢钾 9.078g，蒸馏水 1000ml）。

使用时取甲液 x(ml)，加乙液 y(ml)，即为不同 pH 值的缓冲液（附表 3-2）

附表 3-2 1/15mol 磷酸缓冲液配制比例

x	y	pH	x	y	pH
12	88	6.0	73	37	7.2
18	82	6.2	81	19	7.4
27	73	6.4	86.8	13.2	7.6
37	63	6.6	91.5	8.5	7.8
49	51	6.8	94.4	5.6	8.0
63	37	7.0			

三、抗凝剂、细胞保存液、冻存液

1. 3.8%枸橼酸钠抗凝剂

枸橼酸钠 3.8g，蒸馏水 100ml，混合摇匀，高压灭菌后备用。此抗凝剂 1ml 抗凝 5ml 血液。

2. 1%肝素 (heparin)

肝素 1g，蒸馏水 100ml，混合摇匀，每管分装 0.2ml，经 100℃烘干，抗凝量为 10～15ml。市售肝素多为钠盐溶液，每毫升含肝素 12500IU，相当于 125mg。

3. 阿氏（Alsever）血细胞保存液

葡萄糖 2.05g，枸橼酸钠 0.8g，枸橼酸 0.055g，NaCl 0.42g，蒸馏水 100ml；上述药品微热溶解后，滤纸过滤，54.04kPa、113℃、20min 灭菌后，置 4℃冰箱保存备用。

四、重铬酸钾清洁液

先将重铬酸钾溶于自来水，可加热助溶。浸入冷水盆中，待其冷却。然后徐徐加入浓硫酸，边加边搅动，直至加完。切勿将水加入浓硫酸中，否则酸液四溅（附表 3-3）

附表 3-3 重铬酸钾清洁液

重铬酸钾/g	工业用硫酸/ml	自来水/ml
79	100	1000
60	460	300
100	800	200

五、常用染色液的配制

1. 美蓝染色液的配制

美蓝 0.3g，95%乙醇 30ml，0.01%氢氧化钾溶液 100ml。将美蓝溶解于乙醇中，然后再与氢氧化钾溶液混合。

2. 革兰染液的配制

结晶紫染液 甲液：结晶紫 20g，95%乙醇 20ml。乙液：草酸铵 0.8g，蒸馏水 80ml。用时将甲液 20ml 溶于 80ml 乙液中，混匀即成，此液可贮存较久。

3. 革兰碘液

碘片 1g，碘化钾 2g，蒸馏水 300ml。先将碘化钾加入 5ml 蒸馏水中，溶解后再加磨碎的碘片，用力摇匀，使碘片完全溶解后再加蒸馏水至足量。切忌将碘片不加研磨即与碘化钾一起加水配制，这样碘片往往不能完全溶解而影响碘的浓度。革兰碘液不能久存，一次不宜配制过多。

4. 复染剂

可预先配成 3.4%沙皇酒精溶液，使用时用蒸馏水稀释 10 倍。石炭酸复红染液用碱性复红 0.1g 和蒸馏水 100ml 混合即成。

附录四　微生物学常用缩写

缩写字	中文名	缩写字	中文名
Å	埃(1Å＝0.1nm)	*in viro*	体内
Ab	抗体	IF	免疫荧光抗体技术
ABS	犊牛血清	Ig	免疫球蛋白
Ag	抗原	IS	免疫血清
Alb	蛋白质	IU	国际单位
AU	抗毒素单位,埃单位	iu	国际单位
BGG	牛丙种球蛋白	iv	静脉内
BS	缓冲盐水	*l-*	左旋
BSA	牛血清白蛋白	K	夹膜抗原,常数
BSS	缓冲盐水溶液	LD	致死剂量
C	补体、胞嘧啶	LD_{50}	半数致死剂量
CP	血小板	LIF	白细胞移动抑制因子
CPE	细胞致病作用	2-ME	2-硫基乙醇
d-	右旋、密度	MID	最小感染量
EBV	非洲淋巴细胞瘤病毒(EV 病毒)	MLD	最小致死量
EDTA	乙二胺四乙酸	NRS	正常家兔血清
EI	酶免疫测定	OD	光密度
ELISA	酶联免疫吸附试验	OT	旧结核菌素
ECS	胎牛血清	PBS	磷酸盐缓冲溶液
FAT	荧光抗体技术	PFU	空斑形成单位
FITC	异硫氰酸荧光素	PHA	植物血凝素
HA	病毒红细胞凝集试验	polyI：C	多聚肌苷酸：胞苷酸
HI	血凝抑制反应	PS	生理盐水
Hb	血红蛋白	RBC	红细胞
HeLa cell	人子宫颈瘤传代细胞	SAS	饱和硫酸铵
h	小时	SRBS	绵羊红细胞
in vitro	体外	VN	病毒中和试验

参 考 文 献

[1] 沈萍，陈向东. 微生物学. 第2版. 北京：高等教育出版社，2006.

[2] 邢钊，乐涛. 动物微生物及免疫技术. 郑州：河南科学技术出版社，2007.

[3] 崔保安. 动物微生物学. 北京：中国农业出版社，2005.

[4] 葛兆宏. 动物微生物. 北京：中国农业出版社，2001.

[5] 姚火春. 兽医微生物学实验指导. 北京：中国农业出版社，2006.

[6] 李决. 兽医微生物学及免疫学. 成都：四川科学技术出版社，2003.

[7] 王秀茹. 预防兽医学微生物学及检验技术. 北京：人民卫生出版社，2002.

[8] 吴清民. 兽医传染病学. 北京：中国农业大学出版社，2001.

[9] 肖敏，沈萍. 微生物学学习指导与习题解析. 北京：高等教育出版社，2005.

[10] 甘孟侯. 禽流感. 北京：中国农业出版社，2004.

[11] 张文治. 微生物学. 北京：高等教育出版社，2005.

[12] 陆承平. 兽医微生物学. 第3版. 北京：中国农业出版社，2001.

[13] 李健强，李六金. 兽医微生物学实验实习指导. 西安：陕西科学技术出版社，1999.

[14] 肖敏，沈萍. 微生物学学习指导与习题解析. 北京：高等教育出版社，2005.

[15] Roitt I M, et al. 免疫学基础. 丁桂凤主译. 第10版. 北京：高等教育出版社，2005.

[16] 韩文瑜，冯书章. 现代分子病原细菌学. 吉林：吉林人民出版社，2003.

[17] 董德祥. 疫苗技术基础与应用. 北京：化学工业出版社，2002.

[18] 于善谦. 免疫学导论. 北京：高等教育出版社，2004.

[19] P. M. Lydyard. 免疫学. 林慰慈主译. 北京：科学出版社，2003.